教育部高职高专计算机教指委规划教材

Dreamweaver CS4 网页设计与实训教程

主　编　史晓红　章　立
副主编　何　芳　李国娟

中国人民大学出版社
· 北京 ·

总 序

近年来，我国高等教育取得了跨越式发展，毛入学率由1998年的8%迅速增长到2010年的25%，已经进入到大众的发展阶段，这其中，高等职业教育对实现“形成全民学习、终身学习的学习型社会”、“构建终身教育体系”的宏伟目标，发挥着其他教育形式不可替代的作用。

质量是职业教育的生命，社会需求是职业教育发展的终极动力。新颁布的《国家中长期教育改革和发展规划纲要》特别强调通过推进教育教学改革来提高质量。《纲要》要求通过课程、教材、教学模式和评价方式的创新，推进就业创业教育，实现人才培养方式转变，着力提高学生的职业道德、职业技能和就业创业能力。

实际上，为了适应我国高等职业教育的发展，全面提高教育教学质量，教育部主管部门先后启动了“国家精品课程建设”和“国家示范性高等职业院校建设计划”，经过四年的建设，无论是办学条件、人才培养模式，还是学生的就业质量都取得了显著进步；同时，也涌现出了一批高水平的优秀课程和优秀教材，为传播优秀教学理念、教学方法和教学内容起到了重要作用，为提高教学质量奠定了坚实基础。

为进一步深化教育教学改革和精品课程建设，进一步挖掘优秀的课程和教材，推广优秀的教育成果，扩大精品课程的受益面，在教育部高等学校高职高专计算机类专业教学指导委员会的指导下，中国人民大学出版社组织召开了计算机类专业的教材研讨会，并成立了教材编审委员会，计划在未来两三年内陆续推出百种高职高专计算机系列精品教材。

此套教材的作者大都是有着丰富的职业教育教学经验和较高专业学术水平的专家和教授。教材内容的选择克服了追求理论"大而全"的不足，做到了少而精，有针对性，突出了能力的训练和培养；教材体例的安排突出了学习使用的弹性和灵活性，形成文字教材和多媒体教程相结合的立体化教材，加强了教师对学生学习过程的指导和帮助，形象生动、灵活方便，更能适应学员在职、业余自学，或配合教师讲授时使用，相信会起到很好的教学效果。为满足教师在实际教学中的需求，本套教材在编写体例形式上不拘一格，具备"任务引领型"、"案例型"、"项目实训型"等写作特点，其目的是让学生在学中练、练中学，在实际动手练习中掌握理论知识的专业技能。

我们期待，这套高职高专计算机精品教材能够为促进我国高校 IT 职业教育的教学质量做出积极的贡献；我们也相信，这套教材必将在实践中日臻完善、追求卓越！

教育部高等学校高职高专计算机类专业教学指导委员会 主任委员

大连东软信息学院院长　温涛教授

二〇一〇年六月

前言

Adobe Dreamweaver CS4是一款专业的网页编辑软件，是业界领先的网页开发工具，通过该工具能够有效地开发和维护标准的网站和应用程序。Dreamweaver CS4在软件的界面和性能方面都进行了很大的改进，新增了许多功能，增强了软件的可操作性，优化了部分工具和菜单，有助于不同层次的用户进行熟练的操作。

本书共分10章，第1章网页设计基础，第2章HTML语言简介，第3章网页图文，第4章表格，第5章超级链接，第6章框架与AP Div，第7章多媒体网页，第8章模板与库，第9章网站管理与发布，第10章动态网页。

本书从零起步，步步深入，使读者逐步提高，注重实用性，图文并茂，理论与上机实训相结合，讲解通俗易懂。收录了大量技巧提示，可节省读者的摸索时间，提高学习效率。任务明确，重点突出，操作简练，使读者即学即用、快速掌握。

课堂教学以完成网页设计与制作任务为主线，实行“任务驱动、案例教学、理论实训一体化”的教学方法，融“教、学、练、悟”四者于一体，理论指导实践，从反复实践中悟出方法与技巧，体现了“做中学、做中会”的教学理念。本教材适应了社会的需求、企业的需求和学校的需求，可以作为高职高专院校的教材，也可作为培训教材，还可作为网页制作爱好者的自学用书。

本书在编写过程中得到了教育部高职高专计算机教指委规划教材专家编审委员会的支持和帮助，力求做到内容精练、系统、循序渐进。本书采用了大量图片，操作步骤详细，方便实用，使读者可以轻松地掌握书中的内容。

本书由史晓红担任第一主编，最后由史晓红、章立统稿，参加部分章节编写的人员有张艳宜编写第 7 章和第 9 章、梁德华编写第 10 章、邱晨涵编写第 8 章、熊会云编写第 5 章、胡素娟编写第 4 章、刘滔编写第 6 章，其他章节由李国娟参与编写完成，本书中的课前导读由何芳编写完成。

由于时间仓促及作者的水平和经验有限，书中难免存在不完善和疏漏之处，诚请读者批评指正。

编　者

2010 年 6 月

教学课时安排建议

章节名称	学时（包括实验）(36+36)
第 1 章　网页设计基础	2+2
第 2 章　HTML 语言简介	6+6
第 3 章　网页图文	4+4
第 4 章　表 格	4+4
第 5 章　超级链接	6+6
第 6 章　框架与 AP Div	4+4
第 7 章　多媒体网页	4+4
第 8 章　模板与库	2+2
第 9 章　网站管理与发布	2+2
第 10 章　动态网页	2+2

目　录

第 1 章　网页设计基础

教学任务

- 掌握网页的相关概念：网络、Internet、网站、制作网页的基本步骤。
- 学习 Dreamweaver CS4 的安装与启动、操作环境。
- 学会创建一个新的网站“好可工作室”。

教学重点和难点

- Dreamweaver CS4 的操作环境。
- 创建一个新的网站。

课前导读

当今网络已成为发展最迅速的传播媒体，网络中最主要的是以页面形式展现出来的网页，随着个人博客、网站的流行，越来越多的人已不满足只是浏览、使用网页，而是渴望自己设计、制作网页。

要想制作网页，应该先了解网页相关知识，了解什么是互联网、网页、HTML、URL等，为后面的设计打下良好的基础。

俗话说“工欲善其事，必先利其器”，选择并掌握一款合适的工具软件是非常重要的。Dreamweaver CS4 是著名的软件开发公司 Adobe 推出的“网页三剑客”之一，被称为“织梦者”，这款“所见即所得”的可视化网站开发工具集网页制作和站点管理于一身，是网页制作学习者的首选。

1.1　网页的相关概念

在制作网页之前应首先了解网络、Internet、网页、网站以及制作网页的基本步骤等相关知识。

计算机网络是将地理位置不同并具有独立工作能力的多个计算机系统及其设备通过通信线路（网络介质）互连在一起的，使用通用的网络协议，实现网络资源共享和互相通信的整个信息系统。

1. 什么是 Internet

Internet 一词来源于英文 Interconnect Networks，即“互连各个网络”，中文译名为“因特网”。Internet 专指全球范围内最大、由众多网络相互连接而成、基于 TCP/IP 协议的计算机网络。Internet 是当今世界最大的计算机互联网络系统，是由全球 100 多个国家和地区不同功能的计算机、通信骨干网以及各种计算机网络通过线路连接在一起的世界范围的网络。

2. TCP/IP 协议

TCP/IP（Transmission Control Protocol/Internet Protocol），中文译名为传输控制协议/互联网络协议，它是 Internet 最基本的协议，由底层的 IP 协议和 TCP 协议组成。TCP/IP 协议的开发工作始于 20 世纪 70 年代，是互联网的第一套通信协议。

TCP 和 IP 可以单独使用，但经常是协同工作，互相补充。简单地说，IP 提供了数据传输的灵活性，TCP 提供了数据传输的可靠性。

3. Internet 地址

Internet 采用一种唯一通用的地址格式，为 Internet 中的网络和主机分配一个地址。Internet 中地址类型有 IP 地址和域名地址两种。

（1）IP 地址。除了可以在统一资源定位器中输入域名访问需要的资源之外，我们还可以使用 IP 地址进行访问。每一台上网的计算机都有一个唯一标志主机的号码，这就是 IP 地址。IP 地址是一组 32 位的数字，如 202.106.185.241。

（2）域名。IP 地址是一串难记又难理解的数字号码，为了方便用户理解和记忆，科学家们引入了域名的概念。域名是用一些英文字符来代替 IP 地址的，这些英文字符一般都是英文单词，也可能是拼音字母，它们基本上与站点名称一致，因此很容易记住。域名的一般书写格式为“主机名．机构名．地区名”，如新浪站点的域名 www.sina.com.cn。

4. 万维网、网页和网站

（1）万维网的定义。万维网也称做 WWW，是 World Wide Web（全球信息网）的缩写。万维网提供了非常丰富的信息，各种信息按不同的类型以网页文件的形式分别存放在万维网服务器上，供人们选择查阅。

万维网 WWW 制定了一套标准，有容易掌握的超文本 HTML、统一的资源定位器 URL 和超文本传输协议（HyperText Transfer Protocol，HTTP）。

浏览 WWW 必须通过浏览器完成，浏览器是用来访问 Internet 的超文本技术，是使用最广泛的网络软件，它可以提供 WWW 浏览和搜索、网络资讯的打印和收发 E-mail 等功能。

在浏览器中，比较有代表性的有 IE（Internet Explorer）、Netscape 和 Opera 等，以及国内腾讯公司的 TT 浏览器。

（2）网页和网站。组成 WWW 的基本元素是网页，网页也称为页面或 Web 页。

①网页的定义。在网上浏览时看到的一个个页面就是网页。如图 1—1 所示为新浪网首页的界面。

②网页的分类。按网页在一个站点中所处的位置可将其分为主页和内页（分支页面），

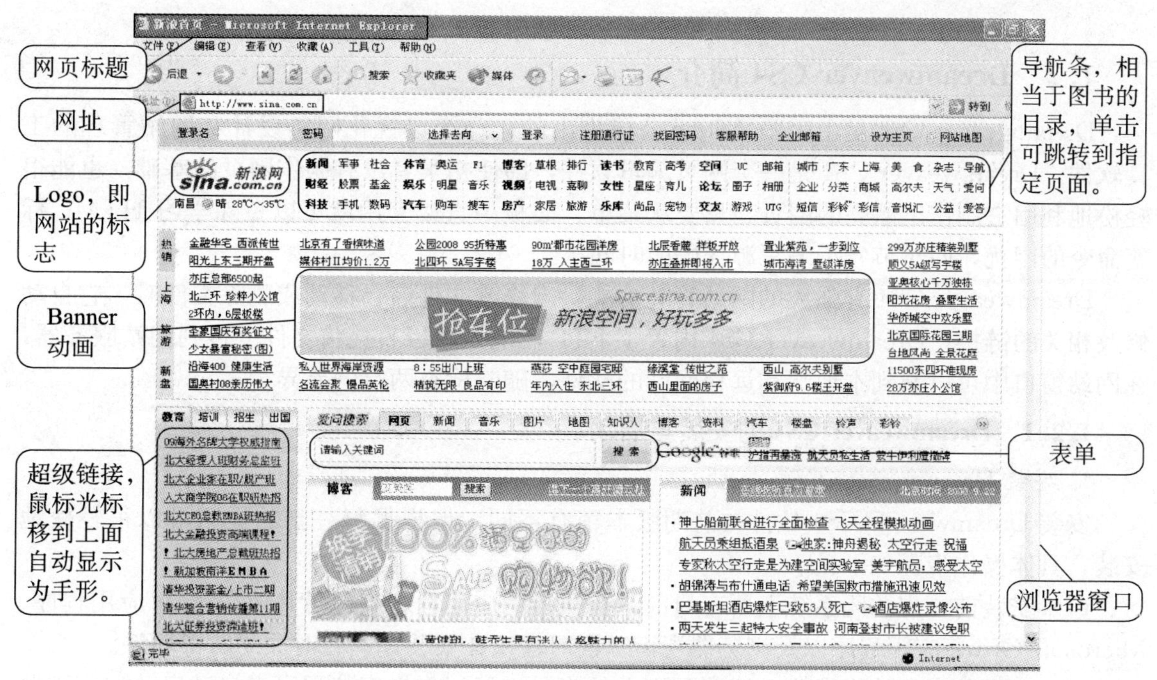

图 1—1　新浪网首页的界面

主页是指进入一个站点时看到的第一页，内页（分支页面）是指与主页链接的页面。根据网页的表现形式可将网页分为静态网页和动态网页。

③网站。通常把一系列在逻辑上可视为一个整体的页面称做网站，或者说网站是一个可以共享的相互链接的网页集合。网站的规模是相对的，大网站（如“雅虎网”和“新浪网”）页面很多，且位于多台服务器上；小网站可以是只有几个页面的个人网站，仅在一台服务器上占据很小的空间。

④网站标志（LOGO）。LOGO 是利用一切可利用的视觉元素和方法针对主题概括出高度简洁并集中体现站点特色和内涵的图像与文字。

在设计网站标志时，以有代表性的人物、动物和花草作为蓝本进行设计，如迪斯尼的米老鼠。最简单的方法是用网站的英文名称作为标志，如新浪用字母“sina”结合眼睛图案的标志。

⑤网站的标准色彩。标准色彩用于网站的标志、标题、主菜单和主色块。网站给人的第一印象是色彩感觉，确定网站的标准色彩是相当重要的一步。在进行设计时可以参考相关的同类网站或其他网站，如 IBM 用深蓝色、肯德基用红色、微软用钴蓝色、新浪用黄色等。

⑥网页制作基本步骤如下：

- 收集整理资源；
- 规划站点内容并创建站点；
- 制作网页；
- 测试站点；
- 发布站点；
- 站点维护和更新。

1.2 Dreamweaver CS4 简介

Dreamweaver CS4 是由美国 Adobe 公司推出的，一个可视化网页设计和网站管理的工具软件。Dreamweaver CS4 是一套网页编辑软件，即使初学者没有制作网页的基础，也能很轻松地利用它制作出漂亮的网页，只要从菜单、面板中直接套用就可以免除学习 HTML 标签命令的困扰，同时节省了编写源代码的时间。

Dreamweaver CS4 有强大的网站管理功能，当修改文件名、移动或删除文件时，它自动修改相关的链接；Dreamweaver CS4 内置了 FTP 功能，可以直接将文件上传到网站服务器，在网站窗口中可以看到本地端和远程网站的文件，随时检查两端的差异。

1.2.1 Dreamweaver CS4 的安装与启动

1. 安装 Dreamweaver CS4

安装 Dreamweaver CS4 软件与前期版本稍有不同，但根据每一步的提示可以很轻松地安装，具体操作步骤如下：

(1) 安装前，先关闭系统上所有目前正在执行的应用程序，包括其他 Adobe 应用程序、Microsoft Office 应用程序以及浏览器视窗。同时建议在安装期间暂时关闭防毒软件。

(2) 将安装光盘放入光驱，依照画面上的指示进行。如果安装程序未自动启动，应浏览至光盘根目录下的 Adobe CS4 资料夹，然后双击 Setup.exe 启动安装程序（如果用户是从网络下载的软件，则应开启资料夹、浏览至 Adobe CS4 资料夹、双击 Setup.exe)，进行初始化，如图 1—2 所示。

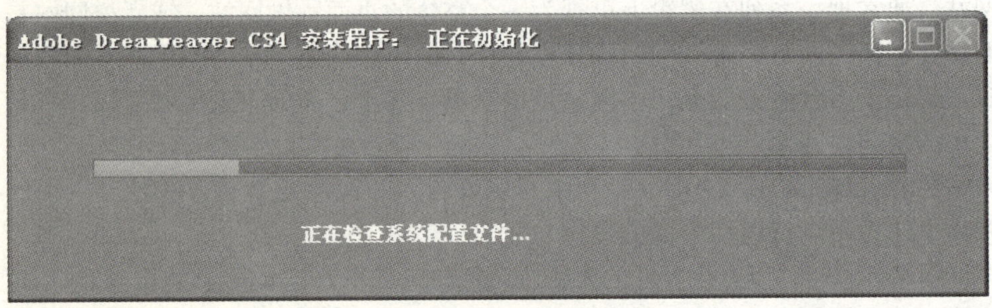

图 1—2 初始化窗口

(3) 输入 Dreamweaver CS4 序列号，然后单击【下一步】按钮。阅读 Dreamweaver CS4 许可协议，单击【接受】按钮。

(4) 在显示的界面中选择要安装的 Adobe 组件。若安装全部组件，则单击【全选】按钮。然后单击【更改】按钮，选择安装的路径（默认的安装路径为 C:\Program Files\Adobe)，如图 1—3 所示。

(5) 选择安装的路径后，单击【安装】按钮，将出现正在安装界面。

(6) 安装进度结束后，应填写注册信息，单击【立即注册】按钮，如图 1—4 所示。

(7) 安装完毕后，将出现一个安装完成界面，单击【退出】按钮，即可完成 Dreamweaver CS4 的安装。

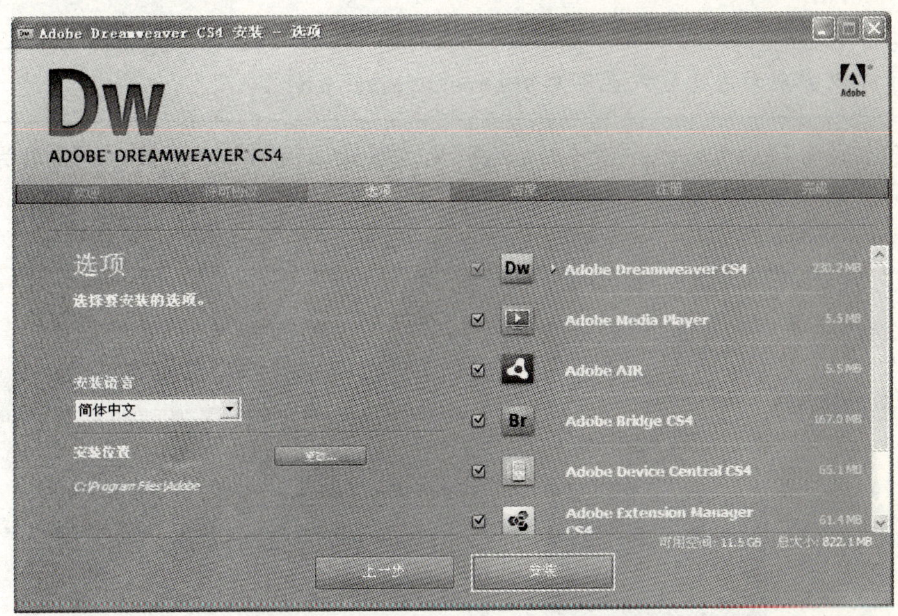

图 1—3　安装选项

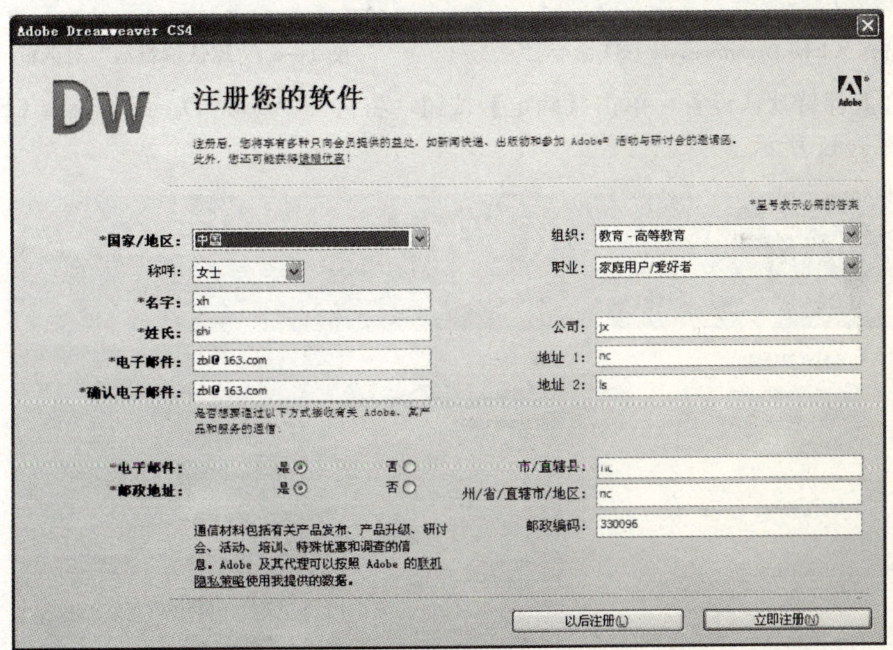

图 1—4　注册信息界面

2. *启动* Dreamweaver CS4

启动 Dreamweaver CS4 的操作很简单，与其他软件的启动方式基本一致。

(1) 在 Windows 界面中，单击【开始】|【程序】|【Adobe Dreamweaver CS4】命令，即可启动 Dreamweaver CS4 软件，如图 1—5 所示。

提示：双击桌面快捷方式也可启动 Dreamweaver CS4。

（2）首次启动 Dreamweaver CS4 时，会弹出“默认编辑器”对话框，用户可为 Dreamweaver CS4 设置编辑器，如图 1—6 所示。

图 1—5　选择 Adobe Dreamweaver CS4 命令

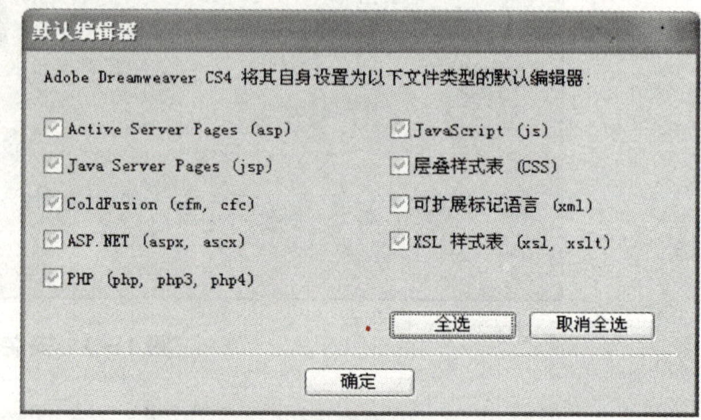

图 1—6　“默认编辑器”对话框

（3）在此保持默认设置，单击【确定】按钮，将打开 Adobe Dreamweaver CS4 的欢迎屏幕，如图 1—7 所示。

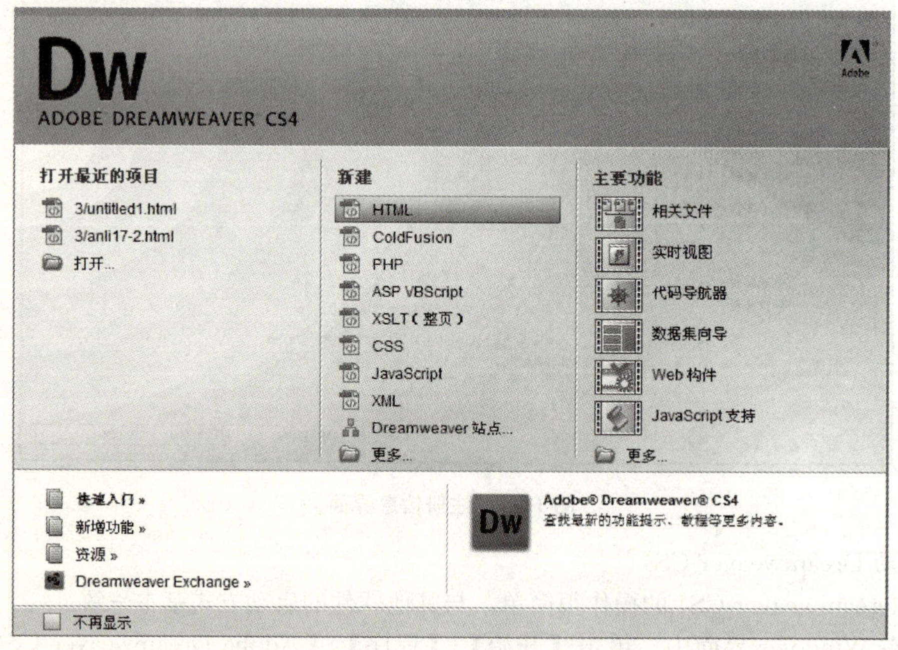

图 1—7　Dreamweaver CS4 的欢迎屏幕

提示：选择欢迎屏幕下方的“不再显示”复选框，再次启动时欢迎屏幕将关闭，在菜单栏中选择【编辑】|【首选参数】|【常规】|【显示欢迎屏幕】命令，可以在下次启动该软件时重新显示欢迎屏幕。

1.2.2　Dreamweaver CS4 的操作环境

与以前版本相比，Dreamweaver CS4 的工作界面焕然一新，可以说是做了一次脱胎换骨的改进，从界面中可以看到更多的设计元素。另外，Dreamweaver CS4 的操作环境非常灵活，用户完全可以根据自己的习惯进行定制。下面对 Dreamweaver CS4 的操作环境进行详细介绍。

Dreamweaver CS4 的工作界面由标题栏、菜单栏、插入面板、文档工具栏、文档编辑区、状态栏、属性面板、面板组、扩展管理器等组成，如图 1—8 所示。

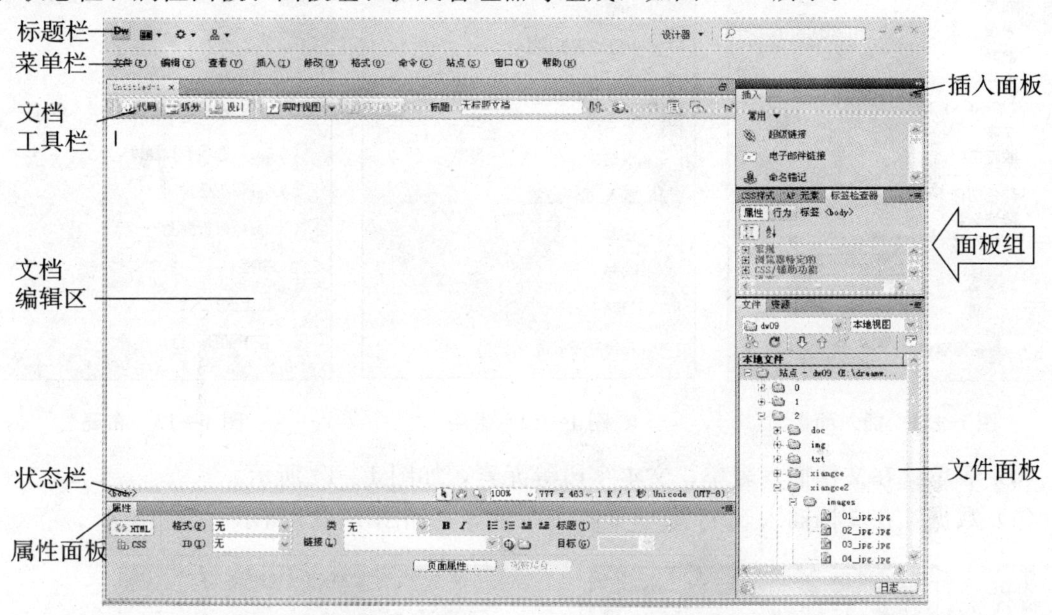

图 1—8　Dreamweaver CS4 工作界面

1. 标题栏

在标题栏中包括一个工作区切换器、菜单以及其他应用程序控件，如图 1—9 所示。

图 1—9　标题栏

2. 菜单栏

菜单栏包括 10 个菜单项，如图 1—10 所示，单击每个菜单项，会弹出下拉列表。我们利用菜单栏中的选项基本上能实现 Dreamweaver CS4 的所有功能。

文件(F)　编辑(E)　查看(V)　插入(I)　修改(M)　格式(O)　命令(C)　站点(S)　窗口(W)　帮助(H)

图 1—10　菜单栏

3. 插入面板

插入面板也称插入栏，以前版本的 Dreamweaver 插入栏均位于菜单栏的下方，而 CS4 版本将其整合在面板组中，使用起来更为灵活，同时 CS4 版本也增加了文档编辑区的空间，如图 1—11 所示。

插入面板中按类别可分为常用、布局、表单、数据、Spry、InContext Editing、文本、收藏夹、颜色图标、隐藏标签。

（1）常用：可以在文档中插入常用的网页元素，如图 1—12 所示。

（2）布局：显示可控制网页布局的元素，如插入 Div 标签、Spry 菜单栏和表格等，如图 1—13 所示。

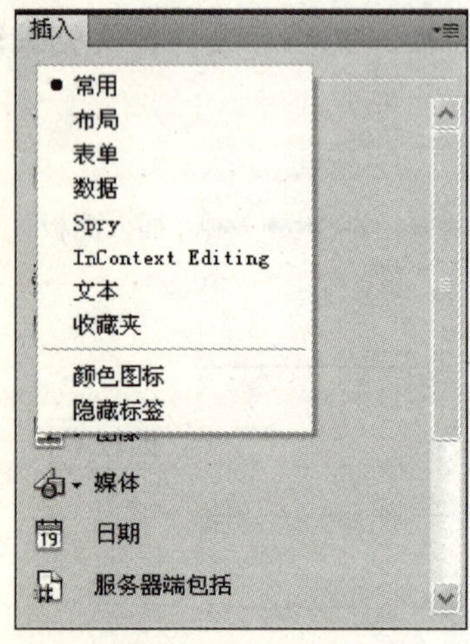

图 1—11　插入面板

图 1—12　常用

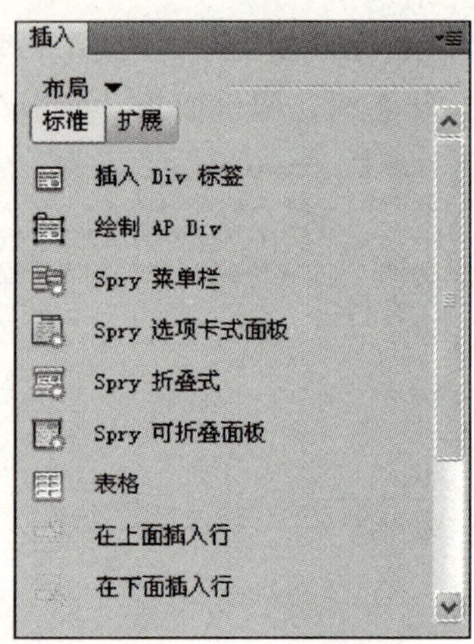

图 1—13　布局

（3）表单：在文档插入表单、文本字段等元素，如图 1—14 所示。

（4）数据：在文档插入 Spry 数据集、记录集等，如图 1—15 所示。

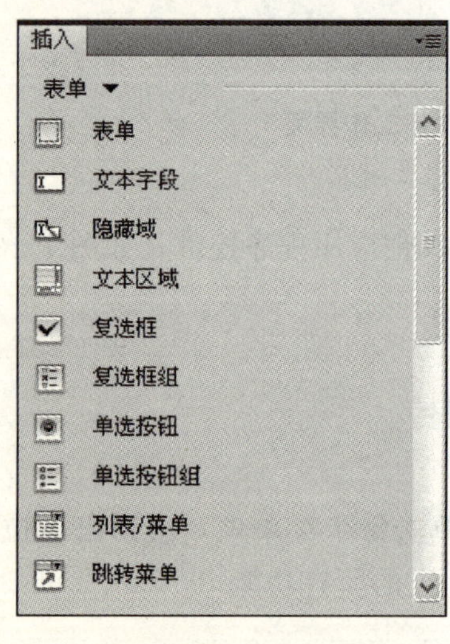
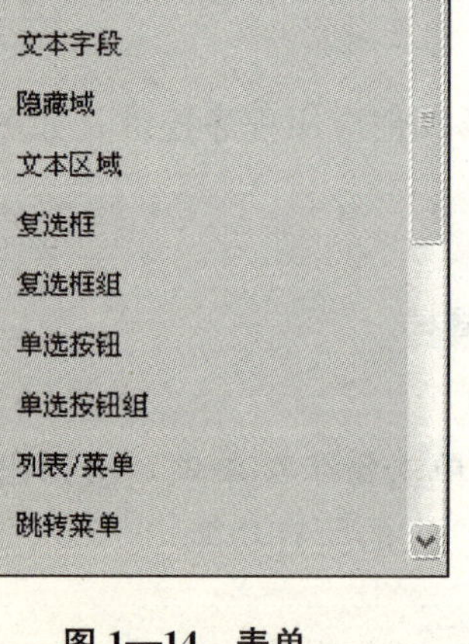

图 1—14　表单

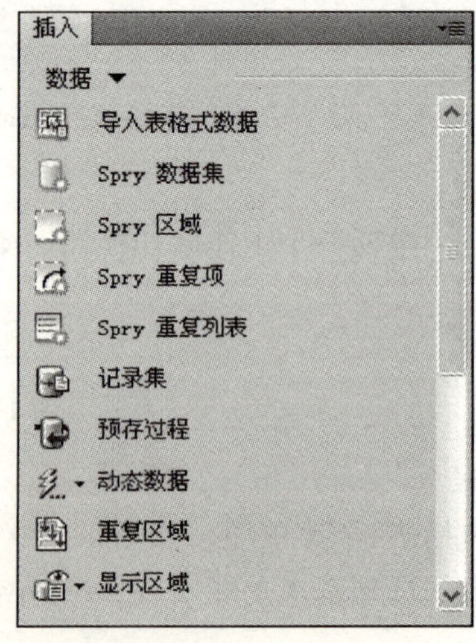

图 1—15　数据

（5）Spry：在文档中插入 Div 标签、Spry 菜单栏等，如图 1—16 所示。

(6) InContext Editing：用于在文档中创建重复区域、创建可编辑区域、管理可用的CSS类的操作，如图 1—17 所示。

图 1—16　Spry

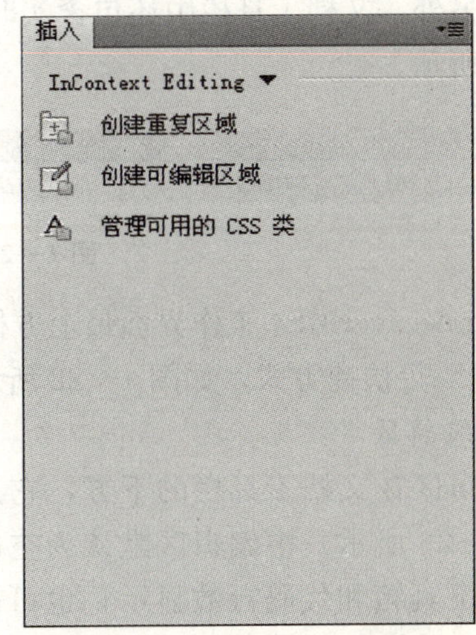

图 1—17　InContext Editing

(7) 文本：显示文本的样式设置按钮，如图 1—18 所示。

(8) 收藏夹：在空白处单击鼠标右键，可自定义收藏夹，如图 1—19 所示。当选择【自定义收藏夹】命令时，弹出“自定义收藏夹对象”窗口，可以在窗口中设置可用命令到收藏对象中。

(9) 颜色图标：将插入面板中的所有按钮前的图标以彩色形式显示，此项默认为选中状态。

(10) 隐藏标签：将插入面板中的“图标＋字符”的形式仅以图标的形式显示，如图 1—20 所示。

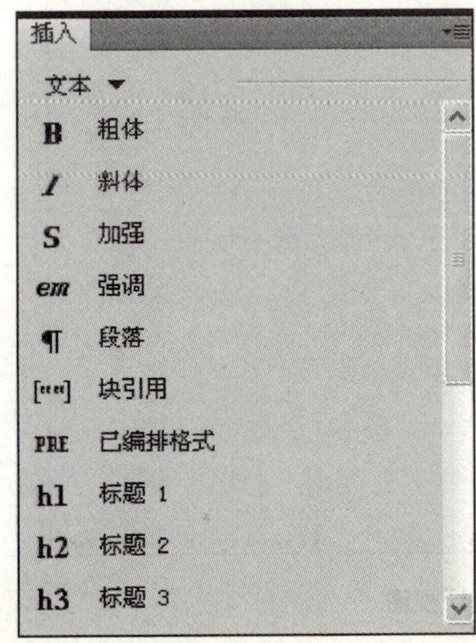

图 1—18　文本

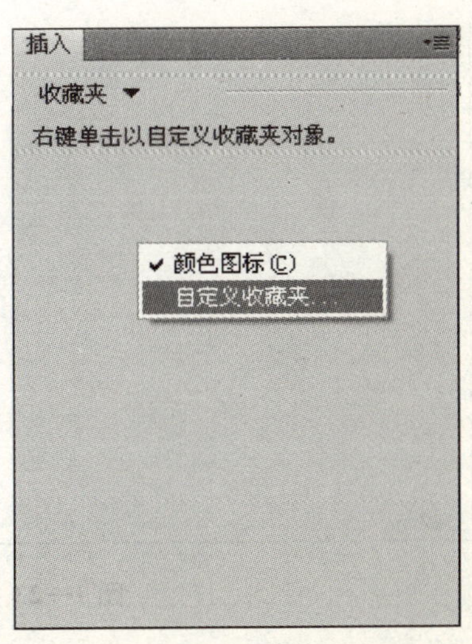

图 1—19　收藏夹

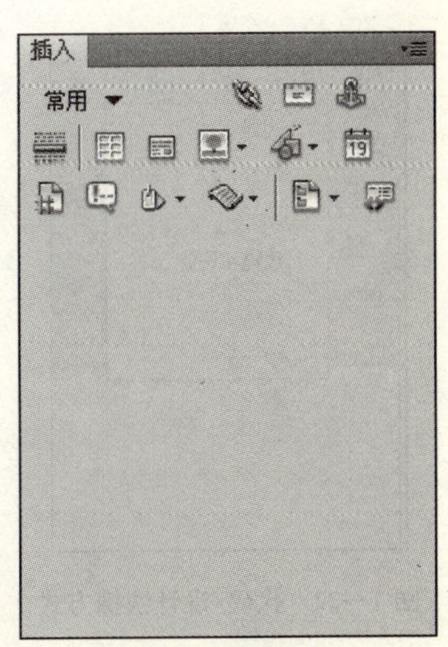

图 1—20　隐藏标签

4. 文档工具栏

在文档工具栏中包含了用于在文档的几个视图之间进行快速切换的按钮，如代码、设计、拆分。另外，文档工具栏中还包含实时视图、标题设置、文件管理、浏览查看等命令，如图 1—21 所示。

图 1—21　文档工具栏

在 Dreamweaver CS4 工作界面最上方标题栏中，有“代码”、“拆分代码”、“设计”和“代码和设计”等快捷方式，如图 1—22 所示。

5. 文档编辑区

文档编辑区在文档工具栏的下方，它是用于创建或编辑网页文件的操作区。在设计视图（如图 1—23 所示）中编辑区默认为空白；切换至代码视图（如图 1—24 所示）时，在左侧有代码工具箱和代码行数显示；也可以根据操作习惯做拆分视图（如图 1—25 所示）显示。

6. 状态栏

状态栏在文档编辑区的下方、属性面板的上方，状态栏显示当前文档的相关信息，如图 1—26 所示。

（1）标签选择器<body>：显示当前选定内容标签的层次，如单击〈td〉则显示此单元格内的所有内容。

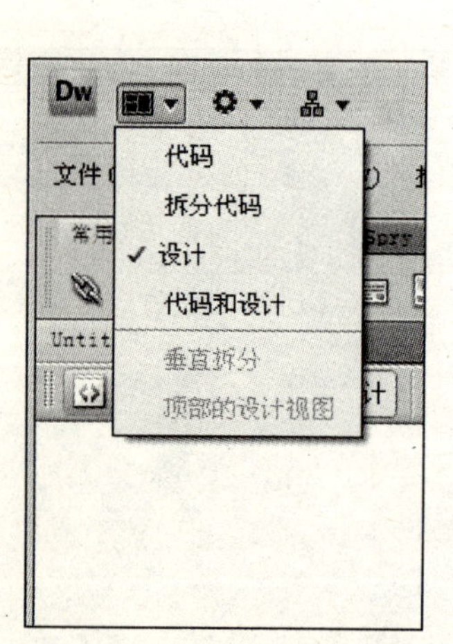

图 1—22　代码/设计快捷方式

图 1—23　设计视图

（2）选取工具：选取文档中的内容。

（3）手形工具：拖曳页面。

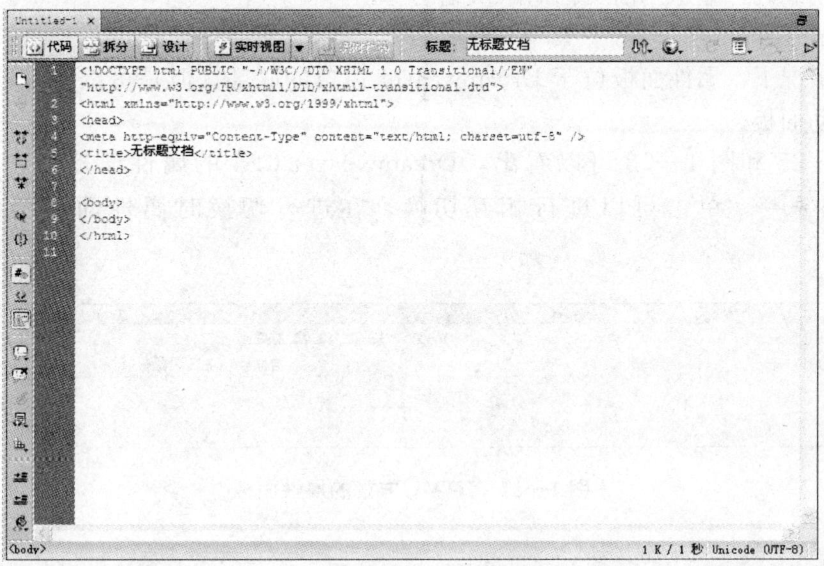

图 1—24　代码视图

图 1—25　代码和设计视图

图 1—26　状态栏

（4）缩放工具 ：设置当前页面的缩放比率。

（5）窗口大小：编码调整窗口的自定义尺寸。

（6）文档编码：显示当前文档的默认编码。

7. 属性面板

在默认情况下，属性面板位于 Dreamweaver 窗口的底部，但是可以将其取消停靠成为工作区的浮动面板。

从图 1—27 和图 1—28 可以看出，Dreamweaver CS4 的属性面板的左侧有两个按钮 <> HTML 和 CSS，单击可以进行相互切换，在进行切换时属性面板会有显示上的差异。

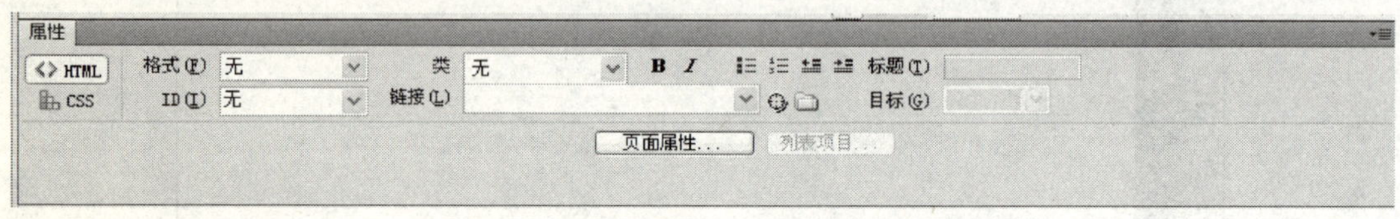

图 1—27 HTML 方式的属性面板

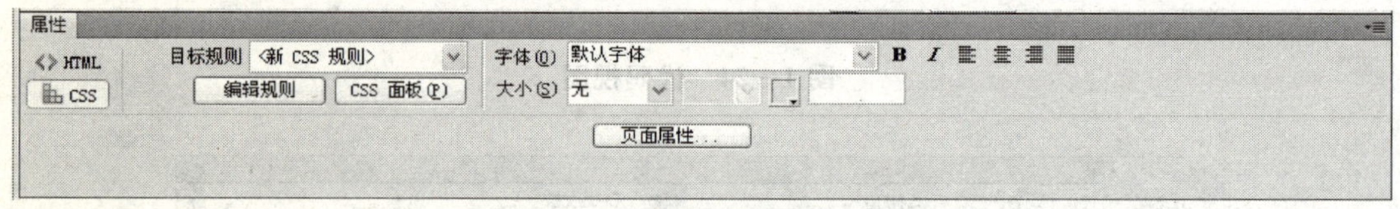

图 1—28 CSS 方式的属性面板

8. 面板组

面板组位于 Dreamweaver 窗口的右侧，也可以浮动于窗口中。Dreamweaver CS4 将各种工具面板集成到面板组中，包括插入、CSS 样式、行为、框架、文件和历史等面板，如图 1—29 所示。可以在菜单栏中选择【窗口】命令，在弹出的下拉菜单中选择显示或隐藏某项面板。

在面板组中，有不少面板是经过组合的，成为一个面板组，如“文件/资源/代码片断”这三个面板就在一个面板组中，如图 1—30 所示，这样极有效地利用了工作界面的操作空间。

9. 扩展管理器

在 Dreamweaver CS4 工作界面上方的标题栏中，还有几个附加的功能，如扩展管理器（如图 1—31 所示）、管理站点（如图 1—32 所示）。扩展管理器可以为 Dreamweaver CS4 安装扩展控件，并对已安装的扩展控件进行管理。使用【新建站点】、【管理站点】菜单命令，可以快速打开相应的对话框。

10. 工作界面定制

用户可以根据各自的习惯进行工作界面的定制，单击窗口中标题栏右侧的【设计器】按钮，弹出下拉菜单，在这里可以定制“应用程序开发人员”、“经典”、“编码器”、“设计器”等不同的工作界面，如图 1—33 所示。

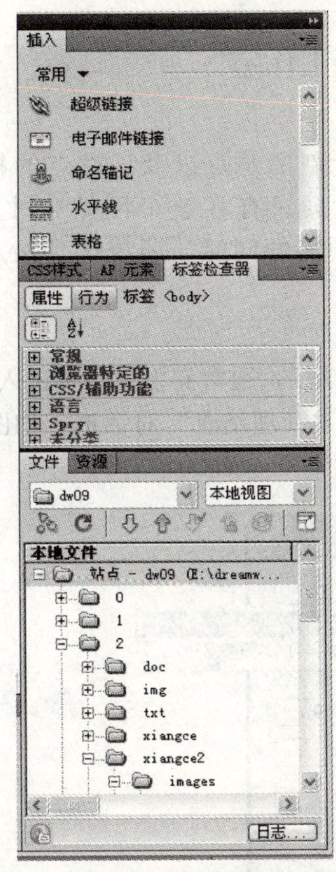

图 1—29　面板组

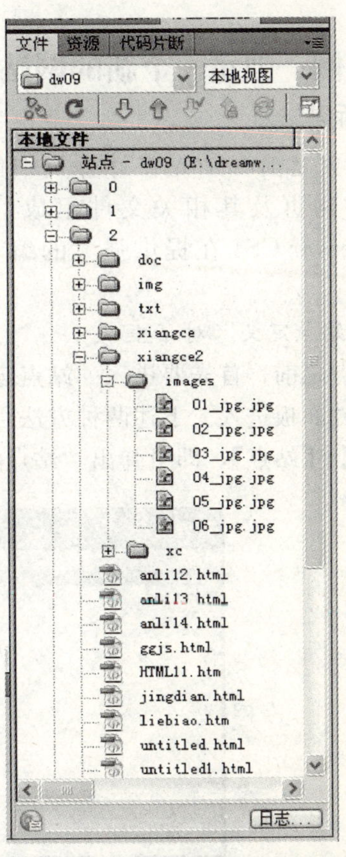

图 1—30　文件/资源/代码片断

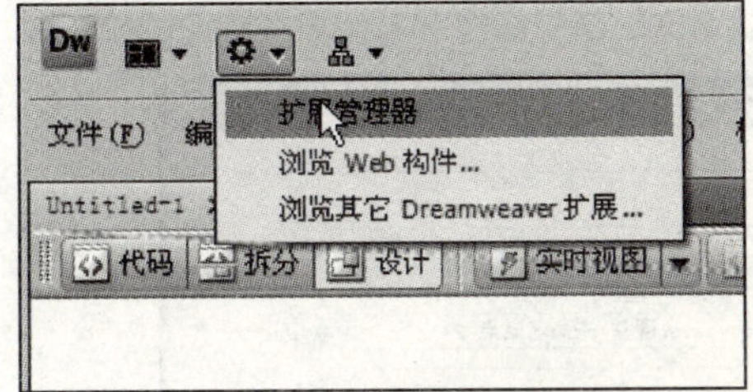

图 1—31　扩展管理器

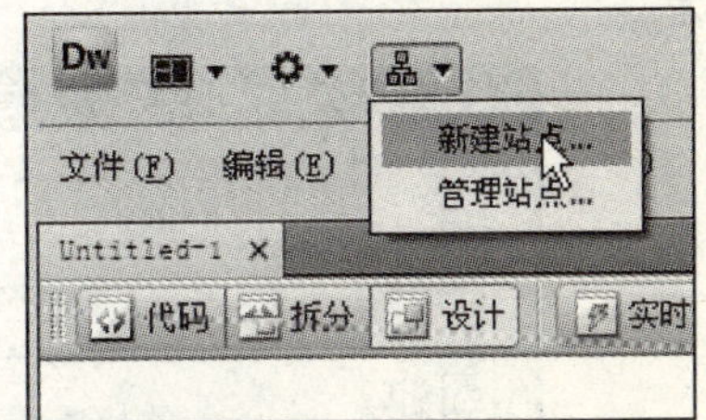

图 1—32　管理站点

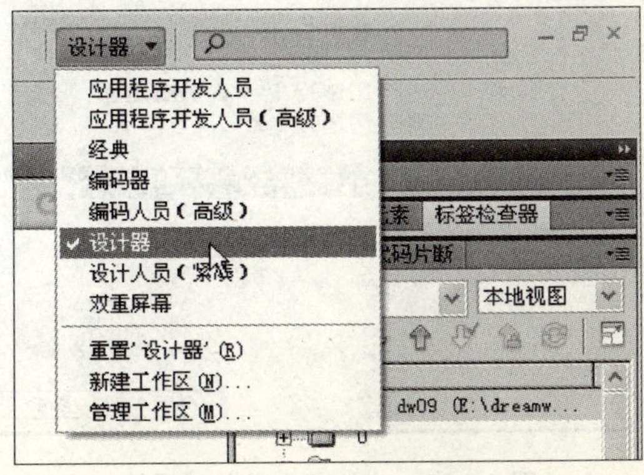

图 1—33　界面定制菜单

1.3 案例：创建一个新的网站“好可工作室”

1.3.1 新建站点

在制作网页之前必须先在计算机中创建一个新的站点以及该站点的根文件夹。站点一般由很多网页及其相关文件组成，每个网页只有在整个网站中才能发挥作用，因此 Dreamweaver CS4 在提供强大的编写网页功能的同时，还提供了站点创建和管理功能。

1. 进入“站点定义”对话框

在新建站点之前，首先要进入“站点定义”对话框，通常有下列两种进入方法。

(1) 从文件面板进入。下述两种方法可以进入“管理站点”对话框，如图 1—34 所示。单击【新建…】|【站点】，即可弹出“站点定义”对话框，如图 1—35 所示。

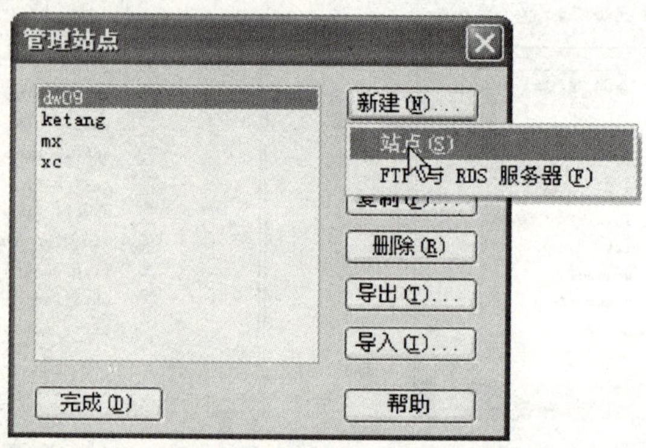

图 1—34 “管理站点”对话框

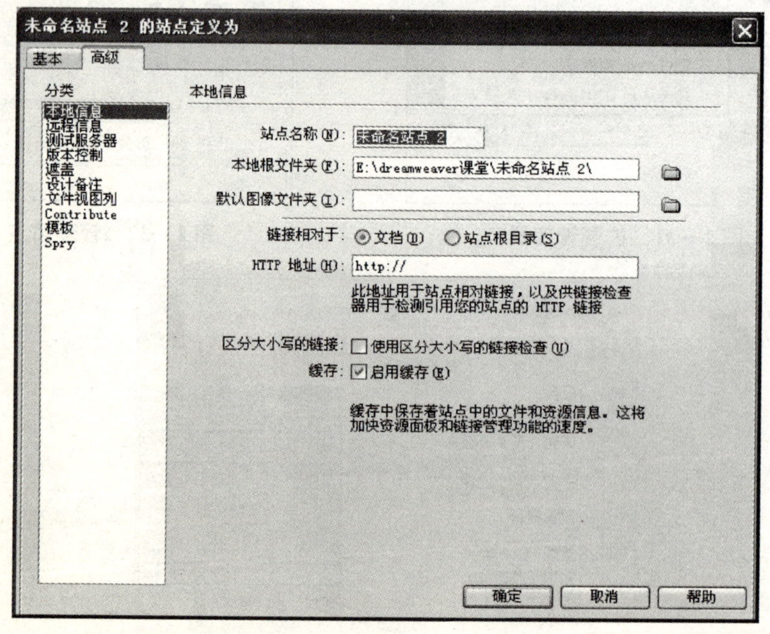

图 1—35 “站点定义”对话框

方法一：单击文件面板中右上方的【管理站点】链接，如图 1—36 所示。

方法二：单击文件面板左上方的箭头 按钮，选择下拉列表底部的“管理站点…”，如图 1—37 所示。

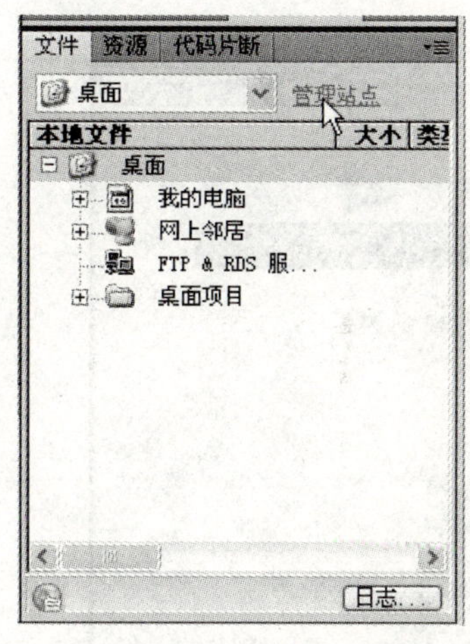

图 1—36　管理站点链接

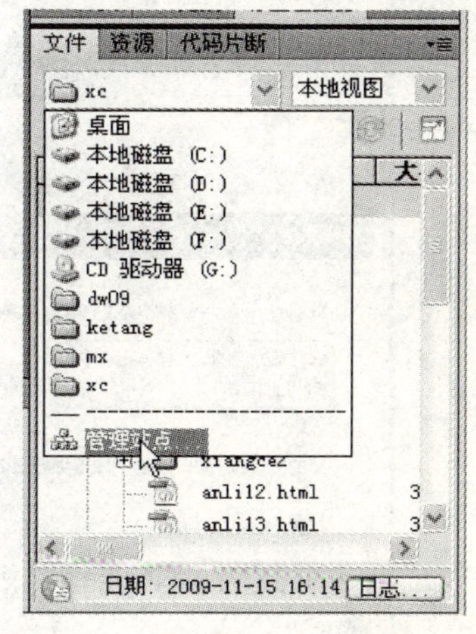

图 1—37　下拉列表中的管理站点

（2）从站点菜单进入。有以下两种方法：

方法一：执行【站点】|【新建站点…】（如图 1—38 所示）命令，进入“站点定义”对话框（如图 1—35 所示）。

方法二：执行【站点】|【管理站点…】（如图 1—39 所示）命令，进入“管理站点”对话框（如图 1—34 所示），再执行【新建】|【站点】命令，进入“站点定义”对话框（如图 1—35 所示）。

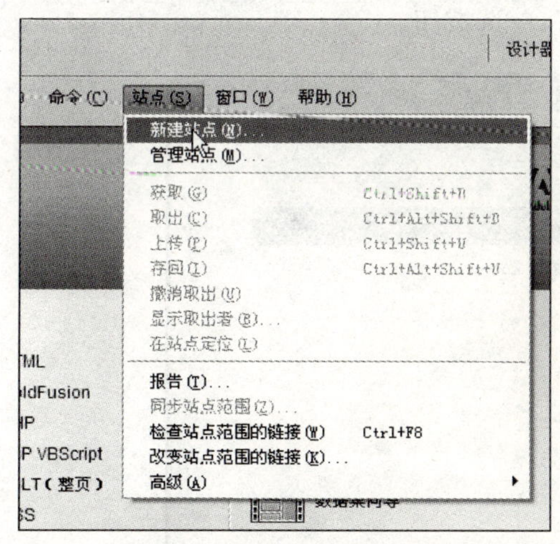

图 1—38　新建站点菜单命令

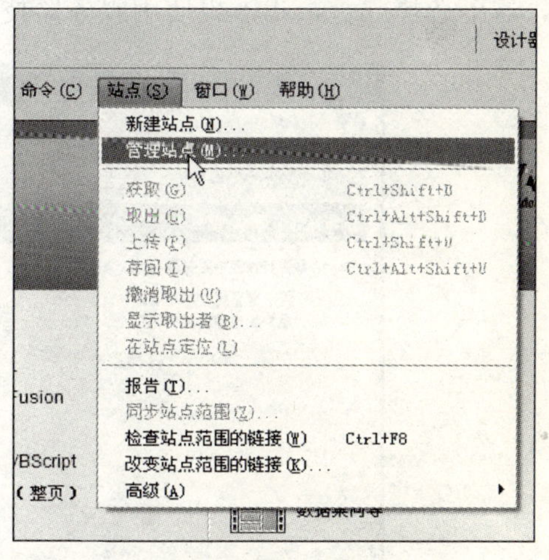

图 1—39　管理站点菜单命令

2. 定义“本地站点”

进入“站点定义”对话框后，定义本地站点的方法有以下两种：

方法一：利用“基本”选项卡的站点定义向导。

方法二：利用“高级”选项卡进行设置（如图 1—35 所示），这种方法比较直观、快速。

下面详细介绍利用“基本”选项卡，根据站点定义向导提示定义本地站点的步骤。

(1) 进入“站点定义”对话框后，选择“基本”选项卡。设置站点名称为“好可工作室”，在站点的 URL 文本框中输入网站的域名或 IP 地址。如果要创建本地站点，则此处留空白。如图 1—40 所示，单击【下一步】按钮。

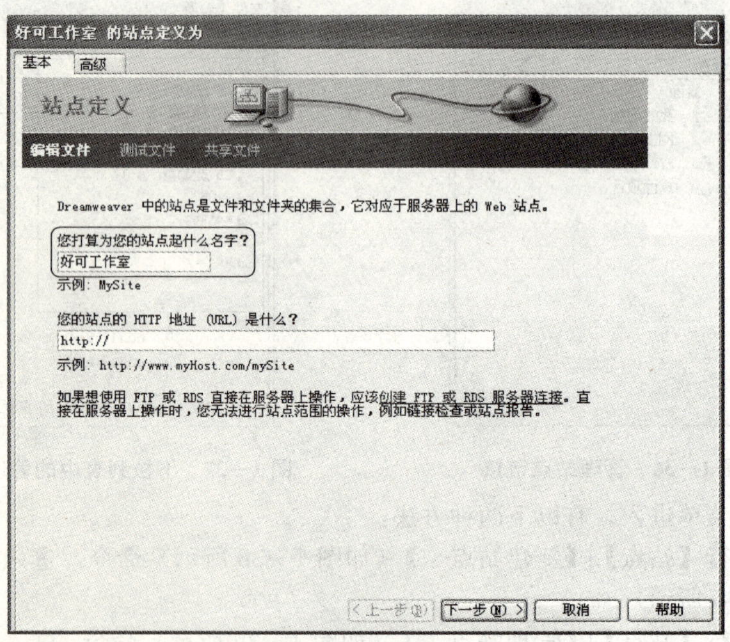

图 1—40 “站点定义”对话框 1

(3) 在弹出的对话框中询问是否使用服务器技术，如图 1—41 所示。由于创建的是静态网站，这里选择“否，我不想使用服务器技术”单选按钮。

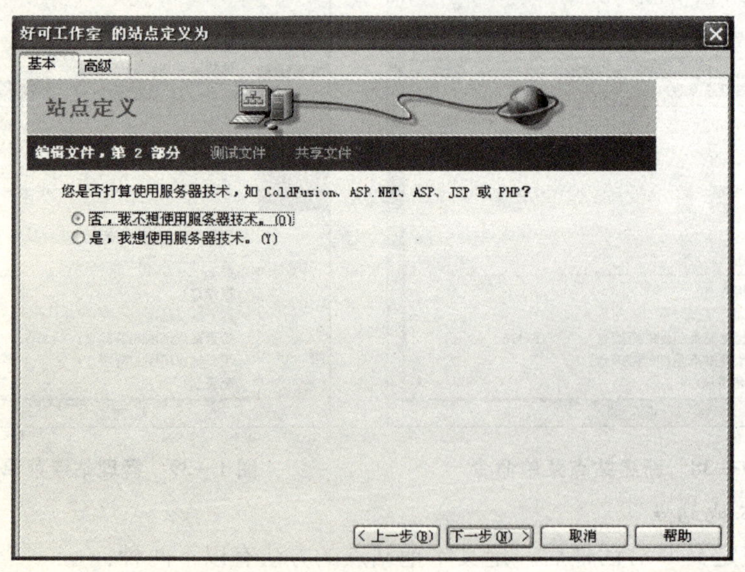

图 1—41 “站点定义”对话框 2

(4) 在下一步的对话框中，选择“编辑我的计算机上的本地副本，完成后再上传到服务器（推荐）”单选按钮，如图 1—42 所示。单击 （浏览）按钮设置站点的本地根文件夹的位置，若根文件夹没有预先建立好，则此时新建文件夹，如图 1—43 所示。

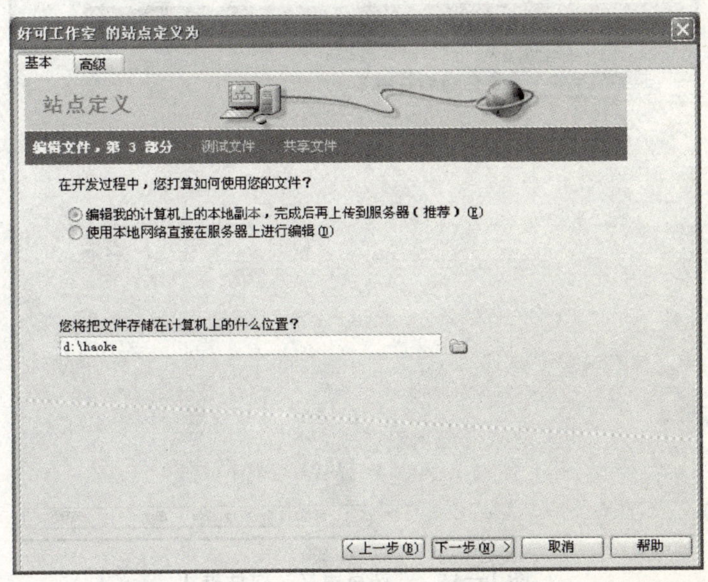

图 1—42　“站点定义”对话框 3

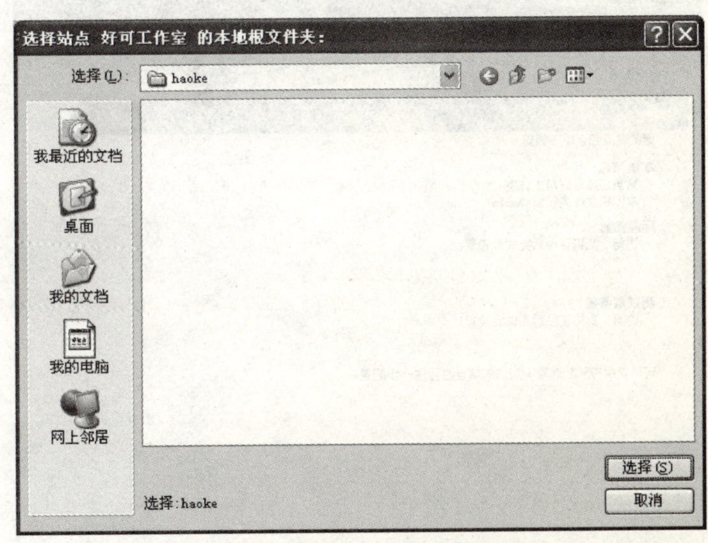

图 1—43　选择站点的本地根文件夹

(5) 在下一步的对话框中，显示选择远程服务器连接方式的界面。在“您如何连接到远程服务器”下拉框中选择“无”选项，如图 1—44 所示。单击【下一步】按钮，出现确认信息界面。

(6) 显示前面已经设置的内容，单击【完成】按钮，如图 1—45 所示。

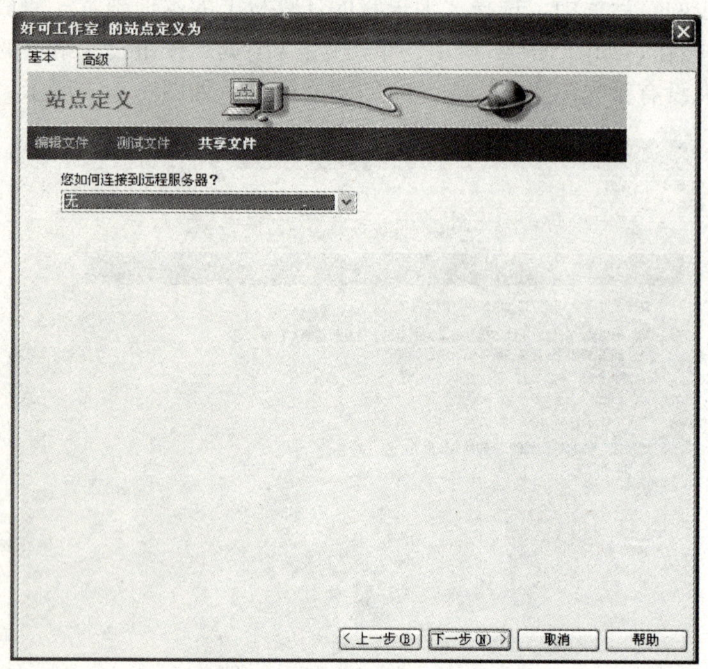

图 1—44 “站点定义”对话框 4

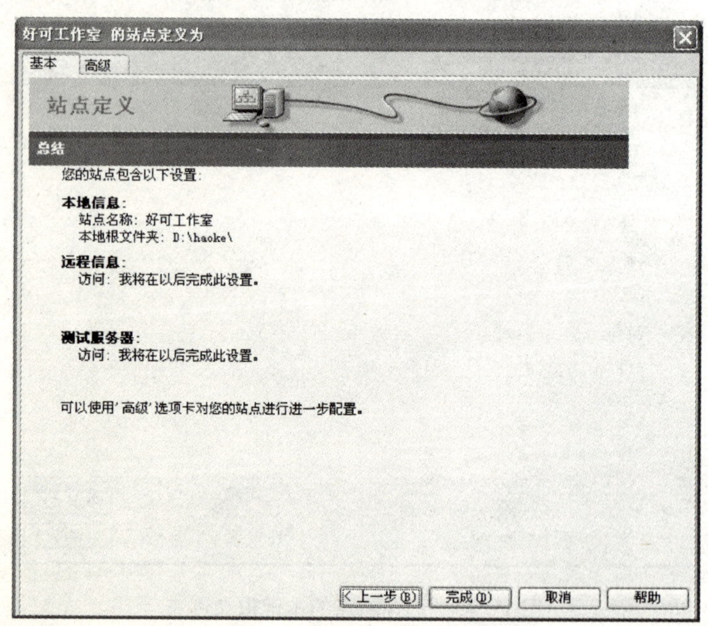

图 1—45 “站点定义”对话框 5

（7）返回到“管理站点”对话框，如图 1—46 所示。单击【完成】按钮，本地站点创建完成，在文件面板中的“本地视图”窗口中会显示该站点的名称和根文件夹，如图 1—47 所示。

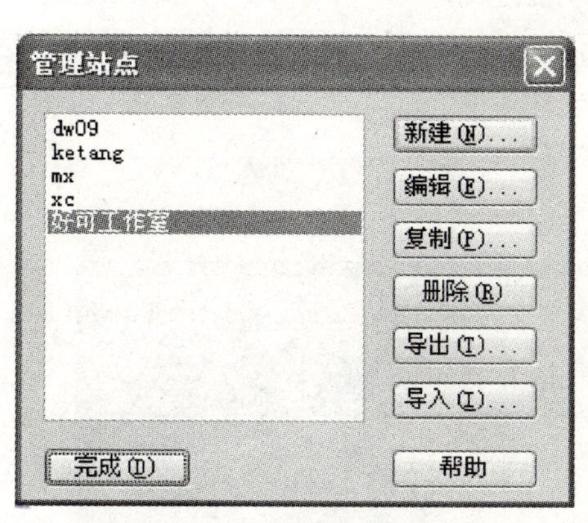

图 1—46　“管理站点”对话框

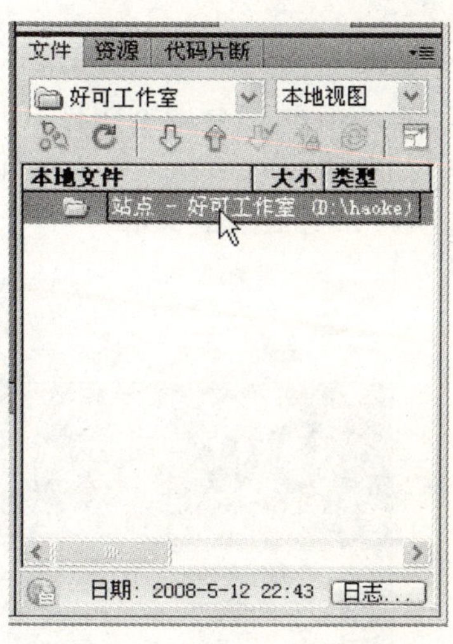

图 1—47　文件面板中的站点

1.3.2　新建网页文件与文件夹

文件面板是管理整个网站的重要工具，它可以让人们看到整个网站的结构及其文件内容，快速地管理网站。在文件面板中新建网页和文件夹比较方便、简单。新建文件与文件夹的操作步骤如下：

（1）移动鼠标在文件面板中选择站点根文件夹后，单击鼠标右键，从弹出的快捷菜单中选择“新建文件”或“新建文件夹”，如图 1—48 所示。

（2）输入文件名“index. html”（如图 1—49 所示）或文件夹名“photo”（如图 1—50 所示）后按 Enter 键确认。

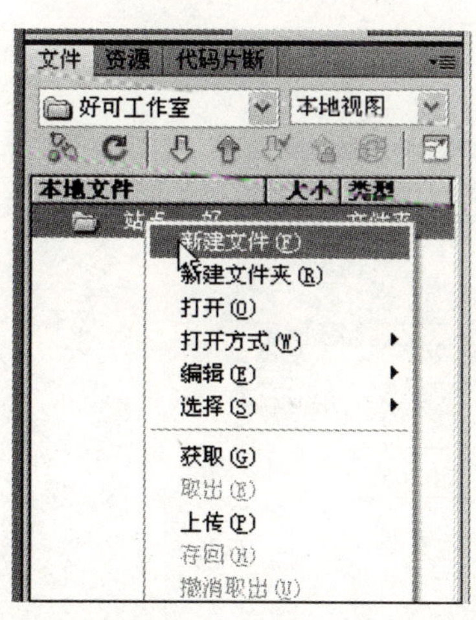

图 1—48　新建文件

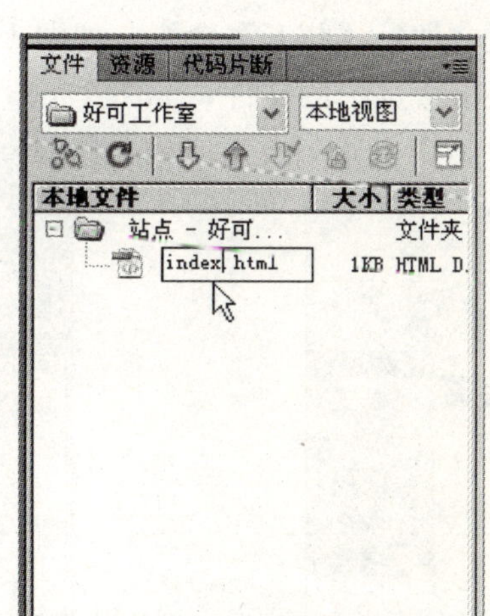

图 1—49　输入文件名

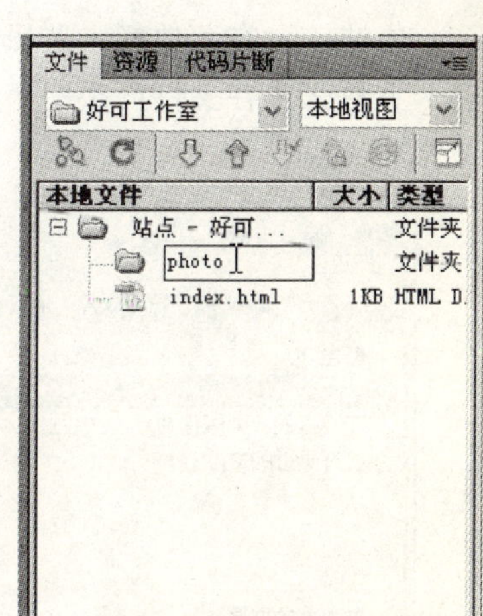

图 1—50　输入文件夹名

提示：在“文件”菜单和欢迎屏幕中也可新建网页文件，但一定要先保存到站点根文件夹中。

1.3.3 打开网页文件

在 Dreamweaver 中有如下四种打开网页的方法。

方法一：启动 Dreamweaver 后，移动鼠标在“打开最近的项目”的文件列表中选择“打开”选项，如图 1—51 所示。

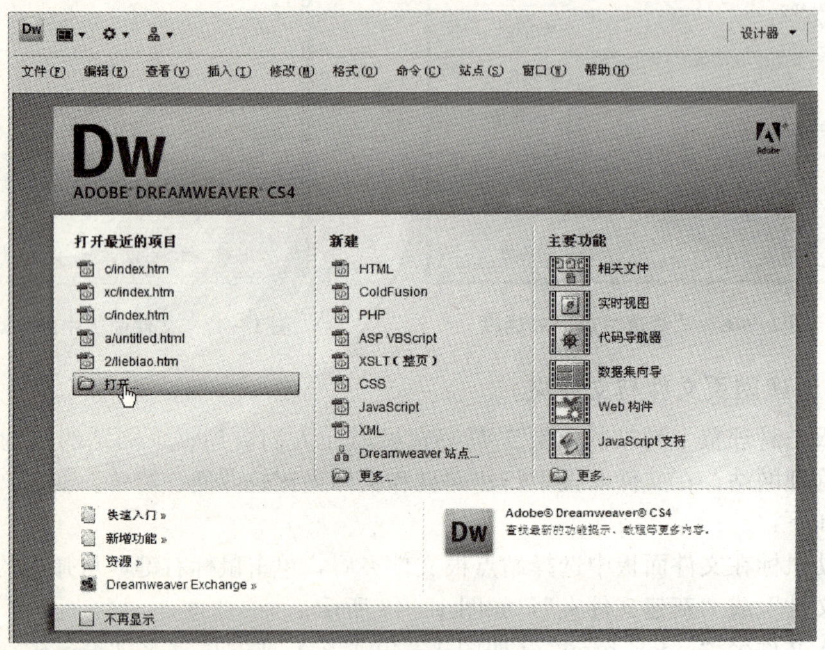

图 1—51 从欢迎屏幕中打开网页

方法二：在菜单栏中选择【文件】|【打开】命令，如图 1—52 所示。

方法三：在文件面板中，双击所选择的文件，如图 1—53 所示。

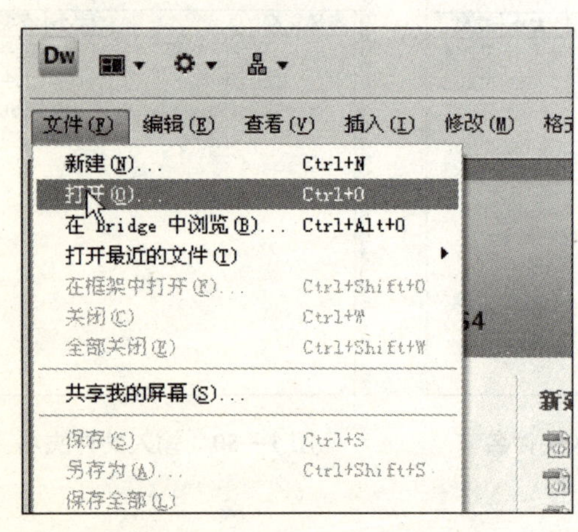

图 1—52 从菜单栏中打开网页

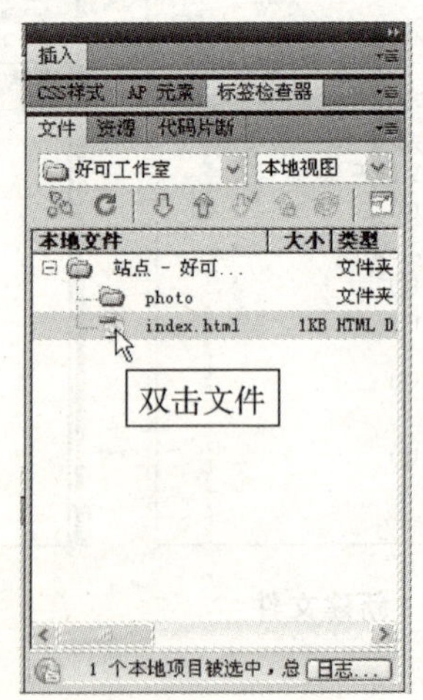

图 1—53 从文件面板中打开网页

方法四：打开我的电脑，在文件夹窗口中的网页文件上单击鼠标右键，从弹出的快捷菜单中选择【使用 Dreamweaver CS4 编辑】命令。

1.3.4　保存网页文件

网页是逐步做好的，我们可以将设计好的页面保存起来，随时加以修改。具体保存方法如下：

方法一：在菜单栏中选择【文件】|【保存】命令，如图 1—54 所示。

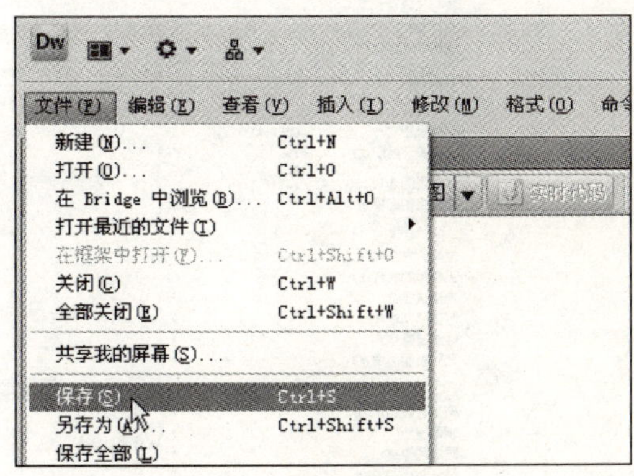

图 1—54　保存网页文件

方法二：在菜单栏中选择【文件】|【另存为】命令，出现"另存为"对话框后，从"保存在"下拉框中选择文件夹名称，接着在"文件名"文本框中输入"index. html"，然后单击【保存】按钮，如图 1—55 所示。保存后的网页如图 1—56 所示。

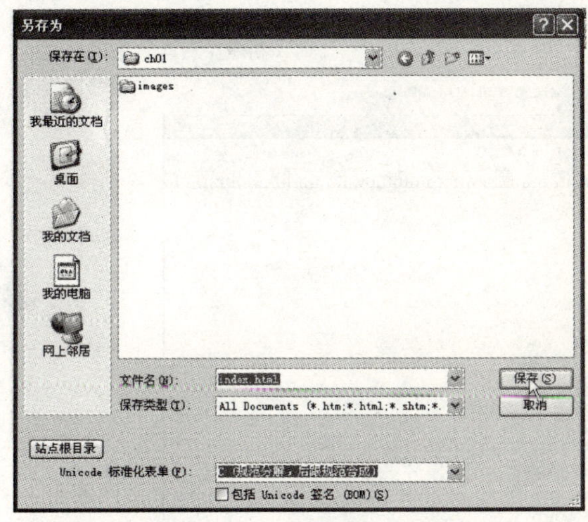

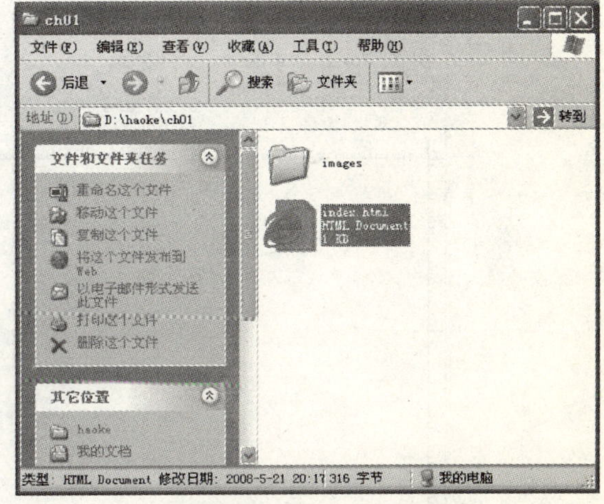

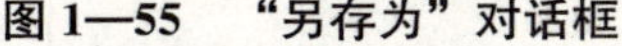
图 1—55　"另存为"对话框　　　　图 1—56　index. html 文件

1.3.5　网页版面布局

在制作网页的过程中，若遇到较复杂的画面，可以使用编辑辅助工具，如标尺（Rulers）、网格线（Grid），以提高制作网页的效率。

1. 标尺

在菜单栏中选择【查看】|【标尺】|【显示】命令，如图 1—57 所示。

在编辑区就会出现刻度标尺（如图 1—58 所示），它可以作为摆放对象位置的依据。上方的刻度称为水平标尺（X 轴），左边的刻度称为垂直标尺（Y 轴），而原点（0，0）在网页的左上角，X 轴向左移动为负数，Y 轴向上移动为负数。

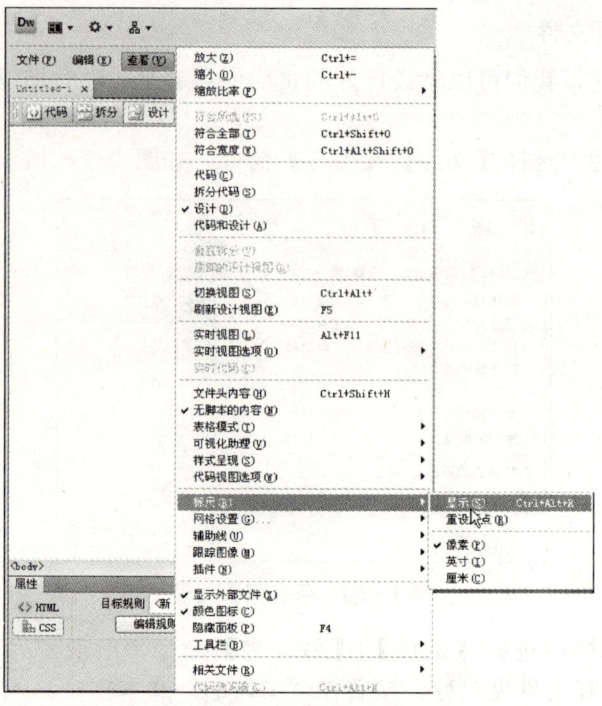

图 1—57　标尺显示命令

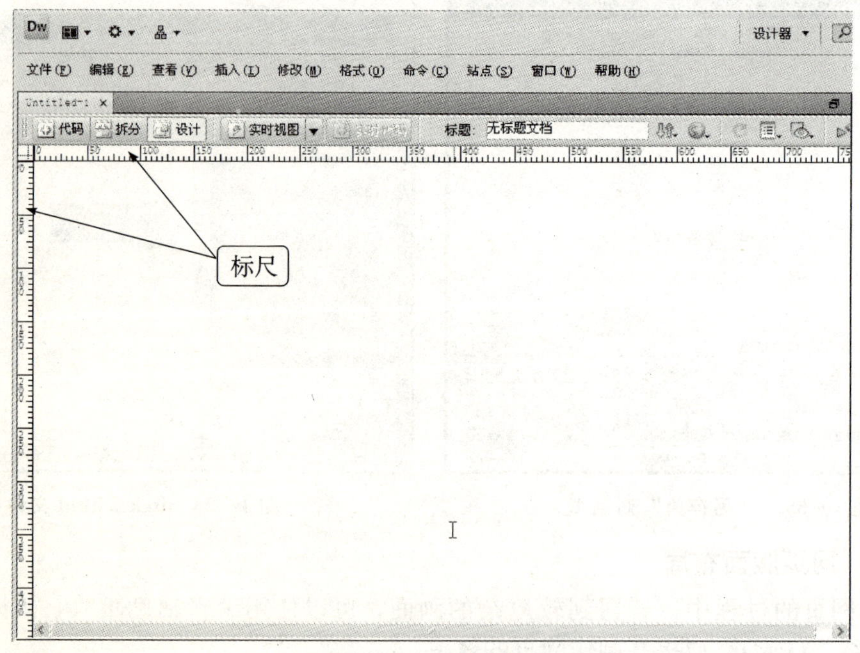

图 1—58　打开的标尺

2. 网格线

网格线主要的作用是能够更方便地排列图形位置，快速看到对象与对象之间的间距，而这些网格线在实际浏览时是看不到的。

在菜单栏中选择【查看】|【网格设置】|【显示网格】命令，如图 1—59 所示。选择显示网格线功能后，编辑区就会出现淡绿色的网格线，如图 1—60 所示。

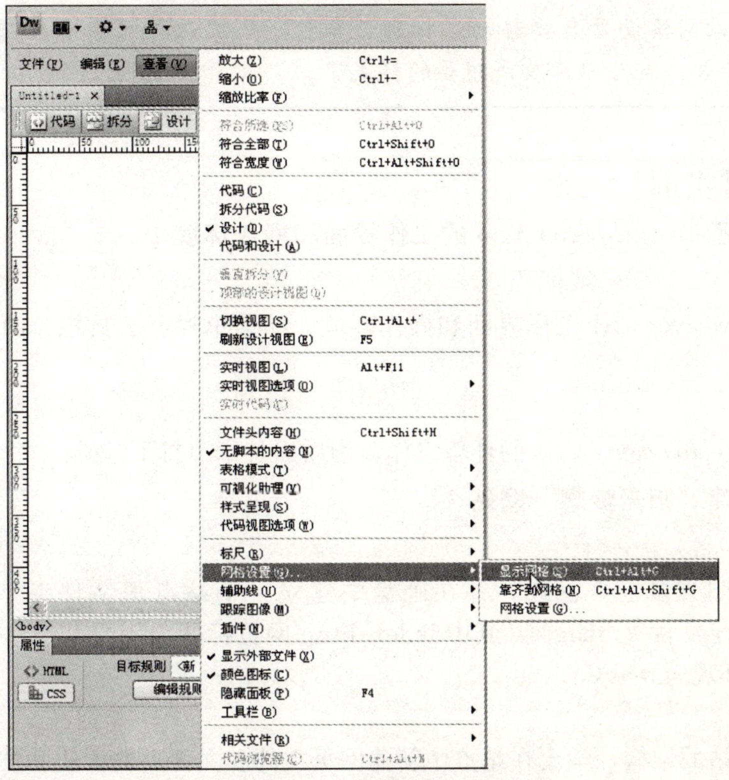

图 1—59　显示网格命令

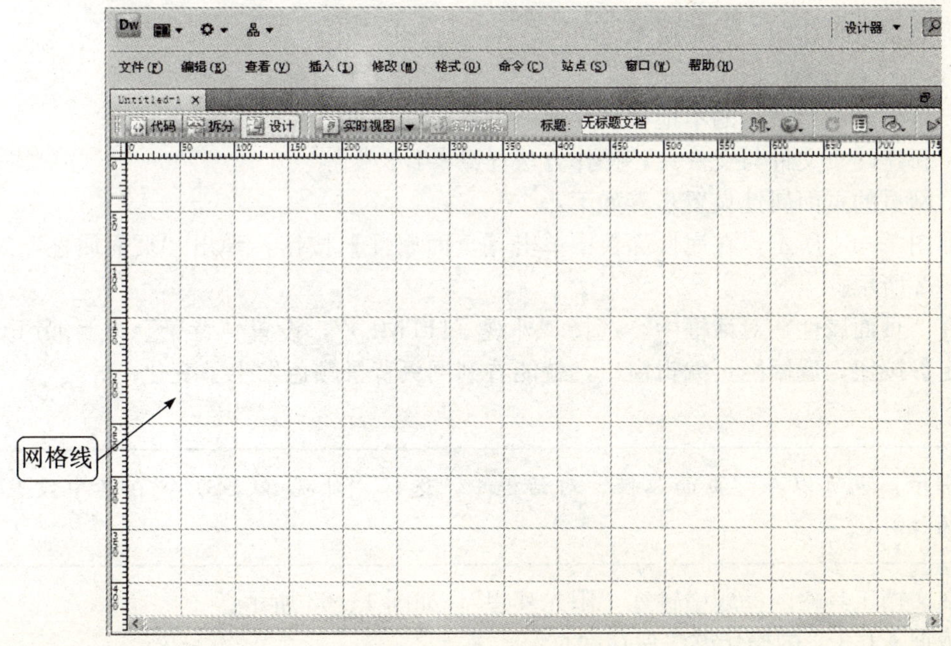

图 1—60　打开的网格线

若执行【网格设置】|【靠齐到网格】命令，则在拖动对象时，对象就会自动对齐在网格线上。

提示：改动网格设置只要移动鼠标到菜单栏，依次选择【查看】|【网格设置】|【网格设置】命令，就可以修改成想要的样式了。

1.4 项目实训

项目 1：熟悉 Dreamweaver CS4 的工作界面和操作环境

1. 实训题目

熟悉 Dreamweaver CS4 工作界面和操作环境，如菜单栏、工具栏、面板、鼠标、键盘操作技巧等。

2. 实训目的

熟练掌握 Dreamweaver CS4 的环境操作，为后面各章节打下基础。

项目 2：创建“阳光梦想”网站

1. 实训题目

创建一个“阳光梦想”网站，并在硬盘中建立一个站点根文件夹 ygmx、一个网页 index. html 以及子文件夹 images，其中 index. html 网页标题为阳光梦想，背景色设置为＃99FFCC（CSS 外观为＃9FC）。

2. 实训目的

掌握一个网站的架构，学会在站点中新建网页文件和文件夹的方法和技巧，初步学习对网页页面属性的设置。

3. 实训案例效果

实训案例效果如图 1—61 所示。

4. 实训设计过程

（1）新建站点与站点的本地根文件夹，操作步骤详见§1. 3. 1。

（2）新建网页文件与文件夹，操作方法详见§1. 3. 2。

（3）网页的页面属性设置步骤如下：

①如图 1—61 所示，在属性面板中单击【页面属性】按钮，弹出“页面属性”对话框，如图 1—62 所示。

②在“页面属性”对话框中，选择“外观（HTML)”，设置“背景”为＃99FFCC。单击【确定】按钮，返回网页编辑窗口，就能看到网页背景颜色发生了变化。

提示：也可以在“页面属性”对话框中，选择“外观（CSS)”，在其中设置“背景”为＃9FC。

③在文档工具栏的标题中输入“阳光梦想”，如图 1—63 所示。

④依据§1. 3. 4 的操作方法保存网页。

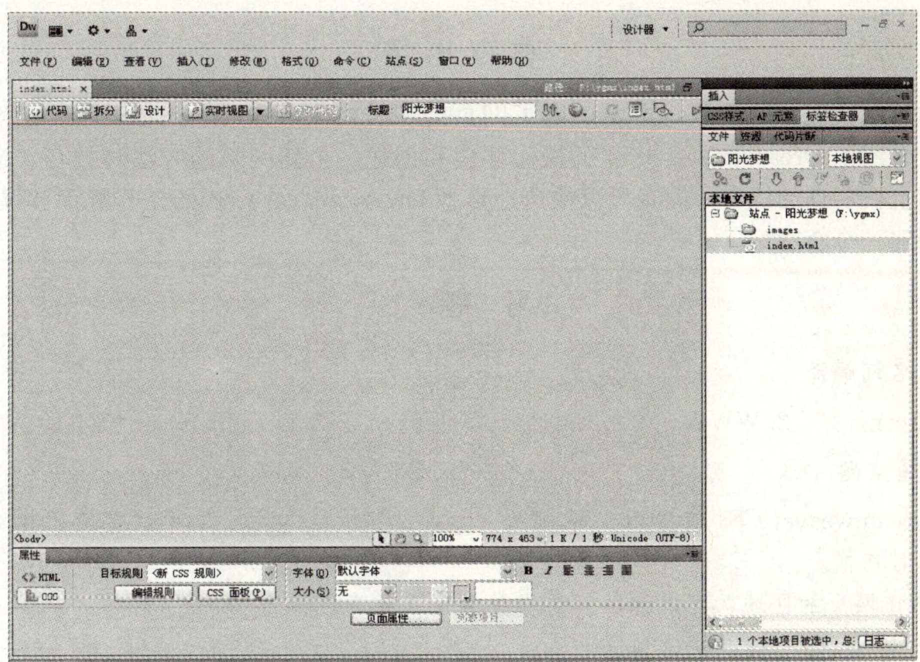

图 1—61　创建“阳光梦想”效果图

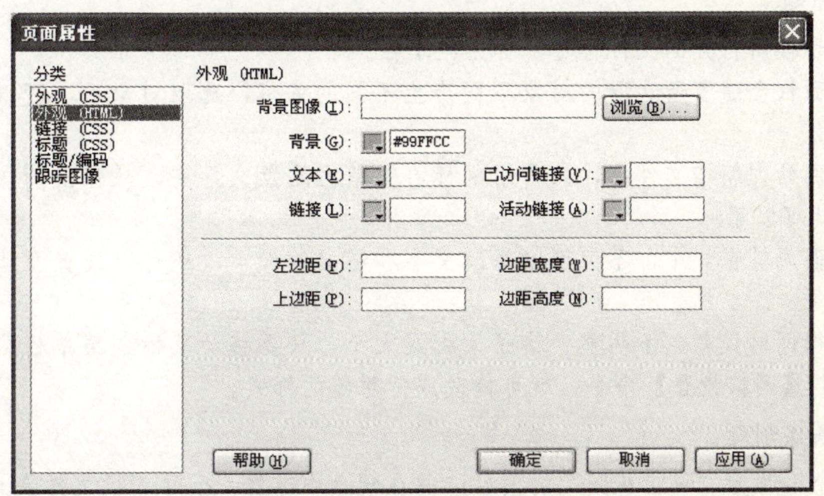

图 1—62　“页面属性”对话框

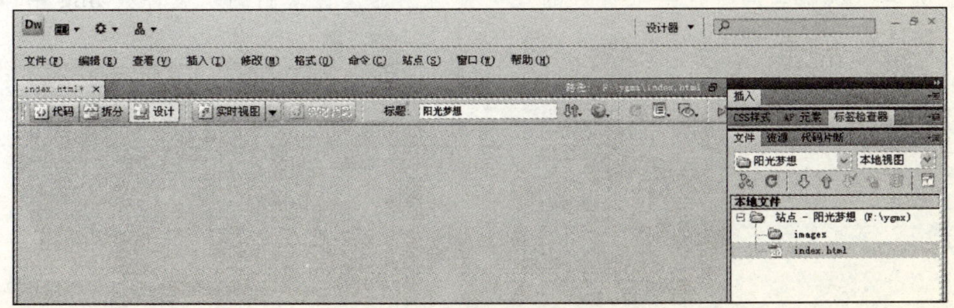

图 1—63　设置后的网页

本章小结

本章是网页设计的基础，主要讲解了网页的相关概念，Dreamweaver CS4 的安装和启动；重点介绍了 Dreamweaver CS4 的操作环境和创建一个新网站的方法与技巧。通过本章的学习和上机实训的练习，读者可以快速地熟悉 Dreamweaver CS4 的工作界面和操作流程，熟练地创建一个新网站。

习 题 1

一、名词解释

1. Internet　　2. WWW　　3. 网页　　4. 网站　　5. Dreamweaver CS4

二、填空题

1. Dreamweaver CS4 有显示代码视图、________、________ 3 种网页编辑模式，彼此间可以随时切换。

2. 制作网页的区域，可以加入任何有关的网页元素，称为________。

3. 按下________键能快速预览网页。

4. 若在网格菜单中选择________，在拖动对象时，对象就会自动对齐在网格线上。

三、判断题

1. 快速切换所打开的文件标签，称为菜单栏。（　　）

2. 属性面板会随着所选取的对象不同产生不同的内容，选取对象后，可以在面板内进行编辑或修改。（　　）

3. 若在网站内新增文件夹，只需用鼠标右键单击站点文件夹，从弹出的快捷菜单中选择新建网页就可以了。（　　）

4. 在页面属性窗口中，不但可以修改文字和链接的颜色，还可以设置左边界和上边界的位置。（　　）

5. 若觉得网格线颜色不明显、格子太大或太小，只要移动鼠标到菜单栏依次选择【查看】|【网格】|【网格设置】命令，就可修改成你想要的样式。（　　）

四、拓展实训题

创建一个名称为“秘密花园”的网站，并在硬盘中建立一个站点根文件夹 mmhy，并新建一个网页 default. html 和一个子文件夹 img，其中 default. html 网页标题为秘密花园，背景色设置为＃dde6ba。同时，把准备好的几个素材图片文件复制到子文件夹 img 中。

第2章　HTML 语言简介

教学任务

● 掌握 HTML 语言基础。
● 掌握头部标记及其之间的主要标记。
● 掌握主体标记及其之间的常用标记。

教学重点和难点

● HTML 概念及其基本结构。
● 主体标记及其之间的标记，标记与属性之间的关系，表格标记、多媒体标记。

课前导读

通过对第 1 章的学习，我们已经了解了网页制作的基础知识和开发工具。本章我们将讲述 HTML 语言。

HTML 是创建网页的基础语言，如果不了解 HTML（超文本标记语言），就谈不上网页设计。HTML 也是 Web 用于创建和识别文档的标准语言。HTML 是在 SGML 定义下的描述性语言，也可以说是这种定义下的一个应用格式，但是它与 C++或 Java 不同，它只是用来标识文件的。HTML 是通过使用标签来完成的，标签可指定网页在浏览器中的实现方式，因此我们只需要明白各种标记的用法，就算学会了 HTML；学习 HTML 还是非常简单的，它只是文字和标记的结合。

HTML 在进行复杂网页设计时非常有用，它是一种既简单又实用的语言。

Dreamweaver 与 HTML 语言有着比较紧密的联系，文本、图像、表格、样式、层、框架等基本元素或对象的建立都是以 HTML 语言为基础的，可以说，HTML 语言是搭建网站的基本“材料”，所以我们有必要学习 HTML 语言。

HTML 代码既可在 Windows 记事本内书写，也可在 Dreamweaver 的代码视图中书写。

在 Dreamweaver 中输入 HTML 代码时有代码提示，便于初学者学习，同时可提高工作效率，如图 2—1 所示。

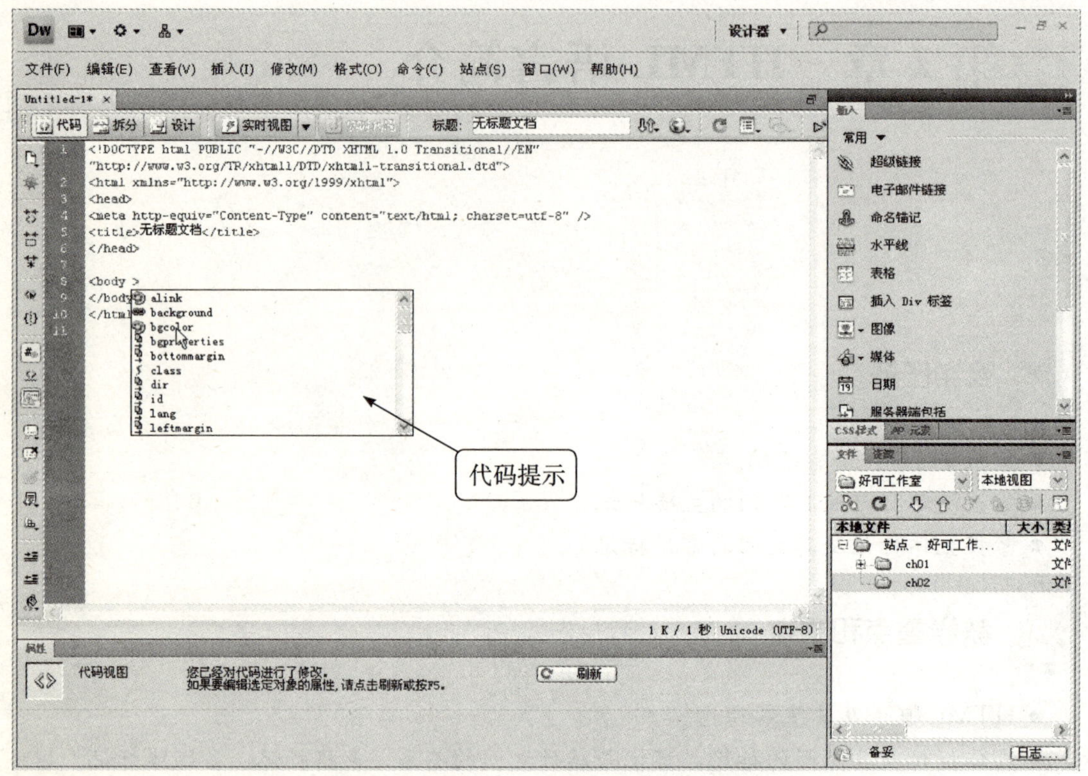

图 2—1　代码提示

提示：在记事本中输入 HTML 文件，存盘时一定要将文件的扩展名设置为 .htm 或 .html。

2.1　HTML 语言基础

HTML 的英文全称是 HyperText Markup Language，直译为超文本标记语言。它是一种文本类、解释执行的标记语言，是在标准一般化标记语言（SGML）的基础上建立的。

HTML 文件由各种 HTML 元素和标签组成。一个 HTML 文件的基本结构如下：

〈html〉　网页文件开始标记
〈head〉　头部开始标记
…　头部内容
〈/head〉　头部结束标记
〈body〉　主体开始标记
…　主体内容
〈/body〉　主体结束标记

〈/html〉　　　网页文件结束标记

标记又称标签，HTML 是影响网页内容显示格式的标记集合，浏览器根据标记决定网页的实际显示效果。

在 HTML 中，所有的标记都用尖括号括起来，如〈html〉表示 HTML 开始标记。绝大多数标记都是成对出现的，包括开始标记和结束标记，如〈html〉…〈/html〉。HTML 标记是不区分大小写的。

在标记中，可分成单标记和双标记，双标记是上面提到的标记对。

1. 单标记

有些标记能完整地表达标记里的意思，只需在尖括号中输入标记名即可，这类标记叫单标记。一种单标记表示一种功能，没有范围之分，单标记语法形式为：

<标记 />

标记是指由 HTML 语言提供的，具有特殊功能的英文字母，如〈hr /〉表示画一条水平线；换行标记〈br /〉表示在标记处换行。单标记可以在网页中任意嵌套。

提示：在 Dreamweaver CS4 中输入后半个尖括号时会自动弹出/。

2. 双标记

“双标记”与单标记刚好相反，这种标记有头有尾，且前标记与尾标记保持一致，但在尾标记前有斜杠，所以叫做双标记。前标记告诉浏览器从本处开始标记所表达的功能，尾标记告诉浏览器所执行的功能结束。语法格式如下：

〈标记〉内容〈/标记〉

其中，〈标记〉由字母关键字组成，如“〈div〉〈/div〉”组成一个层，“〈table〉〈/table〉”组成一个表格；“内容”是被标记修饰的部分，如“〈p〉段落内容〈/p〉”表示一个段落。

双标记可以多层嵌套，如在〈p〉〈/p〉标记对中可以嵌套〈div〉〈/div〉标记对。值得注意的是，标记对不能交叉。

属性是用来描述对象特征的。在 HTML 中，所有属性都放在开始标记的尖括号里，属性与标记之间用空格分隔，属性的值放在相应属性之后，用等号分隔，而不同的属性之间用空格分隔。HTML 属性通常也不区分大小写。语法格式如下：

〈标记　属性 1 = 属性值 1　属性 2 = 属性值 2　…〉受影响的内容〈/标记〉

例如：

〈body bgcolor = "＃ccffff" text = "＃660033"〉

这里的属性值引号可省略。

提示：在书写 HTML 代码时，有些内容可省略，但不能随便省略，否则会产生意想不到的错误。

2.2　头部标记及其之间的主要标记

2.2.1　网页标题标记

HTML 页面的标题一般是用来说明页面用途的，它显示在浏览器的标题栏中。每个 HTML 页面都应该有标题，在 HTML 文档中，标题信息设置在页面的头部，也就是〈head〉与〈/head〉之间。标题标记以〈title〉开始，以〈/title〉结束。语法格式如下：

```
〈title〉…〈/title〉
```

> **提示：**在标记中间的“…”是标题的内容，它可以帮助用户更好地识别页面。页面的标题有且只有一个，它位于 HTML 文档的头部，即〈head〉和〈/head〉之间。

［例 2—1］标题标记的用法。

```
〈html〉
〈head〉
〈title〉文档的标题〈/title〉
〈/head〉
〈body〉
〈/body〉
〈/html〉
```

保存页面后在浏览器中打开，可以看到标题栏中显示出刚才设置的标题“文档的标题”，效果如图 2—2 所示。

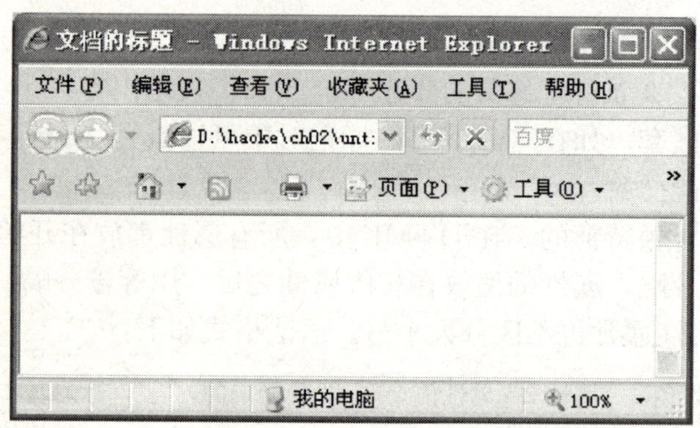

图 2—2　HTML 页面的标题

2.2.2　元信息标记

1. 网页的跳转

在浏览网页时经常会看到一些欢迎信息的界面，在经过一段时间后，该页面会自动转到其他页面，这就是网页的跳转。使用 HTML 代码就可以很轻松地实现这一功能。语法格式如下：

```
〈meta http-equiv = "refresh" content = "跳转时间; url = 链接地址"/〉
```

提示：refresh 表示网页的刷新，在 content 中设定刷新的时间和刷新后的地址，时间和链接地址之间用分号相隔。默认情况下，跳转时间以秒为单位。

［**例 2—2**］链接地址为搜狐网站地址，在设定的时间从当前网页跳转到该新网站。

```
<html>
<head>
<title>网页的跳转</title>
<meta http-equiv="refresh" content="3; url=http://www.sohu.com" />
</head>
<body>
您好,本页在 3 秒之后将自动跳转到搜狐网站
</body>
</html>
```

运行程序，效果如图 2—3 所示。在 3 秒之后，网页自动跳转到了搜狐网站。

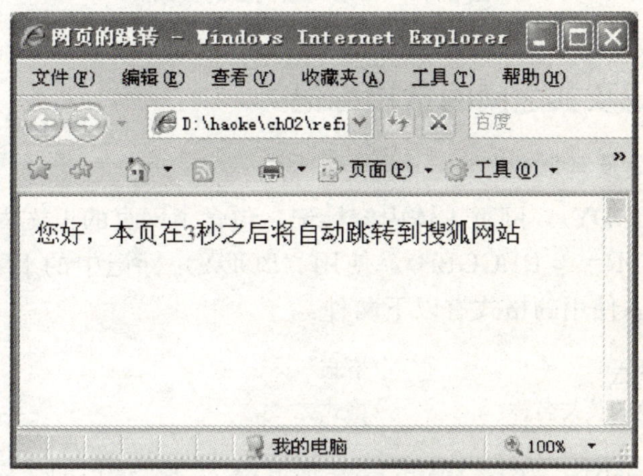

图 2—3　运行自动跳转的页面

2. 自动刷新页面

当上述语法中的链接地址被省略时，网页的功能就变成了刷新页面本身，这在不断更新数据的页面中经常会用到。刷新页面的代码如下：

```
<html>
<head>
<title>自动刷新页面</title>
<meta http-equiv="refresh" content="60"/>
</head>
<body>
您好,本页每隔 1 分钟自动刷新一次
```

```
</body>
</html>
```

运行页面的效果如图 2—4 所示。

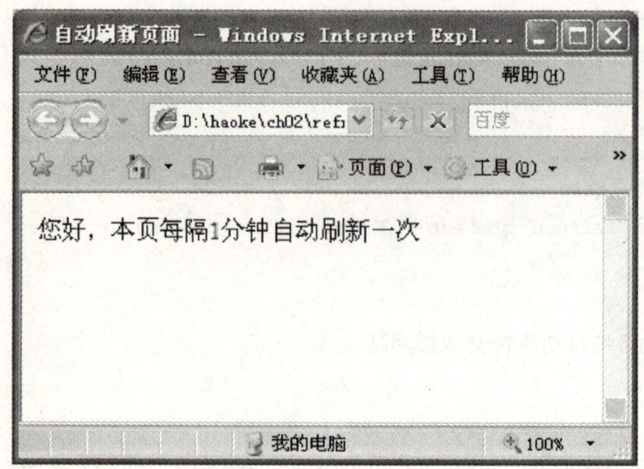

图 2—4 自动刷新页面的效果

2.3 主体标记及其之间的常用标记

2.3.1 主体标记及其属性

<BODY> … </BODY>：网页主体内容标记，包含了网页的正文内容，一般不可缺少。

<BODY BGCOLOR=#RRGGBB>：使用 <BODY> 标记中的 BGCOLOR 属性，可以设置网页的背景颜色。使用的格式有以下两种：

```
<BODY BGCOLOR=#RRGGBB>            //格式一
<BODY BGCOLOR=颜色的英文名称>       //格式二
```

在第一种格式中，RR、GG、BB 可以分别取值为 00～FF 的十六进制数。RR、GG、BB 分别用来表示颜色中的红色、绿色和蓝色的成分，数值越大，颜色越深。红、绿、蓝三色按一定比例混合，可以得到各种颜色。

例如：RR =FF，GG=FF，BB=00，表示为黄色。若 RRGGBB 取值为 000000，则为黑色；若 RRGGBB 取值为 FFFFFF，则为白色；若 RRGGBB 取值为 FF8888，则为浅红色。

第二种格式是直接使用颜色的英文名称来设定网页的背景颜色。例如：

<BODY BGCOLOR=blue>：设置网页的背景颜色为蓝色。

<BODY BGCOLOR=red>：设置网页的背景颜色为红色。

<BODY BGCOLOR=white>：设置网页的背景颜色为白色。

2.3.2 文字与段落标记

1. 标题标记

<H1> … </H1>：正文的第一级标题标记。此外，还有第二、三、四、五、六级标题

标记，分别为〈H2〉…〈/H2〉、〈H3〉…〈/H3〉、〈H4〉…〈/H4〉、〈H5〉…〈/H5〉和〈H6〉…〈/H6〉。级别越高，文字越小。

六级标题的实例代码如下，它们在浏览器中的显示效果如图 2—5 所示。

```
〈html〉
    〈head〉
        〈title〉标题标记〈/title〉
    〈/head〉
    〈body〉
        〈! --下面是标题标记对-- 〉
        〈h1〉标题 h1〈/h1〉
        〈h2〉标题 h2〈/h2〉
        〈h3〉标题 h3〈/h3〉
        〈h4〉标题 h4〈/h4〉
        〈h5〉标题 h5〈/h5〉
        〈h6〉标题 h6〈/h6〉
    〈/body〉
〈/html〉
```

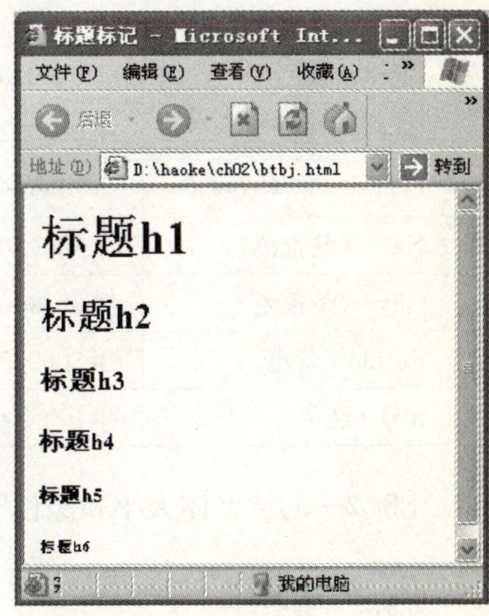

图 2—5　标题标记实例效果

Hn 可以有对齐属性，ALIGN＝♯，“♯”表示 Left（标题居左）、Center（标题居中）和 Right（标题居右）。例如：

```
〈H2 ALIGN = Center〉标题 2〈/H2〉
```

2. 段落标记

〈P〉…〈/P〉：段落标记，作用是将其内的文字另起一段显示。段与段之间有一个空行。由于 HTML 的浏览器是基于窗口的，用户可以随时改变显示区的大小，所以 HTML 将多个空格以及回车等效为一个空格，这与绝大多数处理器不同。段落标记也可以有多种属性，比较常用的属性是 Align＝♯，“♯”可以是 Left、Center 或 Right，其含义同上文。

3. 换行符标记

〈BR/〉：换行符标记，也是单标记，表示以后的内容移到下一行。

4. 字体标记

〈font〉…〈/font〉：字体标记，用于设置文字的字体、大小和颜色。属性有 face（字体）、size（大小）和 color（颜色）。

(1) 字体大小：HTML 文件可以有 7 种字号，1 号最小，7 号最大。默认字号为 3，可以用〈FONT SIZE＝字号〉设置默认字号。设置文本的字号有两种方法，一种是设置绝对字号，〈FONT SIZE＝字号〉；另一种是设置文本的相对字号，〈FONT SIZE＝±n〉。使用第 2 种方法时，“＋”号表示字体变大，“－”号表示字体变小。

(2) 字体颜色：字体的颜色用〈FONT color＝♯〉进行设置，♯可以是 6 位十六进制数，分别指定红、绿、蓝的值。也可以使用 16 种标准颜色，如表 2—1 所示。

表 2—1　　16 种标准颜色

色 彩 名	十六进制值	色 彩 名	十六进制值
Aqua（水蓝色）	＃00FFFF	Green（绿色）	＃808080
Black（黑色）	＃000000	Gray（灰色）	＃008000
Blue（蓝色）	＃0000FF	Line（石灰色）	＃00FF00
Fuchsia（樱桃色）	＃FF00FF	Maroon（褐红色）	＃800000
Navy（藏青色）	＃000080	Silver（银色）	＃C0C0C0
Olive（茶青色）	＃808000	Teal（茶色）	＃008080
Purple（紫色）	＃800080	While（白色）	＃FFFFFF
Red（红色）	＃FF0000	Yellow（黄色）	＃FFFF00

［例 2—3］“字体大小和颜色”网页（wz. html）。

```
〈HTML〉
〈HEAD〉
〈TITLE〉字体大小和颜色〈/TITLE〉
〈/HEAD〉
〈BODY〉
〈FONT SIZE = 5 COLOR = ＃FF0000〉字体大小和颜色〈/FONT〉字体大小和颜色〈BR〉
〈FONT SIZE = 2 COLOR = ＃0000FF〉字体大小和颜色〈/FONT〉字体大小和颜色〈BR〉
〈BLINK〉闪烁的文本〈/BLINK〉
〈/BODY〉
〈/HTML〉
```

网页显示效果如图 2—6 所示。

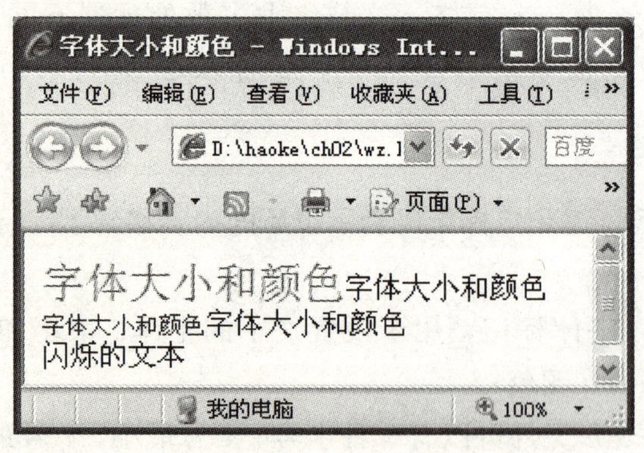

图 2—6　“字体大小和颜色”网页显示效果

5. 字体风格

字体风格分为物理风格和逻辑风格两种。物理风格用来指定字体，主要有〈B〉黑体、〈I〉斜体、〈U〉下划线和〈TT〉打字机体等，如表 2—2 所示。

表 2—2　　文本风格修饰标记

标记符	功　能	标记符	功　能
〈B〉〈/B〉	粗体	〈STRIKE〉〈/STRIKE〉	删除线
〈BIG〉〈/BIG〉	大字体	〈SUB〉〈/SUB〉	下标
〈I〉〈/I〉	斜体	〈SUP〉〈/SUP〉	上标
〈S〉〈/S〉	删除线	〈TT〉〈/TT〉	固定宽度字体
〈SMALL〉〈/SMALL〉	小字体	〈U〉〈/U〉	下划线

字体的逻辑风格用来指定文本的作用，主要有〈EM〉强调、〈STRONG〉特别强调、〈CODE〉源代码、〈SAMP〉例子、〈KBD〉键盘输入、〈VAR〉变量、〈DFN〉定义、〈CITE〉引用、〈SMALL〉较小、〈BIG〉较大、〈SUP〉上标和〈SUB〉下标。

[**例 2—4**] 显示“各种字体风格”网页。网页显示效果如图 2—7 所示。

```
〈HTML〉
〈HEAD〉
〈TITLE〉各种字体风格〈/TITLE〉
〈/HEAD〉
〈BODY〉
〈B〉各种字体风格〈/B〉 各种字体风格〈BR〉
〈I〉各种字体风格〈/I〉 各种字体风格〈BR〉
〈U〉各种字体风格〈/U〉 各种字体风格〈BR〉
〈TT〉各种字体风格〈/TT〉 各种字体风格〈BR〉
〈/BODY〉
〈/HTML〉
```

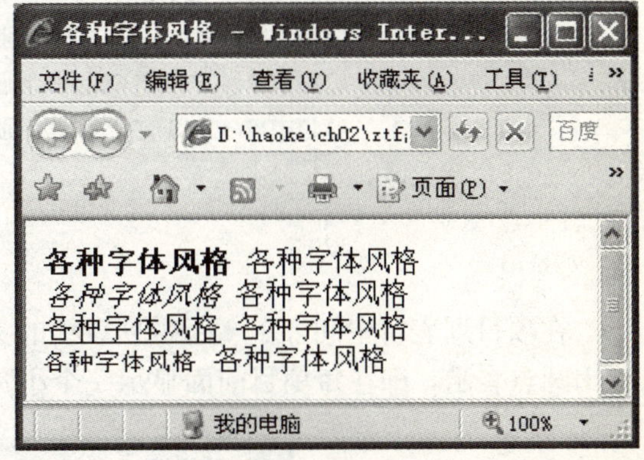

图 2—7　网页显示效果

6. 添加注释

无论是编写程序还是制作网页，添加注释都是一种良好的工作习惯。实际上，添加注释是任何程序开发工作必须遵循的规范之一。HTML 的注释由开始标记符“〈! --”和结束标记符“--〉”构成。这两个标记符之间的任何内容都将被浏览器解释为注释，而不在浏览器中显示。该标记可以添加在 HTML 代码的任何位置。

2.3.3　列表标记

列表中常用的有项目列表和编号列表两种，在什么情况下用到这两个列表呢？我们在门户网站上浏览新闻时，新闻标题前有的会出现一个小圆点，而有的则是有序号的数字，前者表示的是项目列表，后者表示的是编号列表。下面我们将学习列表的表示，通过代码可以表现出列表是项目列表还是编号列表。

1. 项目列表

项目列表是指列表中的每项都是相同的，没有顺序可言。列表的语法分为两部分：

```
〈! --下面一行表示项目列表--〉
〈ul〉
    〈li〉表项一〈/li〉
    〈li〉表项二〈/li〉
    〈li〉表项三〈/li〉
```

```
</ul>
```

从上面的代码中可以看出，决定项目的是〈ul〉，而〈li〉只是里面的一列表项。如果想列出更多的表项，那么在〈ul〉〈/ul〉里加表项〈li〉〈/li〉即可。

[例 2—5] 项目列表用法。

```
<html>
    <head>
        <title>项目列表</title>
    </head>
    <body>
        <! --下面一行表示项目列表-->
        <ul>
            <! --下面一行表示表项-->
            <li>HTML + CSS 完全自学手册</li>
            <li>HTML + CSS 完全自学手册</li>
            <li>HTML + CSS 完全自学手册</li>
            <li>HTML + CSS 完全自学手册</li>
        </ul>
    </body>
</html>
```

在项目列表符中间加了 4 行带列表项的文字，默认状态下的项目列表所显示的效果在文本前用圆点表示，即在每项目前面显示一个小圆点。网页显示的效果如图 2—8 所示。

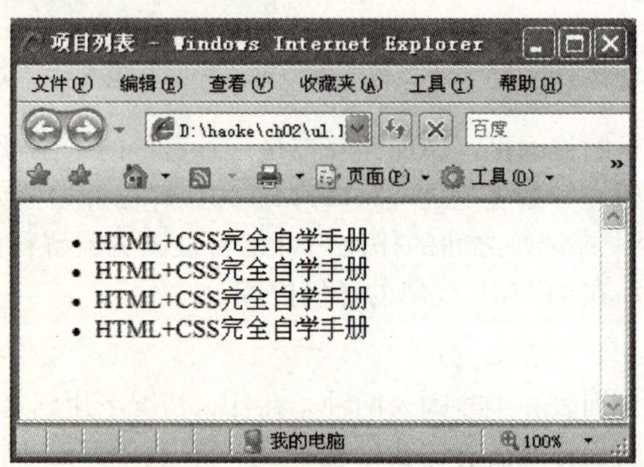

图 2—8　项目列表显示的效果图

2. 编号列表

与编号列表对应的是有序列表，表项里不用设置就可以自动按顺序排列，初学者乍一看很神奇，现在来揭开它们的神秘面纱。

编号列表用〈ol〉〈/ol〉表示有顺序的表项，表项符与项目列表一样，只代表一个表项而已。在多个表项列表中，系统自动按顺序排列。语法代码如下：

```
<! --下面一行表示编号列表-->
<ol>
```

```
    〈li〉表项一〈/li〉
    〈li〉表项二〈/li〉
    〈li〉表项三〈/li〉
〈/ol〉
```

编号列表与项目列表不同的是〈ol〉〈/ol〉标记对取代了〈ul〉〈/ul〉标记对。

[例 2—6] 编号列表的用法。

```
〈html〉
    〈head〉
        〈title〉编号列表〈/title〉
    〈/head〉
    〈body〉
        〈! --下面一行表示编号列表--〉
        〈ol〉
            〈li〉HTML + CSS 完全自学手册〈/li〉
            〈li〉HTML + CSS 完全自学手册〈/li〉
            〈li〉HTML + CSS 完全自学手册〈/li〉
            〈li〉HTML + CSS 完全自学手册〈/li〉
        〈/ol〉
    〈/body〉
〈/html〉
```

与项目列表显示效果不同的是，编号列表在表项前用数字序号表示，如图 2—9 所示。

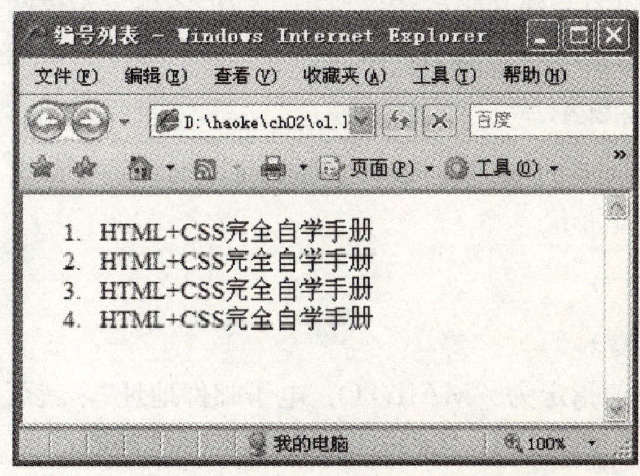

图 2—9　编号列表显示的效果图

提示： 项目列表是无序列表，编号列表则是有序列表。项目与编号只相差一个字母，但在它们是明显不同的。在编号列表或项目列表中还可以用其他编号或符号取代数字或圆点，“〈ol type=＃〉?〈/ol〉”中＃可以有 A、a、I、i、1 等；“〈ul type=＃〉?〈/ul〉”中＃可以有 circle（圆圈）、square（正方形）、disc（圆点）等。

2.3.4 图像标记

图像标记〈IMG /〉是用来加载图像和 GIF 动画的。在网页中加载 GIF 动画的方法与加载图像的方法一样。GIF 动画文件的扩展名也是 .gif，文件格式是 GIF89A 格式。制作 GIF 动画的软件有很多，如 Fireworks、Ulead GIF Animator 5.0 等。

SRC 是依附于其他标记的一个属性，依附于〈IMG /〉标记时，用来导入图像和 GIF 动画。其语法如下：

〈IMG SRC = "图像文件的目录与文件名" /〉

提示： 标记属性除了 src 外，还有 width（宽）、height（高）、alt（替代文本）等。

在〈BODY〉标记中使用 BACKGROUND 属性，可设置网页的平铺背景图像。语法格式如下：

〈BODY　BACKGROUND = "图像文件名或 URL"〉

2.3.5 超链接标记

1. 在同一个网页中建立超链接 HTML 标记

在同一个网页文件中建立超链接，需要做以下工作：

（1）在文件的前面需要列出超链接的标题文字，相当于文章的目录，同时将这些文字与相应的锚记名称（即定位名）建立超链接。所谓“锚记名称”是指网页中能被链接到的一个特定位置。建立超链接时，要在锚记名称前加一个“#”符号。语法格式如下：

〈A HREF = "锚记名称"〉标题名〈/A〉

（2）为被链接的内容起一个名字，该名字称为锚记名称。锚记名称的定义要放在标题对应的内容前面，语法格式如下：

〈A NAME = "锚记名称"〉〈/A〉

2. 建立电子邮件超链接

如果将 HREF 属性值指定为“MAILTO：电子邮件地址”，就可以获得电子邮件超链接的效果。例如，使用下面的 HTML 代码可以设置电子邮件的超链接。

〈A HREF = "MAILTO:haoke@yahoo.com "〉邮箱地址:haoke@yahoo.com〈/A〉

当浏览网页的用户单击指向电子邮件的超链接后，系统将自动启动邮件客户程序（对于安装 Windows 98/2000 以上操作系统的计算机，默认时将启动 Outlook Express），并将指定的邮件地址填写到“收件人”栏中，用户可以编辑并发送该邮件。如果是第一次启动 Outlook Express，则要求进行软件设置。

3. 链接到其他页面中的锚点

从一个文件链接到另一个文件与同一个文件中的链接格式有所不同。那么能不能使用一个命令，链接到其他文件的指定位置呢？在网页中建立文件超链接的 HTML 代码如下：

```
〈A HREF = "被链接的文件名或 URL"〉文字〈/A〉
```

只要将“被链接的文件名或 URL”替换为“要链接的文件名或 URL＃锚记名称”即可。例如：

```
〈A HREF = "HTMLABC.htm＃TT"〉天坛〈/A〉
```

表示建立一个到 HTMLABC.htm 网页文档中的“天坛”锚点的链接。

2.3.6　表格标记

表格标记不仅用于表现表格中的效果，还可以给网页布局。由于布局中的表格不需要边框，所以需要对表格进行设置。

表格标记是 HTML 常用的标签，代表在网页中插入一张表格。表格标记是用 table 标签对表示的，其语法形式如下：

```
〈! --设置表格标记--〉
〈table〉〈/table〉
```

表格常常是有行和列的，那么，如何在表格内表示行和列呢？这需要添加两行代码，〈tr〉标签对表示表格的一行；〈th〉标签对表示表头，列显示在表头下方；〈td〉标签对表示表元，即表格中的每一方格（即单元格）。下列代码说明表格的基本语法：

```
〈html〉
〈head〉
〈title〉表格的基本语法〈/title〉
〈/head〉
〈body〉
        〈! --设置表格和边框--〉
        〈table border = 1〉
            〈! --设置表格中的表头--〉
            〈tr〉
                  〈! --设置表格中的表项--〉
                  〈th〉表头一〈/th〉
                  〈th〉表头二〈/th〉
            〈/tr〉
            〈tr〉
                  〈td〉表元一〈/td〉
                  〈td〉表元二〈/td〉
            〈/tr〉
     〈/table〉
〈/body〉
〈/html〉
```

上面代码在〈table〉标签对中包括两个行表示符：〈tr〉标签对，表示两行。在第一个行表示符中包括表头符，在第二个行表示符中包括表元表示符。为了显示出效果，在表格属性中加入了 border 边框，效果如图 2—10 所示。

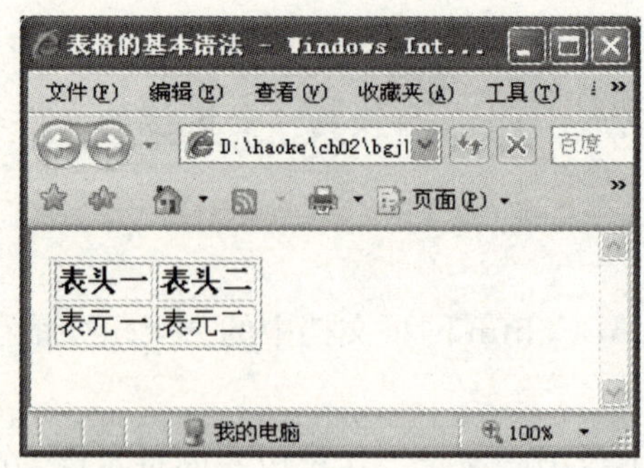

图 2—10　表格的基本语法

提示：在〈table〉中的〈tr〉、〈th〉、〈td〉是常用的，〈th〉可以省略，三者都在〈table〉〈/table〉中，不能交叉。

表格〈table〉的属性如表 2—3 所示。

表 2—3　　表格〈table〉的属性

width	表格宽度	cellspacing	内框宽度（即单元格间距）
height	表格高度	cellpadding	表格内文字与边框距离（单元格边距）
align	表格对齐方式	bgcolor	表格背景色
border	表格的边框宽度	background	表格背景图像
bordercolor	表格的边框颜色		

行〈tr〉的属性如表 2—4 所示。

表 2—4　　行〈tr〉的属性

height	行高度	background	行背景图像
bordercolor	行边框颜色	align	行文字的水平对齐
bgcolor	行背景色	valign	行文字的垂直对齐

单元格〈td〉的属性如表 2—5 所示。

表 2—5　　单元格〈td〉的属性

width	单元格宽度	valign	单元格文字的垂直对齐方式
height	单元格高度	bgcolor	单元格的背景色
colspan	水平跨度（单元格跨越的列数）	background	单元格的背景图像
rowspan	垂直跨度（单元格跨越的行数）	bordercolor	单元格的边框颜色
align	单元格文字的水平对齐方式		

2.3.7　多媒体标记

1. 添加背景音乐

使用〈BGSOUND〉标记可以在网页中插入背景音乐。〈BGSOUND〉标记可以放在〈HTML〉与〈/HTML〉标记内的任何地方。引导音乐文件的属性是 SRC，语法格式如下：

```
〈BGSOUND SRC ="文件目录与文件名或URL"〉
```

2. 在网页中插入 Flash 动画及视频

在网页中直接包含多媒体对象最常用的是〈EMBED〉标记。

(1) 使用〈EMBED〉标记不仅可以在网页中插入 Flash 动画，还可以下载并显示由插件支持的其他多媒体应用程序。〈EMBED〉标记可以放在〈HTML〉与〈/HTML〉标记内的任何地方。引导 Flash 动画文件的属性是 SRC，格式如下：

```
〈EMBED SRC ="文件目录与文件名或 URL"〉
```

当浏览器遇到〈EMBED〉标记时，会加载其中指定的文件并确定它的 MIME 类型。MIME 信息告知浏览器正在下载的文件类型，然后浏览器查找与该 MIME 类型一致的插件。如果没有一致的插件则会显示一条错误信息，并且提示用户下载该插件。

(2)〈EMBED〉标记可以使网页中包含 JavaApplet、视频和音频等多媒体文件。当浏览器遇到〈EMBED〉标记时，会加载相应的文件并根据该标记所包含属性值来显示它。〈EMBED〉标记的属性如表 2—6 所示。

表 2—6　〈EMBED〉标记的属性

src	多媒体文件的地址	autostart	是否自动播放
width	播放器的宽度	hidden	是否隐藏播放器
height	播放器的高度	loop	是否循环
align	播放器的对齐方式		

3. 滚动标记

滚动标记（〈marquee〉… 〈/marquee〉）又称为跑马灯标记。〈marquee〉标记的属性如表 2—7 所示。

表 2—7　〈marquee〉标记的属性

direction	滚动方向（up、down、left、right）
behavior	滚动方式（alternate、scroll、slide）
scrollamount	滚动速度（即步长）
scrolldelay	滚动延迟
bgcolor	滚动背景色
width、height	滚动面积
hspace、vspace	水平边距、垂直边距
onMouseover=“ this. stop( )”	鼠标经过时停止滚动
onMouseout=“ this. start( )”	鼠标离开时继续滚动

2.4 项目实训

项目 1：创建第 1 个 HTML 网页

1. 实训目的

通过本案例的学习，可以初步了解 HTML 语言，了解 HTML 语言中常用标记的书写格式和作用；掌握输入 HTML 代码、建立 HTML 文档和显示 HTML 网页的方法。

2. 实训案例效果

实训案例效果如图 2—11 所示。

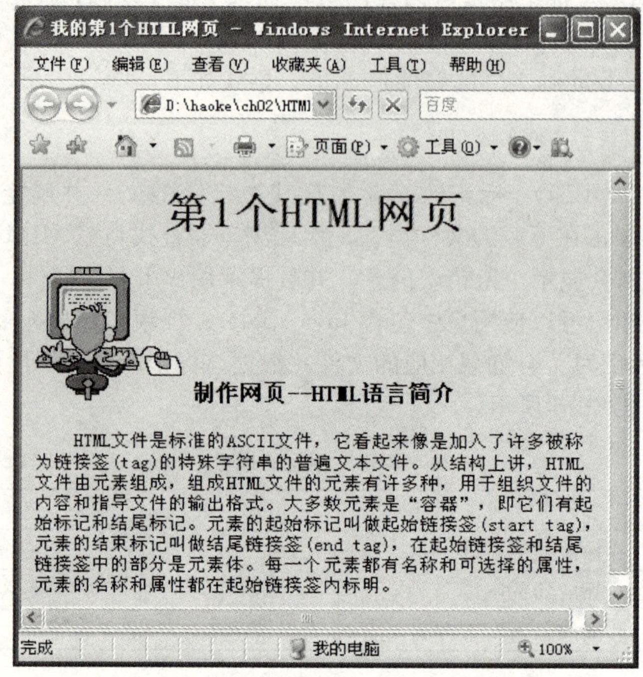

图 2—11 在浏览器 IE 中观察网页

3. 实训设计过程

(1) 输入 HTML 代码。在 Windows 记事本或 Dreamweaver CS4 的代码视图中（如图 2—1 所示）输入以下代码：

```
〈HTML〉
〈HEAD〉
   〈TITLE〉我的第 1 个 HTML 网页〈/TITLE〉
〈/HEAD〉
〈BODY BGCOLOR = ＃EEff66〉
〈CENTER〉〈H1〉第 1 个 HTML 网页〈/H1〉〈/CENTER〉
〈IMG SRC = "img/jsj1.GIF" 〉
〈B〉制作网页—HTML 语言简介〈/B〉
〈BR〉
〈PRE〉
HTML 文件是标准的 ASCII 文件,它看起来像是加入了许多被称为链接签(tag)的特殊字符串的普遍文本文件。从结构上讲,HTML 文件由元素组成,组成 HTML 文件的元素有许多种,用于组织文件的内容和指导文件的输出格式。大多数元素是"容器",即它们有起始标记和结尾标记。元素的起始标记叫做起始链接签(start tag),元素的结束标记叫做结尾链接签(end tag),在起始链接签和结尾链接签中的部分是元素体。每一个元素都有名称和可选择的属性,元素的名称和属性都在起始链接签内标明。
〈/PRE〉
```

</BODY>

</HTML>

（2）浏览网页。浏览网页有以下三种方法：

方法一：双击 HTML 文档图标，可以调出浏览器窗口，同时打开该网页。

方法二：在 Dreamweaver CS4 的代码视图中，单击【预览在 IExplore】选项（快捷键 F12），即可浏览网页，如图 2—12 所示。

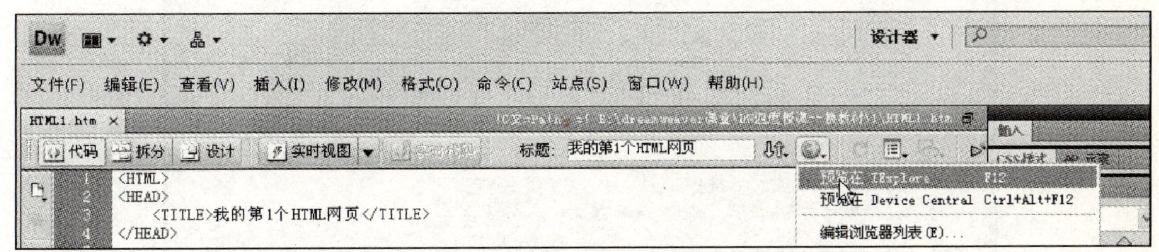

图 2—12　在 Dreamweaver CS4 中预览网页

方法三：打开浏览器窗口，在菜单栏中单击【文件】|【打开】命令，如图 2—13 所示。

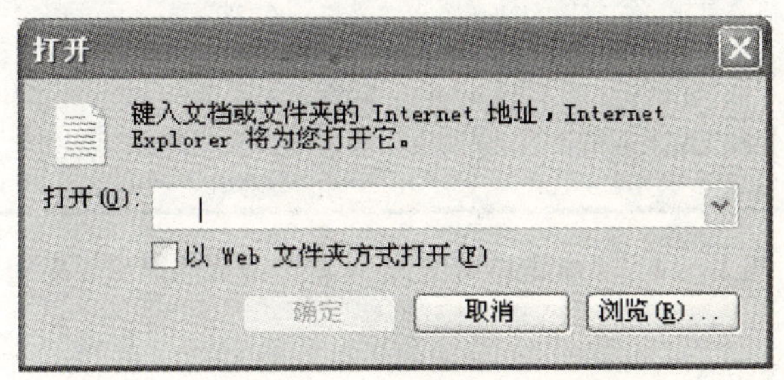

图 2—13　“打开”对话框

单击“打开”对话框中的【浏览】按钮，弹出“Microsoft Internet Explorer”对话框，选择 HTML 文件，单击【打开】按钮，退出“Microsoft Internet Explorer”对话框。此时，在图 2—13 中的“打开”下拉框内将出现选中的文件目录和名称，单击【确定】按钮，即可在浏览器中打开所选择的网页。

（3）修改和保存网页代码。

①在浏览器窗口中，单击【查看】|【源文件】命令，弹出 Windows 记事本窗口，并在该窗口中显示出该网页的 HTML 代码。

提示：也可以在 Dreamweaver CS4 的代码视图中修改网页代码，如图 2—12 所示。

②修改完代码之后，在菜单栏中单击【文件】|【保存】命令即可保存修改后的代码。在网页上单击鼠标右键，弹出快捷菜单，单击该菜单的【刷新】命令，即可看到修改后的网页。

项目 2：创建“中国诗词佳句-作者”网页

1. 实训目的

通过该案例的学习，可以进一步了解网页中的文本标记，合理使用这些标记，可以使网页的显示效果更加出色，同时可以进一步让学生掌握在网页中使用文本的方法。

2. 实训案例效果

实训案例效果如图 2—14 所示。

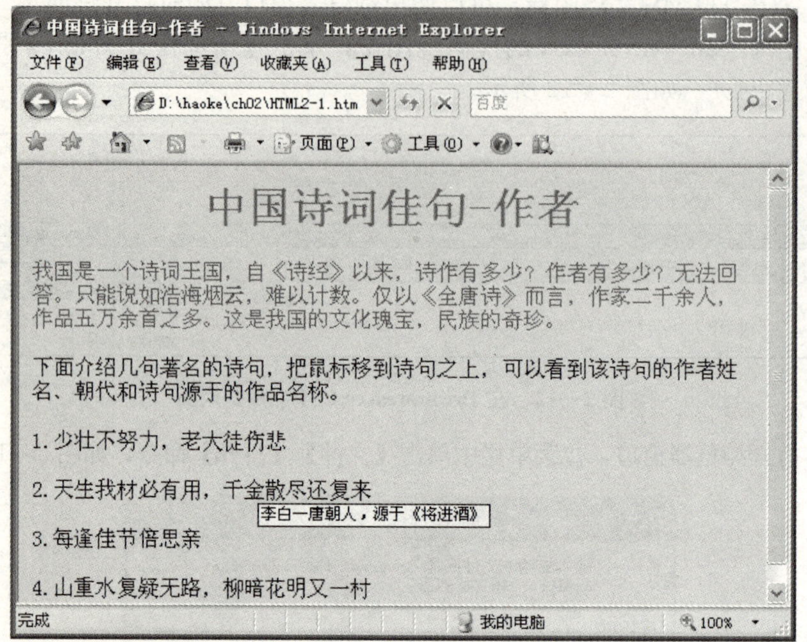

图 2—14 “中国诗词佳句-作者”网页的显示效果图

3. 实训设计过程

在 Dreamweaver CS4 代码视图中，输入以下代码：

```
<HTML>
<HEAD>
<TITLE>中国诗词佳句 - 作者</TITLE>
</HEAD>
<BODY BGCOLOR = "#FFFF00">
 <H1 ALIGN = "CENTER"><FONT COLOR = "#FF0000">中国诗词佳句 - 作者</FONT></H1>
 <P><FONT COLOR = "#0000FF">我国是一个诗词王国,自《诗经》以来,诗作有多少? 作者有多少?
无法回答。只能说如浩海烟云,难以计数。仅以《全唐诗》而言,作家二千余人,作品五万余首之多。这是
我国的文化瑰宝,民族的奇珍。</FONT></P>
  <! --下面是正文内容-->
 <P>下面介绍几句著名的诗句,把鼠标移到诗句之上,可以看到该诗句的作者姓名、朝代和诗句源于的作
品名称。</P>
 <P TITLE = "赵壹—东汉人,源于《长歌行》">1. 少壮不努力,老大徒伤悲</P>
 <P TITLE = "李白—唐朝人,源于《将进酒》">2. 天生我材必有用,千金散尽还复来</P>
 <P TITLE  = "王维—唐朝人,源于《九月九日忆山东兄弟》">3. 每逢佳节倍思亲</P>
 <P TITLE  = "陆游—宋朝人,源于《游山西村》">4. 山重水复疑无路,柳暗花明又一村</P>
</BODY>
</HTML>
```

将该 HTML 文件保存在站点根文件夹的相应文件夹中。用浏览器打开该网页，即可看到“中国诗词佳句-作者”网页的显示效果。

项目 3：创建“鲸鱼和螃蟹”网页

1. 实训目的

通过该案例的学习，可以进一步了解在网页中插入 GIF 动画和图像的方法、向图像和 GIF 动画添加边框的方法，以及平铺背景图像和向图像中添加文字说明的方法、调整图像和文本相对位置的方法。

2. 实训案例效果

实训案例效果如图 2—15 所示。

图 2—15 “鲸鱼和螃蟹”网页的显示效果图

3. 实训设计过程

在 Dreamweaver CS4 代码视图中，输入以下代码：

```
<HTML>
<HEAD>
<TITLE>图像的大小和边框</TITLE>
</HEAD>
<BODY BACKGROUND = "img/BJT1.gif">
<IMG SRC = "img/M3.gif" HEIGHT = 120 WIDTH = 120 BORDER = 6>
<IMG SRC = "img/M3.gif" HEIGHT = 90 WIDTH = 90 BORDER = 4>
<IMG SRC = "img/M3.gif" HEIGHT = 50 WIDTH = 50 BORDER = 2>
<IMG SRC = "img/M1.jpg" HEIGHT = 120 WIDTH = 120 BORDER = 6>
<IMG SRC = "img/M1.jpg" HEIGHT = 90 WIDTH = 90 BORDER = 4>
<IMG SRC = "img/M1.jpg" HEIGHT = 50 WIDTH = 50 BORDER = 2 >
</BODY>
</HTML>
```

该 HTML 文件保存在站点根文件夹的相应文件夹中。用浏览器打开该网页，即可看到“鲸鱼和螃蟹”网页的显示效果。

项目 4：创建“链接技术演示”网页

1. 实训目的

通过该案例的学习，可以掌握在网页中加入超文本链接的方法和创建图像或动画链接的方法。

2. 实训案例效果

实训案例效果如图 2—16 所示。

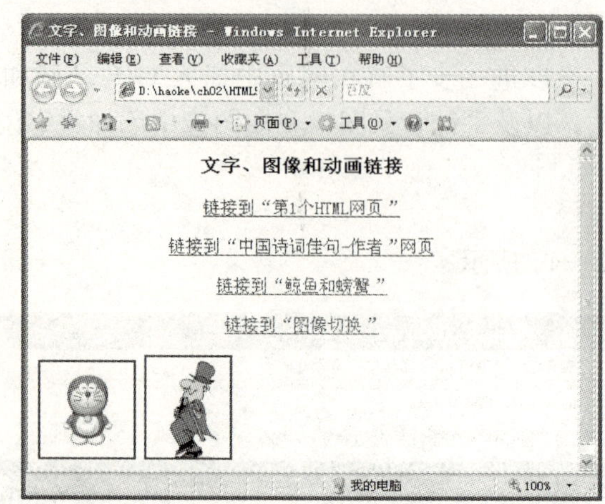

图 2—16 “链接技术演示”网页的显示效果图

3. 实训设计过程

在 Dreamweaver CS4 代码视图中，输入以下代码：

```
〈HTML〉
〈HEAD〉
〈TITLE〉文字、图像和动画链接〈/TITLE〉
〈/HEAD 〉
〈BODY〉
〈H3 ALIGN = CENTER〉文字、图像和动画链接〈/H3〉
〈P ALIGN = "CENTER"〉〈A HREF = "HTML1. HTM"〉链接到"第 1 个 HTML 网页" 〈/A〉〈/P〉
〈P ALIGN = "CENTER"〉〈A HREF = "HTML2-1. HTM"〉链接到"中国诗词佳句 - 作者"网页 〈/A〉〈/P〉
〈P ALIGN = "CENTER"〉〈A HREF = "HTML3-1. HTM"〉链接到"鲸鱼和螃蟹" 〈/A〉〈/P〉
〈P ALIGN = "CENTER"〉〈A HREF = "HTML4-1. HTM"〉链接到"图像切换" 〈/A〉〈/P〉
〈A HREF = "HTML2-1. HTM"〉〈IMG SRC = "img/L2. JPG"〉〈/A〉
〈A HREF = "HTML3-1. HTM"〉〈IMG SRC = "img/L3. GIF"〉〈/A〉
〈/BODY〉
〈/HTML〉
```

该 HTML 文件保存在站点根文件夹的相应文件夹中。用浏览器打开该网页，即可看到“链接技术演示”网页的显示效果。

项目 5：创建“最新消息公告”网页

1. 实训目的

通过该案例的学习，掌握表格标记和滚动标记的基本运用方法和技巧，学会制作公告牌。公告文字向上滚动，当鼠标经过时停止滚动，当鼠标移开时继续滚动。

2. 实训案例效果

实训案例效果如图 2—17 所示。

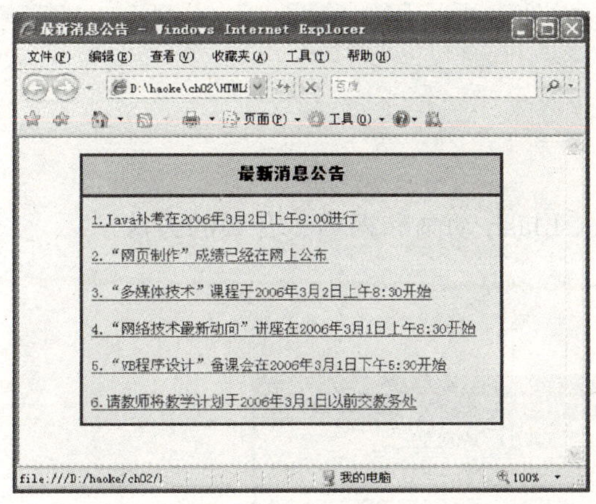

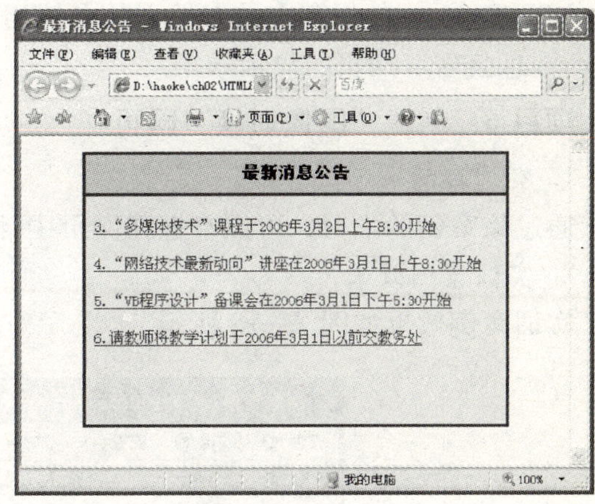

图 2—17　"最新消息公告"网页的显示效果图

3. 实训设计过程

在 Dreamweaver CS4 代码视图中，输入以下代码：

```
〈HTML〉
〈head〉
〈TITLE〉最新消息公告〈/TITLE〉
〈/head〉
〈table width = "400"  height = "220"  cellspacing = "3"  cellpadding = "8"  bgcolor = "#0000FF"  align = "center"〉
〈tr〉
〈td height = "36" bgcolor = "#AAFF99" align = "center"〉
  〈font style = "font-size:16px" face = "黑体"〉〈b〉最新消息公告〈/b〉〈/font〉
〈tr〉
〈td valign = "top" bgcolor = "#FFFF99"〉
〈marquee  scrollamount = 2  direction = "up"  id = "gonggao"  onMouseOver = "gonggao.stop()"  onMouseOut = "gonggao.start ()"〉
〈font style = "font-size:14px"〉〈a href = "#"〉1.Java 补考在 2006 年 3 月 2 日上午 9:00 进行〈/a〉〈/font〉〈P〉
〈font style = "font-size:14px"〉〈a href = "#"〉2."网页制作"成绩已经在网上公布〈/a〉〈/font〉〈P〉
〈font style = "font-size:14px"〉〈a href = "#"〉3."多媒体技术"课程于 2006 年 3 月 2 日上午 8:30 开始〈/a〉〈/font〉〈P〉
〈font style = "font-size:14px"〉〈a href = "#"〉4."网络技术最新动向"讲座在 2006 年 3 月 1 日上午 8:30 开始〈/a〉〈/font〉〈P〉
〈font style = "font-size:14px"〉〈a href = "#"〉5."VB 程序设计"备课会在 2006 年 3 月 1 日下午 5:30 开始〈/a〉〈/font〉〈P〉
〈font style = "font-size:14px"〉〈a href = "#"〉6.请教师将教学计划于 2006 年 3 月 1 日以前交教务处〈/a〉〈/font〉〈P〉
〈/marquee〉
〈/table〉
〈/HTML〉
```

该 HTML 文件保存在站点根文件夹的相应文件夹中。用浏览器打开该网页，即可看到“最新消息公告”网页的显示效果。

项目 6：创建“图像切换”网页

1. 实训目的

通过该案例的学习，可以掌握在网页中插入 Flash 动画和视频、音频的方法。

2. 实训案例效果

实训案例效果如图 2—18 所示。

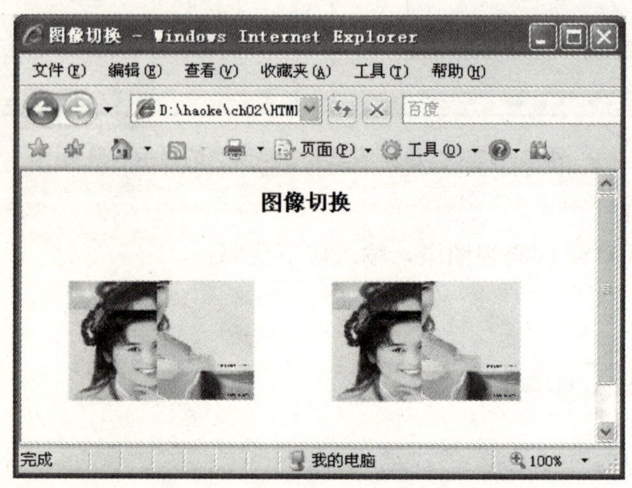

图 2—18 “图像切换”网页的显示效果图

3. 实训设计过程

在 Dreamweaver CS4 代码视图中，输入以下代码：

```
〈HTML〉
〈HEAD〉
〈TITLE〉图像切换〈/TITLE〉
〈/HEAD〉
〈BODY〉
〈H3 ALIGN = center〉图像切换〈/H3〉
〈EMBED SRC  = "FLASH/图像切换 . SWF" width = "300" height = "200"〉〈/EMBED〉
〈EMBED SRC  = "FLASH/图像切换 . SWF" width = "300" height = "200"〉〈/EMBED〉
〈/BODY〉
〈/HTML〉
```

该 HTML 文件保存在站点根文件夹的相应文件夹中。用浏览器打开该网页，即可看到“图像切换”网页的显示效果。

本章小结

本章介绍了 HTML 的基本概念、文件特点、基本结构、常用语法和常用标记等，编写 HTML 代码可以用记事本，另存为“. htm”或“. html”文件即可转换为网页文件，也可以用 Dreamweaver CS4 来编写。最后通过上机实训项目，在 HTML 代码中演示了这些常用的标记和格式的用法，希望读者能举一反三，以便在实际应用中开发出更多的实例。

习 题 2

一、名词解释

1. HTML　　2. 单标记　　3. 双标记　　4. 网页的跳转

二、填空题

1. 创建加粗字体的文本标签是______________。

2. HTML 代码〈img src=" name" border=?〉表示___________________。

3. 创建最小的标题的文本标签是______________。

4. HTML 文本显示状态代码中，〈SUP〉〈/SUP〉表示______________。

三、判断题

1. 在 HTML 中，〈pre〉是转行标记。（　）

2. body 元素用于背景颜色的属性是 bgcolor。（　）

3. 表格的标签是〈table〉，单元格的标签是〈tr〉。（　）

4. HTML 代码〈img src=" name" align=?〉表示设置围绕一个图像的边框的大小。（　）

四、简答题

1. 简述 HTML 的基本结构。

2. 如何创建 HTML 文件？如何浏览 HTML 文件网页内容？

3. 如何使用 HTML 代码来建立电子邮件链接？

五、拓展实训题

1. 依照上机实训 3“鲸鱼和螃蟹”网页，使用 HTML 代码制作一个有不同大小的图像的网页，在该网页中插入不同的图像并分别设置粗细不同的边框。

2. 制作一个网页，当鼠标移到网页中的图书名称之上时，会显示出作者的姓名。

3. 用 HTML 代码创建一个简单的网页。要求网页中有文字、图像和 GIF 动画的超链接。

4. 用 HTML 语言创建一个简单的网页文档。要求网页中有横向两个框架窗口，它们的水平比例分别为 60%和 40%。右边的框架窗口内有可以链接的文字、图像和动画。单击文字后，在左边的框架窗口内可以显示相应的第一个网页；单击图像后，在左边的框架窗口内可以显示相应的第二个网页；单击动画后，在左边的框架窗口内可以显示相应的第三个网页。

第 3 章　网页图文

教学任务

- 掌握在网页上输入文本和对文本的编辑。
- 掌握在网页上插入和编辑图像、图文混排。
- 能够用 CSS 样式设置文本格式。

教学重点和难点

- 图文混排。
- 用 CSS 样式设置文本格式。

课前导读

文本和图像是构成网页的主体，是网页设计不可缺少的组成元素。无论是个人网站还是企业网站，图文并茂的网页都能为网站增色不少。文本可以直观表达信息内容，在网页上添加图像是美化网页最简单、最直接的方法，图像不但使网页更加美观、形象和生动，而且使网页的内容更加丰富多彩。

Cascading Style Sheets（层叠样式表），简写为 CSS，是由 W3C 定义和维护的标准，是一种用来为结构化文档（如 HTML 文档或 XML 应用）添加样式（字体、间距和颜色等）的计算机语言。

通过 CSS 样式表能让网页具有美观一致的界面，可以将网页制作得更加绚丽多彩。CSS 具有更好的易用性和扩展性；同时 CSS 还能有效地分离页面内容和外观控制，便于分工。

文本是大多数网页的主要内容，Dreamweaver CS4 提供段落文本的基本工具，可以编排段落、建立和更改项目符号，能够更随心所欲地安排网页内容。

让网页更加动人的秘密在于使用精美的图像帮衬，比如将标题做成一张图像，或者为网页加上背景图等。网页如果缺少了图像的点缀，就会逊色许多。

3.1 网页上的文本编辑

3.1.1 文本的插入与编辑

1. 文本的插入

文本是网页的最基本元素，在 Dreamweaver 中除了可以直接输入文本外，还可以从外部导入文本文件。利用导入功能，加载现存的文本文件，可以大大地提高工作效率。以下是将文本文件置入网页中的操作步骤：

(1) 在菜单栏中单击【文件】|【打开】命令，选择并打开的文本文件，如图 3—1 所示。

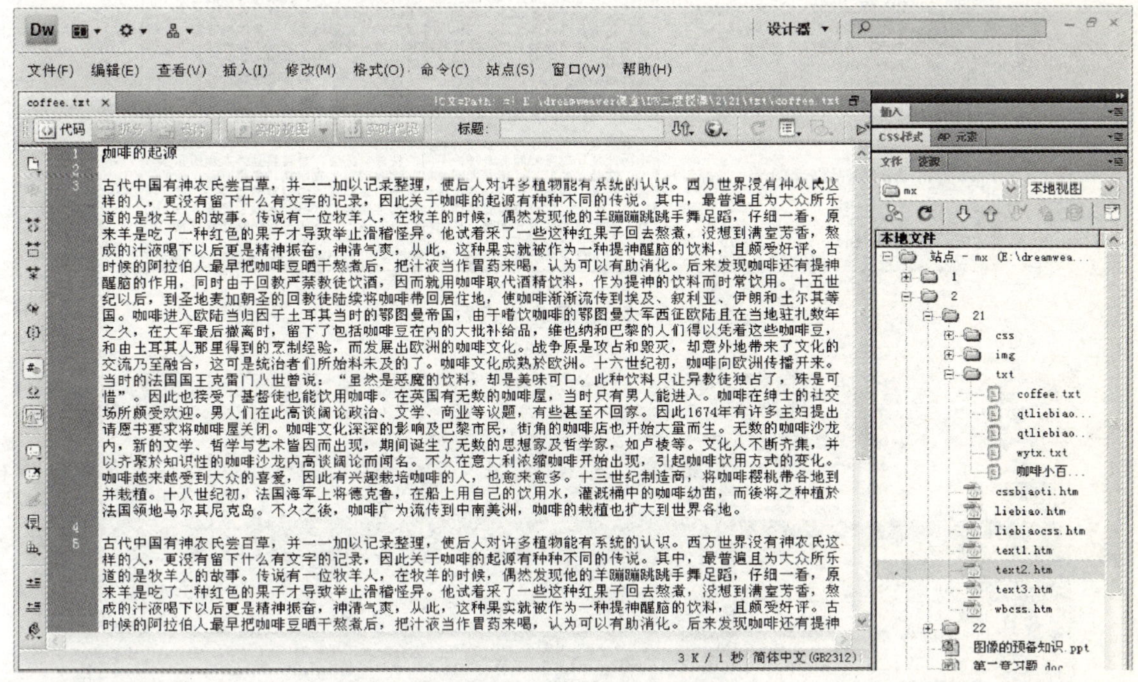

图 3—1 打开的文本文件

提示：在文件面板中双击相应的文本文件也可以打开文件。

(2) Dreamweaver 会自动打开纯文本格式的文本文件，接着在菜单栏中单击【编辑】|【全选】命令，如图 3—2 所示。

(3) 选取文本后，单击【编辑】|【拷贝】命令，如图 3—3 所示。

(4) 切换至编辑窗口后，在菜单栏中单击【编辑】|【粘贴】命令，将复制的文本粘贴到网页上，如图 3—4 所示。

除了导入文本文件外，若看到其他可以借鉴的网页内容，可利用复制 HTML 与粘贴 HTML 功能，把那一段文本连同格式复制过来。

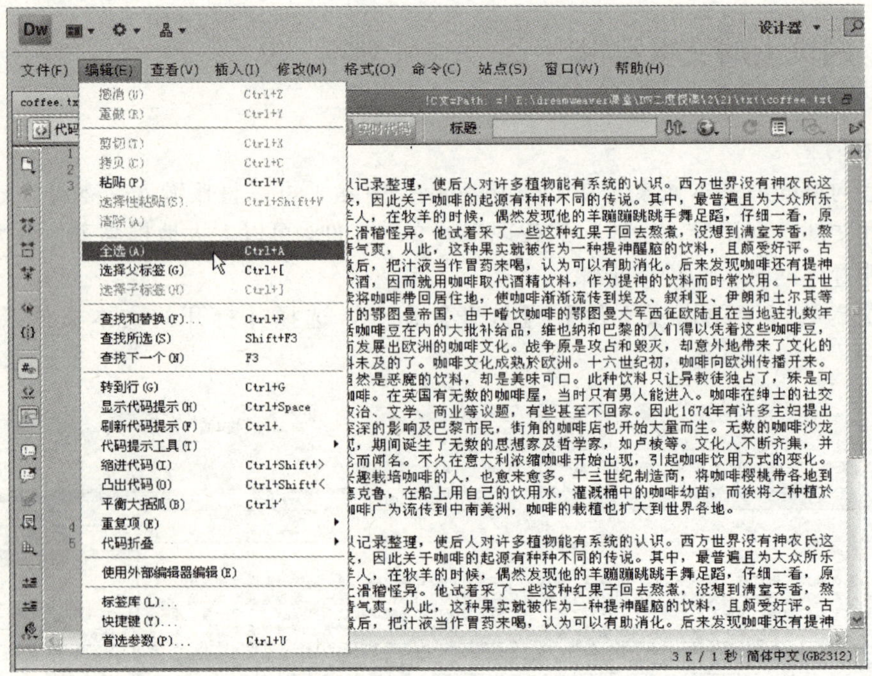

图 3—2　全选文本内容

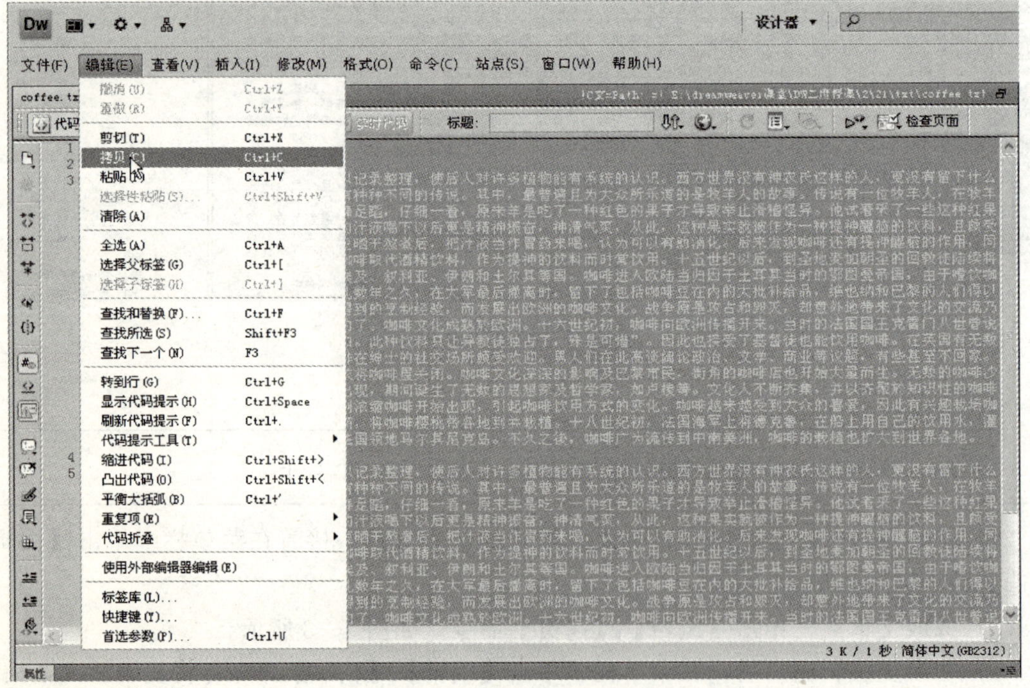

图 3—3　复制文本内容

2. 文本的编辑

网页上的段落文本分为有项目符号和没有项目符号两种。分隔段落文本有两种方法：

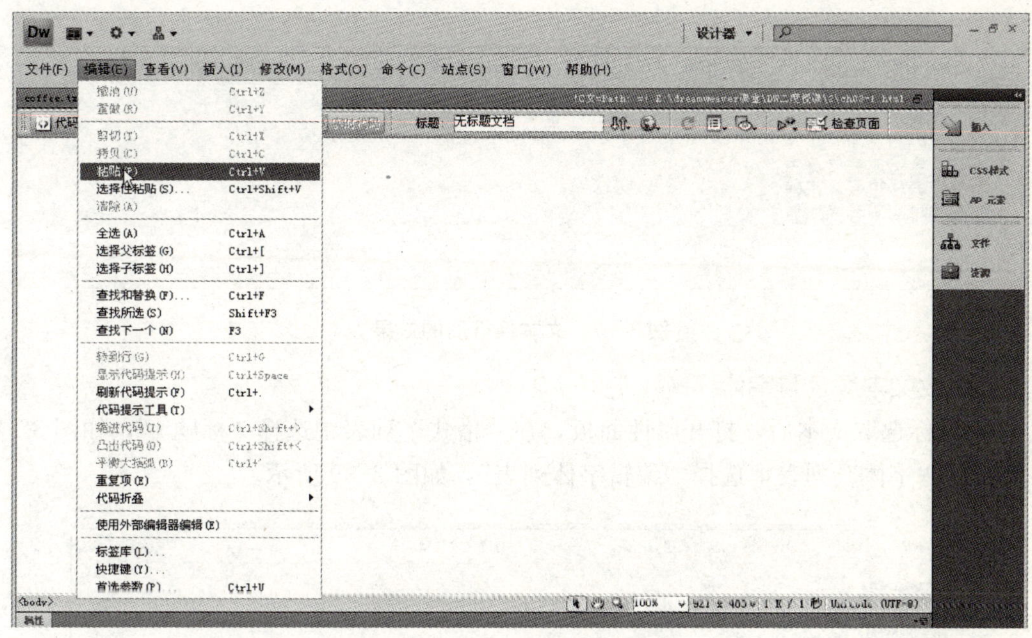

图 3—4　粘贴文本内容

方法一：按 Enter 键分段，但会造成较大行距的段落间距。

方法二：按 Shift＋Enter 组合键换行。

（1）编排文本段落。

①将光标移到要分段的位置后，按下 Enter 键，如图 3—5 所示。

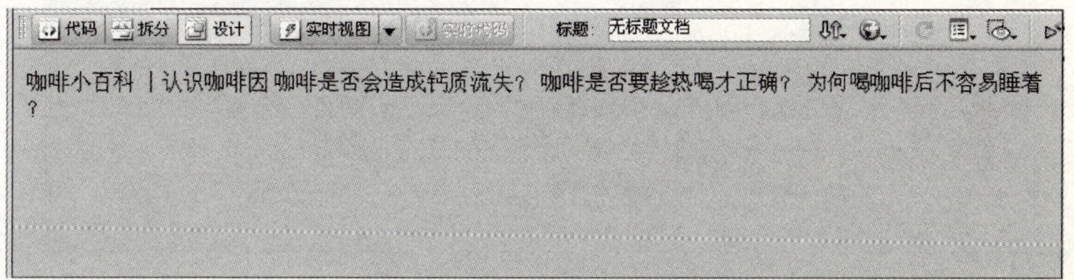

图 3—5　光标位置

②当按下 Enter 键时，会造成较大行距的段落，效果如图 3—6 所示。若按下 Shift＋Enter 组合键，则只是强迫文本换行，效果如图 3—7 所示。

图 3—6　按下 Enter 键之后的段落

图 3—7　文本换行后的效果

(2) 修改文本颜色与字体。

① 用鼠标选取文本后，打开属性面板，在“格式”列表中选择“标题 1”，如图 3—8 所示。接着在“字体”列表中选择“编辑字体列表”，如图 3—9 所示。

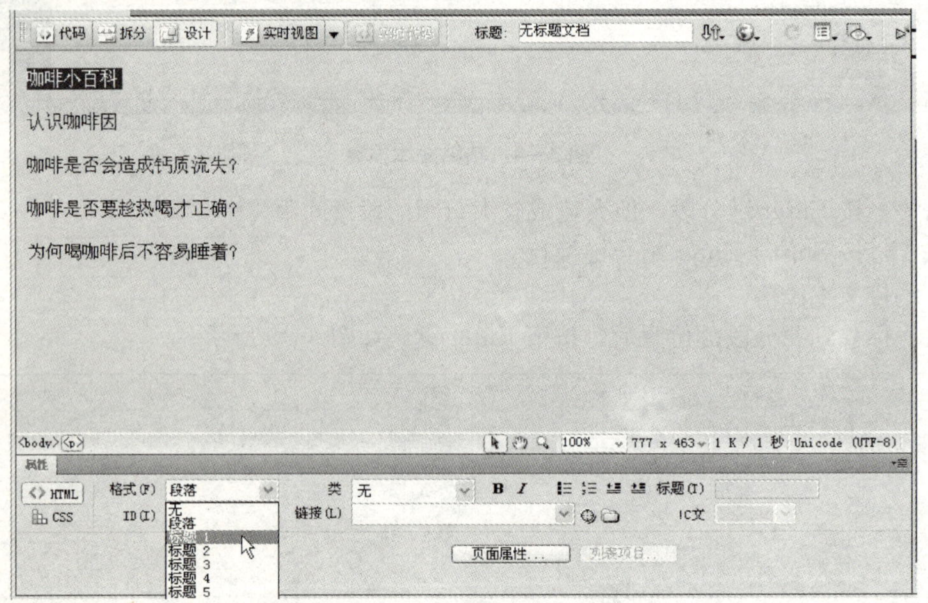

图 3—8　选取文本后

②出现“编辑字体列表”对话框后，在“可用字体”列表中选择要置入的字体，接着单击«按钮，如图 3—10 所示。

③将需要使用到的字体置入“选择的字体”列表后，单击【确定】按钮，如图 3—11 所示。

④返回编辑画面后，在“字体”列表中选择刚才新增的字体“华文彩云”，如图 3—12 所示。

⑤单击▢（文本颜色）按钮，从弹出的色板中选择文本的颜色，如图 3—13 所示。然后选择☰（居中对齐）按钮，将文本居中对齐，如图 3—14 所示。

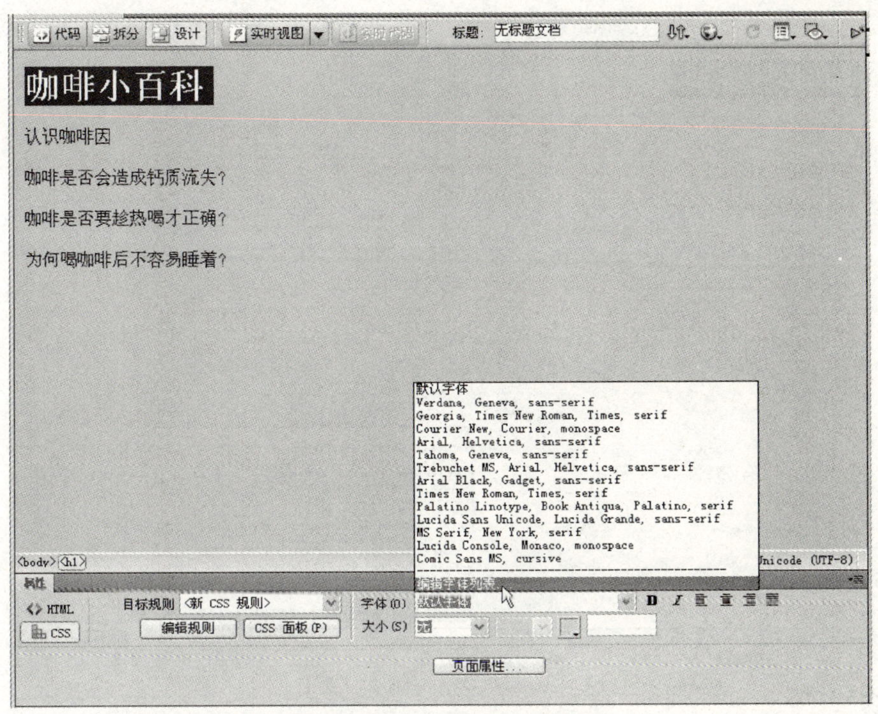

图 3—9　设置标题 1 之后的文本

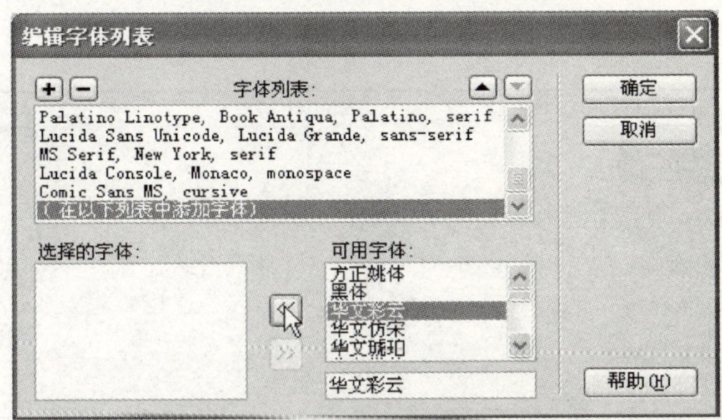

图 3—10　将右边字体置入左边

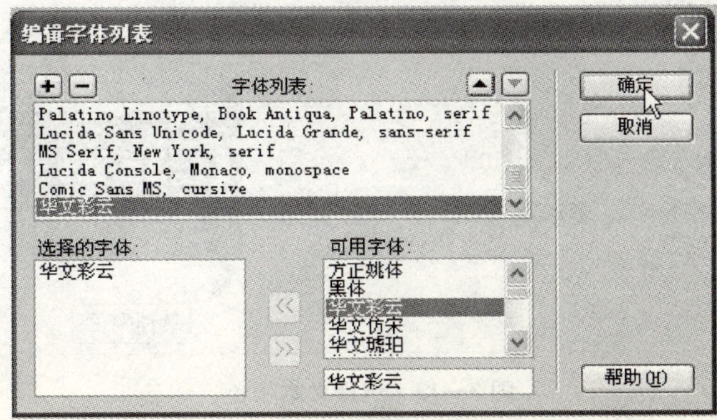

图 3—11　字体置入右边后

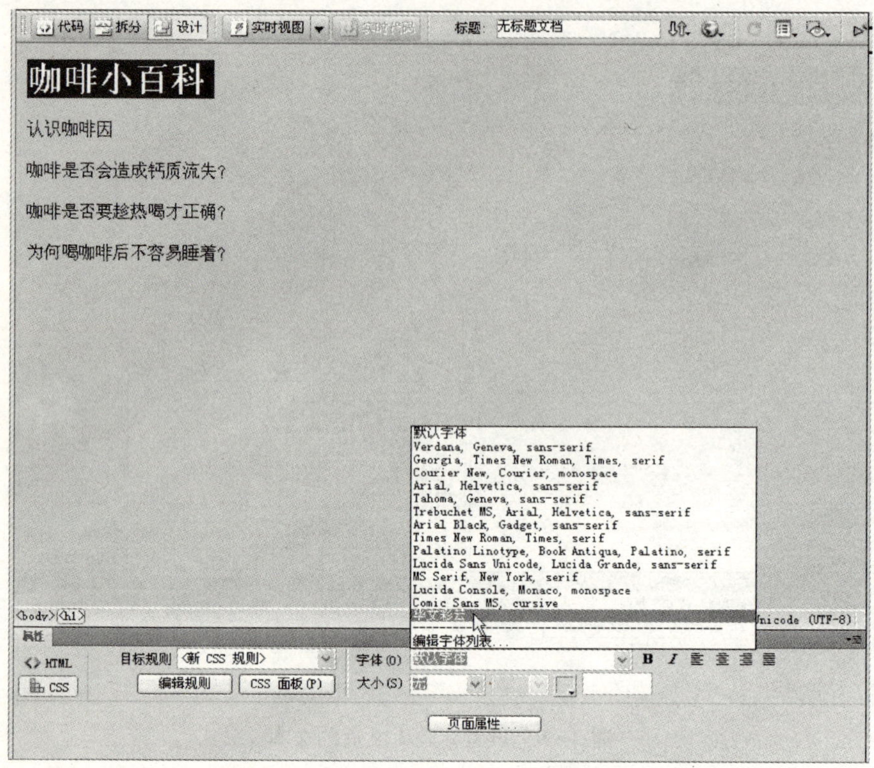

图 3—12　在“字体”列表中选择新字体

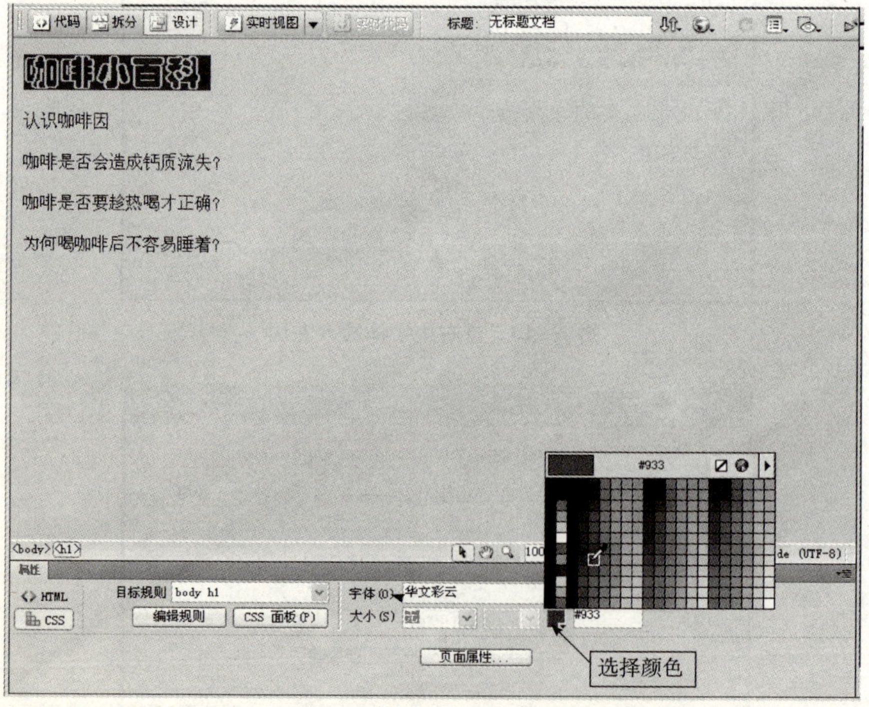

图 3—13　选择文本颜色

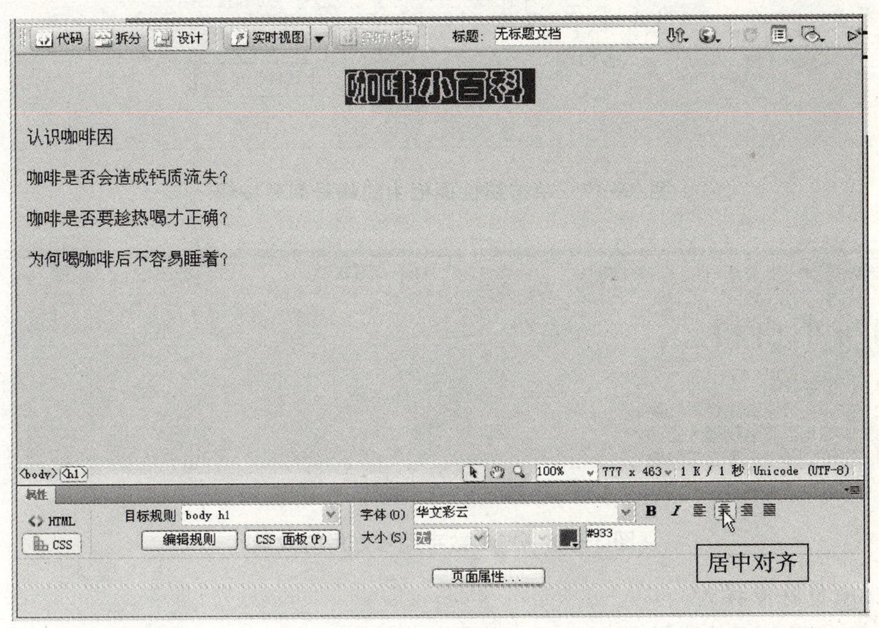

图 3—14　文本居中对齐

3.1.2　列表设置

当需要条列式逐项列出内容时，使用项目符号工具就可以在每一个项目前面加上符号或编号。

1. 设置列表

选取要设置项目符号的内容后，接着启动属性面板，单击☰（项目列表）按钮，如图 3—15 所示。设置完项目符号后显示出如图 3—16 所示的效果。

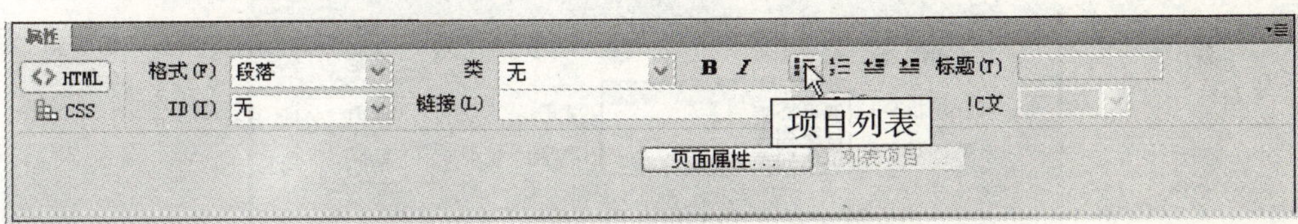

图 3—15　在属性面板中单击项目列表按钮

图 3—16　设置项目符号后的效果

若单击☷（编号列表）按钮（如图 3—17 所示），则项目前面加上的是数字编号，如图 3—18 所示。

图 3—17　单击属性面板中的编号列表按钮

图 3—18　加上数字编号之后的效果

2. 更改项目符号样式

在属性面板里，系统默认的列表项目有项目列表和编号列表两种，也可以修改符号或编号的样式。更改项目符号或编号样式的操作步骤如下：

(1) 将光标移到列表项目中，在属性面板中单击【列表项目】按钮。

(2) 弹出“列表属性”对话框，在“列表类型”下拉框中选择“项目列表”（如图 3—19 所示），接着在“样式”下拉框中选择相应的符号（如图 3—20 所示）；如果在图 3—19 中选择“编号列表”，那么在图 3—21 中就选择相应的编号，然后单击【确定】按钮。

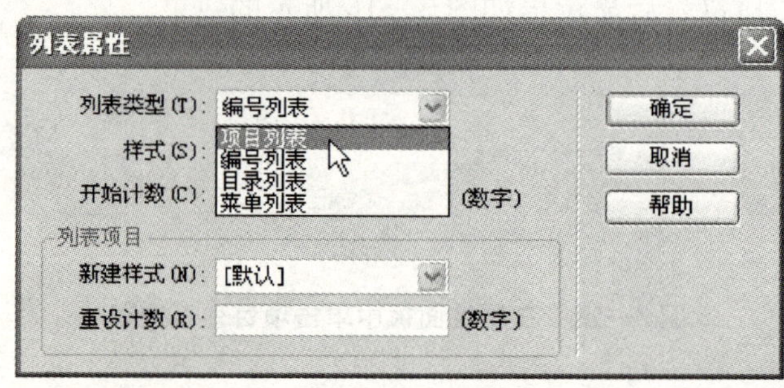

图 3—19　选择列表类型

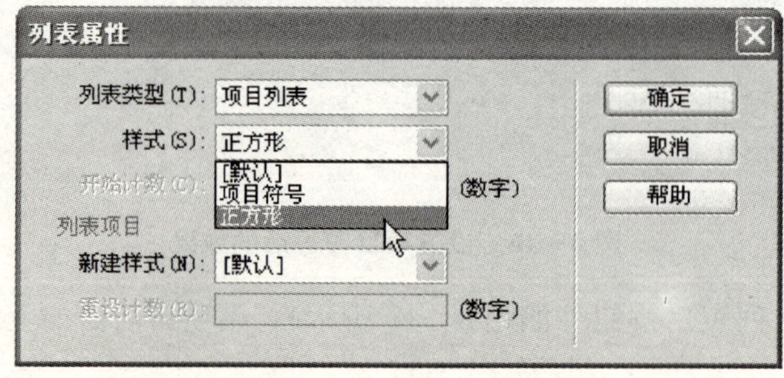

图 3—20　选择相应的符号

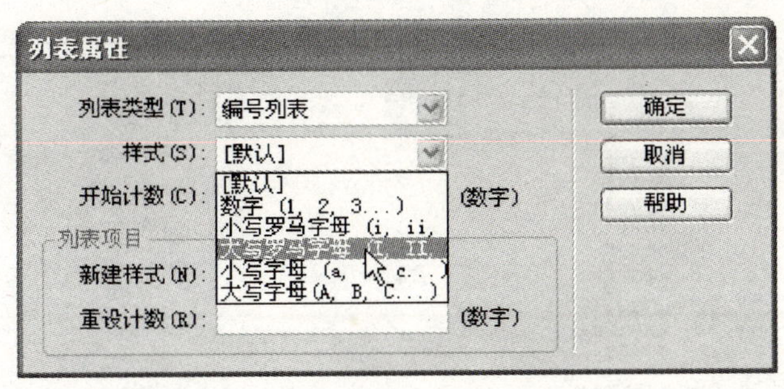

图 3—21　选择相应的编号

由于所有的列表项目被视为同一个段落，因此完成设置后，项目符号或编号就会变成所选的正方形（如图 3—22 所示）或大写罗马数字（如图 3—23 所示），而不需要逐项修改。

除了上述两种列表外，还有目录列表、菜单列表和定义列表三种类型。

提示：在设置数字式的编号列表时，可以在“开始计数”栏中设置数字编号的起始值。

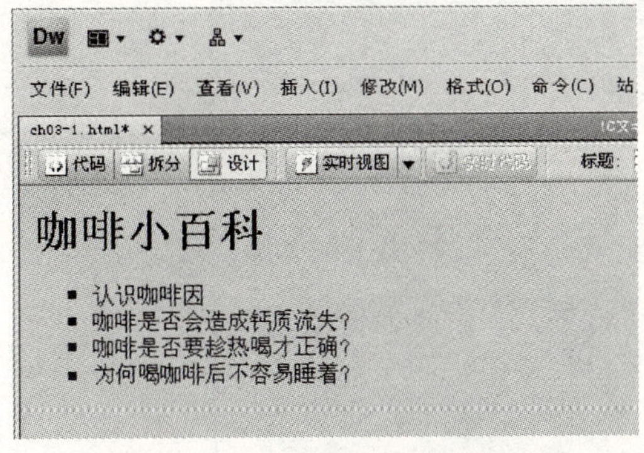

图 3—22　修改项目符号后的效果

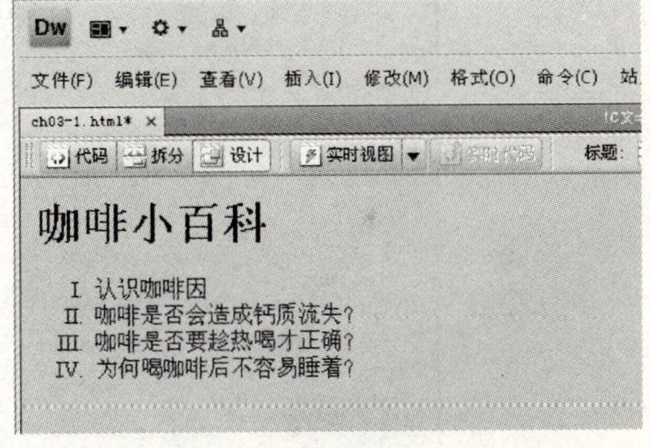

图 3—23　修改项目编号后的效果

3.2　网页上的图像编辑

虽然图像文件的格式有很多种，但实际上在网页中经常使用的图像文件格式只有 GIF、JPG 和 PNG 三种，这是因为它们都是经过压缩的，利于网络上传/下载与观看。

3.2.1　图像的插入与编辑

1. 在网页中插入图像

想让网页更加美观、漂亮，只要在网页上插入图像即可。在网页中插入图像的操作步骤如下：

(1) 将光标放在要插入图像的位置，然后采用以下两种方法插入图像。

方法一：在菜单栏中单击【插入】|【图像】命令，如图 3—24 所示。

方法二：在插入面板“常用”模式下单击“图像”按钮，如图 3—25 所示。

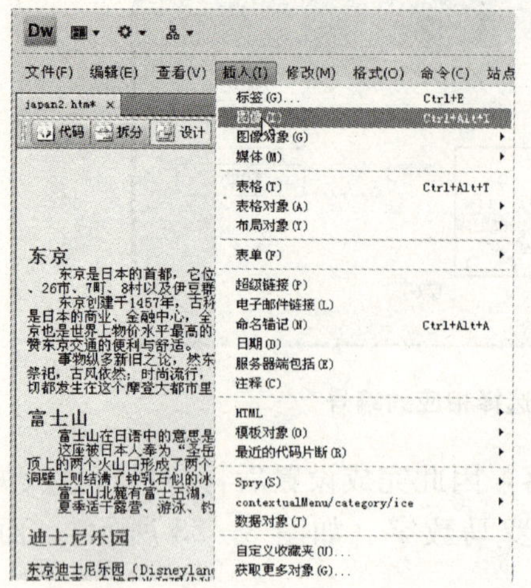

图 3—24　单击【图像】菜单命令

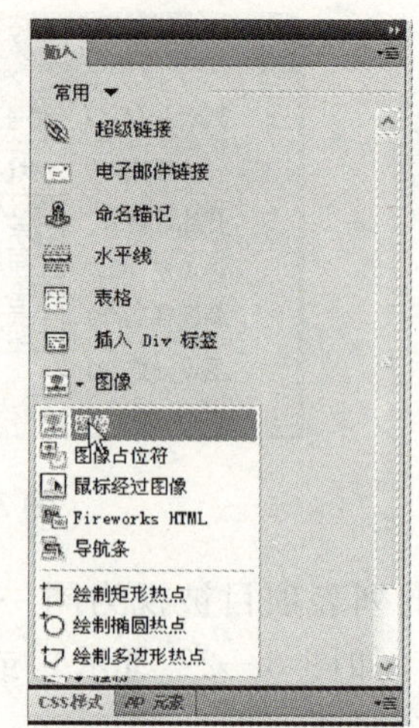

图 3—25　单击【图像】按钮

(2) 采用以上两种方法之一，会出现“选择图像源文件”对话框，在“查找范围”下拉框中切换文件所在的文件夹，接着在窗口文件列表中选择文件名，然后单击【确定】按钮，如图 3—26 所示。

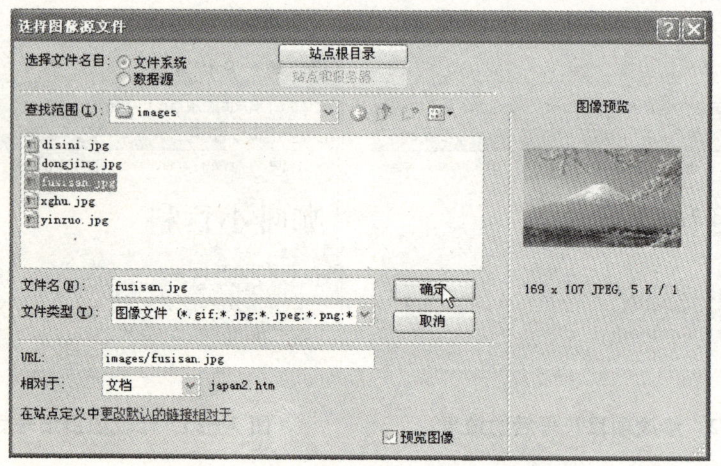

图 3—26　“选择图像源文件”对话框

插入的图像会以原尺寸显示，如图 3—27 所示。若插入的图像是 GIF 动画图像文件，则必须打开浏览器才能看到动画效果。

也可以在文件面板中直接选择要插入的图像文件，然后将其拖入编辑区，图像立即会显示在编辑区中，如图 3—28 所示。

2. 修改图像大小

(1) 移动鼠标选取图片后，打开属性面板，分别在“宽”和“高”栏中输入图片的宽度和高度：169 和 107，如图 3—29 所示。

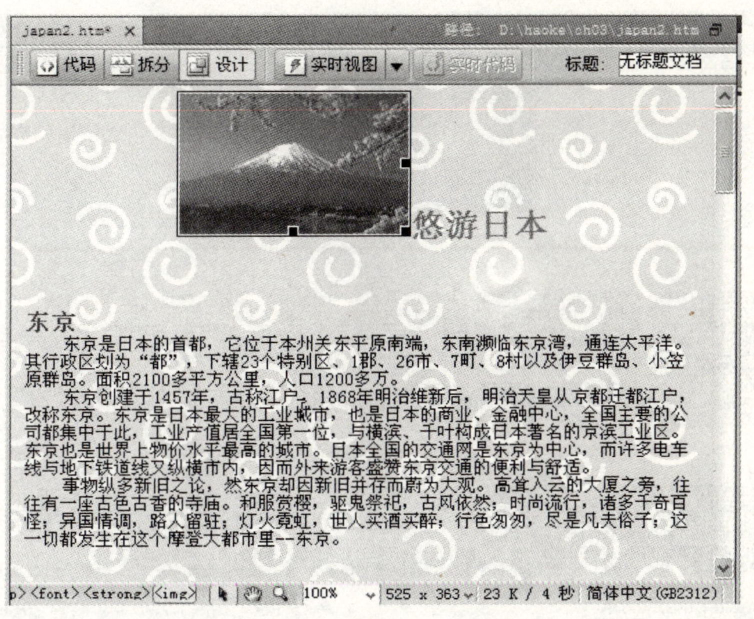

图 3—27 插入图像后的效果

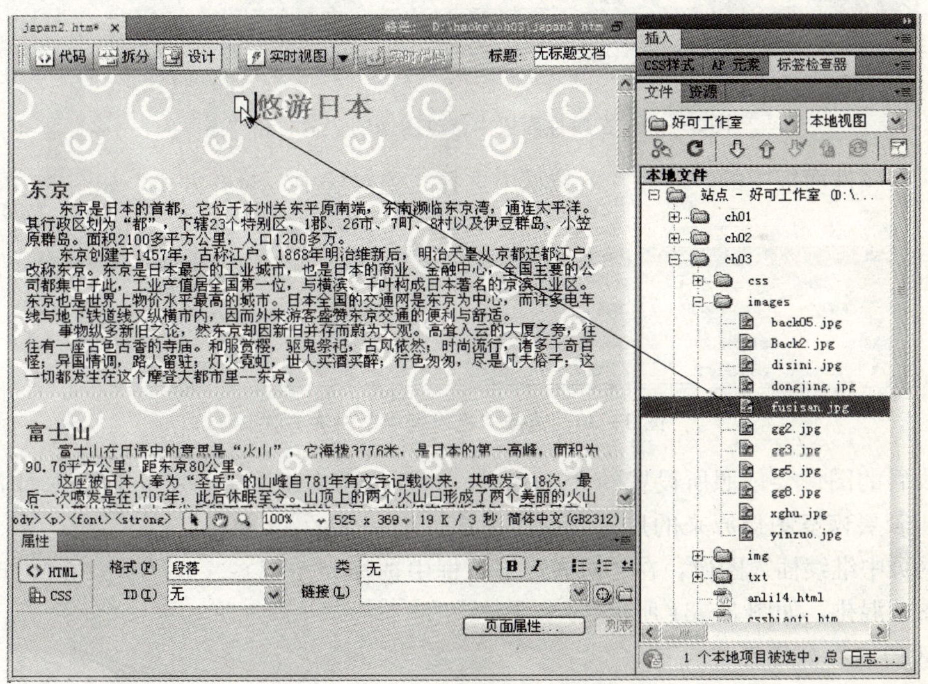

图 3—28 在文件面板中直接拖入图像

提示：也可以将鼠标指向图像右下角的控点，当指针变为↘箭头时，拖动鼠标即可调整图像大小。

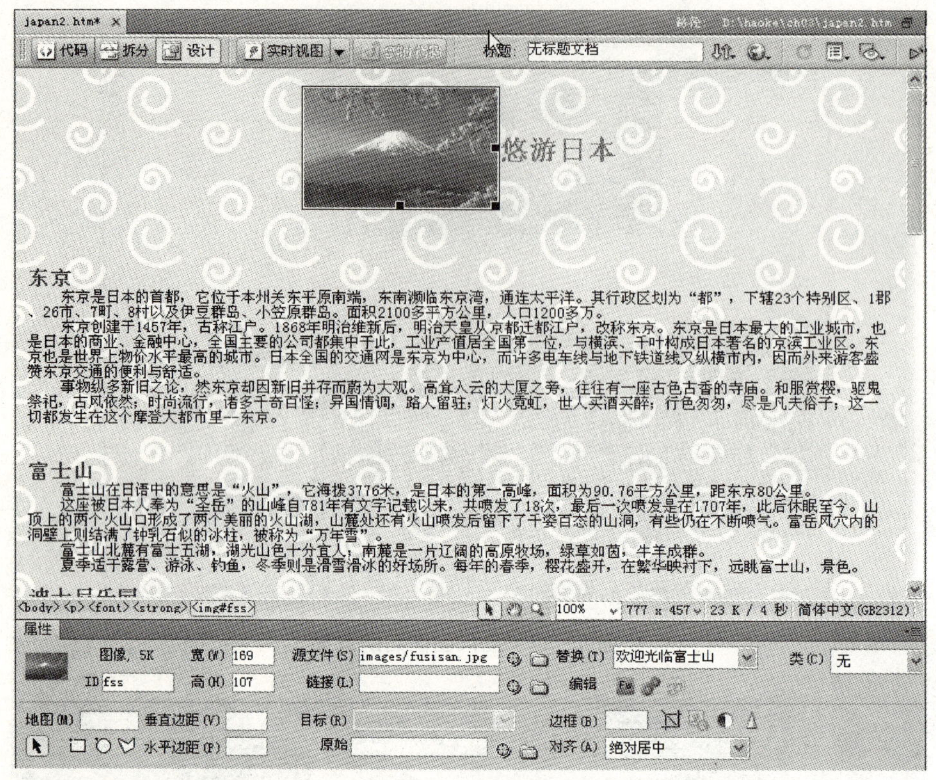

图 3—29 在属性面板中修改图像的“宽”和“高”

（2）在属性面板中的“对齐”下拉框中选择“绝对居中”对齐方式，如图 3—30 所示。

图 3—30 选择“绝对居中”对齐方式

修改后的图像会依照所设置的大小显示，并且使用文绕图的方式，将文本对齐在图像的中间。若要恢复图像原来的尺寸，则单击属性面板上的 C 图标。

在网页中继续插入图像，在“对齐”下拉框中选择“左对齐”或“右对齐”，可以将网页进行图文混排，如图 3—31 所示。

3. 为图像添加替换文本

如果网页上的图像不够清晰，则可以为它加上替代文本，让浏览者能够马上了解图像的内容。为图像添加替代文本的操作步骤如下：

（1）移动鼠标选取图像后，在属性面板的“替换”文本框中输入该图像的替代说明文字“东京欢迎您”，如图 3—32 所示。

（2）移动鼠标至文档工具栏，单击 （在浏览器中预览/调试）按钮，从下拉菜单中选择“预览在 IExplore”选项，如图 3—33 所示。

也可以按下 F12 键，打开浏览器窗口，将鼠标移到图像上，鼠标下方就会显示出替代说明文字“东京欢迎您”，如图 3—34 所示。

若打开浏览器时，没有显示图像，则这段文本就会出现在网页的图像位置上。

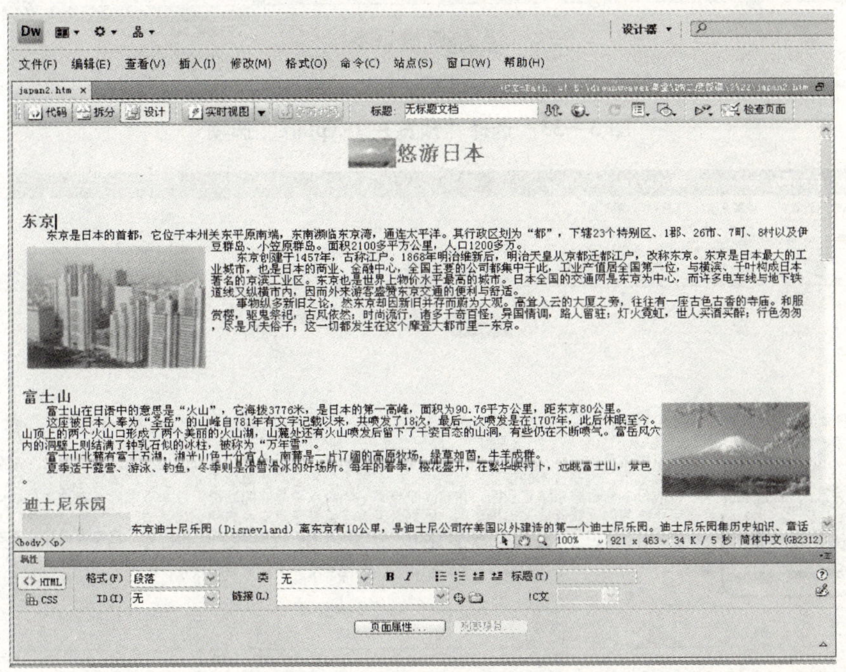

图 3—31 进行图文混排后的效果

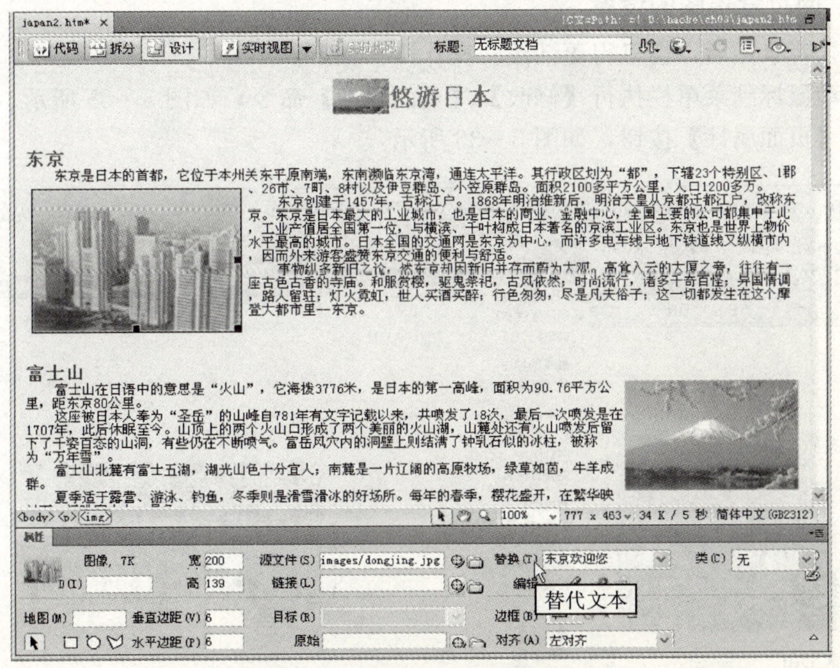

图 3—32 在属性面板中输入替代文本

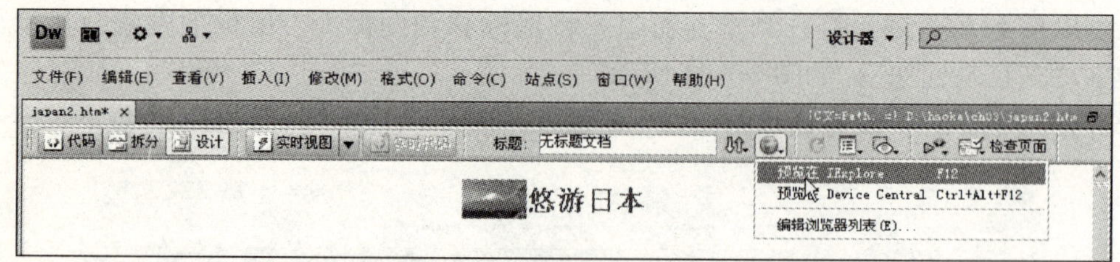

图 3—33 选择“预览在 IExplore”选项

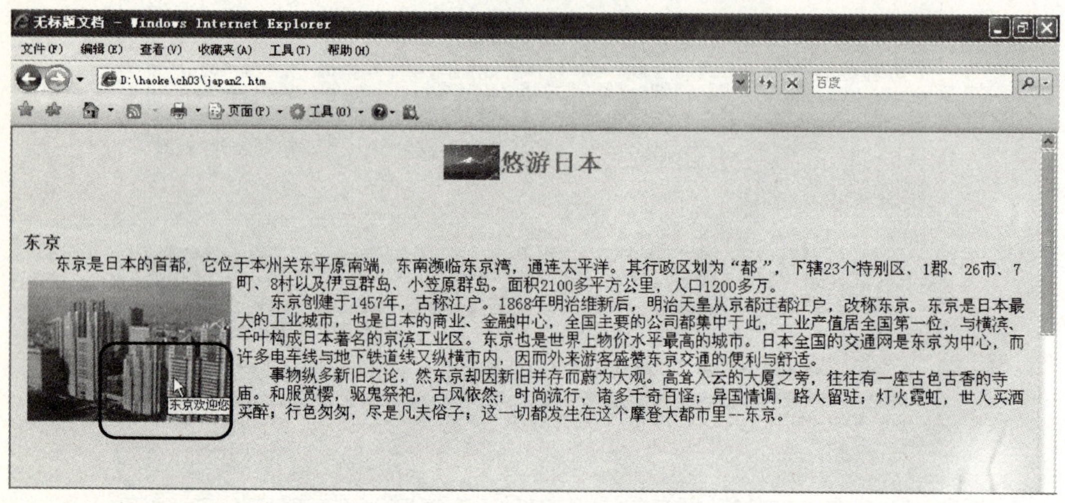

图 3—34 鼠标移到图像上显示的替代文本

3.2.2 网页背景图的设置

网页加入背景图后，会显得更活泼。操作步骤如下：

（1）移动鼠标到菜单栏执行【修改】|【页面属性】命令，如图 3—35 所示。或者单击属性面板中的【页面属性】按钮，如图 3—36 所示。

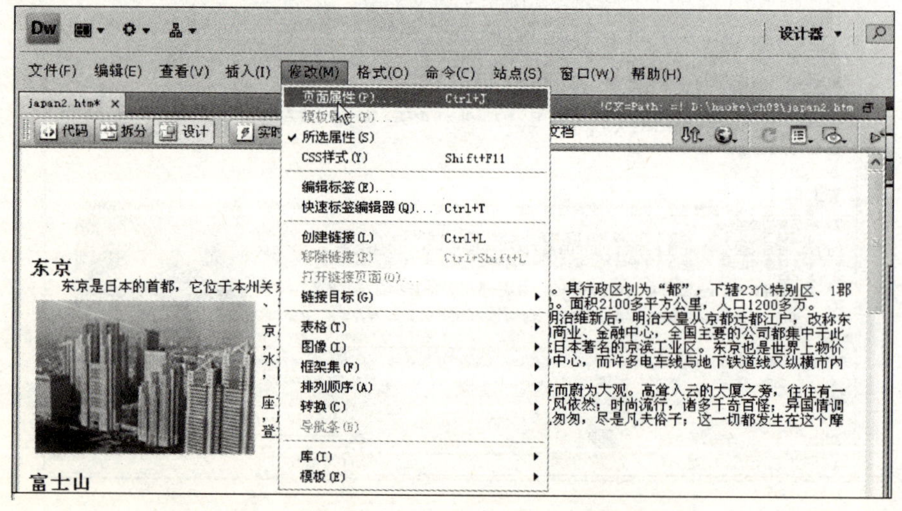

图 3—35 单击【页面属性】菜单命令

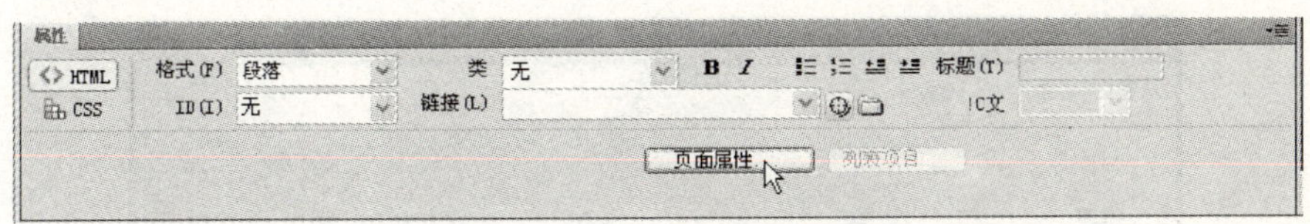

图 3—36　在属性面板中单击【页面属性】按钮

(2) 出现“页面属性”对话框后，在“分类”栏中选择“外观（CSS)”（如图 3—37 所示）或“外观（HTML)”（如图 3—38 所示），单击相应背景图像右侧的【浏览】按钮。

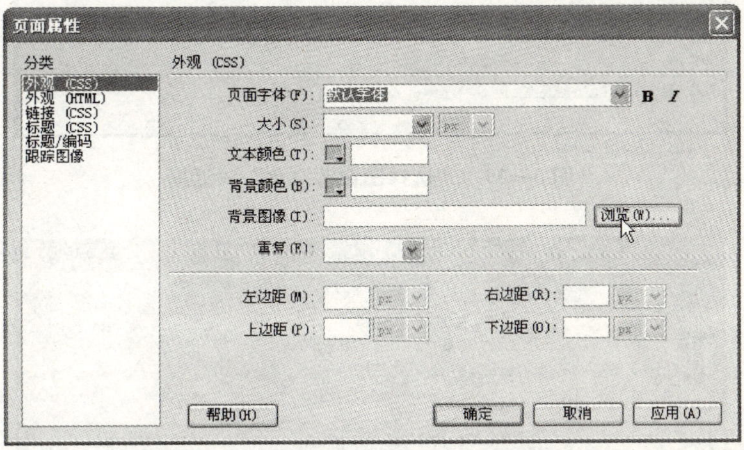

图 3—37　“页面属性”对话框中的外观（CSS）

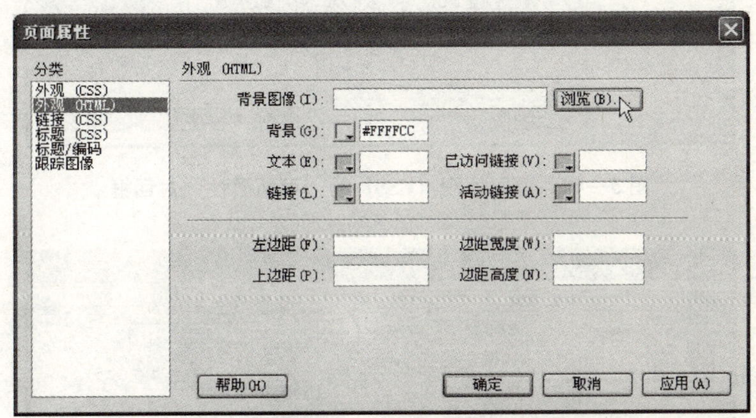

图 3—38　“页面属性”对话框中的外观（HTML）

(3) 弹出“选择图像源文件”对话框，在“查找范围”下拉框中选择文件所在的磁盘与文件夹，接着在窗口文件列表中选择背景图像文件，然后单击【确定】按钮，如图 3—39 所示。

(4) 返回“页面属性”对话框后，单击【确定】按钮，如图 3—40、图 3—41 所示。

网页的背景图像会以贴瓷砖的方式重复排列来显示（如图 3—42 所示），这里要注意颜色不能太过鲜艳，避免看不清楚文本或网页上的其他内容，造成反效果。

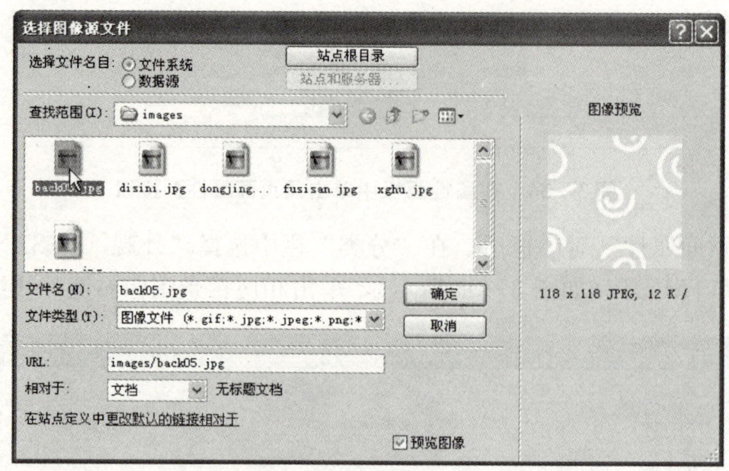

图 3—39 “选择图像源文件”对话框

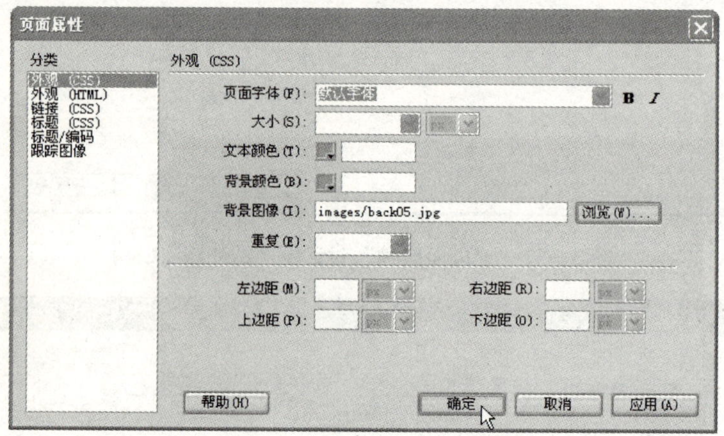

图 3—40 返回外观（CSS）的“页面属性”对话框

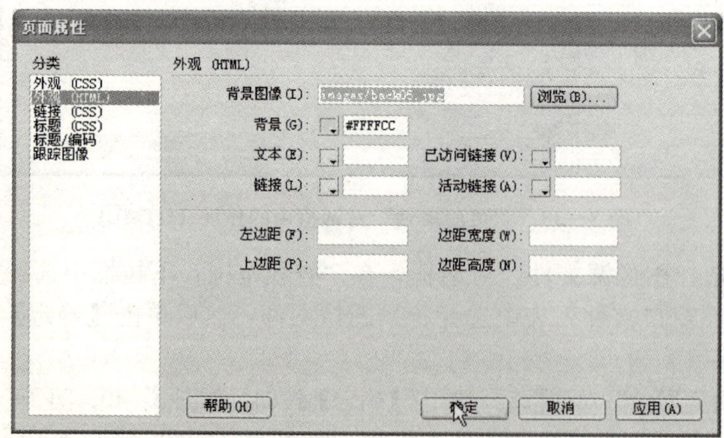

图 3—41 返回外观（HTML）的“页面属性”对话框

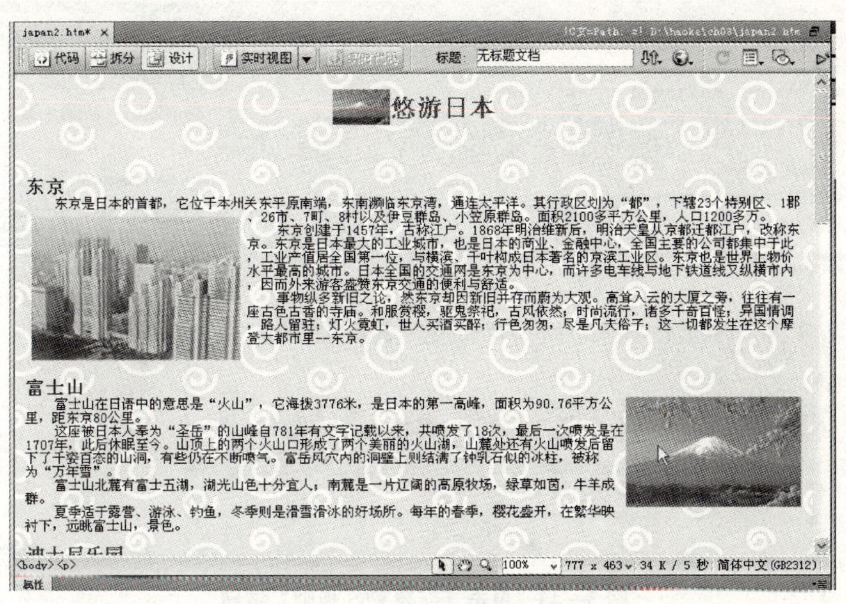

图 3—42　设置网页背景图像后的效果

3.3　用 CSS 样式设置文本格式

在制作网页过程中，每页都会用到文字、图像、表格、表单等元素。对于这些元素，如果没有 CSS 样式控制，是无法使页面美观的。各浏览器之间的不兼容，也会导致同一个网页在不同的浏览器中显示不同的效果，应用 CSS 样式则恰到好处地解决了这个问题。Dreamweaver CS4 将 CSS 面板重新设计为一个统一的 CSS 样式面板，可以快速创建、编辑和应用样式。

层叠样式表 CSS（Cascading Style Sheet）可以用来自定义样式或改变默认样式，以提高编辑效率，美化网页。CSS 是 W3C（The World Wide Web Consortium）为 HTML 制定的样式表机制，并得到微软公司和网景公司的支持，因而 CSS 样式在 IE4（Internet Explorer 4.0）和 NC4（Netscape 4.0）以上的浏览器中均可支持，只是有些效果需要更高版本的浏览器支持。

3.3.1　新建 CSS 样式

1. 新建特定标签 CSS 样式

（1）将光标移至要设置样式的段落，打开属性面板，在“格式”列表中选择“标题 3”；在右侧面板组中的 CSS 样式面板中单击 （新建 CSS 规则）按钮，如图 3—43 所示。

（2）弹出“新建 CSS 规则”对话框后，在“选择器类型”下拉框中选择“标签（重新定义 HTML 元素）”，接着从“选择器名称”下拉框中选择“h3”，在“规则定义”下拉框中选择“（仅限该文档）”，最后单击【确定】按钮，如图 3—44 所示。

（3）在“h3 的 CSS 规则定义”对话框的“分类”栏中选择“类型”，设置文本的颜色、大小和字体，如图 3—45 所示。

（4）在“分类”栏中选择“背景”，单击背景颜色的按钮，从弹出的色板中选择背景色，如图 3—46 所示。

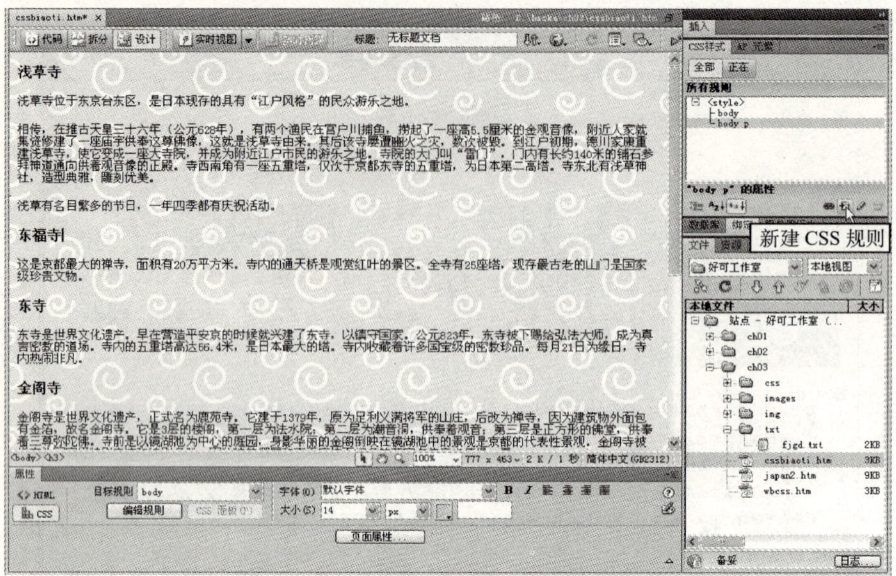

图 3—43　单击【新建 CSS 规则】按钮

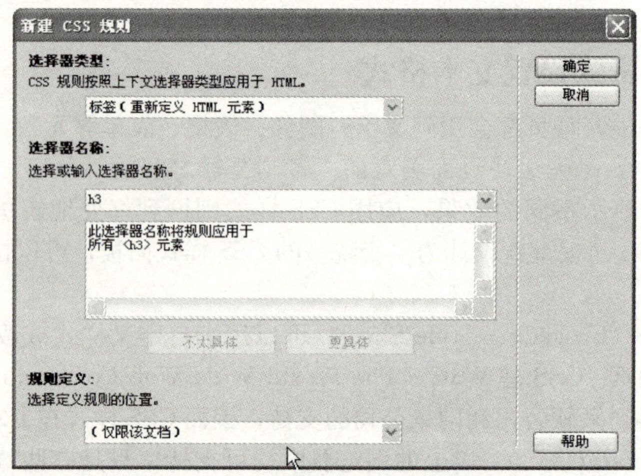

图 3—44　“新建 CSS 规则”对话框

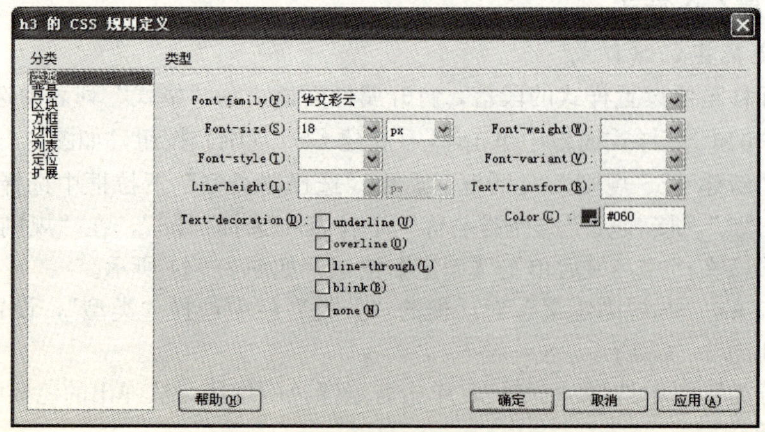

图 3—45　“h3 的 CSS 规则定义”对话框

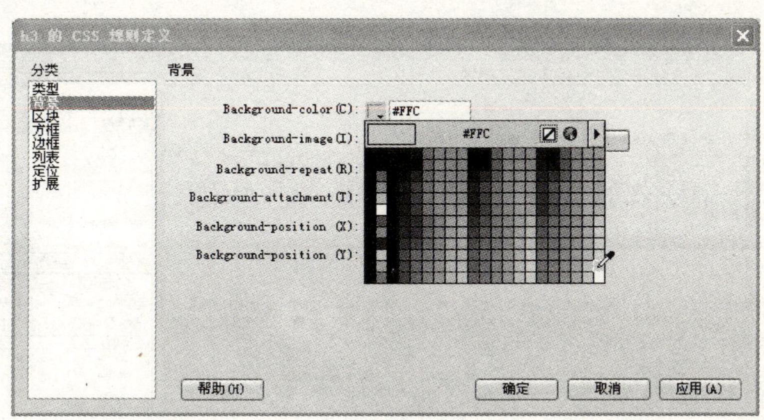

图 3—46　选择背景色

(5) 在“分类”栏中选择“区块”，在“Text-align”下拉框中选择“center”(居中)，如图 3—47 所示。

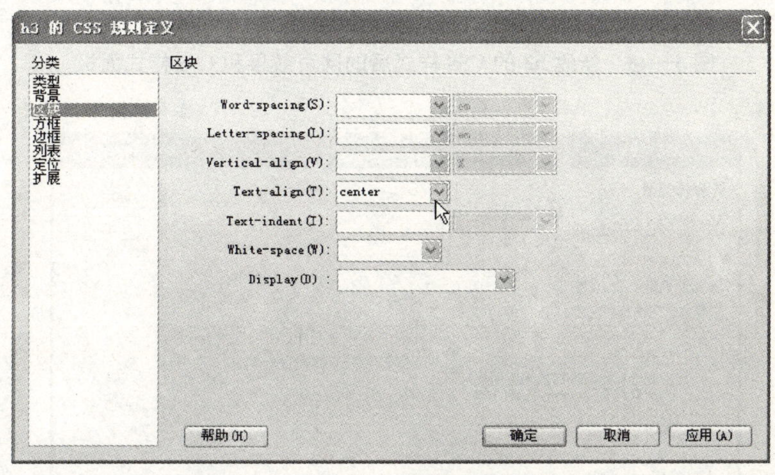

图 3—47　设置居中对齐

完成设置后，所有设置为 h3 的文本，都会改换为所设置的样式，而且在 CSS 样式面板中会出现关于样式设置的属性，如图 3—48 所示。

用这种方法新建的 CSS 样式是对应于网页中特定标签的，新建 CSS 样式后，相应的标签样式会自动更改。

2. 新建任何标签都可以使用的 CSS 样式

CSS 的最大好处是可以新建任何标签都能使用的 CSS 样式，大幅度提高网页编辑的效率。具体操作步骤如下：

(1) 如图 3—49 所示，在“新建 CSS 规则”对话框中的“选择器类型”下拉框中选择“类(可应用于任何 HTML 元素)”，表示要制作一个新样式；在“选择器名称”下拉框中输入样式名称“. word”，然后在“规则定义”下拉框中选择“(仅限该文档)”，最后单击【确定】按钮。

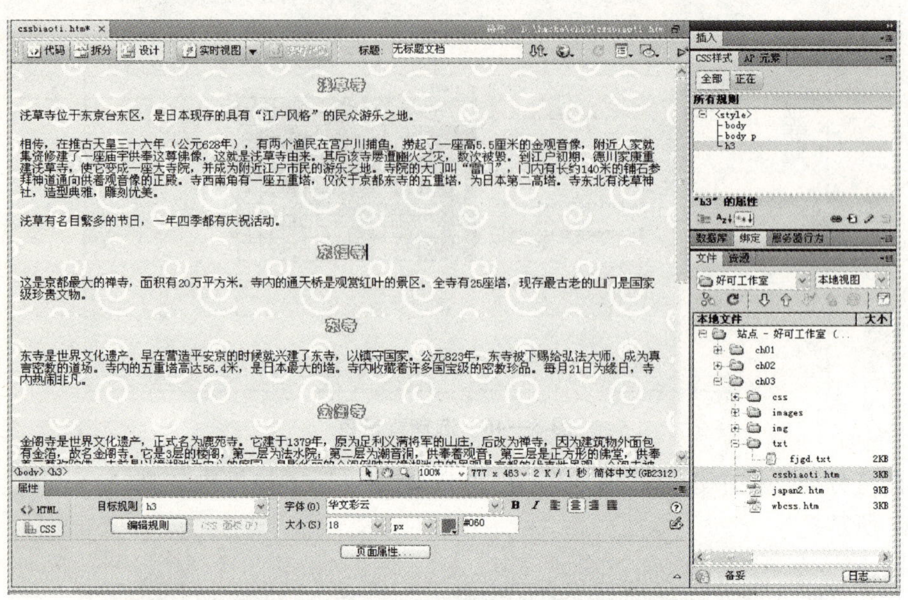

图 3—48　新建 h3 的 CSS 样式后的网页效果和 CSS 样式面板

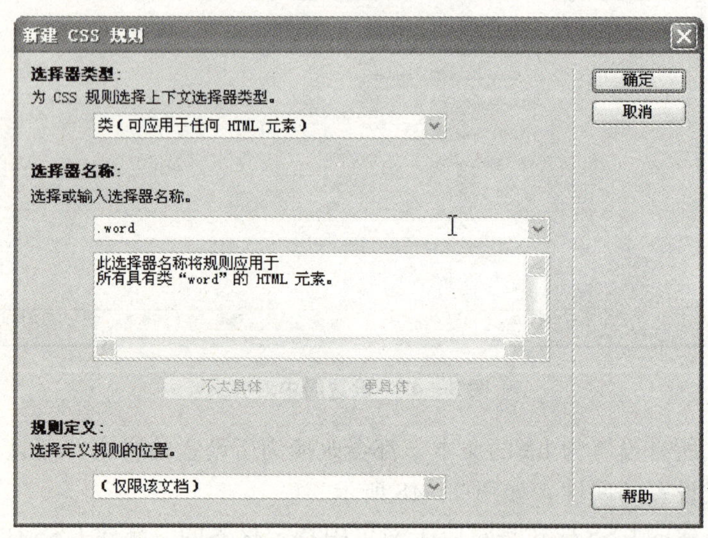

图 3—49　“新建 CSS 规则”对话框

（2）弹出“.word 的 CSS 规则定义”对话框，在“分类”栏中选择“类型”，设置字体、大小、颜色（如图 3—50 所示）；在“分类”栏中选择“区块”，设置文字缩进，如图 3—51 所示。

（3）返回编辑窗口，CSS 样式面板中会出现新增的样式名称，选取要套用样式的范围后，在样式名称上单击鼠标右键，从弹出的快捷菜单中选择“套用（A)”，如图 3—52 所示。

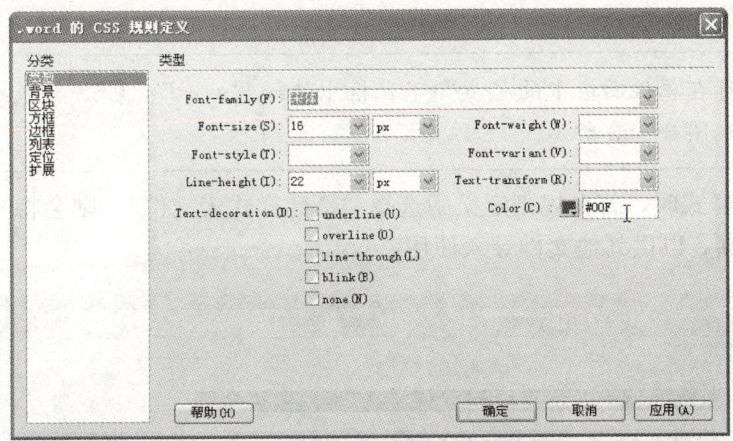

图 3—50　“.word 的 CSS 规则定义”对话框

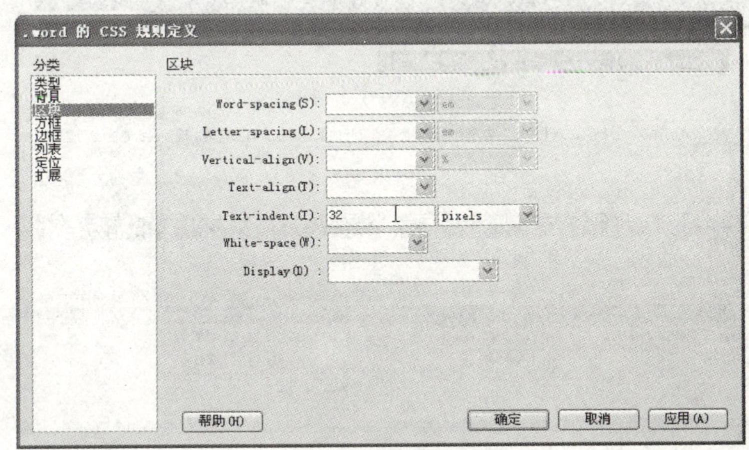

图 3—51　设置文字缩进

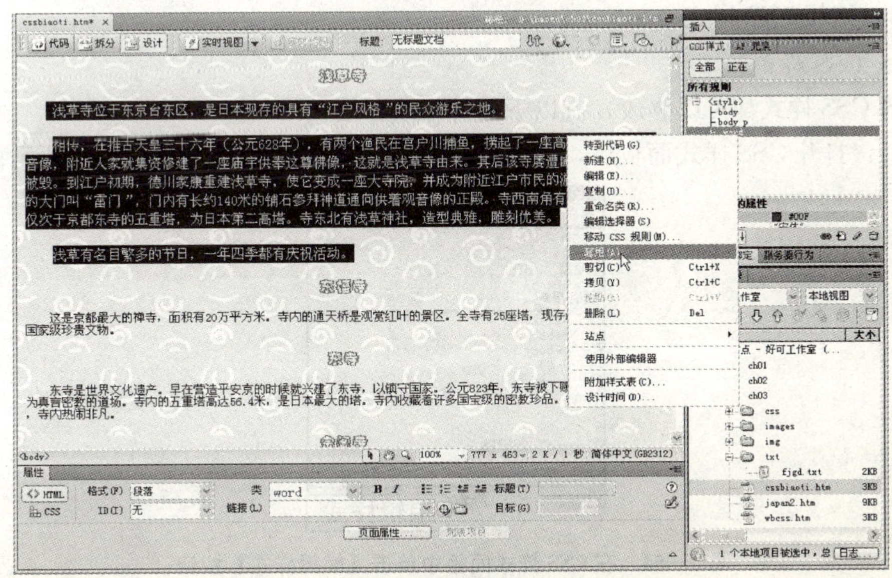

图 3—52　给选中的对象套用 .word CSS 样式

提示：也可在属性面板中的“类”下拉框中选择“word”，CSS 样式也会套用在相应的内容上，如图 3—53 所示。

当新建 CSS 样式时，若在规则定义中选择“新建样式表文件”，则会将 CSS 样式以样式表文件的形式存储，以供其他文件导入使用。

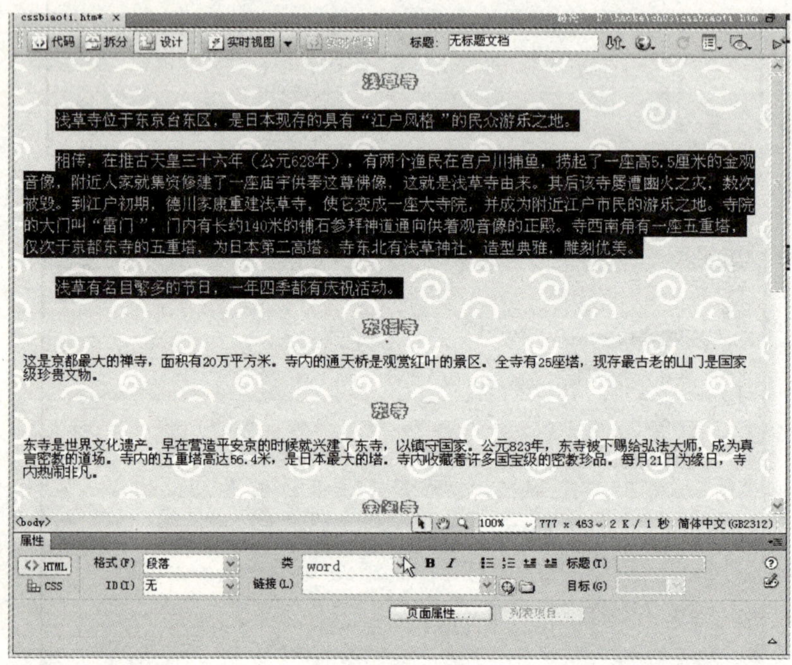

图 3—53 在属性面板中选择 word 样式

3.3.2 编辑 CSS 样式

1. 修改 CSS 样式

新建的 CSS 样式都可以修改，有以下两种修改方法：

方法一：打开 CSS 样式面板后，单击 （编辑样式）按钮，如图 3—54 所示。

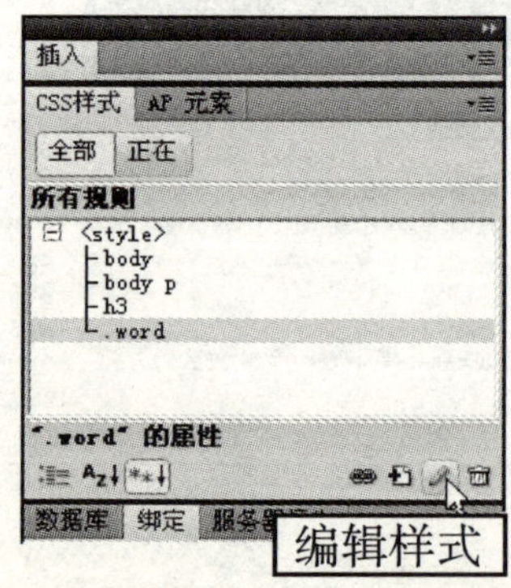

图 3—54 在 CSS 样式面板中单击【编辑样式】按钮

方法二：把光标放在网页中相应的标签处，从属性面板中单击【编辑规则】按钮，如图 3—55 所示。

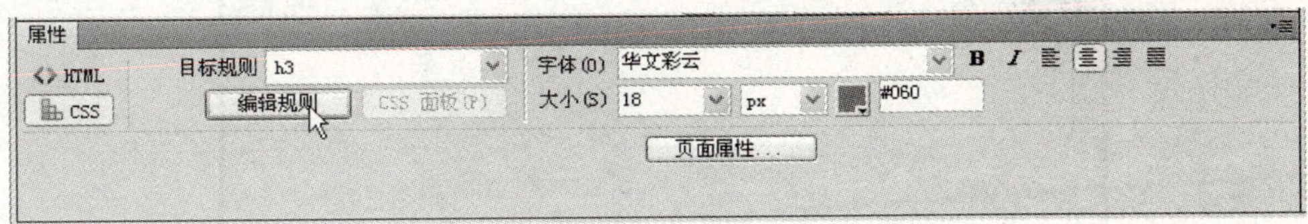

图 3—55　在属性面板中单击【编辑规则】按钮

2. 删除 CSS 样式

删除 CSS 样式有两种常用的方法：

方法一：从“CSS 样式”面板中选择样式名称，然后单击 （删除 CSS 样式）按钮。

方法二：在编辑区选取文本后，从属性面板的“类”下拉框中选择“无”，就可以取消所套用的 CSS 样式。

3.3.3　应用 CSS 样式

在 Dreamweaver CS4 中，特定标签 CSS 样式是新建好的，可直接应用；对于适用于任何标签的类样式，则需要“套用”后才能应用，方法见前面的叙述。

Dreamweaver 可以将新建的 CSS 样式以外部文件的形式（扩展名为 .css）存储起来，以便在需要时使用，利用链接的方式，将制作好的 CSS 样式文件（如 1.css）链接到自己的网页中。

（1）打开 CSS 样式面板后，选择 （附加样式表）按钮，如图 3—56 所示。

（2）如图 3—57 所示，在“链接外部样式表”对话框中单击【浏览】按钮。

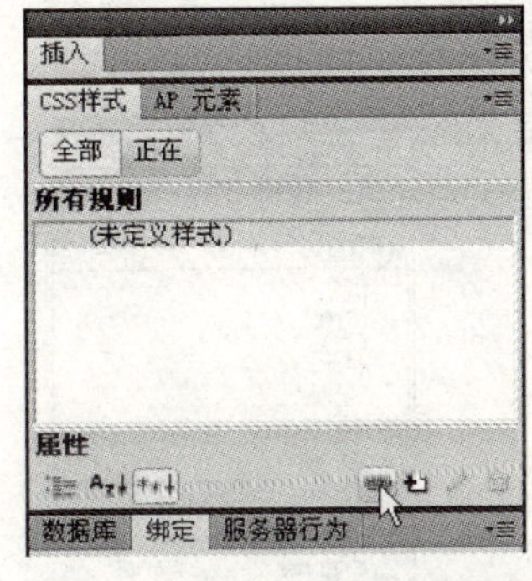

图 3—56　【附加样式表】按钮

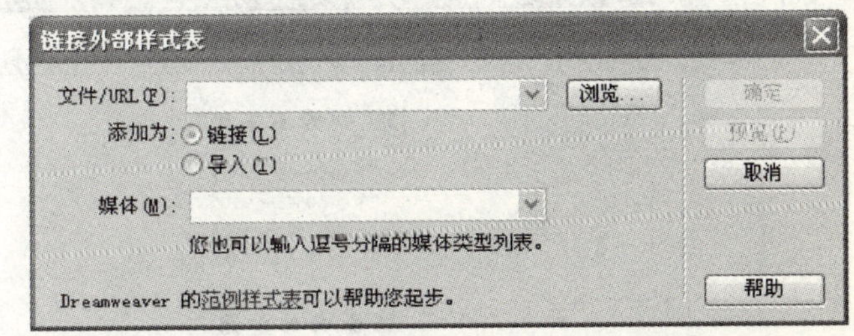

图 3—57　“链接外部样式表”对话框

（3）弹出“选择样式表文件”对话框后，在“查找范围”下拉框中选择文件所在的磁盘与文件夹，接着在窗口文件列表中选择文件名称，单击【确定】按钮，如图 3—58 所示。

（4）返回“链接外部样式表”对话框后，在“文件/URL”下拉框中就会显示文件的路径“css/1.css”，在“添加为”中选择“链接（L）”，单击【确定】按钮，如图 3—59 所示。

在图 3—59 中，“链接”表示浏览该网页时会同时打开该外部样式表文件；“导入”表示把该外部样式表文件的内容复制一份，粘贴在网页中。两者有所不同，至于如何应用，要视实际需求来选择。

链接外部 CSS 样式后的网页效果如图 3—60 所示。

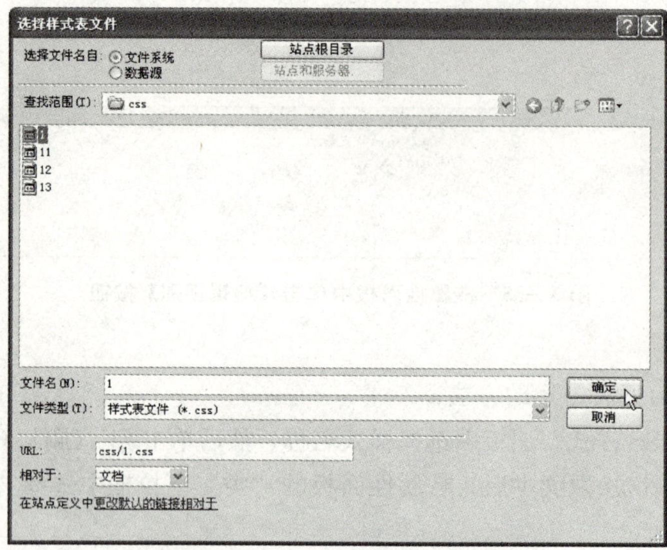

图 3—58 “选择样式表文件”对话框

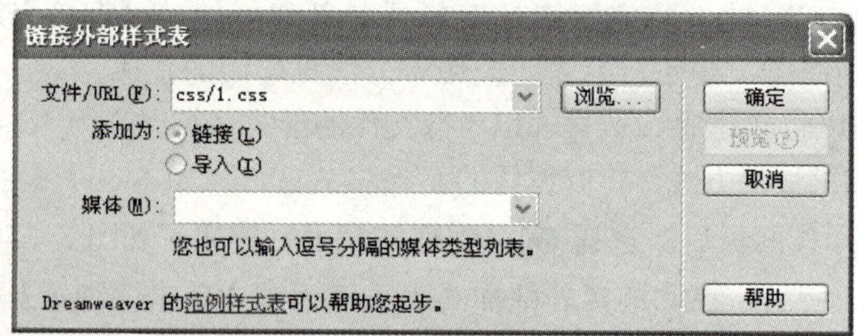

图 3—59 “链接外部样式表”对话框

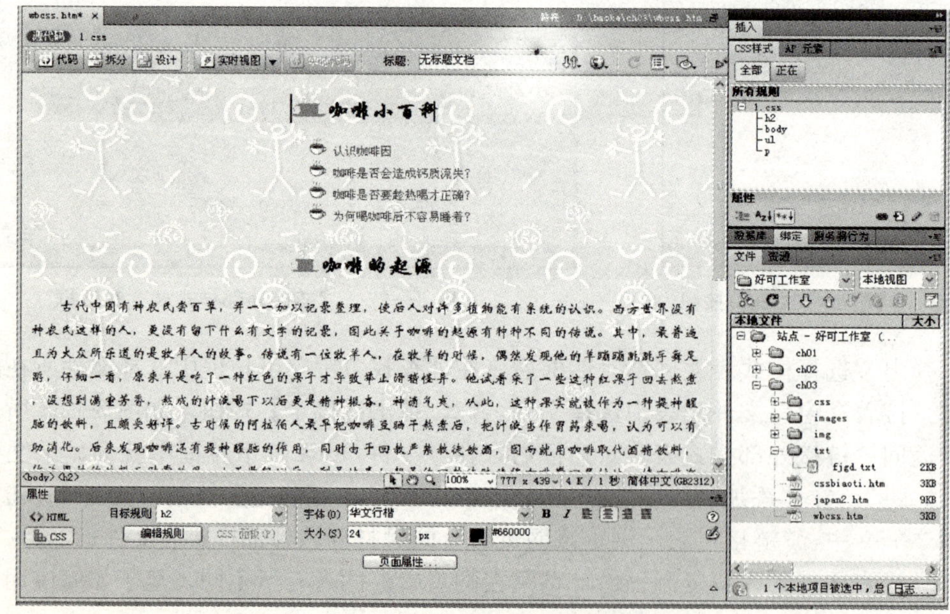

图 3—60 链接外部 CSS 样式后的网页效果

3.4　项目实训

项目 1：制作“长城——世界建筑史上一大奇迹”网页

1. 实训目的

通过制作该网页，可以掌握文本的标题设置、文字的移动和复制、文字颜色/大小/样式设置以及图文混排等基本设计过程。

2. 实训案例效果

实训案例效果如图 3—61 所示。

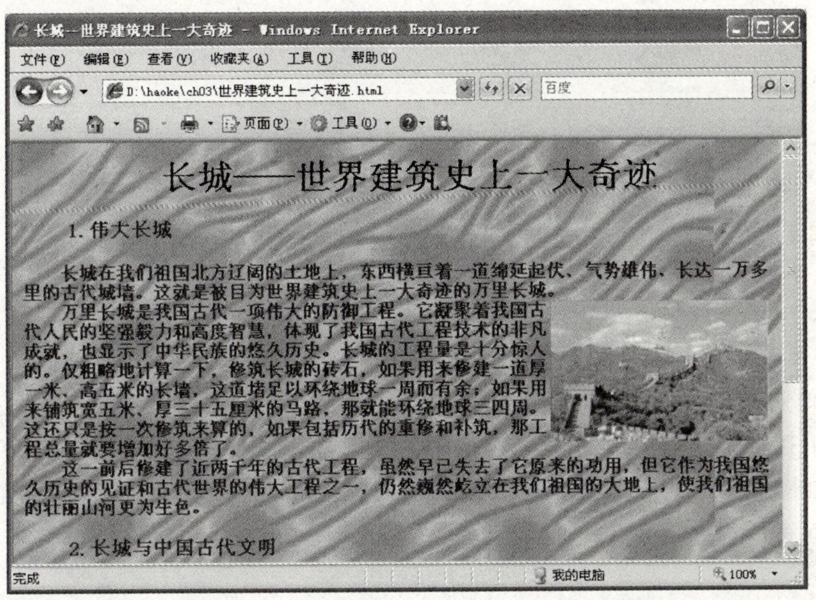

图 3—61　“长城——世界建筑史上一大奇迹”网页的显示效果

3. 实训设计过程

(1) 输入文字。

①在文档工具栏的“设计”视图中，单击属性面板中的【页面属性】按钮，弹出“页面属性”对话框。利用该对话框导入一幅纹理图像“Back.jpg”作为网页的背景图像。

> **说明：**“Back.jpg”图像存放在该网页所在的 haoke/ch03/images/下，本网页用到的其他图像也在该文件夹内。

②在文档工具栏的“设计”视图中，输入“长城——世界建筑史上一大奇迹”文字，然后用鼠标选中这些文字，如图 3—62 所示。

③在属性面板中进行文字属性的设置。在“格式”下拉框中选择“标题 1”，如图 3—63 所示；单击 ■ （文本颜色）按钮，弹出颜色面板，设置文字为蓝色；单击 ≡ （居中对齐）按钮，使文字居中排列；单击 **B** 按钮，使文字加粗。此时的属性面板设置如图 3—64 所示。

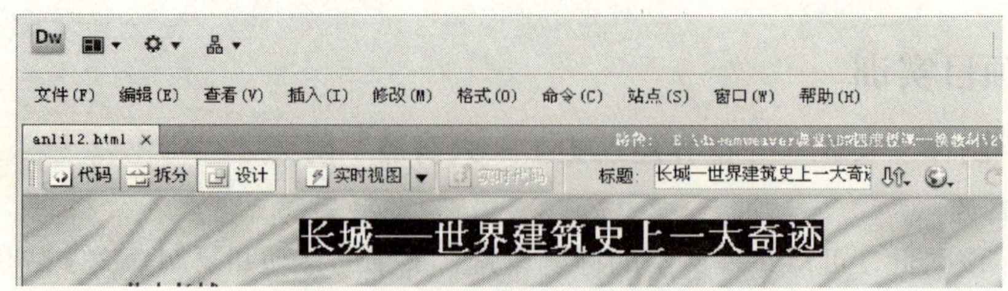

图 3—62　选中将要设置的文字

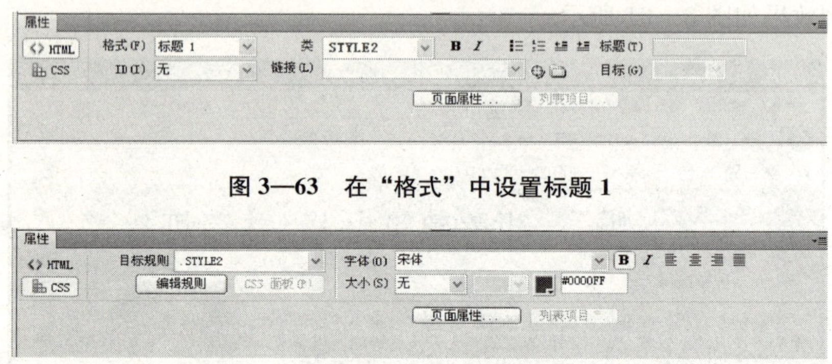

图 3—63　在“格式”中设置标题 1

图 3—64　设置“颜色、对齐、加粗”属性

④输入文字“1. 伟大长城”，并用鼠标将其选中，在属性面板内进行文字属性的设置。在“格式”下拉框中选择“标题 3”，使文字为标题 3 格式；单击 （文本缩进）按钮，使文字缩进，如图 3—65 所示。单击 （文本颜色）按钮，弹出颜色面板，设置文字为蓝色，此时的属性面板设置如图 3—66 所示。

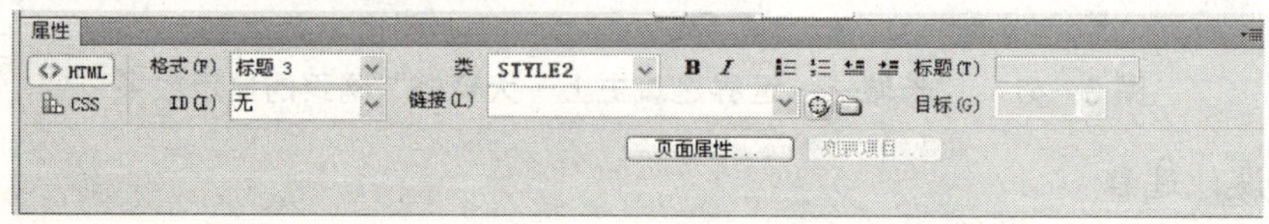

图 3—65　在“格式”中设置标题 3

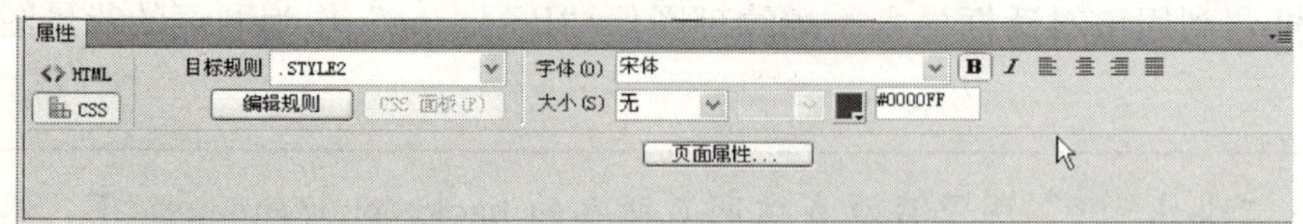

图 3—66　设置“颜色、缩进”属性

⑤将 Word 文档中关于“长城”的文字复制到网页文档窗口的光标处，用鼠标拖动选中文字，在文字的属性面板内进行文字属性的设置。在“格式”下拉框中选择“段落”，如图 3—67 所示；单击 （文本颜色）按钮，弹出颜色面板，设置文字为蓝色，在“大小”下拉框中选择“16”，使文字大小为 16px；在“字体”下拉框中选择“宋体”选项，此时的属性面板设置如图 3—68 所示。

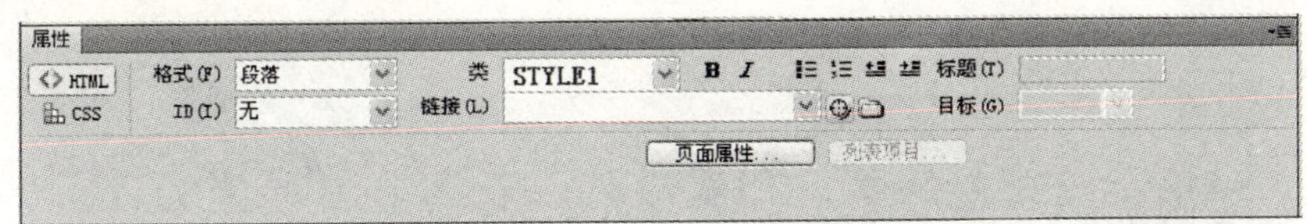

图 3—67　设置文字为段落格式

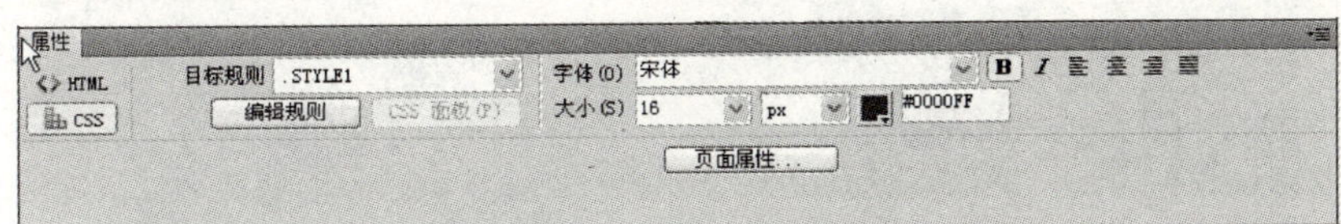

图 3—68　设置“颜色、大小、字体”属性

按照上述方法，继续创建其他文字，进行这些文字的属性设置。

（2）插入图像。

①在插入面板中的“常用”模式下单击“ 图像”按钮，弹出“选择图像源文件”对话框。在该对话框中选择“长城 1.jpg”，在“相对于”下拉框中选择“文档”选项，在“URL”文本框内会出现“images/长城 1.jpg”，然后单击【确定】按钮，即可将选定的图像加入到页面的光标处。

②用鼠标拖动图像四周的黑色方形控制柄，调整图像的大小；用鼠标拖动图像，调整它的位置。此时，插入的图像如图 3—69 所示。

图 3—69　调整后的图像

③单击选中插入的图像，在属性面板的“对齐”下拉框中选择“右对齐”，此时的图像和文字关系如图 3—70 所示。

其余图像的插入及图像与文字的环绕关系制作方法同上。

将该网页保存在相应文件夹内，名称为“世界建筑史上一大奇迹 .html”。至此，整个网页制作完毕。

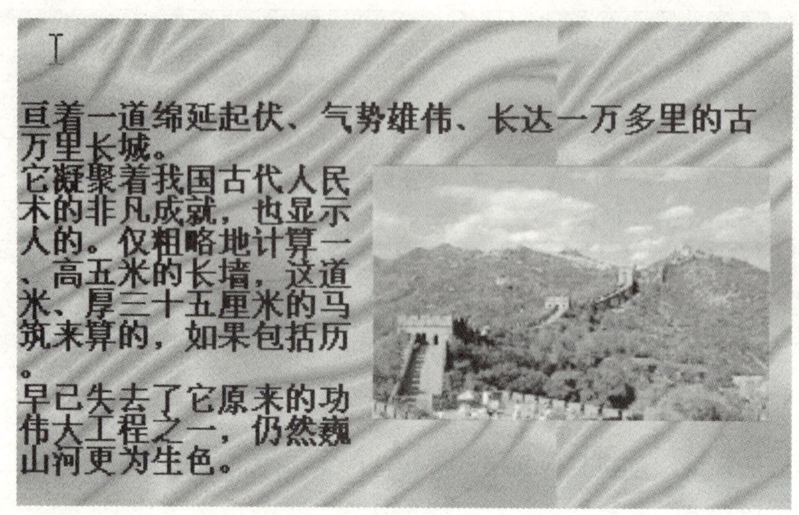

图 3—70　设置“右对齐”后的效果

项目 2：制作“中国名胜——故宫”网页

1. 实训目的

通过制作该网页，可以掌握图像加载、移动、复制、删除和属性设置等基本设计过程。

2. 实训案例效果

实训案例效果如图 3—71 所示。

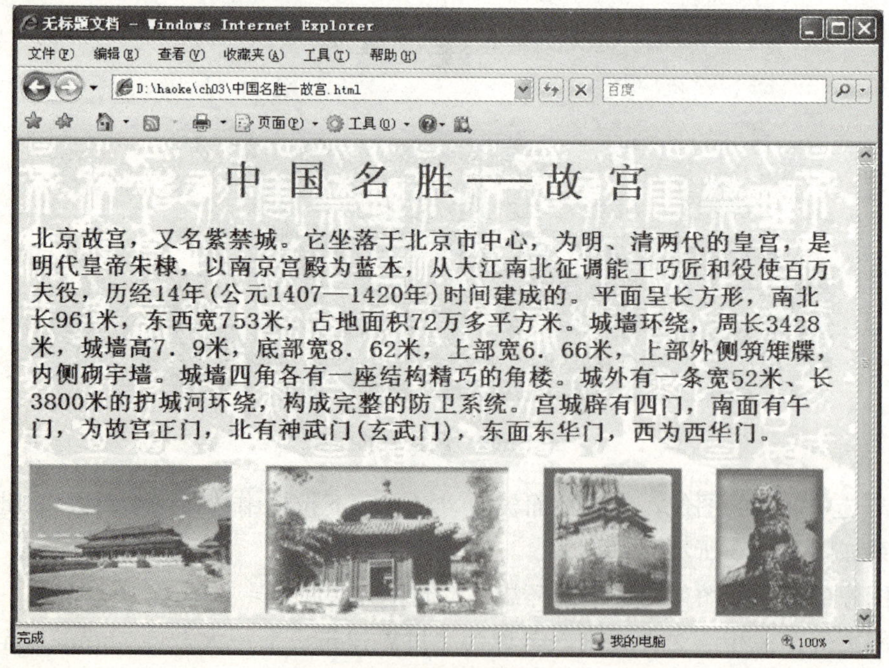

图 3—71　“中国名胜——故宫”网页的显示效果

3. 实训设计过程

（1）在文档工具栏中的“设计”视图中，单击属性面板的【页面属性】按钮，弹出“页面属性”对话框，如图 3—72 所示。利用该对话框导入一幅纹理图像“Back2. jpg”，作为网页的背景图像。

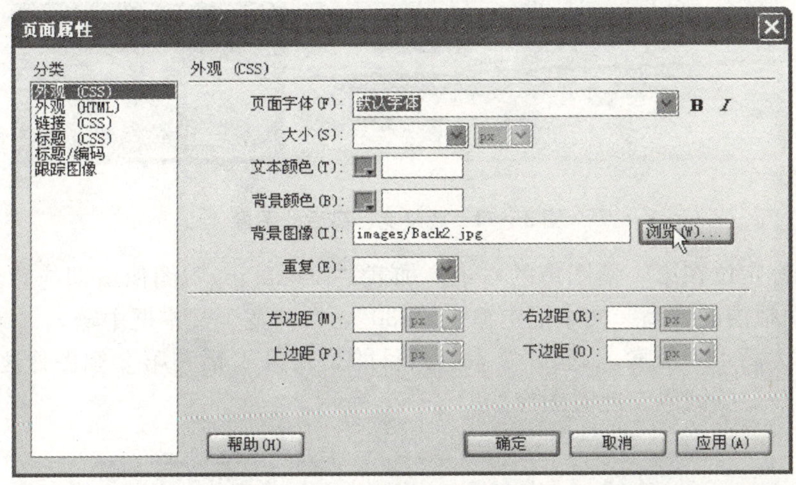

图 3—72　“页面属性”对话框

（2）在网页中输入“中国名胜——故宫”标题文字和各段落文字。“中国名胜——故宫”标题文字采用标题 1 格式、红色、居中，段落文字采用段落格式、16 点数、蓝色。

（3）将光标定位在第 1 段文字的下边，在插入面板中的“常用”模式下单击“图像”按钮，弹出“选择图像源文件”对话框。在该对话框中，选择图像文件“gg8. jpg”，在“相对于”下拉框内选择“文档”，在“URL”文本框内会给出当前网页文档的路径和文件名，如图 3—73 所示。单击【确定】按钮，即可将选定的图像加到页面的光标处。

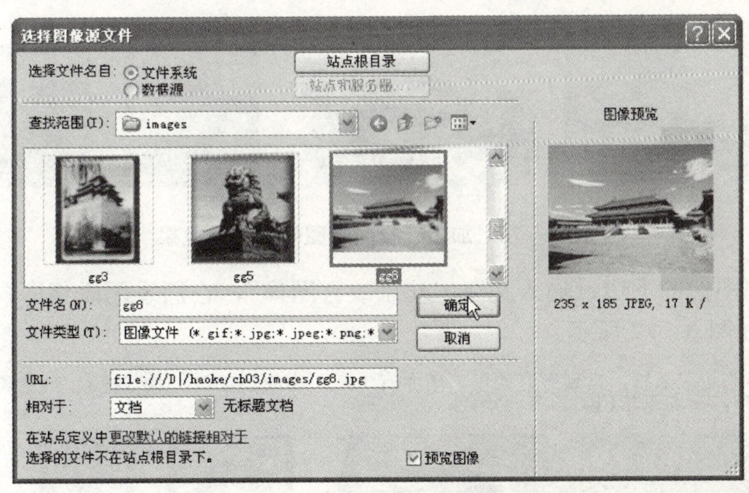

图 3—73　“选择图像源文件”对话框

（4）按照上述方法再加载“gg 2. jpg”、“gg 3. jpg”和“gg 5. jpg”三幅图像。单击第一幅图像，在属性面板内的“高”文本框中输入“130”，在“宽”文本框中输入“180”，将选中的图像调整为高 130 像素，宽 180 像素。

（5）按照上述方法，调整其他三幅图像，使它们的高度均为 130 像素。此时网页中的图像如图 3—74 所示。

图 3—74 调整宽、高后的图像

（6）将光标定位在第 1 幅图像的右边，加载“Back2. jpg”图像（即与背景图像同一幅图），在属性面板内的“高”文本框中输入“130”，在“宽”文本框中输入“30”，将选中的背景图像调整为高 130 像素，宽 30 像素。其目的是在第 1 幅和第 2 幅图像之间插入空格，使两幅图像有一定的间隔。此时图像如图 3—75 所示。

图 3—75 插入一幅间隔图像后的效果

（7）按住 Ctrl 键并用鼠标拖住间隔图像到第 2 幅图像和第 3 幅图像之间，或复制一幅间隔图像到第 2 幅图像和第 3 幅图像之间。按照相同的方法，在第 3 幅图像和第 4 幅图像之间，也复制间隔图像。最后效果如图 3—76 所示。

图 3—76 加入三幅间隔图像的最后效果

（8）在 4 幅图像的下边，输入文字“北京故宫图像”，它们采用段落格式、蓝色、居中、18 点数大小，如图 3—77 所示。

整的防卫系统。宫城辟有四门，南面有午门，为故宫正门，北有神武门(玄武门)，东面东华门，西为西华门。

北京故宫图像

图 3—77 输入文字“北京故宫图像”

将该网页保存在 haoke 文件夹中的“ch03”文件夹内，名称为“中国名胜——故宫.html”。至此，整个网页制作完毕。

本章小结

图像和文本是网页中不可缺少的基本元素。文本使用的都是网页中最基本的元素，而网页中有了图像会显得更加生动、简洁，起到美化网页的作用。无论是个人网站还是企业网站，图文并茂的网页都会为网站增色不少，通过图像美化后的网页能吸引更多的浏览者。本章介绍了文本和图像的基本操作，如插入文本和图像、文本和图像的属性设置、列表设置、图文混排以及CSS样式表等，使读者全面了解和掌握网页图文的使用方法和技巧。

习 题 3

一、名词解释

1. 分段与换行　　2. 替换文本　　3. CSS　　4. 链接外部样式表

二、填空题

1. GIF 格式可以将很多幅图像结合在一个 GIF 文件中，通过浏览器顺序下载和显示这些 GIF 图像，从而实现________的效果，这就是所谓的________。

2. 设置网页文档的页边距是在________对话框中设置的。

3. “高级”CSS 样式一般应用于____。

4. 附加样式表分为________和________两种方式。

5. RGB 方式表示的颜色都是由红、绿、____这 3 种基色调合成的。

6. 网页的背景色和背景图像是在________对话框中设置的。

三、判断题

1. 我们在页面属性设置背景图案时，以平铺方式填充。　（　　）

2. 如果我们要设置文本的行间距，应该设置 CSS 样式的区块\垂直对齐的属性。（　　）

3. CSS 选择器样式类型不属于 Dreamweavcr 中可定义的三种 CSS 类型。　（　　）

四、拓展实训题

1. 新建一个网页文件，按如下要求制作后存盘，效果如图 3—78 所示。

(1) 将第一行的字体设为标题 1，并居中对齐，字体设为华康 POP1 体 W7，颜色为＃003366。

(2) 为下面的文本加上项目列表，字体设为粗体，字号为 16px，文本颜色改为＃666600。

2. 新建一个网页文件，完成以下工作：

(1) 为网页加上背景图，图片为 Images 文件夹中的 back01. jpg。

(2) 插入 Images 文件夹中的 baby. gif 图片，居中对齐，指定图片大小宽度为 357 、高度为 260，并加上说明文本“欢迎光临亲亲宝贝”，如图 3—79 所示。

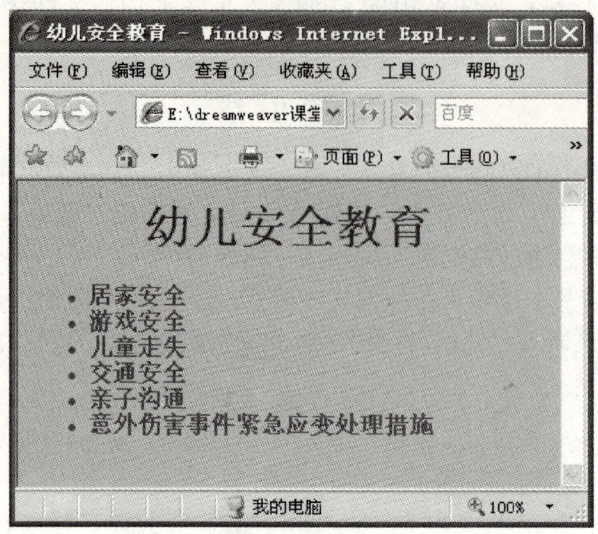

图 3—78 拓展实训 1 的网页效果

图 3—79 拓展实训 2 的网页效果

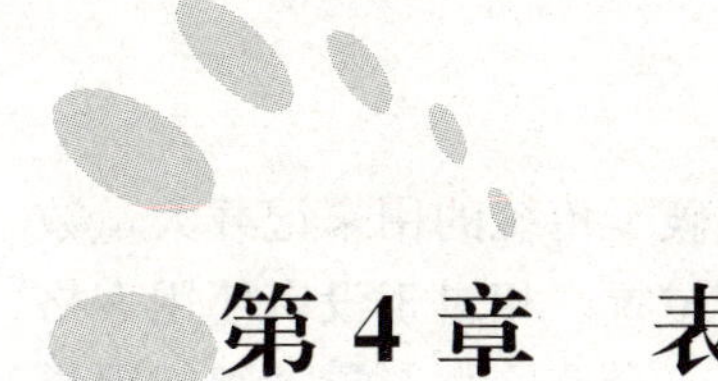

第4章 表 格

教学任务

- 理解表格的构成和作用。
- 掌握表格的基本操作和属性设置方法。
- 掌握导入和导出表格数据的方法。
- 掌握表格排序的方法。
- 掌握使用表格进行网页布局的方法。

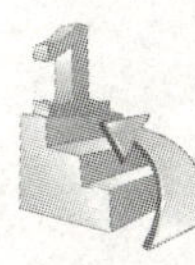

教学重点和难点

- 表格的基本操作和属性设置方法。
- 使用表格制作网页。

课前导读

表格是网页制作中使用最多的技术之一，表格常用来显示表格式数据，而其更多的应用是在网页布局和定位上。使用表格不但可以精确定位网页在浏览器中的显示位置，而且还可以控制网页元素在网页中的精确位置。通过使用表格相关属性，可以实现对网页中的文字和图片进行合理的布局和定位，使得网页在形式上丰富多彩，在结构上井然有序。真是表格在手，一清二楚！

表格能简洁明了和高效快捷地将数据、文本等内容有序地显示在页面上，因此利用表格便能设计出版式漂亮的页面。使用表格布局的页面在不同平台、不同分辨率的浏览器中都能较好地保持原有的布局，而且具有较好的浏览器兼容性。

表格是网页设计中一个非常有用的工具，它不仅可以将相关数据有序地排列在一起，还可以精确地定位文字、图像等网页元素在页面中的位置，使得页面在形式上丰富多彩、条理清楚，在组织上井然有序而不显单调。使用表格进行页面布局的最大好处是，即使浏览者改变计算机的分辨率也不会影响网页的浏览效果。因此，表格是网站设计人员必须掌握的工具。表格运用得是否熟练，是划分专业制作人士和业余爱好者的一个重要标准。

4.1 插入表格

表格是网页布局设计的常用工具，它在网页中的应用已经突破了传统的用来记载大量数据的功能，它可以使插入页面中的图像和文本被限定在某一固定位置。相对于没有使用表格的页面，使用表格的页面显得更加整齐有序。合理使用布局表格，会使网页对象被组织得更加紧密，整个页面看起来更加紧凑，如图 4—1 所示的是使用表格将大量的元素对象定位在网页特定位置上的效果。

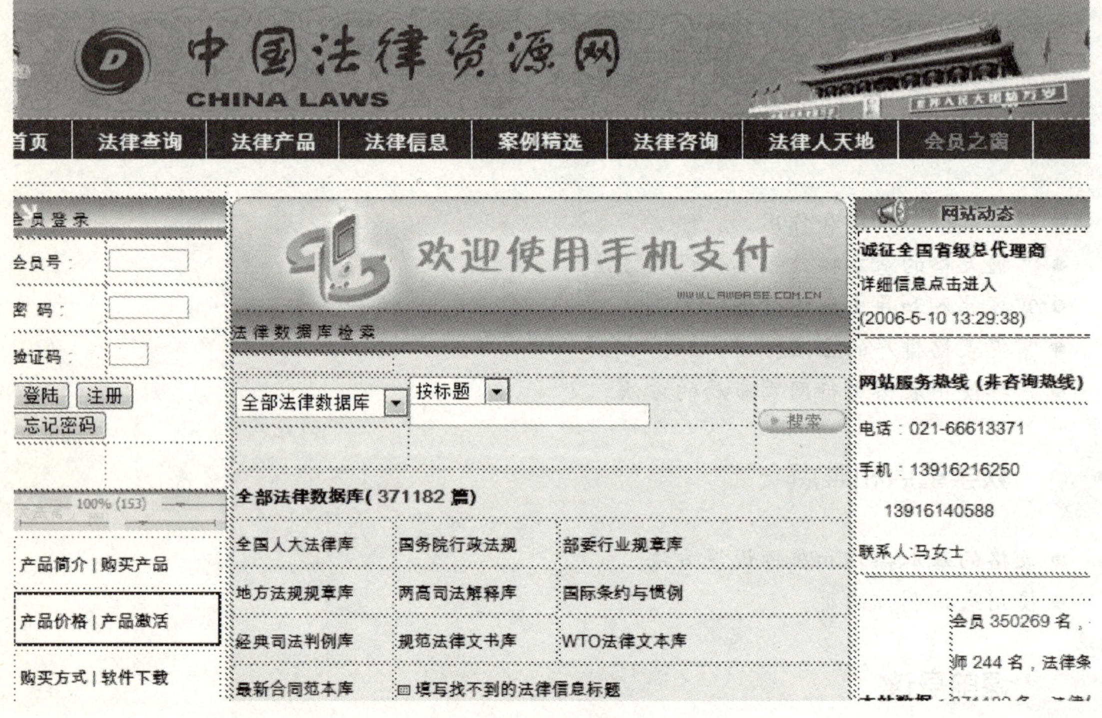

图 4—1 页面中的表格

在设计网页时，可以直接绘制表格，也可以导入表格数据。表格是网页中对文本和图像布局的强有力的工具。一个表格通常由行、列和单元格组成，每行又可由一个或多个单元格组成。表格中的横向称为行，纵向称为列，一行与一列相交所产生的区域称为单元格。若要将相关数据有序地组织在一起，则必须先插入表格，然后才能有效地组织数据。绘制表格的具体操作步骤如下：

（1）在文档工具栏的“设计”视图中，将插入点放在需要表格出现的位置。如果文档是空白的，则只能将插入点放在文档的开头。

（2）通过以下两种方法启用“表格”对话框。

方法一：在菜单栏中单击【插入】|【表格】命令。

方法二：在插入面板的“常用”模式中，单击【表格】按钮。

弹出“表格”对话框，如图 4—2 所示。其中，各选项的含义如下：

● 行数：确定表格行的数目。

● 列数：确定表格列的数目。

● 表格宽度：以像素为单位或按浏览器窗口宽度的百分比指定表格的宽度。

● 边框粗细：指定表格边框的宽度（以像素为单位）。

● 单元格边距：确定单元格边框与单元格内容之间的像素值。

● 单元格间距：决定相邻的表格单元格之间的像素。

如果没有明确指定边框粗细、单元格间距和单元格边距的值，则大多数浏览器将默认边框粗细和单元格边距的值为 1，单元格间距的值为 2。若要确保浏览器显示的表格没有边距或间距，则将“单元格边距”和“单元格间距”都设置为 0。

● 无：对表格不启用列或行标题。

● 左：将表格的第一列作为标题列，以便在表格中的每一行输入一个标题。

● 顶部：将表格的第一行作为标题行，以便在表格中的每一列输入一个标题。

● 两者：在表格中输入列标题和行标题。

● 标题：显示在表格外的表格标题，它可以方便使用屏幕阅读器的 Web 站点访问者，屏幕阅读器读取表格标题并且帮助 Web 站点访问者跟踪表格信息。

● 摘要：表格的说明。屏幕阅读器可以读取摘要文本，但是该文本不会显示在用户的浏览器中。

（3）根据需要选择新建表格的大小、行列数值等，单击【确定】按钮，完成如图 4—3 所示的表格，这里选择默认设置。

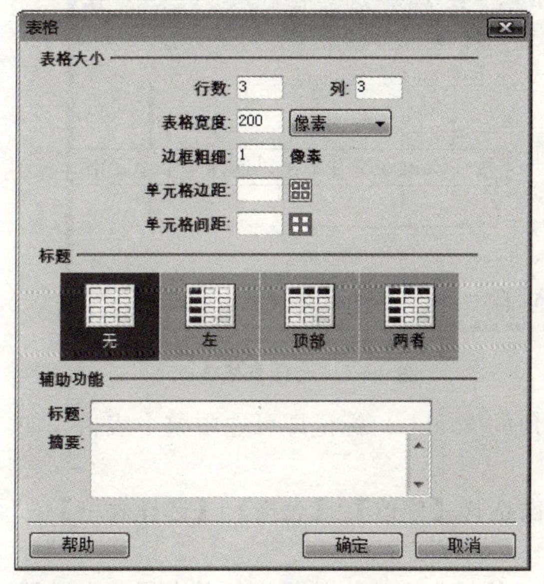

图 4—2　“表格”对话框

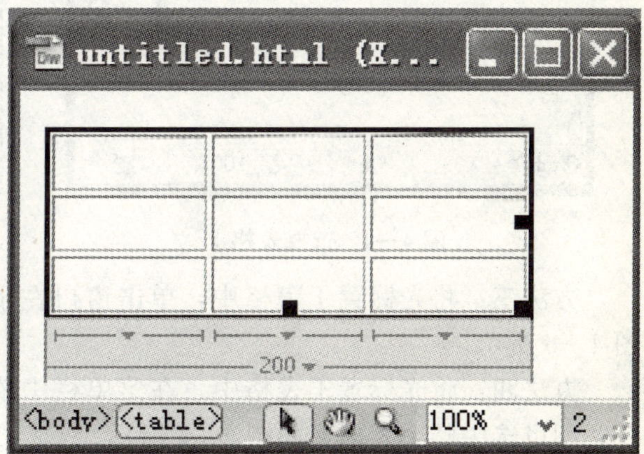

图 4—3　完成创建的表格

提示：在“表格”对话框中总会保留上次输入的值，以便作为下次插入表格的默认值。

建立表格后，可以在表格中添加各种网页元素，如文本、图像和表格等。在表格中添加元素的操作非常简单，只需根据设计要求将光标置于合适的单元格中，然后插入网页元素即可。通常当表格中插入内容后，表格的尺寸会随内容的尺寸自动调整。同时，还可以利用单元格的属性来调整内部元素的对齐方式和单元格的大小。

4.2 设置表格属性

在绘制表格或者导入表格数据后，根据需要可能要对表格属性进行修改才能达到设计的要求。下面介绍表格属性的设置方法。

4.2.1 选择表格

在设置表格属性值前，首先需要选择表格。基于不同的操作，可以选择整个表格，或者部分行或列，也可以只选择单元格。表格、单元格的选择方法不尽相同，下面分别进行介绍。

1. 选择整个表格

选择整个表格的方法有很多种，可以参照下列方法之一进行操作。

方法一：将鼠标移动到表格的上方，当鼠标的形状变为表格形状时，单击鼠标左键即可选中整个表格，如图 4—4 所示。

方法二：将鼠标移动到表格的格线处，当鼠标的形状变为上下方向的箭头时，单击鼠标左键即可选中整个表格，如图 4—5 所示。

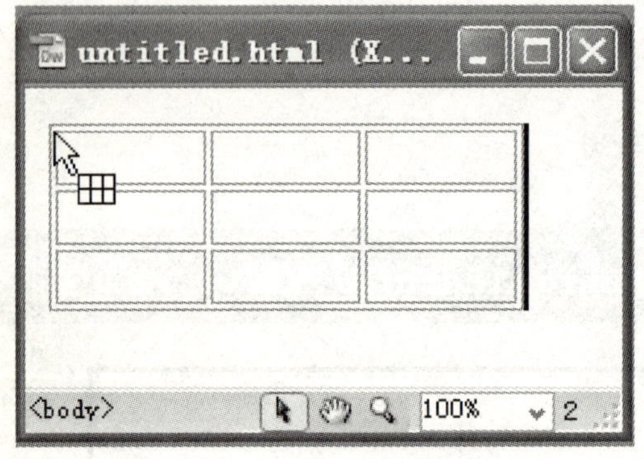

图 4—4 选择表格 1

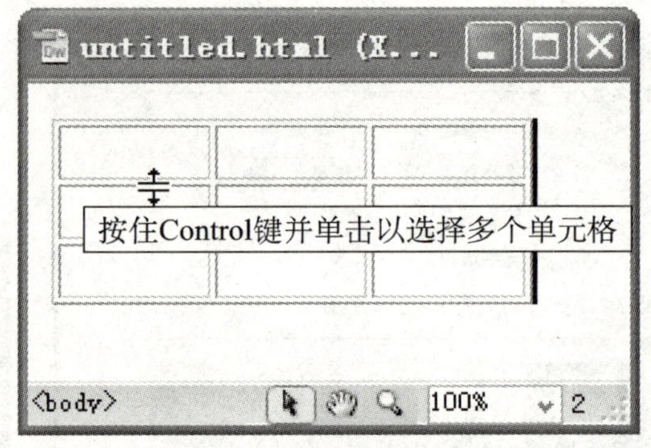

图 4—5 选择表格 2

方法三：将光标置于表格中，单击窗口左下角的〈table〉标记即可选中整个表格，如图 4—6 所示。

方法四：将光标置于表格中，在菜单栏中依次选择【修改】|【表格】|【选择表格】命令，即可选中整个表格，如图 4—7 所示。

方法五：将光标置于表格之外，按下 Shift 键，然后在表格中的任意处单击鼠标左键即可选择整个表格。

选中表格后，表格的外框变成粗黑色，并在右方、下方和右下方各显示一个黑色控制点，此时属性面板改变为表格的属性面板，完全展开后的表格属性面板如图 4—8 所示。

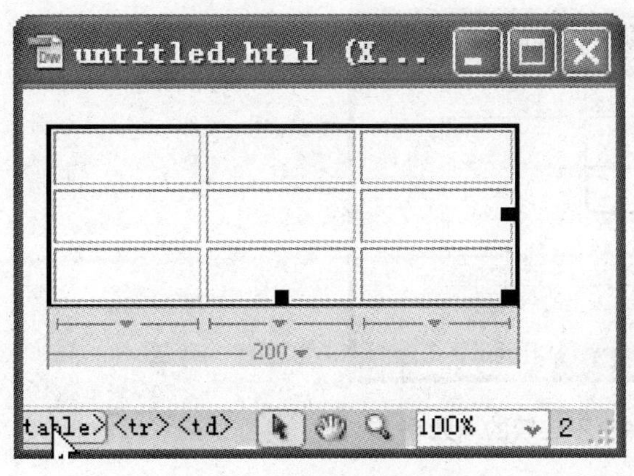

图4—6 选择表格方法

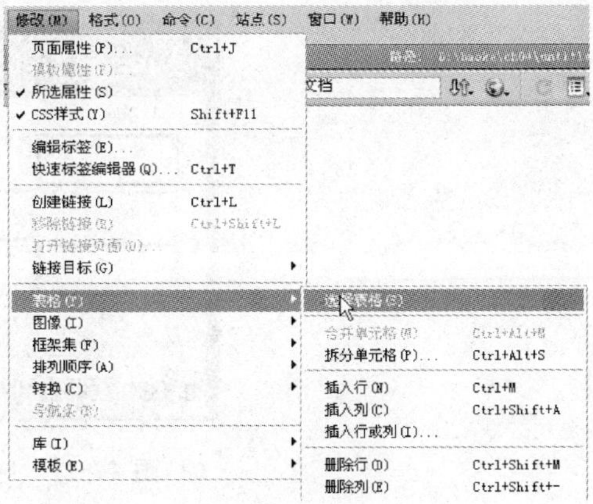

图4—7 选择表格步骤

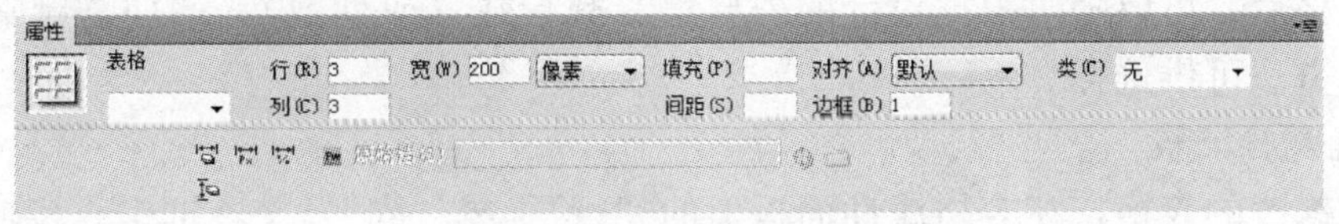

图4—8 表格属性面板

2. 选择单元格

选择单元格既可以选择单个单元格，也可以选择一整行或者一整列，还可以选择不连续的多个单元格。

对于单个单元格的选择，直接单击该单元格即可。对于行（或列）的选择，可按如下三种操作方法进行。

方法一：将鼠标置于所要选择行的左方（或列的上方），待鼠标形状变为向右（或向下）的箭头时（如图4—9所示），单击鼠标左键即可选中该行（或该列），若拖曳鼠标则可以连续选中多行（或多列）。

方法二：将鼠标置于待选择的单元格中，按住鼠标左键，若横向拖动可以选择一行，若纵向拖动可以选择一列。如果向对角线方向拖动，则行和列可以同时选择，如图4—10所示。

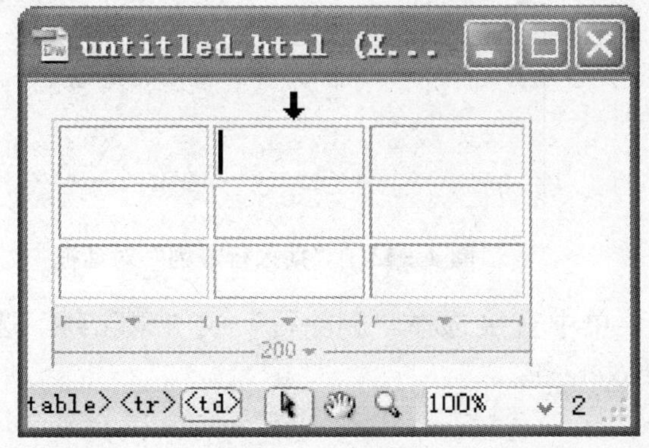

图4—9 选择列

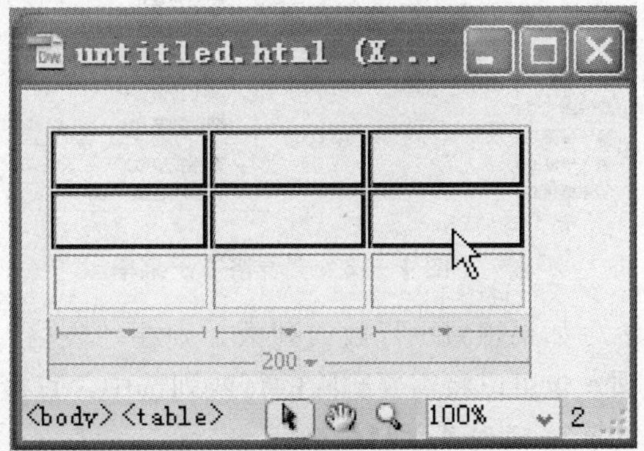

图4—10 拖曳鼠标选择多行（多列）

方法三：按住Ctrl键，单击需要选择的单元格，即可选中该单元格，如图4—11所示。如果想取消选择某单元格，只需在按住Ctrl键的同时，再次单击该单元格即可。

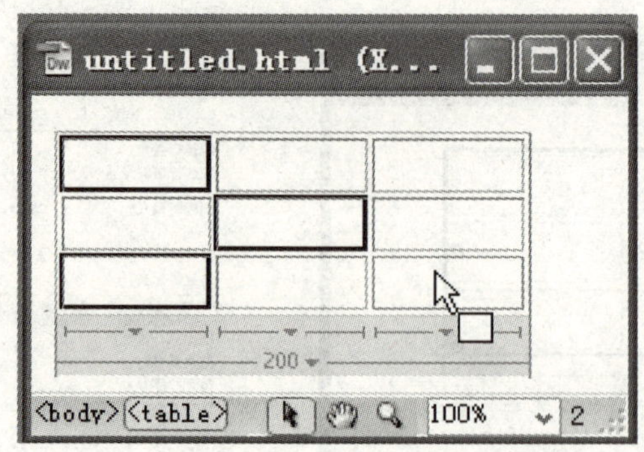

图 4—11　选择多个不连续的单元格

4.2.2　设置行数和列数

插入表格后，可以随时根据设计的需要增、减行数（或列数）。增加、删除行（或列），有三种操作方法可供选择。

1. 通过属性面板

选中要修改的表格，在表格属性面板上的“行”（或“列”）文本框中直接输入所需的行数（或列数）即可。

2. 通过快捷菜单

（1）将光标置于表格中，单击鼠标右键，在弹出的快捷菜单中选择“表格”选项，将弹出如图 4—12 所示的子菜单。

（2）在该子菜单中可根据需要选择“插入行”或“插入列”选项；也可选择“插入行或列”，弹出如图 4—13 所示的对话框。

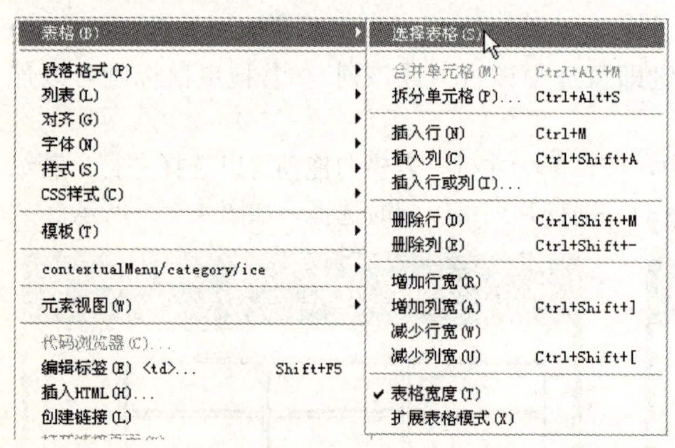

图 4—12　“表格”子菜单

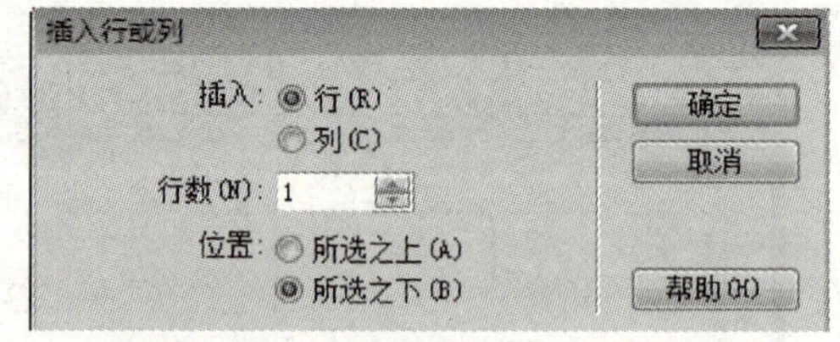

图 4—13　“插入行或列”对话框

如果想减少行数或列数，则在“表格”子菜单中直接选择“删除行”或“删除列”选项。也可以将需要删除的行或列选中，直接按 Delete 键。

3. 通过菜单栏命令

方法一：在菜单栏中选择【插入】|【表格对象】命令，弹出如图 4—14 所示的子菜单，在该子菜单中可以选择插入行（或列）的位置。

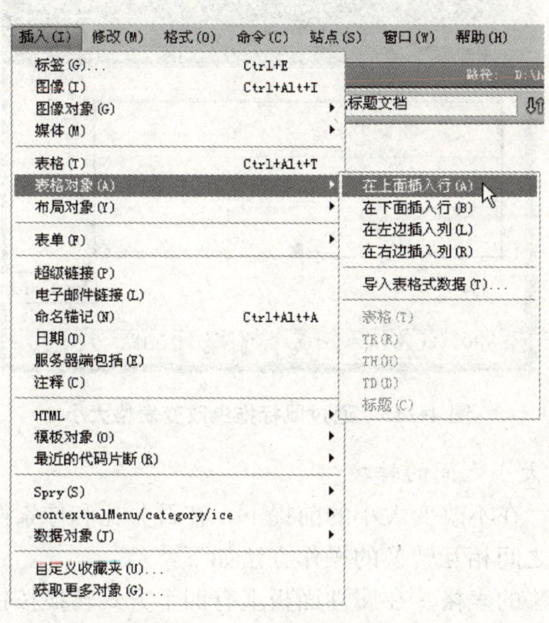

图 4—14 “表格对象”子菜单

方法二：在菜单栏中选择【修改】|【表格】命令，在弹出的子菜单中选择插入（或删除）行（或列）。

4.2.3 设置表格大小

插入表格以后，有时还需要对表格的大小进行调整。下面介绍设置表格大小的方法。

1. 相对大小和绝对大小

在设置表格大小时，有两种方式可以选择，一种是通过占版面的百分比来控制表格的大小，另一种是通过实际像素值来控制表格的大小。表格大小有相对和绝对之分，通过百分比方式表示的表格大小是相对大小，通过像素方式表示的表格大小是绝对大小。

如果通过百分比方式设置表格的大小，则在改变版面大小后，表格大小也跟着调整。若将表格的宽和高设置为 100%，则无论版面窗口多大，表格都将充满整个窗口。

如果通过像素设置表格大小，则在改变版面尺寸后，表格大小不会跟着调整。当版面变大时，表格相对于版面来说似乎变小了，但表格的实际大小不变。

2. 改变表格大小

改变表格大小，可以通过拖曳鼠标的方式实现，也可以通过属性面板实现。

选中表格后，其右方、下方和右下方各会显示一个黑色控制点，按住鼠标左键不放，拖动右方和下方的黑色控制点，可以改变表格的宽和高；拖动右下方的控制点，可以同时改变表格的宽和高。如图 4—15 所示的是通过拖动右下方的控制点来同时改变表格的宽和高。

在表格属性面板上的“宽”和“高”文本框中直接输入相关数值，即可重新设置表格大小。

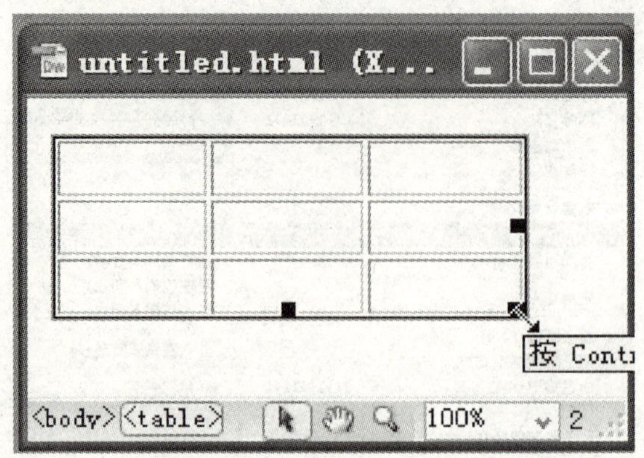

图 4—15　通过鼠标拖曳改变表格大小

3. 相对大小、绝对大小之间的转换

对于设置好的表格，在不改变大小的前提下，在百分比和像素两种表示方式之间可以互相转换。百分比、像素之间相互转换的操作方法如下：

选中要转换表示方法的表格。在属性面板上有四个方式转换按钮，可以将表格宽度或高度的表示方式由百分比方式转换为像素方式，或者由像素方式转换为百分比方式。

：将表格宽度表示方式转化为像素表示方式；：将表格宽度表示方式转换为百分比表示方式；：将表格高度表示方式转化为像素表示方式；：将表格高度表示方式转换为百分比表示方式。

4. 清除行高和列宽

表格属性面板上的“清除行高”和“清除列宽”两项用于清除行高和列宽。单击或按钮，也可以将表格中行或列多余的部分删除，清除行高和列宽前后的效果如图 4—16、图 4—17 所示。

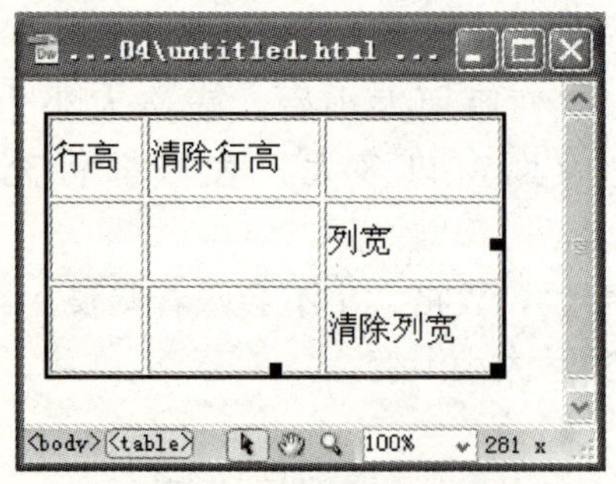

图 4—16　清除行高和列宽前

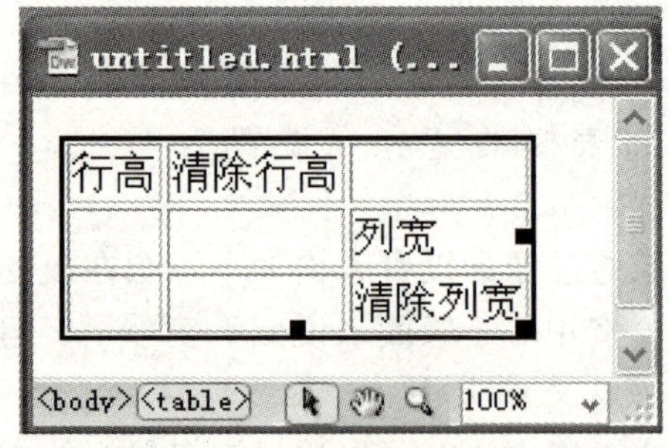

图 4—17　清除行高和列宽后

5. 设置填充和间距

选中表格后，表格属性面板上的“填充”用于设置插入单元格中的对象到单元格边框之间的距离（即单元格边距）；“间距”用于设置单元格边框之间的距离（即单元格间距），如图 4—18 所示的是“填充”值设置为 15，“间距”设置为 10 后的效果。

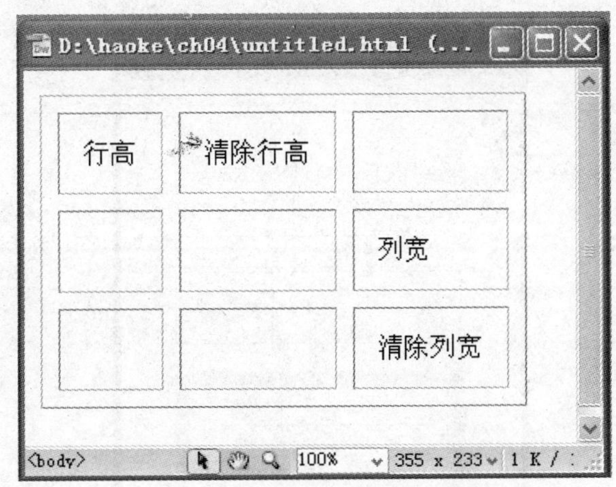

图4—18 单元格的填充和间距

4.2.4 设置表格对齐方式

与单元格对齐不同，表格对齐是将表格作为一个对象在网页中控制其位置，而单元格对齐是单元格内的元素对象相对于单元格的对齐方式。

表格有三种对齐方式，即左对齐、右对齐和居中对齐，默认情况下是左对齐。表格对齐方式的操作方法是：选中表格后，在表格属性面板的“对齐”下拉框中选择其中一种对齐方式。

提示： 一般情况下建议选择居中对齐，这是因为在不同的显示器分辨率下，看到左对齐或者右对齐的效果是不同的。

4.2.5 设置表格边框

表格中的一些效果是通过设置表格边框的属性来实现的，我们可以设置表格边框的粗细和颜色。

1. 边框的粗细

如果没有明确指定边框的值，则大多数浏览器默认边框值为1。通过改变属性面板上该文本框中的数值，可以调整表格边框的粗细。如图4—19所示的是表格的边框设置为0、1和10的效果。

很多情况下，表格的边框值设置为0，相当于布局网页的辅助工具仅在编辑时可以看到，若要在编辑区查看单元格和表格边框，则在菜单栏中依次单击【查看】|【可视化助理】|【表格边框】选项即可。

提示： 在文档工具栏中依次单击 (可视化助理按钮) |【表格边框】选项也可以查看单元格和表格边框的虚线框。

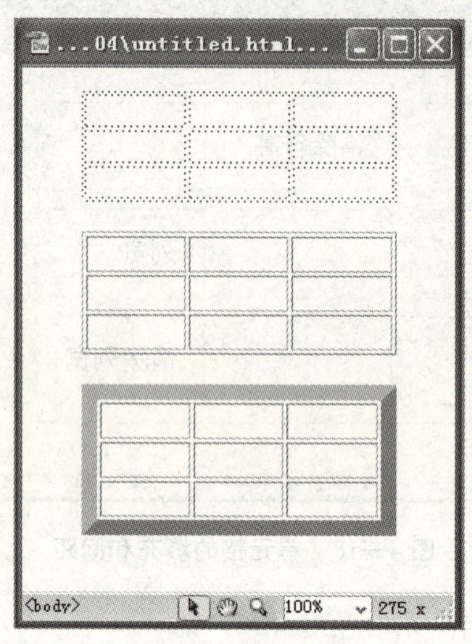

图 4—19　表格边框粗细的设置

2. 边框的颜色

表格的边框颜色默认情况下为灰色，通过 CSS 样式面板或 HTML 代码可以为表格的边框选择其他颜色。为表格边框设置颜色的操作方法如下：

(1) 选中要改变边框颜色的表格。

(2) 切换到“代码”视图或“拆分”视图，在对应的表格代码“〈table”后按空格键并输入“bordercolor=”，此时将弹出一个颜色选择面板，如图 4—20 所示。

(3) 在弹出的颜色选择面板中选择一种颜色，设置完成后的效果如图 4—21 所示。

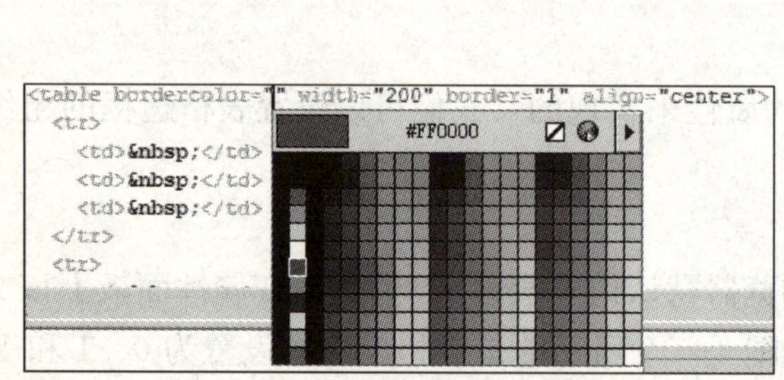

图 4—20　为表格边框设置颜色

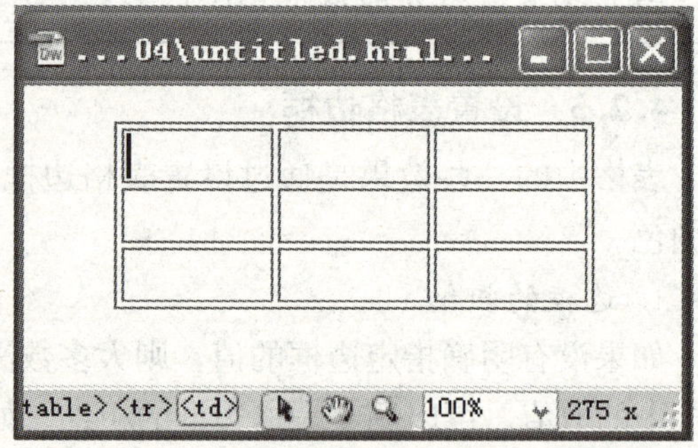

图 4—21　设置表格边框颜色后的效果

4.2.6　设置表格背景

在网页中，表格是一个独立的对象，不仅可以设置表格边框的颜色，还可以为其添加背景色或者选择背景图像。

1. 添加背景色

为表格添加背景色的操作方法如下：

(1) 选中要添加背景色的表格。

(2) 在 CSS 样式面板中，单击 [icon]（新建 CSS 规则）按钮（如图 4—22 所示），弹出

“新建 CSS 规则”对话框，在该对话框中的“选择器类型”下拉框中选择“标签（重新定义 HTML 元素)”，在“选择器名称”下拉框中选择“table”，如图 4—23 所示。

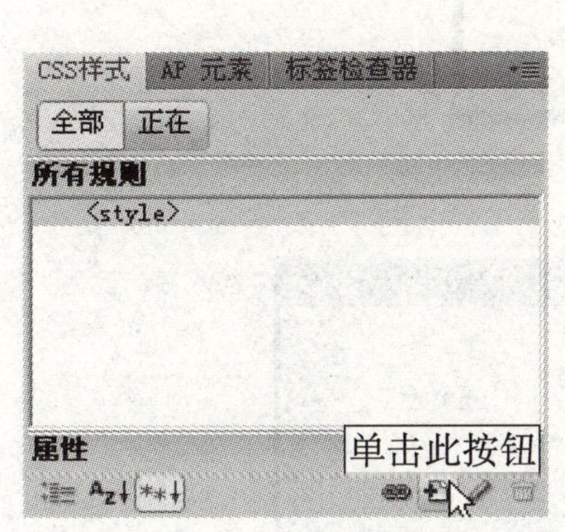

图 4—22 CSS 样式面板

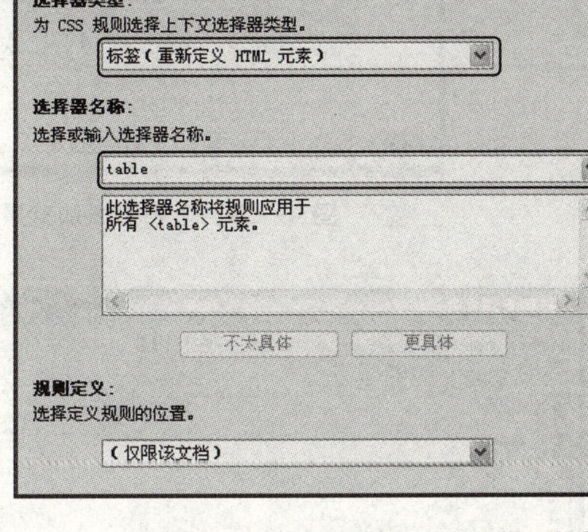

图 4—23 “新建 CSS 规则”对话框

（3）单击【确定】按钮，弹出“table 的 CSS 规则定义”对话框。在“分类”栏中选择“背景”，设置“Background-color ”（背景色）为＃09F，如图 4—24 所示。

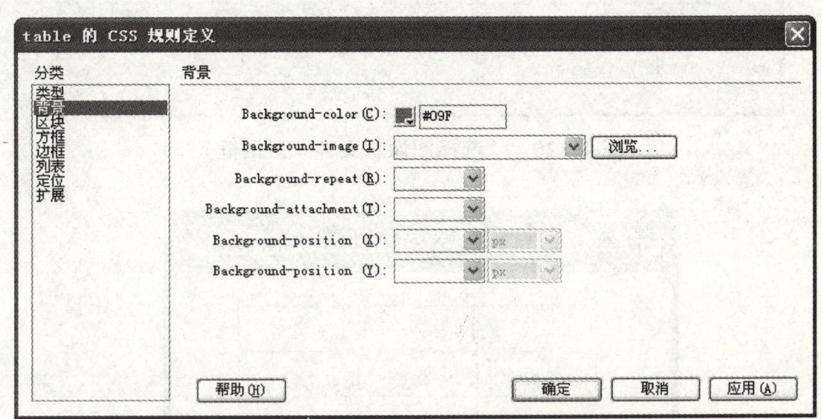

图 4—24 “table 的 CSS 规则定义”对话框

（4）选择一种适合的背景色后，单击【确定】按钮，即可为表格添加背景色，效果如图 4—25 所示。

2. 选择背景图像

将图像设置为表格的背景，具体操作方法与上述设置背景色的方法基本相同。不同的只是选中表格后，在图 4—24 的“Background-image”文本框中输入图像的存放路径，或者单击【浏览】按钮，将弹出如图 4—26 所示的“选择图像源文件”对话框，然后在该对话框中选择一幅图像作为表格的背景图像。

单击【确定】按钮返回，这时可以看到表格中已经插入了一副背景图像，如图 4—27 所示。

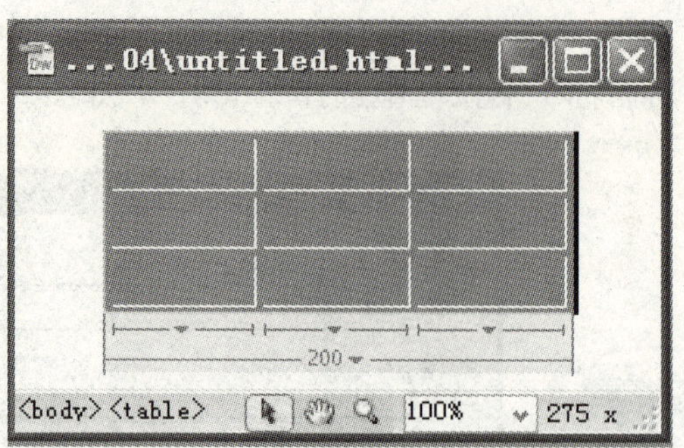

图 4—25　为表格添加背景色

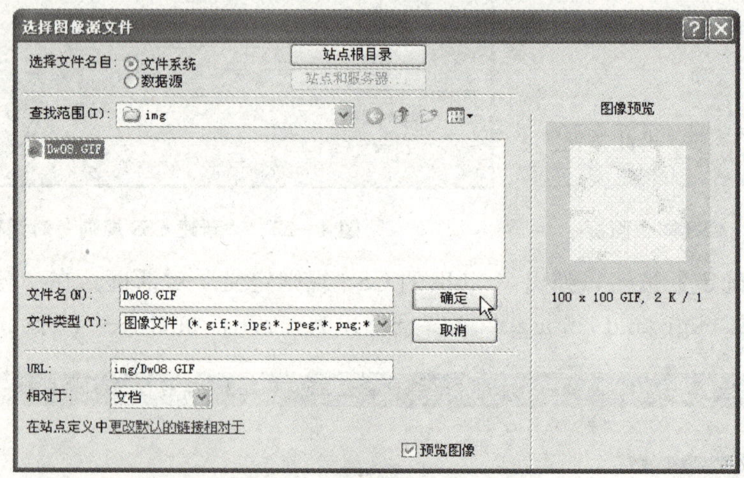

图 4—26　“选择图像源文件”对话框

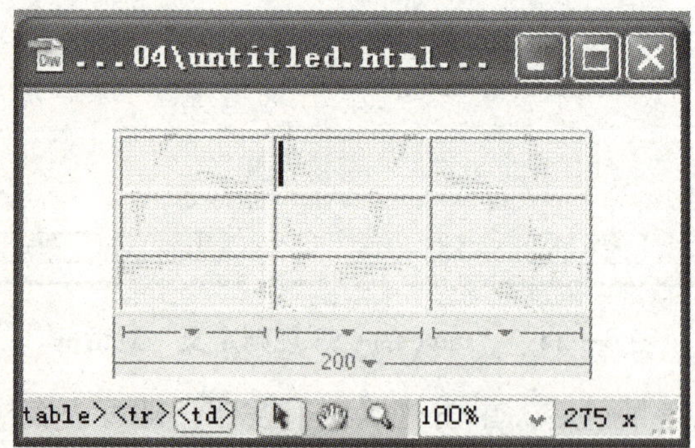

图 4—27　为表格加入背景图像

提示： 还可以用表格标记〈table〉的属性代码 bgcolor 和 background 来设置表格的背景色和背景图像。

4.3　设置单元格属性及表格的嵌套

单元格是表格最基本的元素，对表格中元素对象属性的设置也是通过单元格属性的设置实现的。

将鼠标置于单元格中，展开属性面板，可以发现该面板上部是文本属性的设置区，下部是单元格属性的设置区，如图4—28所示。

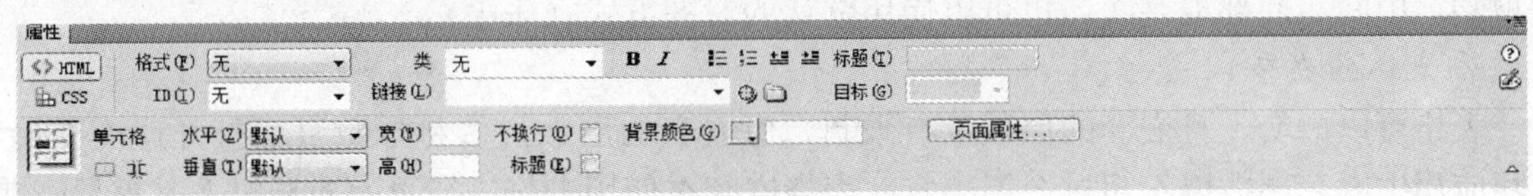

图4—28 单元格属性面板

1. 单元格的拆分与合并

有的表格项需要几行或几列来说明，这时需要将多个单元格合并，生成一个跨多个列或行的单元格。使用单元格拆分功能，可以将一个单元格拆成多个单元格。

(1) 合并单元格。合并单元格有以下三种方法：

方法一：选中要合并的单元格，在菜单栏中依次选择【修改】|【表格】|【合并单元格】命令。

方法二：选中要合并的单元格，单击鼠标右键，从弹出的快捷菜单中选择【表格】|【合并单元格】命令。

方法三：选中要合并的单元格，在属性面板中单击 (合并所选单元格，使用跨度) 按钮。

提示：无论选择多少行（列）或者多少单元格，所选择的部分必须是在一个连续的矩形内，只有这样属性面板中的按钮才是可用的，能够进行合并操作。

(2) 拆分单元格。拆分单元格有以下三种方法：

方法一：将光标放在要拆分的单元格中，在菜单栏中依次选择【修改】|【表格】|【拆分单元格】命令，弹出“拆分单元格”对话框，如图4—29所示。

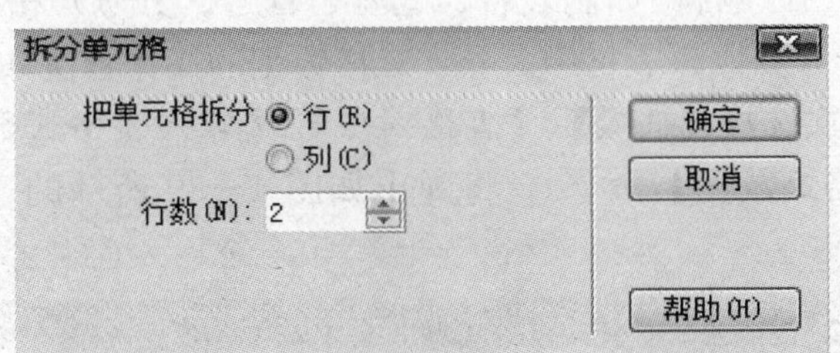

图4—29 “拆分单元格”对话框

方法二：将光标放在要拆分的单元格中，单击鼠标右键，从弹出的快捷菜单中选择【表格】|【拆分单元格】命令，弹出“拆分单元格”对话框。

方法三：将光标放在需要拆分的单元格中，在属性面板中单击 (拆分单元格为行或列) 按钮，弹出“拆分单元格”对话框。

2. 设置单元格的对齐属性

● 水平：指定单元格、行（或列）内容的水平对齐方式。我们可以将内容对齐到单元格的左侧、右侧或居中，也可以使用其默认的对齐方式（常规单元格为左对齐，标题单元格为居中对齐）。

● 垂直：指定单元格、行（或列）内容的垂直对齐方式。我们可以将内容对齐到单元格的顶端、中间、底部或基线，也可以使用默认的对齐方式（居中）。

3. 表格的嵌套

表格可以嵌套，且嵌套的层数没有限制，但嵌套的层数过多将导致页面打开速度变慢，实际应用中嵌套层数以不超过 3 层为宜。表格嵌套在使用表格进行页面布局时尤其重要。表格嵌套的操作方法如下：

(1) 在需要嵌套表格的父表格单元格中定位插入点。

(2) 在菜单栏中选择【插入】|【表格】命令。

(3) 在打开的“表格”对话框中设置要插入的表格属性。

提示：在目标单元格中定位插入点后，在插入面板中的“常用”模式中，单击“表格”按钮也可实现表格的嵌套操作。

对于嵌套的表格可以单独对齐，且不会受父表格设置的影响，其设置方法与一般表格没有区别，这里不再赘述。

4.4 表格数据的导入/导出

有时需要将 Word 文档中的内容或 Excel 文档中的表格数据导入网页进行发布，或将网页中的表格数据导出到 Word 文档或 Excel 文档中进行编辑，Dreamweaver CS4 提供了实现这种操作的功能。

4.4.1 表格数据的导入

对于已经存在的使用分隔符(如制表符、逗号、冒号、分号）格式的数据文本，Dreamweaver CS4 可以将其导入并嵌入表格中。导入表格数据的操作方法如下：

(1) 在菜单栏中依次选择【插入】|【表格对象】|【导入表格式数据】命令（或者选择【文件】|【导入】|【表格式数据】命令），将弹出如图 4—30 所示的“导入表格式数据”对话框。

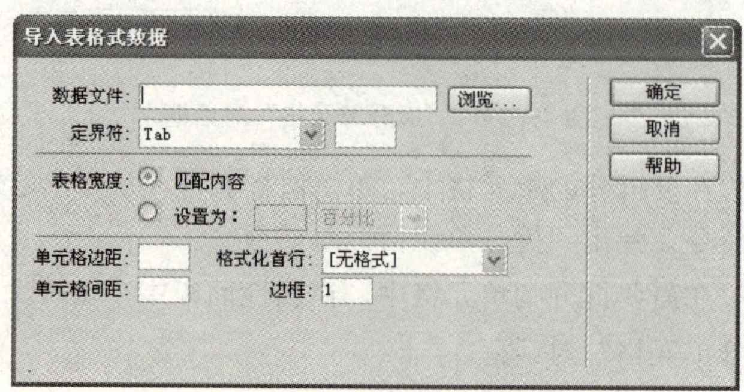

图 4—30 “导入表格式数据”对话框

(2) 在“数据文件”文本框中输入要导入文件的名称，或者单击【浏览】按钮，选择数据表格文件。这里导入以 Tab（制表符）分隔的文本数据文件，该文件的内容如图 4—31 所示。

(3) 在“定界符”下拉列表框中选择一种合适的定界符，这里选择“Tab”选项。指定表格数据选项后单击【确定】按钮。

- Tab：使用制表符分隔的表格数据。
- 逗号（分号、引号）：使用逗号（分号、引号）分隔的表格数据。
- 其他：使用自定义分隔符分隔的表格数据。

(4) 在“表格宽度”选项中，可以选择以下单选按钮之一：

- 匹配内容：数据匹配方式，建立的表格每一列的宽度将被调整为该列最长字符串的长度。
- 指定宽度：自定义方式，根据浏览器窗口的百分比或像素值为表格指定宽度。

(5) 设置单元格属性：

- 单元格边距：指定单元格内容与单元格边缘之间的像素值。
- 单元格间距：指定表格单元格之间的像素值。

(6) 在“格式化首行”下拉框中，根据需要选择下列其中一种格式。

- 无格式：不使用任何格式。
- 粗体：使首行内容使用粗体。
- 斜体：使首行内容使用斜体。
- 加粗斜体：使首行内容使用粗斜体。

(7) 在“边框”文本框中，设置表格框线的宽度。

(8) 设置完成后，单击【确定】按钮返回，将数据文件导入表格后的效果如图 4—32 所示。

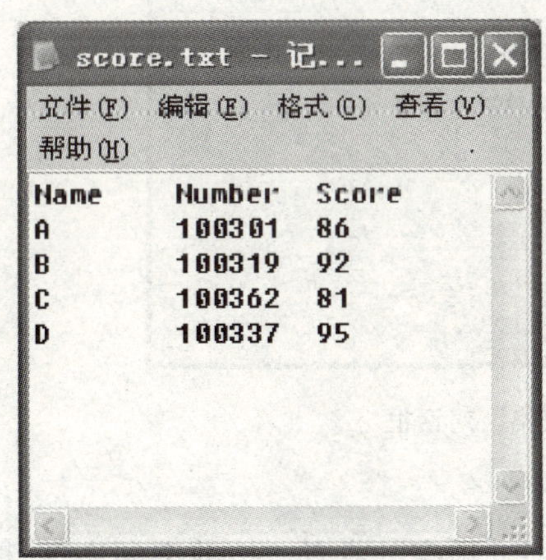

图 4—31　文本数据文件

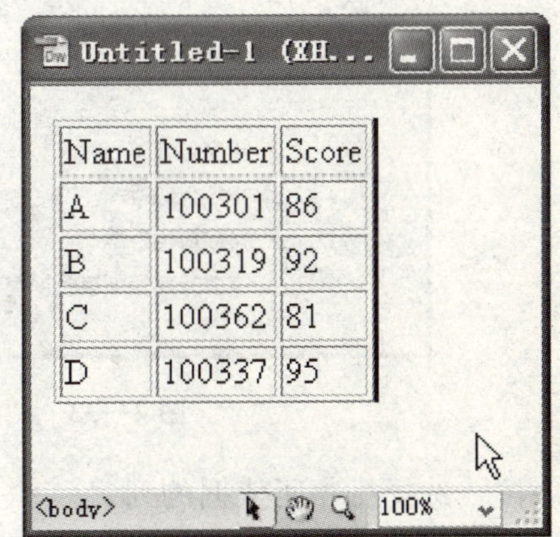

图 4—32　将数据文件导入表格中

4.4.2　表格数据的导出

表格数据导出的方法如下：

(1) 将插入点放在表格的任意单元格中。

(2) 在菜单栏中依次选择【文件】|【导出】|【表格】命令。

(3) 指定以下选项后，单击【导出】按钮。

● 分隔符：指定使用哪种分隔符在导出的文件中隔开各项。

● 换行符：指定将在哪种操作系统中打开导出的文件，如 Windows、Macintosh 或 UNIX。

(4) 输入文件名称，单击【保存】按钮，将网页中的表格导入其他网页或 Word 文档中。

4.5 表格的排序

日常工作中，根据需要可能要对插入表格中的数据进行排序。如果表格中的数据多而复杂，选择手工排序，不仅操作起来很慢，而且容易出错。Dreamweaver CS4 提供了强大的为表格排序的功能，从而大大方便了排序表格的操作。对表格数据进行排序的具体操作方法如下：

提示： Dreamweaver CS4 不能对包含 colspan 或 rowspan 属性的表格（即包含合并单元格的表格）进行排序。

(1) 选中要排序的表格或单击该表格中的任意单元格。

(2) 在菜单栏中选择【命令】|【排序表格】命令，弹出“排序表格”对话框，如图 4—33 所示。

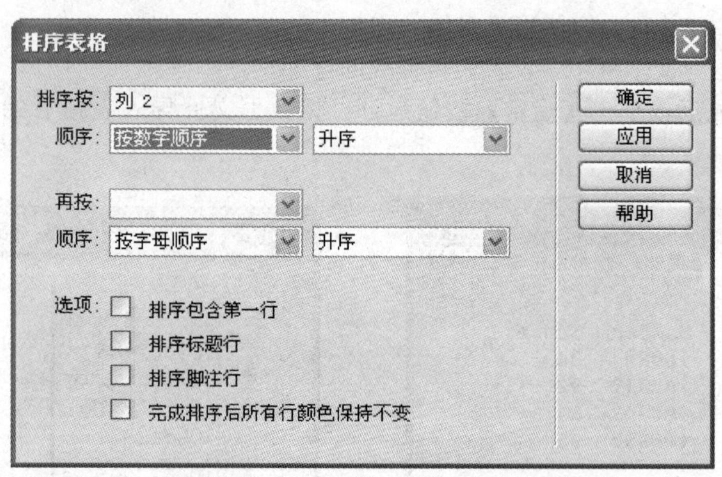

图 4—33 “排序表格”对话框

● 排序按：选择排序所依据的列。

● 顺序：根据列表中数据的特性，选择“按字母顺序”或者“按数字顺序”。根据需要还可以选择按“升序”（A～Z，数字从小到大）还是按“降序”对表格数据进行排序。

● 再按/顺序：在其他列上应用的第二种排序方法，在“再按”下拉框中指定将应用第二种排序方法的列，并在“顺序”下拉框中指定第二种排序方法的排序顺序。

● 排序包含第一行：排序时将包括第一行。如果第一行是不应移动的标题，则不选择此复选框。

● 排序标题行：将使用与主体行相同的条件对表格 thead 部分中的所有行进行排序。

● 排序脚注行：将指定与主体行相同的条件对表格 tfoot 部分中的所有行进行排序。

提示： 即使在排序后，thead 或 tfoot 行也将保留在 thead 或 tfoot 部分并显示在表格的顶部或底部。thead 部分表示表格标题，tfoot 部分表示表格的脚注。

● 完成排序后所有行颜色保持不变：指定排序之后表格行属性（如颜色）应该与同一内容保持关联。如果表格行使用两种交替的颜色，则不要选择此选项以确保排序后的表格仍具有颜色交替的行。

(3) 设置完成后，单击【确定】按钮，即可完成对表格的排序操作。

如图 4—34 所示为对图 4—32 中的表格按照第二列（Number）由小到大进行排序的结果，与原表格对照可以看出排序后的效果。

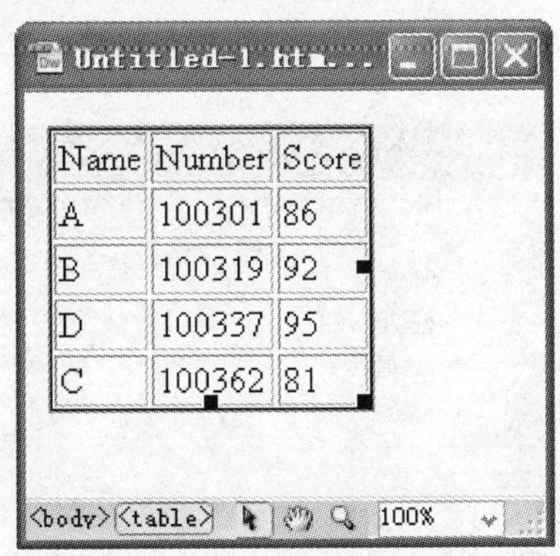

Name	Number	Score
A	100301	86
B	100319	92
D	100337	95
C	100362	81

图 4—34 排序表格

4.6 项目实训：创建“京城影讯”网页

1. 实训目的

通过该网页的制作，掌握表格的插入、基本属性的设置、利用表格制作网页。

2. 实训效果

实训效果如图 4—35 所示。

3. 实训设计过程

(1) 插入表格。

步骤 1： 新建页面。启动 Dreamweaver CS4，新建页面 movie.html，将其标题设置为“京城影讯”。在文档窗口输入文字“北京各大影院三月份演出资讯”，设为“居中”对齐方式。

步骤 2： 插入表格。在菜单栏中单击【插入】|【表格】命令，或在插入面板上单击 表格 按钮插入表格。在弹出的对话框中设置表格的行数和列数分别为 6 和 5，表格宽度为 75 百分比，其他为默认值，如图 4—36 所示。

步骤 3： 插入“订票电话”表格。输入位置，按照步骤 2，插入一个 3×3 的表格，如图 4—37 所示。

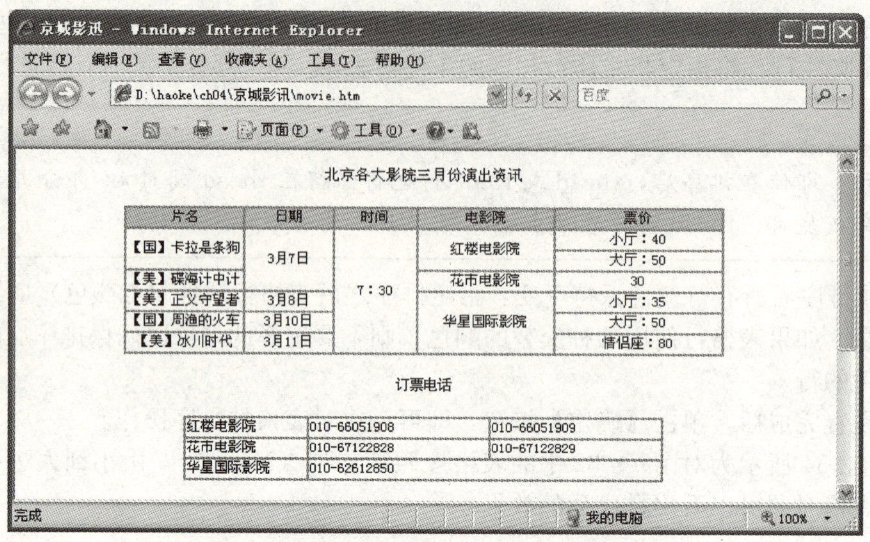

图 4—35 “京城影讯”页面的显示效果图

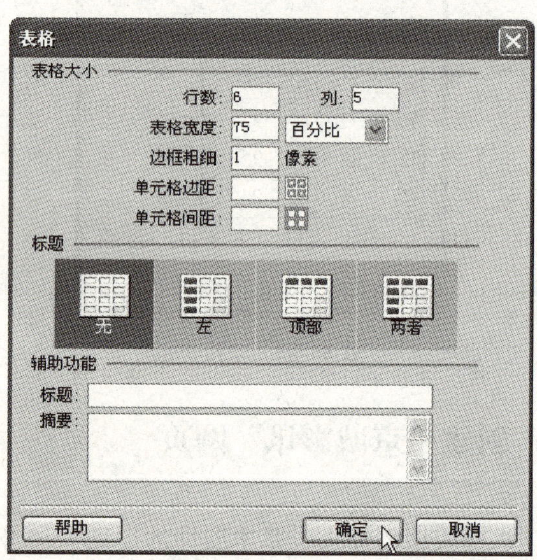

图 4—36 表格设置

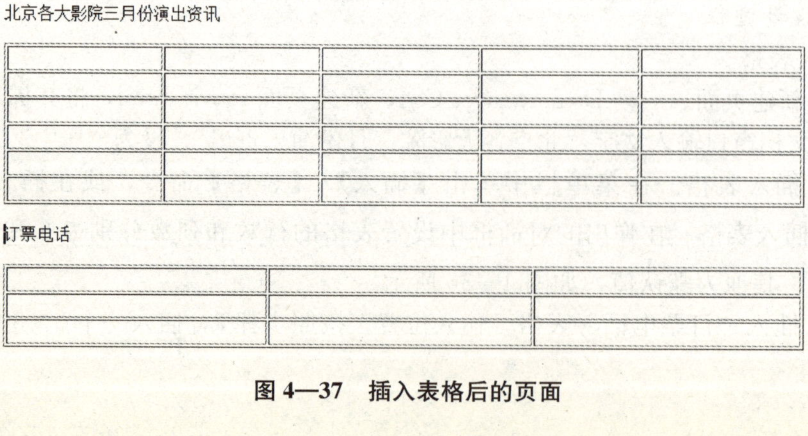

北京各大影院三月份演出资讯

订票电话

图 4—37 插入表格后的页面

（2）设置表格属性。

步骤 1：合并单元格。按住 Ctrl 键，单击第二列中第二、第三行的两个单元格，将其选中。在属性面板中单击 ▭（合并单元格）按钮，将上述两个单元格合并。最后效果如图 4—38 所示。

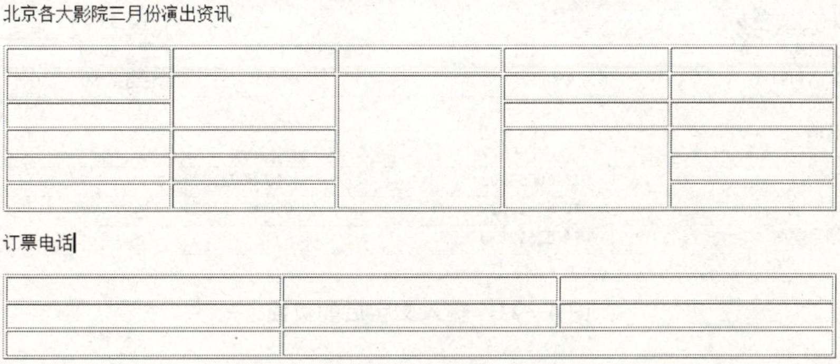

北京各大影院三月份演出资讯

订票电话

图 4—38　合并单元格后的页面

步骤 2：拆分单元格。选中第二行第五列的单元格，在属性面板中单击 ⊥⊥（拆分单元格）按钮，拆分该单元格。在弹出的对话框中，在“行数”栏中输入“2”，如图 4—39 所示。最终效果如图 4—40 所示。

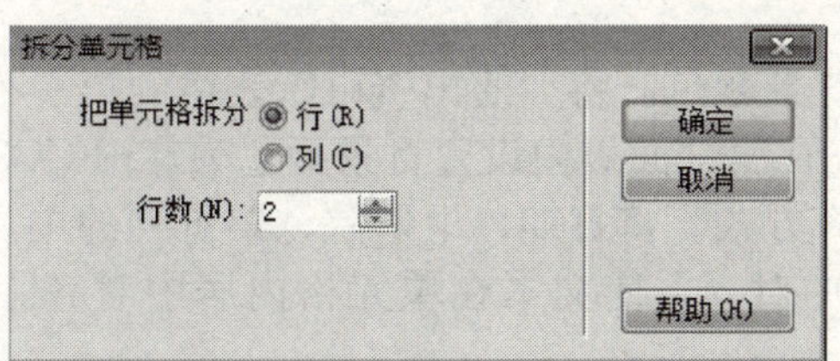

图 4—39　“拆分单元格”对话框

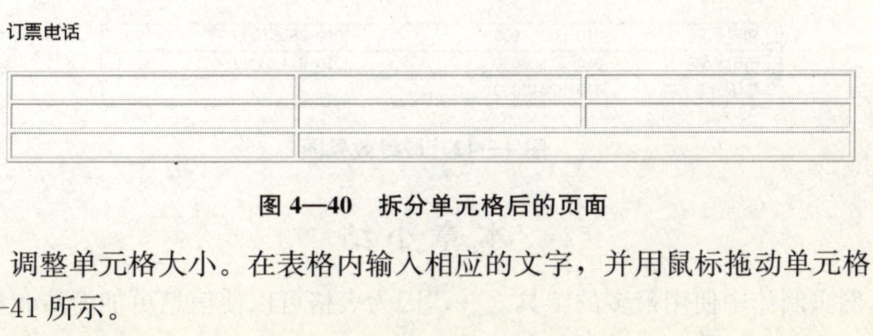

北京各大影院三月份演出资讯

订票电话

图 4—40　拆分单元格后的页面

步骤 3：调整单元格大小。在表格内输入相应的文字，并用鼠标拖动单元格至合适的大小，如图 4—41 所示。

北京各大影院三月份演出资讯

片名	日期	时间	电影院	票价
【国】卡拉是条狗	3月7日	7:30	红楼电影院	小厅：40
				大厅：50
【美】碟海计中计 花			市电影院	30
【美】正义守望者	3月8日		华星国际影院	小厅：35
【国】周渔的火车	3月10日			大厅：50
【美】冰川时代	3月11日			情侣座：80

订票电话

红楼电影院	010-66051908	010-66051909
花市电影院	010-67122828	010-67122829
华星国际影院	010-62612850	

图 4—41　输入文字后的页面

提示：用鼠标拖动表格或单元格只能粗略地调整其大小，更精确的方法是在属性面板中输入表格或单元格的高度和宽度。“宽”和“高”右侧的下拉框提供了两种单位：像素和百分比（%）。

步骤 4：调整表格的边框。选中表格，在属性面板中设置边框颜色为＃FF6600，边框为 1，间距为 0。

步骤 5：设置单元格背景颜色。将“演出资讯”表格的第一行全部选中（也可以按住鼠标左键，从左向右拖动），在属性面板中设置背景颜色为＃FFCC33。

步骤 6：调整文本对齐方式。将日期、电影院、票价列的单元格全选，在属性面板中单击“水平”下拉框中的居中对齐，使文本在单元格内居中对齐。按 F12 键预览，最终效果图如图 4—42 所示。

北京各大影院三月份演出资讯

片名	日期	时间	电影院	票价
【国】卡拉是条狗	3月7日	7：30	红楼电影院	小厅：40
				大厅：50
【美】碟海计中计			花市电影院	30
【美】正义守望者	3月8日		华星国际影院	小厅：35
【国】周渔的火车	3月10日			大厅：50
【美】冰川时代	3月11日			情侣座：80

订票电话

红楼电影院	010-66051908	010-66051909
花市电影院	010-67122828	010-67122829
华星国际影院	010-62612850	

图 4—42　最终效果图

本章小结

表格是网页制作中使用最多的工具之一，因为表格可以使信息更加简洁和条理化。表格的控制能力便于设计者构造网页的布局。先使用较大的表格对网页的版面进行控制，再使用嵌套的表格对细节进行刻画。表格在设计者的思维中不仅是一种简单的对象，而且是一种控制版面和制作模板的工具。本章讲述了如何在文档中插入表格、查看和设置表格属性、增减行与列、改变行与列的大小、合并/拆分行与列等基本操作。

习　题　4

一、名词解释

1. 表格　　2. 行　　3. 列　　4. 单元格　　5. 嵌套表格

二、填空题

1. 在"插入"菜单中选择__________命令，可在网页文档中插入表格。

2. 选中表格后，表格的外框变成________，并在右方、下方和右下方各会显示一个黑色________。

3. 将光标放在要拆分的单元格中，单击鼠标右键，在弹出的菜单中选择【表格】下的______________命令。

4. 在 Dreamweaver 中，若将 *.txt 的文本文件导入表格，主要依靠________来进行识别。

三、判断题

1. 在 Dreamweaver CS4 中，表格的背景图像仍然像以前的版本一样可以在属性面板中设置。　(　　)

2. 单元格边距决定相邻的表格单元格之间的像素数。　(　　)

3. 表格的宽度可以用百分比和像素两种单位来设置。　(　　)

4. 表格有3个基本组成部分：行、列和单元格。　(　　)

四、拓展实训题

1. 使用表格制作如图 4—43 所示的"新闻与传播学院"主页。

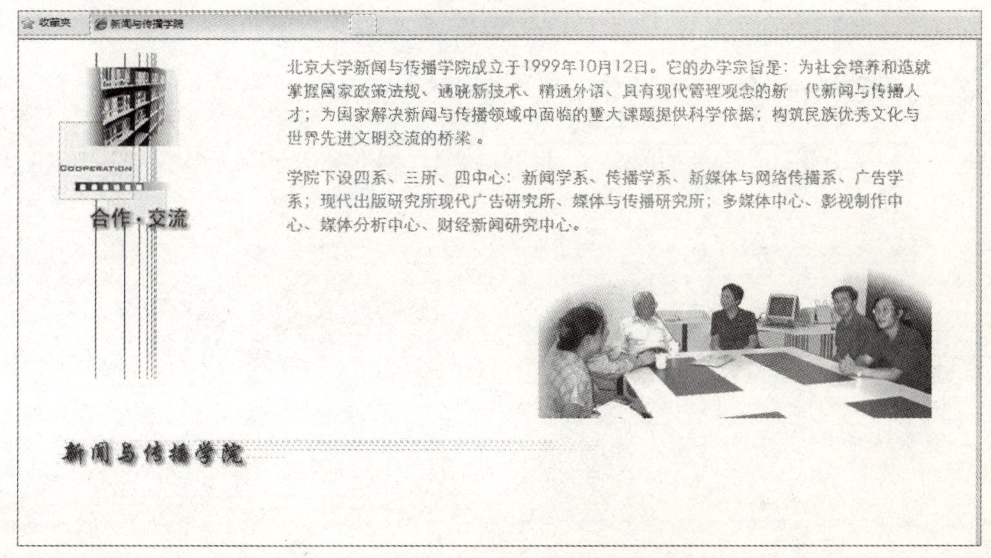

图 4—43　拓展实训 1 的网页效果

2. 使用表格嵌套制作如图 4—44 所示的"网上花店"页面。

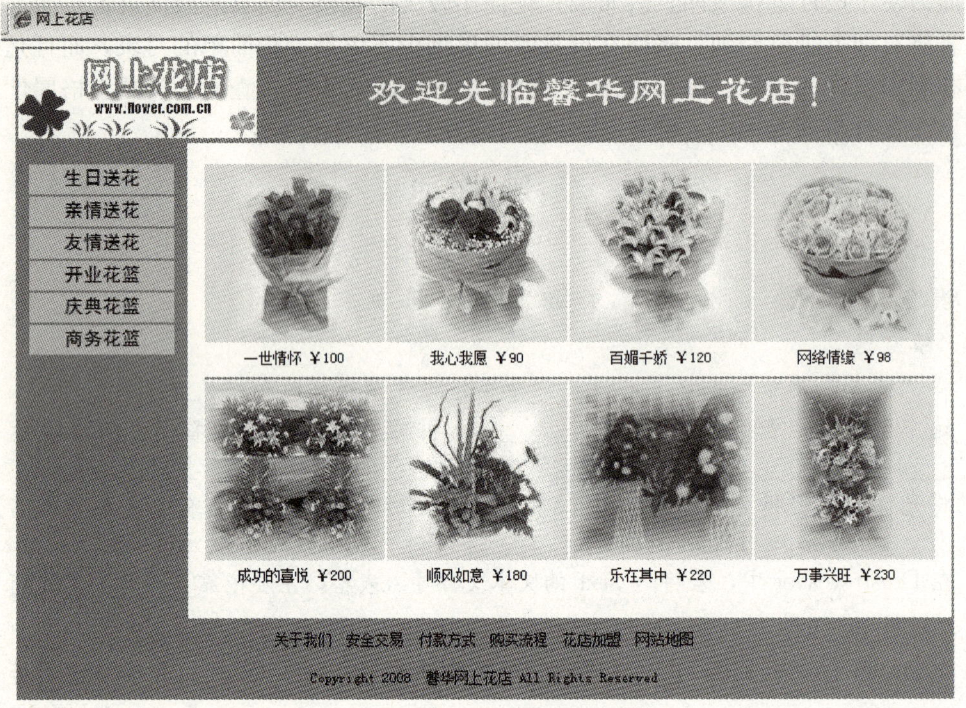

图 4—44 拓展实训 2 的网页效果

第5章 超级链接

教学任务

● 掌握绝对路径、相对路径及站点根目录相对路径的概念。

● 学会利用超级链接来实现文档之间的跳转，其中包括文本链接、图像链接、锚点链接、电子邮件链接、空链接等各种链接的创建与属性设置方法。

● 学会用CSS定义链接文本状态。

● 掌握鼠标经过图像与导航条的创建和链接设置。

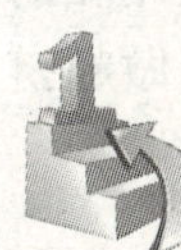

教学重点和难点

● 创建各种常用的超级链接。

● 管理超级链接，给链接添加提示，修改链接目标，定义链接样式等。

● 相对路径与绝对路径的定义与区别。

课前导读

当网页设计好后，需要在这些网页之间建立联系，做好网页之间的链接。

超级链接是网页中最重要、最基本的元素之一，是网页区别于其他网站文件的最显著的特征。网站中的网页之间通过建立超链接关联到一起，没有超链接的网站是无法运行的，通过网页中的超级链接实现了网络资源的非线性访问，它使得网站“活”了起来。

超级链接的创建方法和形式多种多样，在网页设置过程中，超级链接的地址或URL是非常重要的属性，要根据不同类型的链接设置正确、恰当的路径。

超级链接（Hyperlink）在本质上属于一个网页的一部分，它是一种网页或站点之间进行链接的元素。各个网页只有链接在一起，才能真正构成一个网站。超级链接又简称为超链接。所谓的超链接是指从一个网页指向目标的连接关系。这个目标可以是另一个网页，也可以是相同网页上的不同位置，还可以是一个图片、一个电子邮件地址、一个文件，甚至是一个应用程序等。在一个网页中用来超链接的对象，可以是一段文本或者一个图片。当浏览者单击已经链接的文字或图片后，链接目标将显示在浏览器上，并且根据目标的类型来打开或运行。因此，超链接根据使用对象的不同可以分为文本链接、图像链接、锚点链接、空链接、电子邮件链接等。

5.1 网页链接路径

在网页制作中，设置超链接有三种表示方式：

（1）绝对路径。

（2）站点根目录相对路径（基于根文件夹）。

（3）相对路径（相对于文档）。

在正确创建超链接之前，我们有必要先来学习一下路径。

1. 绝对路径（Absolute Path）

我们都知道，平时使用计算机时要找到需要的文件就必须知道该文件的位置，而表示文件位置的方式就是路径。例如，只要看到路径 D：/mysite/music/123. mp3，就知道 123. mp3 文件是在 D 盘的 mysite 文件夹下的 music 中。类似于这样完整描述文件位置的路径就是绝对路径。我们不需要知道其他任何信息就可以根据绝对路径判断出文件的位置。而在网站中，用 http：//www. jxlsxy. com/imgs/123. jpg 来确定文件位置的方式也是绝对路径。

2. 相对路径（Relative Path）

相对路径是指由文件所在的路径引起的与其他文件（或文件夹）的路径关系。使用相对路径可以为我们带来非常多的便利。例如，在本地硬盘有如下两个文件，它们要互做超链接，如图 5—1 所示。

G：\site\index. htm

G：\site\web\article\01. htm

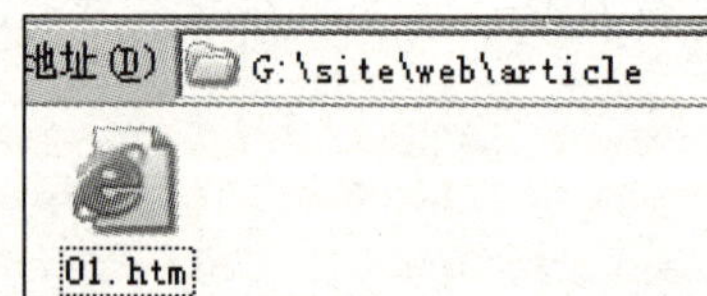

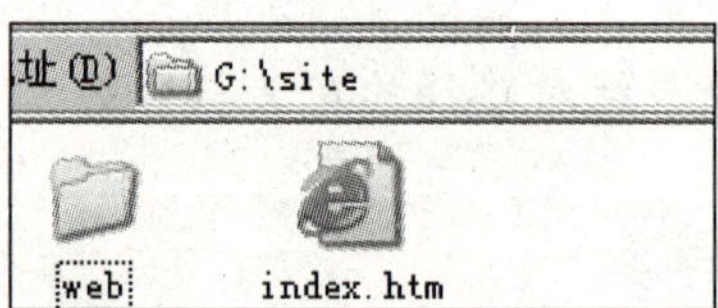

图 5—1　相对路径

index. htm 要想链接到 01. htm 这个文件，正确的链接应该是：

〈a href = web/article/01. htm〉链接文字〈/a〉

这是标准的相对路径。

反过来，01. htm 要想链接到 index. htm 这个文件，在 01. htm 文件里面应该加上下面这句：

〈a href = . . / . . /index. htm〉返回首页〈/a〉

这里的 . . /表示向上一级。

因此在相当路径中我们使用“. . /”来表示上一级文件夹，用“. . / . . /”表示再上一级的文件夹，依此类推。下级文件夹则用“/. . ”表示。

3. 站点根目录相对路径

站点根目录相对路径描述从站点的根文件夹到文档的路径。如果在多个服务器的大型 Web 站点中，或者在承载多个站点的服务器中，则需要站点根目录相对路径。但是，对于不熟悉此类型路径的用户，最好坚持使用文档的相对路径。

站点根目录相对路径以一个正斜杠开始，该正斜杠表示站点根文件夹。例如，/article/index. htm 是文件（index. htm）的站点根目录相对路径，该文件位于站点根文件夹的 article 子文件夹中。

如果需要经常在 Web 站点的不同文件夹之间移动 HTML 文件，那么站点根目录相对路径通常是指定链接的最佳方法。当移动包含站点根目录相对链接的文档时，不需要更改这些链接，这是因为链接是相对于站点根目录的，而不是文档本身。例如，某 HTML 文件对相关文件（如图像）使用站点根目录相对链接，移动 HTML 文件后，其相关文件链接依然有效。

但是，如果移动或重命名由站点根目录相对链接所指向的文档，即使文档之间的相对路径没有改变，也必须更新这些链接。如果移动某个文件夹，则必须更新指向该文件夹中文件的所有站点根日录相对链接。在 Dreamweaver 中，如果使用文件面板移动或重命名文件，系统将自动更新所有相关链接。

5.2　链接的设置

超链接由源端点和目标端点两个部分组成。超链接中有链接的一端称为链接的源端点，跳转到的页面或页面中的某个位置称为链接的目标端点。设置超链接的总体思路如下：

选择超链接的开始位置（源端点）— 链接到目标位置（目标端点）

制作基本步骤如下：

（1）选中设置超链接的对象，在属性面板中选择“链接”右侧的▭（浏览文件）按钮，弹出“选择文件”对话框选择目标文件，如图 5—2 所示。

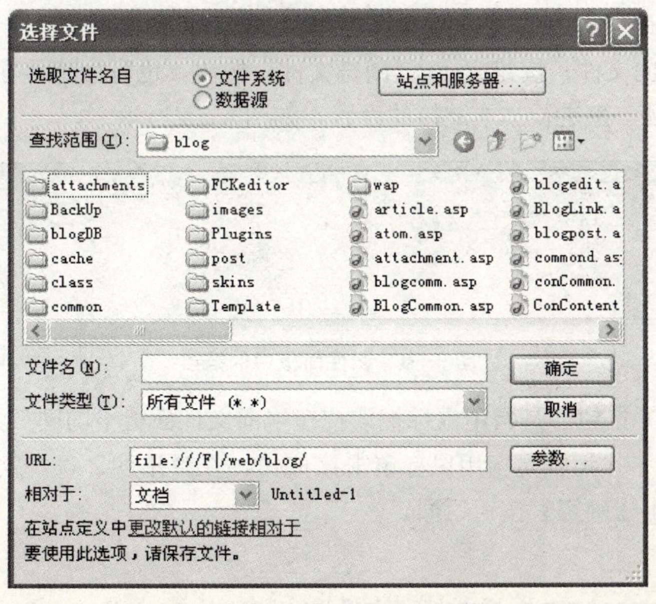

图 5—2　“选择文件”对话框

（2）选择目标文件，可以是网页、网站、其他文件、电子邮件、图片。

（3）设置打开方式，可以是新建窗口、原窗口。

（4）确定退出。

根据使用对象的不同，网页中的链接又可以分为文本链接、图像链接、电子邮件链接和锚点链接等。

5.2.1 文本链接

文本链接是网页中最常见的一种链接，这种链接的源端点是文本，目标端点为站点内或站点外的网页。我们在浏览网页时，将光标移到一些文字上，鼠标指针将变成手形，单击后会打开一个网页，这样的链接就是文本链接。设置文本链接的方法如下：

方法一：新建一个 index. htm 文件，输入文字“文本超链接”，选中该文本，在菜单栏中选择【插入】|【超级链接】命令，弹出如图 5—3 所示的对话框，在该对话框中进行设置。

图 5—3 “超级链接”对话框

链接代码：

〈a href = http:www. jxlsxy. com target = _blank〉文本超链接〈/a〉

方法二：使用属性面板中的链接。先在网页中选择要进行链接设置的文本，通过链接文本框右侧的（指向文件）按钮或（浏览文件）按钮，也可以直接在文本框中输入被链接的网页文档的路径，来进行文本链接的设置，如图 5—4 所示。

图 5—4 属性面板中的链接

（指向文件）按钮：是指用鼠标把该按钮拖向文件面板中的网页文件。

（浏览文件）按钮：是指用鼠标单击该按钮，在弹出的“选择文件”对话框中选择网页文件，然后单击【确定】按钮返回。

链接代码：

〈a href = jieshao. htm target = _blank〉文本超链接〈/a〉

通常在选择超链接后，若没有特别设置，会在原来的窗口中显示打开的网页，这样就无法看到之前的页面，此时可以将目标属性设为 _ blank，如图 5—5 所示。

在属性面板中（如图 5—5 所示），“目标”下拉框中有四个属性供选择：

- _ blank：超链接的网页会显示在另外一个窗口中。
- _ parent：超链接的网页会显示在父框架或父窗口中。
- _ self：超链接的网页会显示在当前网页的同一窗口或框架中，这是默认设置。
- _ top：超链接的网页会显示在父窗口中。

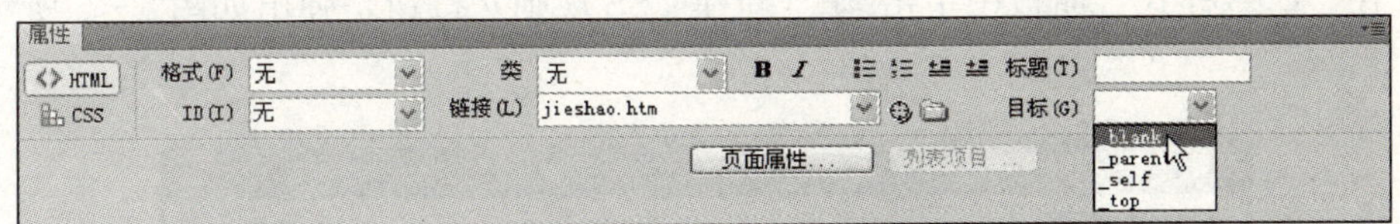

图 5—5　属性面板中目标列表

5.2.2　用 CSS 定义链接的文本状态

链接的定义主要有三个属性，颜色（color）、文本修饰（text-decoration）和背景（background），CSS 为一些特殊效果准备了特定的工具，我们称之为“伪类”。其中有几项是经常用到的，下面详细介绍用于定义链接样式的四个伪类。

a：link 定义正常链接的样式；a：visited 定义已访问过链接的样式；a：hover 定义鼠标悬浮在链接上时的样式；a：active 定义鼠标单击链接时的样式。例如：

```
a:link {color:#FF0000;text-decoration:underline;}
a:visited {color:#00FF00;text-decoration:none;}
a:hover {color:#000000;text-decoration:none;}
a:active {color:#FFFFFF;text-decoration:none;}
```

上面示例中定义的链接颜色是红色，访问过后的链接是绿色，鼠标悬浮在链接上时是黑色，单击时的颜色是白色。

在 CSS 中写上 a：link {} 这样的定义会使整个页面的链接样式改变。但有些局部链接需要特殊化，这个问题也不难解决，只要在链接样式定义的前面加上指定的 id 或 class 即可。例如：

```
#a1 a:link {color:#FF0000;text-decoration:none;}
#a1 a:visiteid {color:#FF0000;text-decoration:none;}
#a1 a:hover {color:#000000;text-decoration:underline;}
#a1 a:active {color:#000000;text-decoration:underline;}
```

调用方法：

```
<a id="a1" href="http://www.jxlsxy.com" target="_blank">超文本链接</a>
```

class 的定义方法和 id 相同，只要将 #a1 改为. a1 即可。另一种方法是直接定义链接的样式，这样更直接，不过调用时比较麻烦，需要为每个特定的链接加上定义的代码。例如：

```
a.a1 a:link{color:#FF0000;text-decoration:none;}
a.a1 a:visiteid {color:#FF0000;text-decoration:none;}
```

```
a.a1 a:hover{color:#000000;text-decoration:underline;background:#FFFFFF;}
a.a1 a:active {color:#000000;text-decoration:underline;background:#FFFFFF;}
```

调用方法：

```
〈a class = "a1" href = "http://www.jxlsxy.com" target = "_blank"〉超文本链接〈/a〉
```

上述是对链接文本状态的 CSS 代码的说明。下面讲述如何使用“CSS 样式”面板来定义链接文本的四种状态。

(1) 在“CSS 样式”面板中单击 (新建 CSS 规则) 按钮，弹出如图 5—6 所示的对话框。

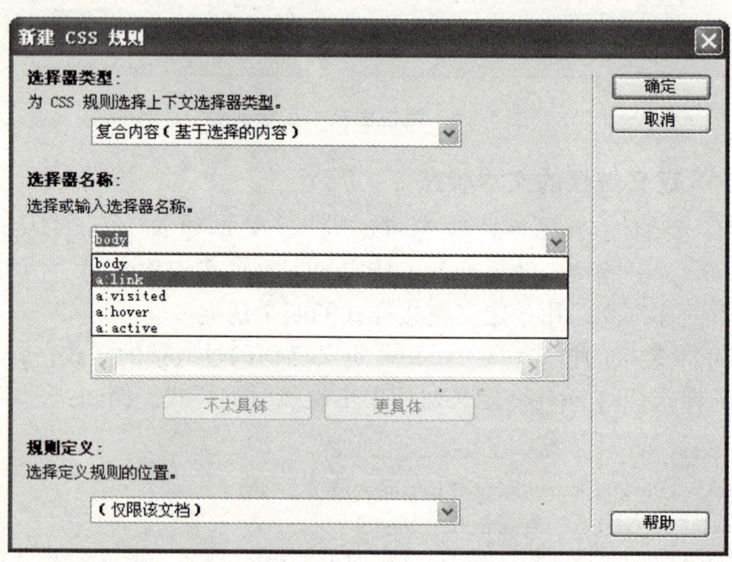

图 5—6 “新建 CSS 规则”对话框的设置

(2) 单击【确定】按钮，弹出“a：link 的 CSS 规则定义”对话框，相关设置如图 5—7 所示，在“Text-decoration”(文本修饰) 中选择“none”，即“无下划线”。

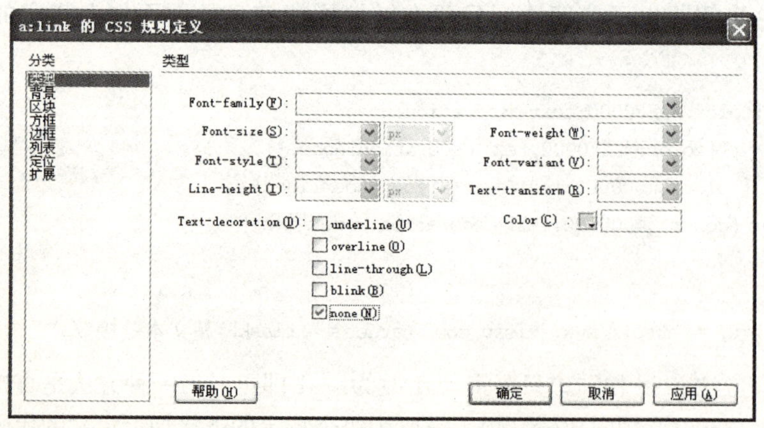

图 5—7 设置链接文本的初始状态为无下划线

(3) 单击【确定】按钮，网页中的链接文本即变为无下划线，如图 5—8 所示。

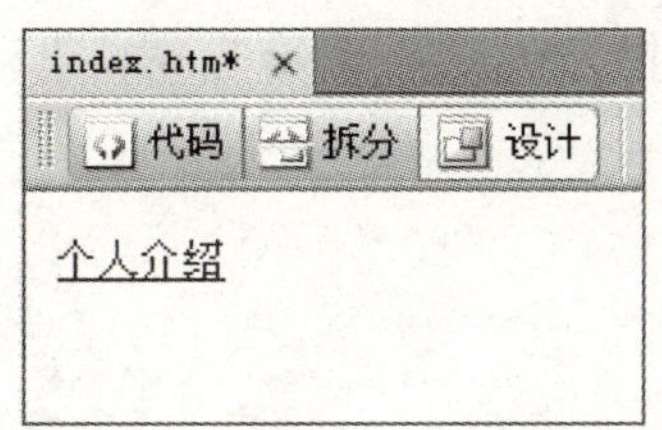

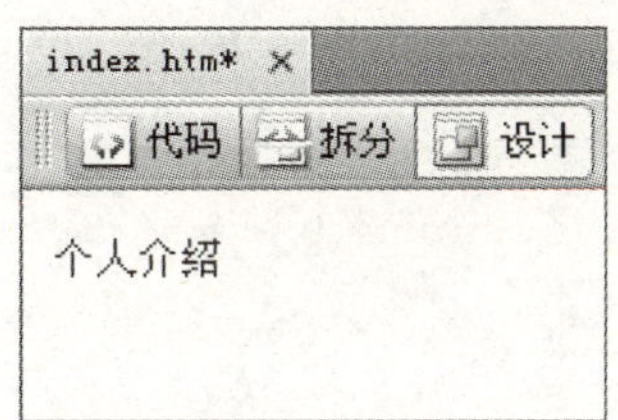

图 5—8　CSS 定义前后的链接文本状态

提示：剩下三种链接文本状态也可同样设置，不过要预览后在浏览器窗口中才能看到效果。

5.2.3　锚点链接

所谓锚点链接，是指同一页面中的不同位置链接。例如，一个很长的页面，在页面的最下方有一个“返回顶部”的文字，单击链接后，可以跳转到这个页面最顶端。

创建锚点链接的过程分两步，下面以制作页面中的“返回顶部”链接为例进行介绍。

(1) 创建命名锚记，就是在文档中设置位置标记，并给该位置一个名称，以便引用。

①将光标定位在要设置标记的位置，如把光标放在页面的最上方。

②在插入面板的“常用”模式中，单击“命名锚记”按钮，如图 5—9 所示。

提示：可以在菜单栏中选择【插入】|【命名锚记】命令（快捷键 Ctrl+Alt+A），同样可以创建命名锚记。

③在弹出的“命名锚记”对话框中输入该锚记的名称“top”，然后单击【确定】按钮（注意区分大小写），名为 top 的锚点即被插到文档中的相应位置，如图 5—10 所示。

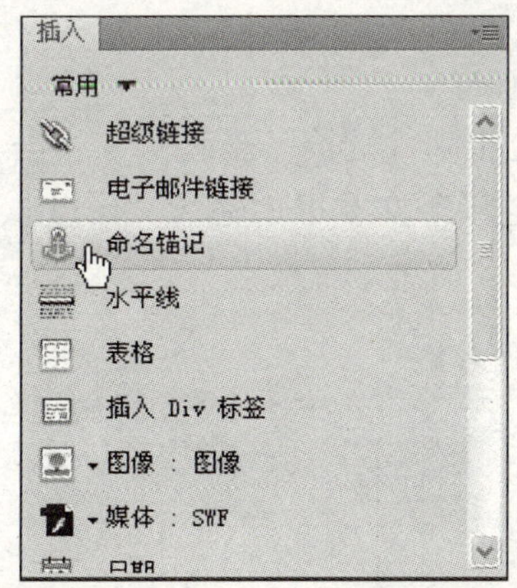

图 5—9　单击“命名锚记”按钮

图 5—10　“命名锚记”对话框

(2) 创建到命名锚记的链接。

①选择要创建链接的文本或图像，如选中“返回顶部”四个字。

②在属性面板的“链接”文本框中，输入锚记名称“＃top”，如图 5—11 所示。

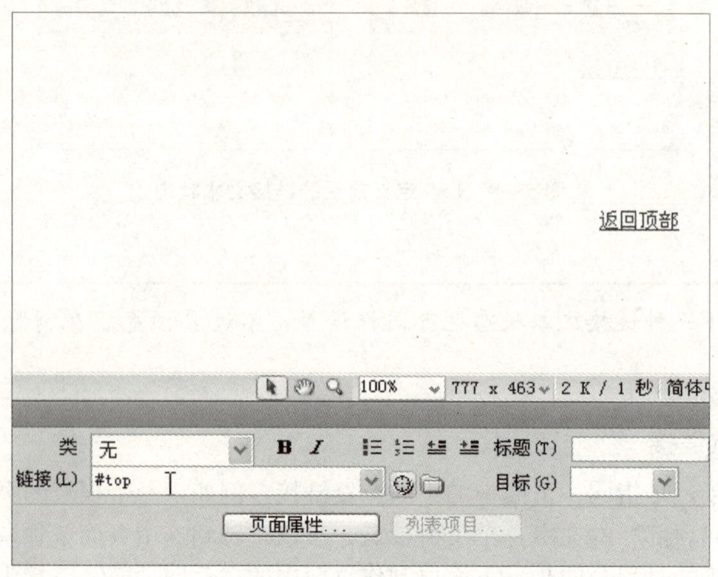

图 5—11　创建锚点链接

链接代码：

〈a href＝"＃top"〉返回顶部〈/a〉

或者在浏览对话框中，选中要链接的文件后，输入＃和锚记名称。

5.2.4　电子邮件链接

电子邮件链接是指浏览器自动调用默认使用的邮件客户端程序（outlook）发送电子邮件。创建电子邮件链接的步骤是：

（1）在文档窗口的“设计”视图中，将插入点放在设置电子邮件链接的位置，或者选择要作为电子邮件链接出现的文本或图像。

（2）执行下列操作之一，插入该链接：

方法一：在菜单栏中选择【插入】|【电子邮件链接】命令。

方法二：在插入面板的“常用”模式中，单击“ 电子邮件链接”按钮。

方法三：先选中文本“写信给我”，在属性面板的“链接”文本框中输入“mailto：abc@163. com”，即“mailto：”加上电子邮件地址，如图 5—12 所示。

图 5—12　在属性面板中建立电子邮件链接

（3）在执行方法一或方法二之后，会弹出如图 5—13 所示的“电子邮件链接”对话框。在“文本”中，输入或编辑电子邮件链接的源端点文本。

（4）在“E-Mail”中，输入电子邮件地址，然后单击【确定】按钮。

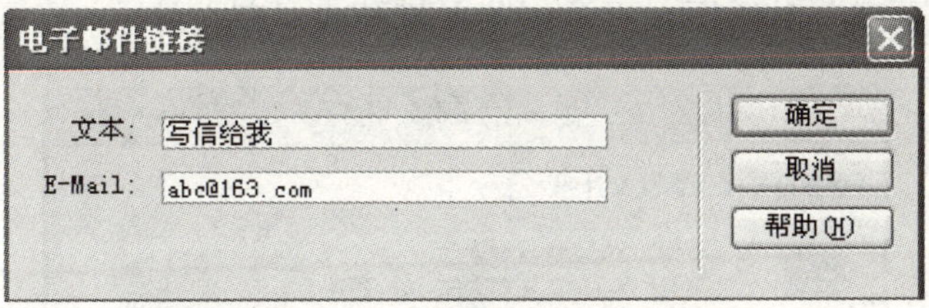

图 5—13　“电子邮件链接”对话框

链接代码：

```
<a href="mailto:abc@163.com">写信给我</a>
```

电子邮件链接创建成功后，按 F12 键预览，单击电子邮件链接，浏览器会自动打开相应的程序（系统默认为 OutLook），如图 5—14 所示。

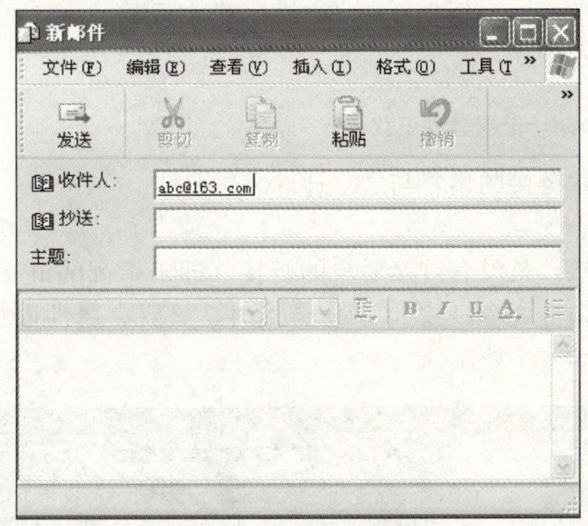

图 5—14　发送电子邮件

5.2.5　下载链接与空链接

1. 下载链接

如果要在网页中提供资源下载服务，就需要设置下载链接。如果超级链接指向的不是网页文档，而是 .zip、.rar、.exe、.mp3 等类型的文件，这样单击链接时就会提示是否选择下载文件。

在网页编辑窗口中输入并选中“软件下载”文字，然后在属性面板中单击“链接”右侧的“浏览文件”按钮，在弹出的“选择文件”对话框中选择文件“ch05/5.2.9/images/kejian.rar”，最后单击【确定】按钮返回属性面板，如图 5—15 所示。

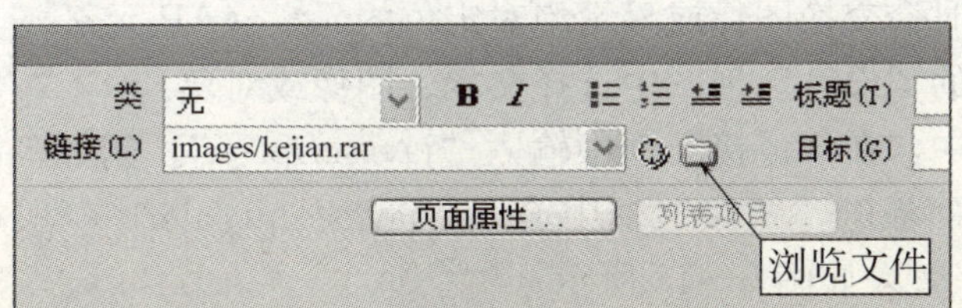

图 5—15　在属性面板中下载链接

保存网页文档，按 F12 键预览网页效果。单击下载链接文字“软件下载”，会弹出如图 5—16 所示的“文件下载”对话框，提示浏览者打开或保存文件。

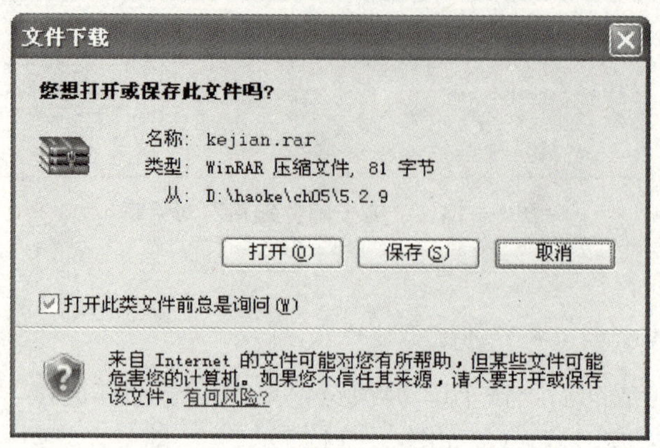

图 5—16　“文件下载”对话框

链接代码：

〈a href = " images/kejian.rar "〉软件下载〈/a〉

其他文件或程序下载链接的设置与之一样。

2. 空链接

空链接也称无址链接，是没有链接对象的链接（即未指派的链接），在空链接中，目标 URL 是用“＃”来表示的。也就是说，制作链接时，只要在属性面板的“链接”输入框中输入“＃”即可，如图 5—17 所示。

图 5—17　空链接设置

链接代码：

〈a href = "＃"〉空链接示例〈/a〉

空链接的出现涉及多方面的因素，比如一些没有定期完成的页面，但为了保持页面显示上的一致（链接样式与普通文字样式不同），可以先设置为空链接，待日后完成时再补充。

空链接也常用于向页面上的对象或文本附加行为。例如，可向空链接附加一个行为，以便在鼠标滑过该链接时会交换图像或显示绝对定位的元素（AP 元素）。

（1）在文档窗口的“设计”视图中选择文本、图像或对象。

（2）在属性面板中，在“链接”框中输入“javascript:;”。例如，制作一个带警告提示的链接，只需在属性面板的“链接”框中输入“javascript:alert（“您点击的是空链接，请返回重新选择!”);”，效果如图 5—18 所示。

链接代码：

〈a href = "javascript:alert("您点击的是空链接,请返回重新选择!");"〉空链接示例〈/a〉

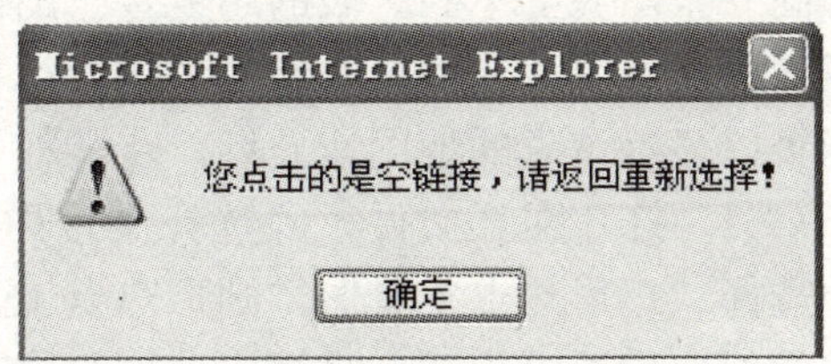

图 5—18　附加行为的空链接效果

5.2.6　一般图像链接

Dreamweaver 中的图像链接主要包括一般图像链接、图像热点链接、鼠标经过图像超链接等。

创建一般图像超链接的步骤如下：

(1) 在网页中插入一张要用来做链接的图像。

在菜单栏中选择【插入】|【图像】命令；或在插入面板的“常用”模式中，单击“图像”按钮。弹出如图 5—19 所示的对话框，选择图像源文件。

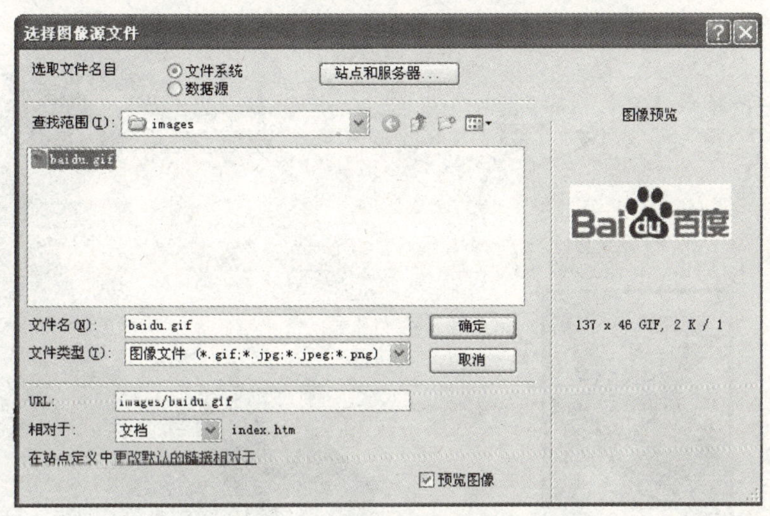

图 5—19　“选择图像源文件”对话框

(2) 在属性面板的“链接”框中输入链接的目标地址，如图 5—20 所示。

链接代码：

〈a href = "http://www.baidu.com/" title = "图像超链接"〉〈img src = "http://www.baidu.com/img/baidu_logo.gif" /〉〈/a〉

图 5—20　设置图像超链接

5.2.7 图像热点链接

热点链接也称热区链接，或称图像地图。

图像热点链接用来划分同一张图像上不同区域的超链接。图像热点就是带有预先定义区域的图像，这些区域包含了指向其他文档或锚点的链接。例如，在网页版中国地图中，单击某省的名称，便会打开新网页以显示该省的地图或介绍。步骤如下：

(1) 运行 Dreamweaver CS4，打开网页文件，并选择文件内的图像，如图 5—21 所示。选中图像后，在属性面板中选择“矩形热点工具”、“圆形热点工具”、“多边形热点工具”之一，如图 5—22 所示。在图像相应位置上为四个直辖市分别绘出不同的区域，即有四个热点或热区。

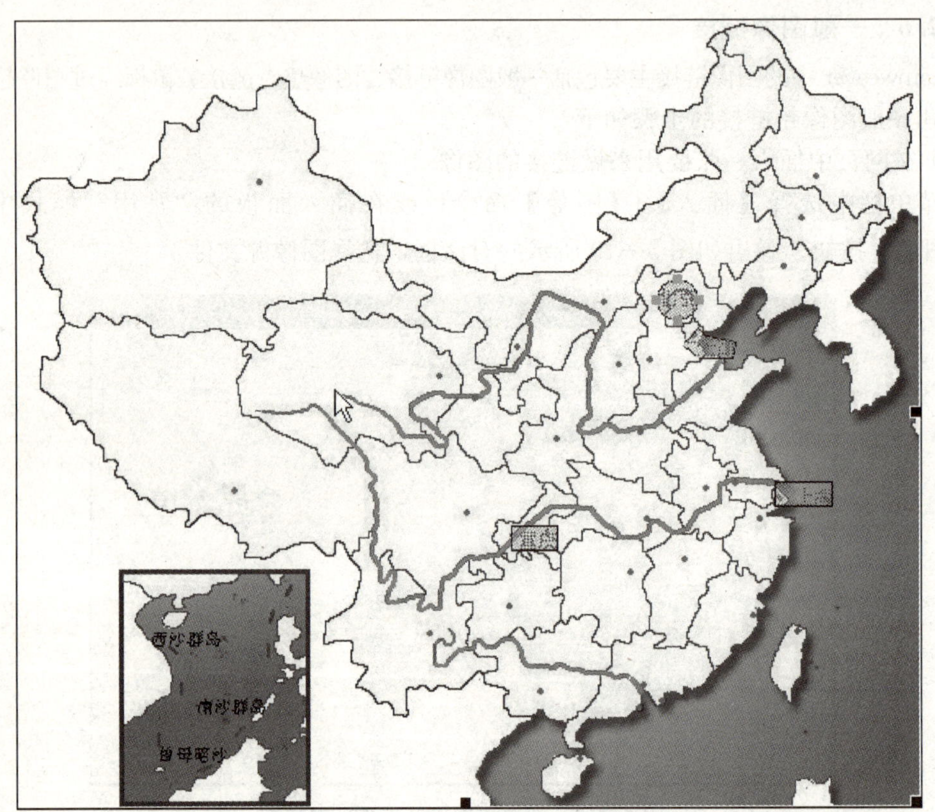

图 5—21 使用热点工具绘制热点

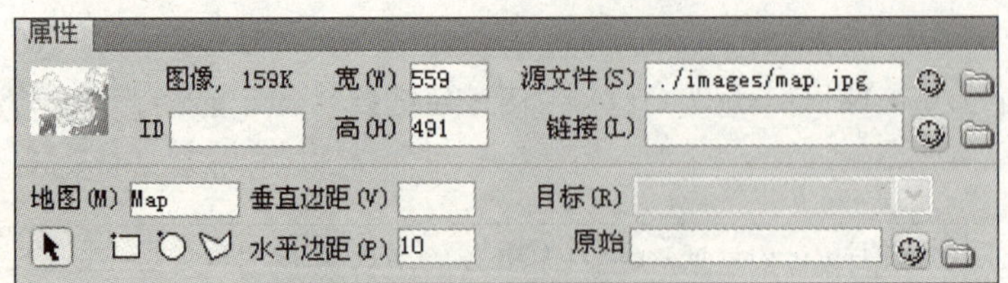

图 5—22 设置图像热点的热点工具

对属性面板中的 4 个热点工具按钮名称的说明如表 5—1 所示。

表 5—1　　热点工具按钮名称说明

热点工具按钮	名　称	说　明
(指针图标)	指针热点工具按钮	选择或移动链接区域范围
(矩形图标)	矩形热点工具按钮	绘制图像地图中的矩形区域
(圆形图标)	圆形热点工具按钮	绘制图像地图中的圆形区域
(多边形图标)	多边形热点工具按钮	绘制图像地图中的多边形区域

（2）选择“北京”上面的热点，在“链接”文本框中添加链接地址“beijing. htm”；在“替换”文本框设置选区的提示文字为“北京市”，如图 5—23 所示。

图 5—23　设置图像热点链接

（3）用同样的方法，将其他三个直辖市的热点也分别链接到不同的网页：tianjin. htm、shanghai. htm、chongqing. htm。

（4）保存网页，预览效果。

5.2.8　鼠标经过图像

鼠标经过图像是一种在浏览器中查看并使用鼠标指针移过它时发生变化的图像。必须用以下两个图像来创建鼠标经过图像：主图像（首次加载页面时显示的图像）和次图像（鼠标指针移过主图像时显示的图像）。鼠标经过图像中的这两个图像应大小相等；如果这两个图像大小不同，Dreamweaver 将自动调整第二个图像的大小以与第一个图像的属性匹配。鼠标经过图像自动设置为响应 onMouseOver 事件。我们可以将图像设置为响应不同的事件（如鼠标单击）或更改鼠标经过图像。步骤如下：

（1）在文档窗口中，将插入点放在要显示鼠标经过图像的位置。使用以下方法之一插入鼠标经过图像：

方法一：在插入面板的“常用”模式中，单击“图像”展开式按钮，然后选择“鼠标经过图像”图标。在插入面板中显示“鼠标经过图像”图标后，也可以将该图标拖到文档窗口中。

方法二：在菜单栏中选择【插入】|【图像对象】|【鼠标经过图像】命令。

执行上述方法之一后，会弹出如图 5—24 所示的对话框。

（2）设置选项后，单击【确定】按钮。

- 图像名称：鼠标经过图像的名称。
- 原始图像：页面加载时要显示的图像。在文本框中输入路径，或单击【浏览】按钮选择图像。
- 鼠标经过图像：鼠标指针滑过原始图像时要显示的图像。输入路径或单击【浏览】按钮选择该图像。

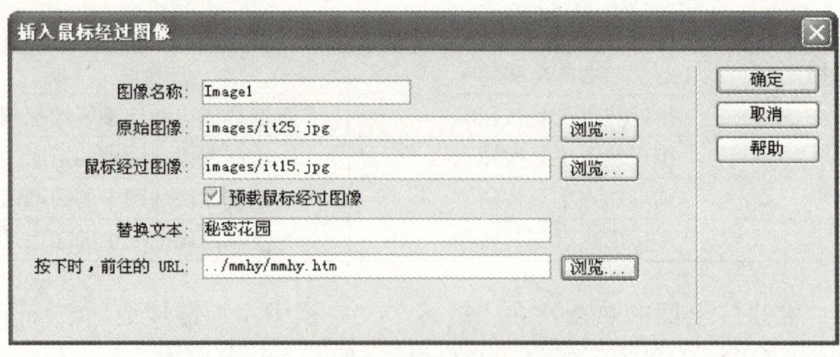

图 5—24　“插入鼠标经过图像”对话框

● 预载鼠标经过图像：将图像预先加载到浏览器的缓存中，以便用户将鼠标指针滑过图像时不会发生延迟。

● 替换文本：这是一种（可选）文本，为使用只显示文本的浏览器的访问者描述图像。

● 按下时，前往的 URL：用户单击鼠标经过图像时要打开的链接网页文件。输入路径或单击【浏览】按钮选择该文件。

提示：如果不为该图像设置链接，Dreamweaver 将在 HTML 源代码中插入一个空链接（#），该链接上将附加鼠标经过图像行为。如果删除空链接，鼠标经过图像时将不再起作用。

（3）在菜单栏中选择【文件】|【在浏览器中预览】命令，或按 F12 键，效果如图 5—25、图 5—26 所示。

图 5—25　onMouseOut 鼠标离开时的图像

图 5—26　onMouseOver 鼠标经过时的图像

在浏览器中，将鼠标指针移过原始图像以查看鼠标经过图像。但是，不能在“设计”视图中看到鼠标经过图像的效果。

提示：鼠标经过图像的链接文件路径可在属性面板的“链接”框中更改。

5.2.9　导航条

导航条实际上是一组动态图像按钮，单击它后，可在浏览器中弹出 HTML 文件和其他（如图像）文件。使用插入导航条功能可以方便地完成网站的导航系统制作，而且变化多样、简单易学。制作导航的具体操作方法如下：

(1) 将光标放在需要插入导航条的位置。

(2) 在菜单栏中选择【插入】|【图像对象】|【导航条】命令，如图 5—27 所示。或在插入面板的“常用”中，单击“图像”展开式按钮▾，选择“导航条”按钮，如图 5—28 所示。

(3) 打开“插入导航条”对话框，如图 5—29 所示。该对话框用于命名导航条元件并选择导航条元件所用的图像。

(4) 在“项目名称”文本框中输入导航条项目的名称，每一个导航条元件都对应一个按钮，该按钮最多可达 4 个状态图像。项目名称在“导航条元件”列表框中显示。

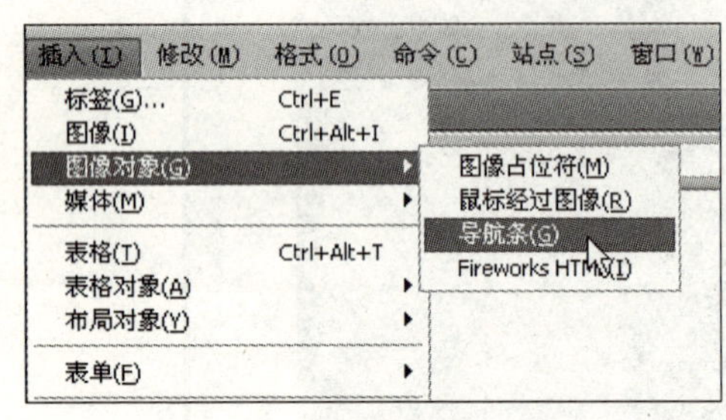

图 5—27 选择【导航条】菜单命令

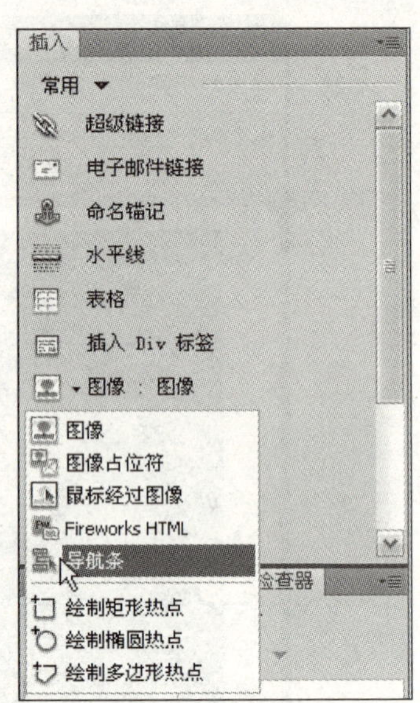

图 5—28 选择【导航条】按钮

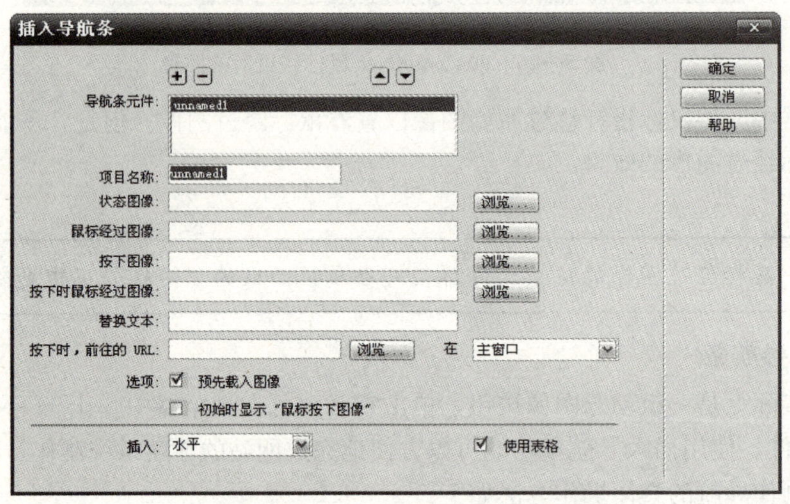

图 5—29 “插入导航条”对话框

(5) 单击“状态图像”文本框右侧的【浏览】按钮，在弹出的“选择图像源文件”对话框中选择一个图像文件。分别设置“鼠标经过图像”、“按下图像”、“按下时鼠标经过图像”。在“替换文本”的文本框中，输入项目的描述名称。设置后的“插入导航条”对话框如图 5—30 所示。

提示：替换文本在纯文本浏览器或设为手动下载图像的浏览器中，替代图像出现在应显示图像的位置。屏幕阅读替换文本，而且有些浏览器在用户鼠标经过导航条元件时显示替换文本。

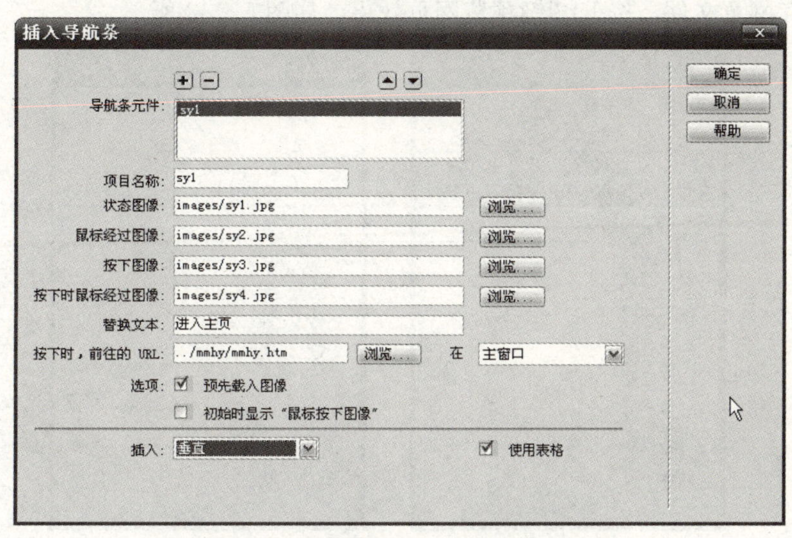

图 5—30　设置后的“插入导航条”对话框

(6) 单击“按下时，前往的 URL”文本框右侧的【浏览】按钮，选择要打开的链接文件，然后从弹出的菜单中选择打开文件的位置。

(7) 勾选“预先载入图像”复选框，可在载入页面时下载图像。如果没有选中该选项，那么鼠标指针滑过图像时可能会出现延迟。

(8) 在“插入”列表框中选择“垂直”。

(9)“导航条元件”列表框给出导航条中各个动态图像按钮的名称（默认是图像的名称）。单击+按钮，可以增加动态图像按钮（即导航条元件）；单击选中动态图像按钮名称，再单击−按钮，可删除该元件；单击选中导航条元件名称，再单击▲按钮或▼按钮，可改变导航条元件在导航条中的位置。

(10) 导航条元件都添加设置完成后，单击【确定】按钮，导航条按垂直排列方式插入网页中，如图 5—31 所示。

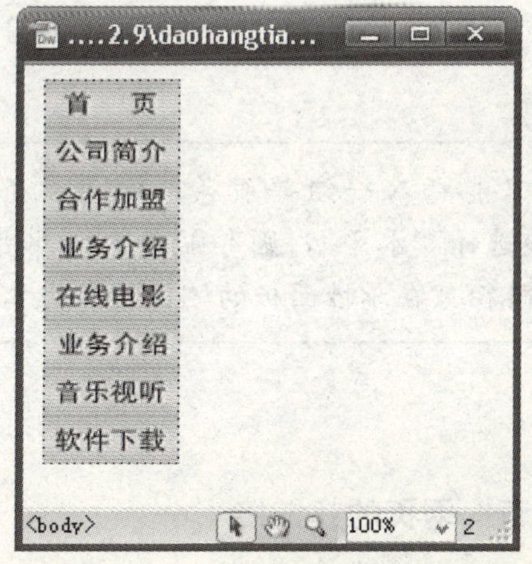

图 5—31　在网页中插入的导航条

(11) 保存网页文件，按 F12 键预览网页效果，如图 5—32 所示。

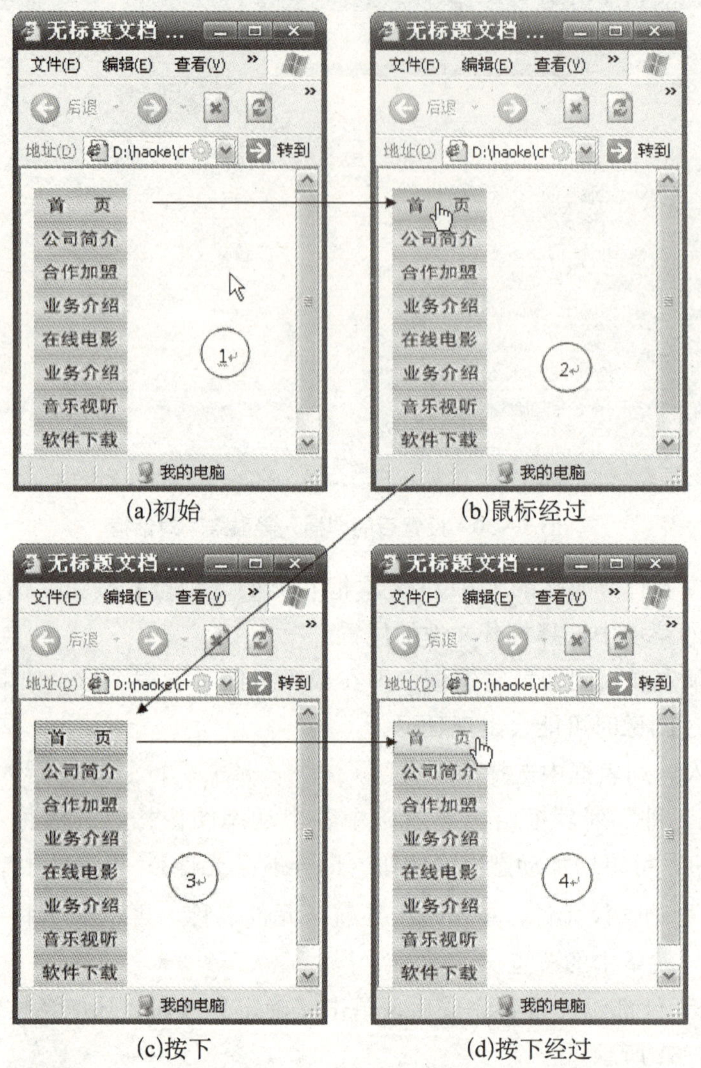

(a)初始　(b)鼠标经过

(c)按下　(d)按下经过

图 5—32　“初始-鼠标经过-按下-按下经过”四个图像状态

提示： 在一个网页中只能插入一组导航条，但导航条元件可以有多个。若在图 5—30的“插入”列表框中选择“水平”，则导航条会以水平排列方式插入网页中。每个导航条元件的链接文件路径可在属性面板的“链接”文本框中更改。

5.3　项目实训

项目 1：制作“古今传奇”网页的超链接

1. 实训目的

通过制作该网页，可以根据页面的需要，合理地创建文本链接、图像链接、锚记链接、空链接和电子邮件链接等。

2. 实训案例效果

实训案例效果如图 5—33 所示。

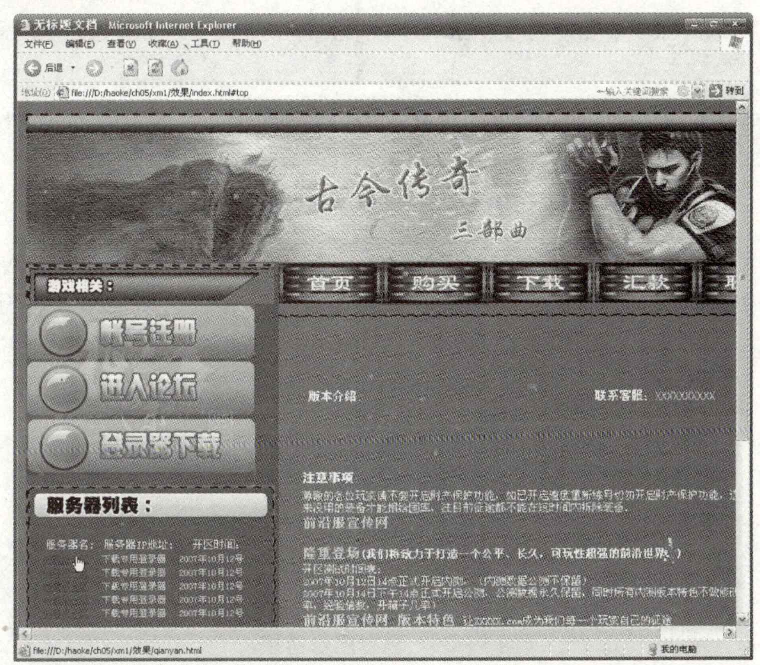

图 5—33　网页最终效果图（链接的手形效果）

3. 实训设计过程

(1) 运行 Dreamweaver CS4，打开网页原始文件，如图 5—34 所示。

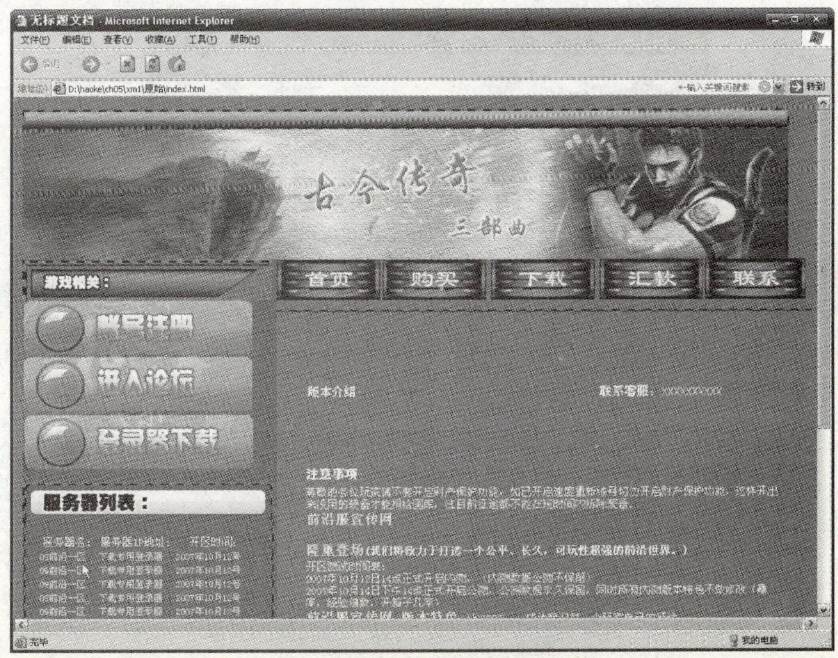

图 5—34　打开原始文件

（2）创建文本链接。选中要添加链接的文本“09 前沿一区”，在菜单栏中选择【窗口】|【属性】命令，打开属性面板。在属性面板的“链接”文本框中输入链接地址“qianyan. html”，在“目标”下拉框中选择打开链接窗口的方式“ _ blank”，如图 5—35 所示。

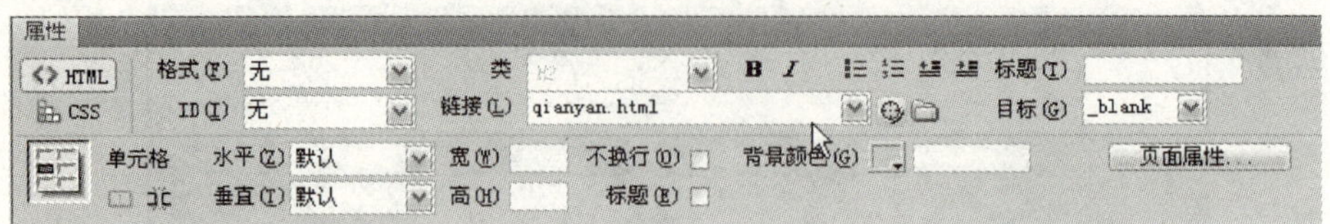

图 5—35　设置文本链接

（3）重复步骤（2），对其他的文本创建链接，并在属性面板中设置文本的相应属性。

（4）创建图像链接。选中网页中的图像，选择【窗口】|【属性】命令，打开属性面板。在属性面板中的“链接”文本框中输入链接地址“tuxiang. html”，在“目标”下拉框中选择打开链接窗口的方式“ _ blank”，在“替换”下拉框中输入文本“游戏场景”，如图 5—36 所示。

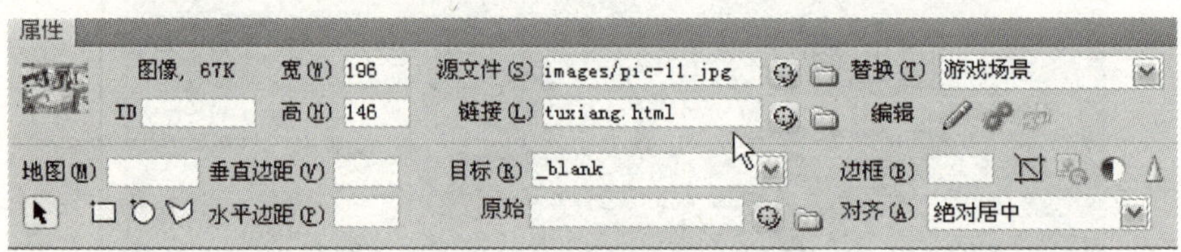

图 5—36　创建图像链接

（5）创建锚记链接。将光标放到网页最顶部表格的右端，在菜单栏中选择【窗口】|【插入】|【命名锚记】命令，打开“命名锚记”对话框。在该对话框中，设置锚记名称为 top，如图 5—37 所示。

图 5—37　“命名锚记”对话框

（6）在文档窗口的底部选中文本“前沿建筑图像工作室”，在属性面板中单击“链接”文本框右侧的【指向文件】按钮，拖动鼠标至顶部的锚记符号上，将其进行链接，或直接在“链接”文本框中输入“＃top”，如图 5—38 所示。

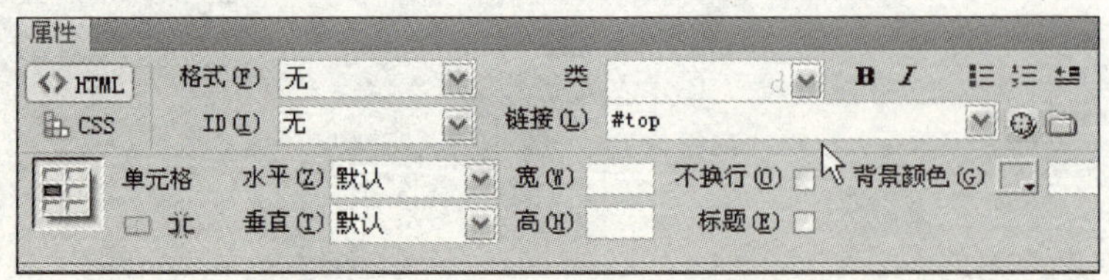

图 5—38　创建锚记链接

(7) 创建电子邮件链接。选定文档窗口上部的“联系”图像，在属性面板的“链接”文本框中输入“mailto：123@163. com”，如图 5—39 所示。

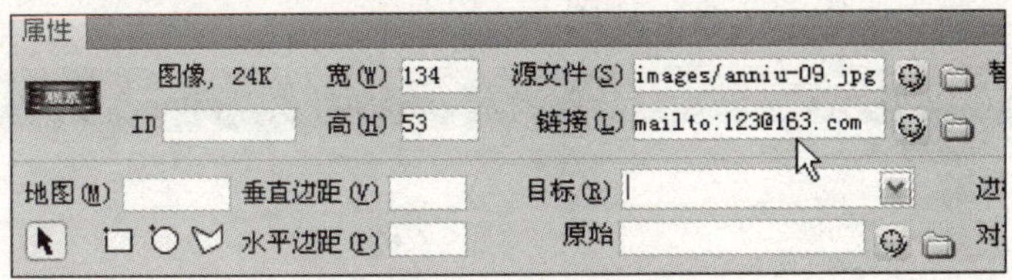

图 5—39　创建电子邮件链接

(8) 创建空链接。选定文档窗口上部的“购买”图像，在属性面板的“链接”文本框中输入“#”，如图 5—40 所示。

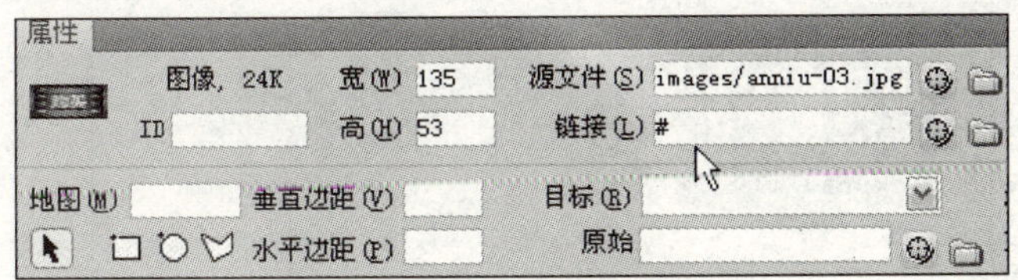

图 5—40　创建空链接

(9) 保存文档。按 F12 键在浏览器中预览效果，如图 5—33 所示。

项目 2：制作“日常生活”网页

1. 实训目的

通过制作该网页，可以掌握在同一幅图像的不同部分链接到不同的文档，即图像热点链接的创建方法和技巧。

2. 实训案例效果

实训案例效果如图 5—41 所示。

图 5—41　热点链接在设计视图中的效果图

3. 实训设计过程

（1）运行 Dreamweaver CS4，打开网页原始文件，并选择文件内的图像，因为未创建热点链接，所以鼠标光标为原始的箭头，如图 5—42 所示。

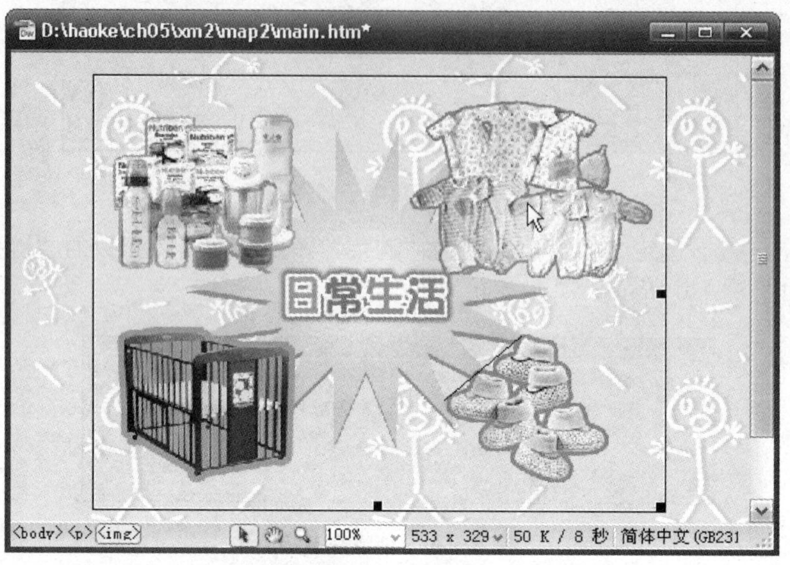

图 5—42 选择图像

（2）在属性面板的“地图”文本框中输入图像映射名称“map2”。输入完成后，使用“图像”文本框下方的热点工具，在图像上创建图像热区。

（3）分别使用 3 种热点工具，在图像上创建矩形热区、圆形热区以及多边形热区，如图 5—43 所示。

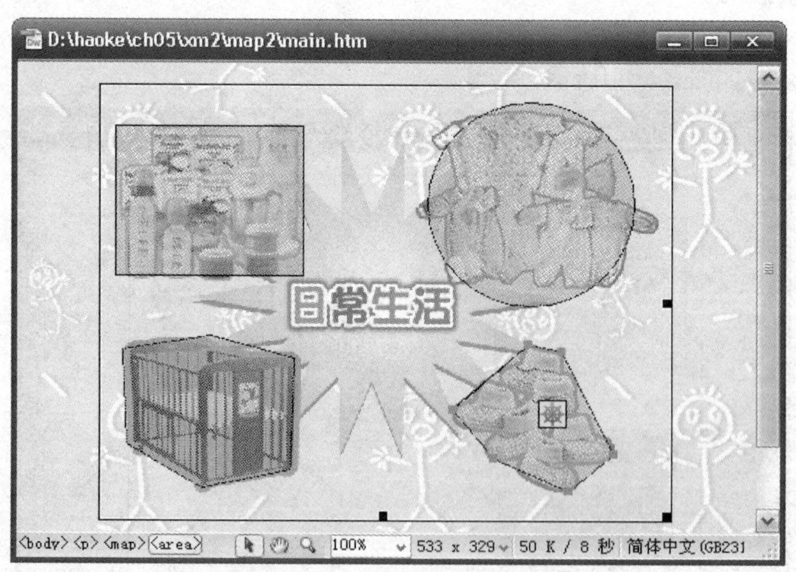

图 5—43 创建的热区

（4）创建完成后，将显示热点属性面板，如图 5—44 所示。

图 5—44　热点属性面板

(5) 在属性面板的“链接”文本框中可以直接输入 URL 地址，或者单击“浏览文件”按钮，在“选择文件”对话框中选择链接文件。

(6) 在“目标”下拉框中选择链接目标端点文件打开的窗口，也可以输入目标窗口的名称。在“替换”下拉框中输入对热点的说明文字，如图 5—45 所示。

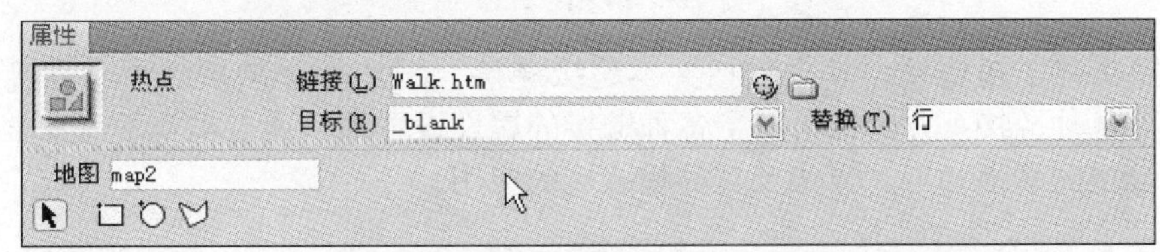

图 5—45　设置热点链接的属性面板

(7) 设置完成后，在文档窗口中任意位置单击，图像热区便创建完成。将网页保存，按 F12 键，可以在浏览器中进行预览，并且可以单击图像热区查看链接。预览的热区效果如图 5—46 所示，预览后热区上鼠标光标显示出链接的手形。

图 5—46　热点链接最终预览效果

项目 3：制作图像超链接

对“jieshao. htm”网页中的图像制作超链接，链接到“chinamap. gif”，使得单击小图像后，便可浏览相应的大图像。

1. 实训目的

掌握一般图像链接的创建方法并学习如何设置链接属性。

2. 实训设计过程

（1）打开“ch05/xm3/jieshao. htm”网页。

（2）选择网页中的小图像，在属性面板中单击“链接”右侧的（文件浏览）按钮。

（3）在“选择文件”对话框中选择目标图像文件（chinamap. gif）。

（4）保存，预览。

本章小结

本章主要讲述了超链接，其中包括文本超级链接、图片超级链接、锚点链接、邮件链接、空链接等各种链接，并详细讲解了各种链接的属性设置等。通过本章学习，学生应熟练掌握各种超链接的管理和创建方法及各种超链接的应用。

习 题 5

一、名词解释

1. 超级链接　　2. 绝对路径

二、填空题

1. 建立邮件超级链接时，在属性面板的“链接”文本框中输入________＋电子邮件地址。

2. 在 CSS 中设置文字链接的样式主要是设置链接的四种状态，分别是________________________________。

3. 设置锚点链接必须在链接的名字前面加________。

4. 超链接的目标属性设置主要包括________________________________四种状态。

5. 在属性面板的“链接”文本框中直接输入“＃”，就可以制作一个________。

三、判断题

1. 一个图片上能设置多个超链接。（　　）

2. 绝对路径是被链接文档的完整的 URL，不包含使用的传输协议。（　　）

3. 〈a href="＃123"〉第三章〈/a〉的作用是链接到网页文件中的 123 标记处。（　　）

4. 在 Dreamweaver 中，可以为链接设立目标，表示在新窗口打开网页的是：_self。（　　）

5. 指向的是同一个网页或不同网页中命名锚点的链接称为锚点链接。（　　）

四、拓展实训题

制作一个如图 5—47 所示的网页效果，并创建热区链接。要求：为各省勾勒出热区，并链接各省网站（网址可通过百度搜索）。

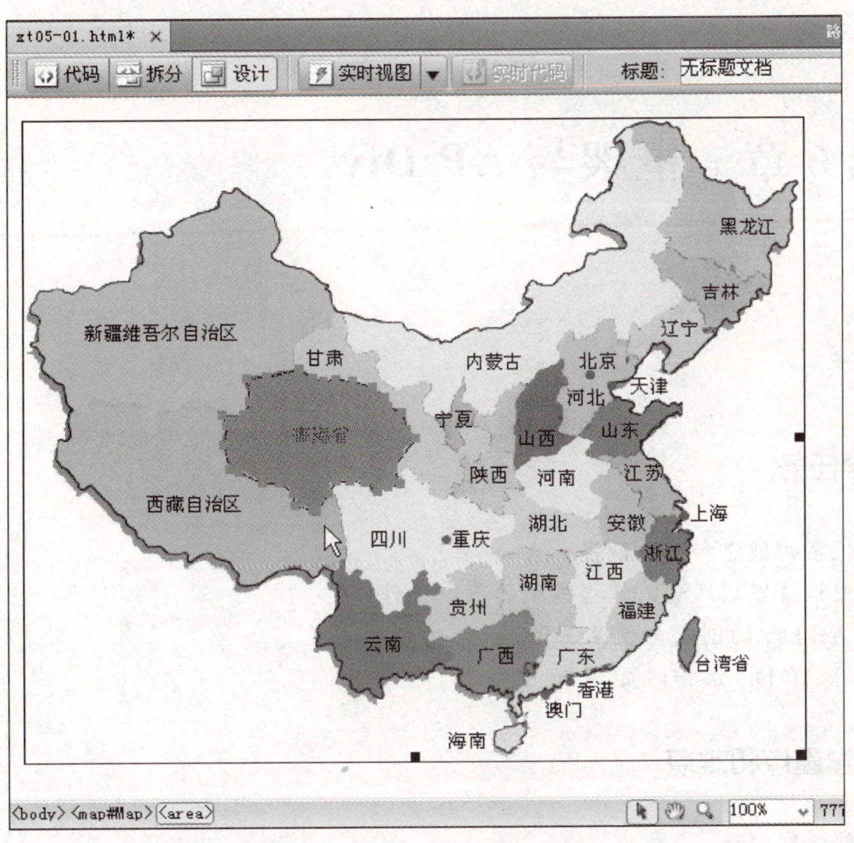

图 5—47　拓展实训的网页效果

第6章　框架与AP Div

教学任务

- 学会框架的创建和属性设置。
- 能够用框架规划网页，掌握框架的基本操作。
- 掌握AP Div的创建与属性设置。
- 能够用AP Div编排网页。

教学重点和难点

- 用框架规划网页。
- 用AP Div编排网页。

课前导读

在一个网页中，并不是所有的内容都需要改变。对于页面中重复的内容，如果不想在每个页面中重复添加，那么使用框架可以解决这个问题。

框架是一种特殊的网页，它可以把浏览器窗口划分为若干个区域，每个区域都是独立的，在各区域中可以分别显示不同的页面。当浏览者访问框架页面时，只加载框架页面中变化的区域，而对于不变的区域，就不再重新加载，从而方便了浏览者。

AP Div是网页设计中一种非常有特色的页面元素，其最大的特点就是它可以定位在页面上的任意位置。AP Div中可以包含文本、图像或其他页面元素。利用AP Div可以灵活地布局页面内容。

框架与AP Div是网页制作时用来给网页布局的两个不同的Dreamweaver工具，使用框架可以统一网页风格，加快网页的下载速度，增加网站内容的可读性。使用AP Div编排网页灵活性强，它提供弹性的画面设计功能，在其中可以放入网页元素，并且可以任意移动元素位置，并相互重叠。

6.1　框架的使用

框架主要由两大部分组成：框架与框架集。框架是指浏览器窗口中的一个区域，显示的是与浏览器窗口的其余框架不相关的内容，它只是针对自身文档。框架集是由若干个框架组成的，通过设置这些框架的布局和属性（包括框架的数目、大小和位置以及在每个框架中初始显示页面的文档路径）让框架集在外观上形成一个整体的页面。框架集文件的源代码不包括在浏览器中显示的内容（Noframes 部分除外），简单地说，框架集文件只是在浏览器中显示由若干框架组成的一个网页的整体内容，如图片、文字、Flash 动画和视频等。

使用框架可以让网页的风格统一，在浏览页面时，不需要将页面中包含框架的窗口重新加载；对于导航或不动的窗口在浏览网站时只需加载一次，这样大大加快了浏览的速度。在网页中使用框架具有以下两个优点：

（1）访问者的浏览器不需要为每个页面重新加载与导航相关的图形，这使网页的下载速度加快了。

（2）每个框架都具有自己的滚动条（如果内容太大，超出框架显示的范围），访问者可以独立滚动这些框架。

如图 6—1 所示，当框架中的内容页面较长时，如果导航条位于不同的框架中，那么向下滚动到页面底部的访问者就不需要再滚动回顶部。

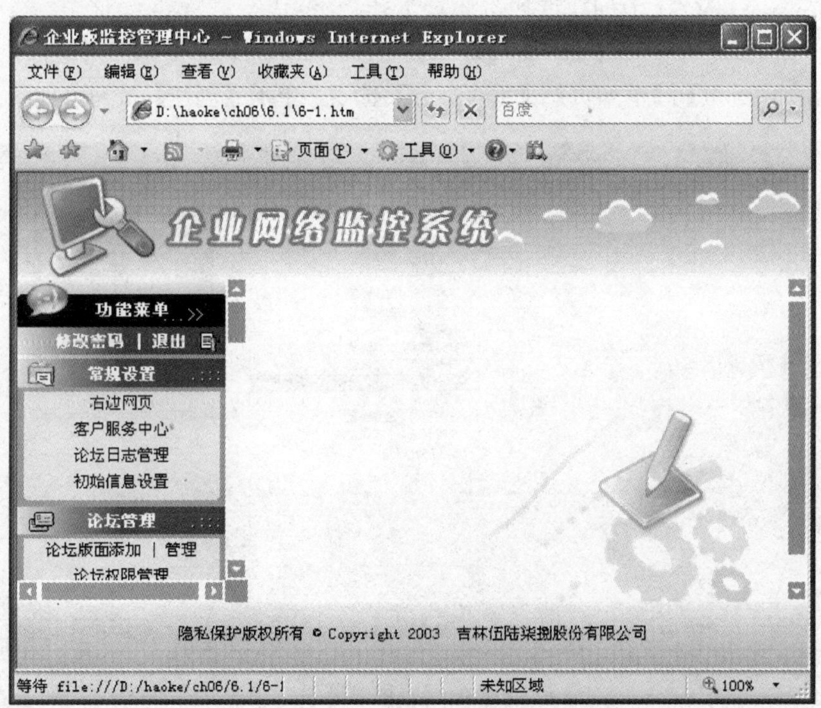

图 6—1　由框架结构组成的网页

6.1.1　框架的创建

学习使用框架首先要从创建框架开始，根据 Dreamweaver CS4 自带的框架布局可以创建多种框架。在网页设计时，使用创建框架的功能可以方便地实现网页的整体布局。下面将介绍创建如图 6—2 所示的框架网页，它是比较简单而且最为常用的网页布局结构。

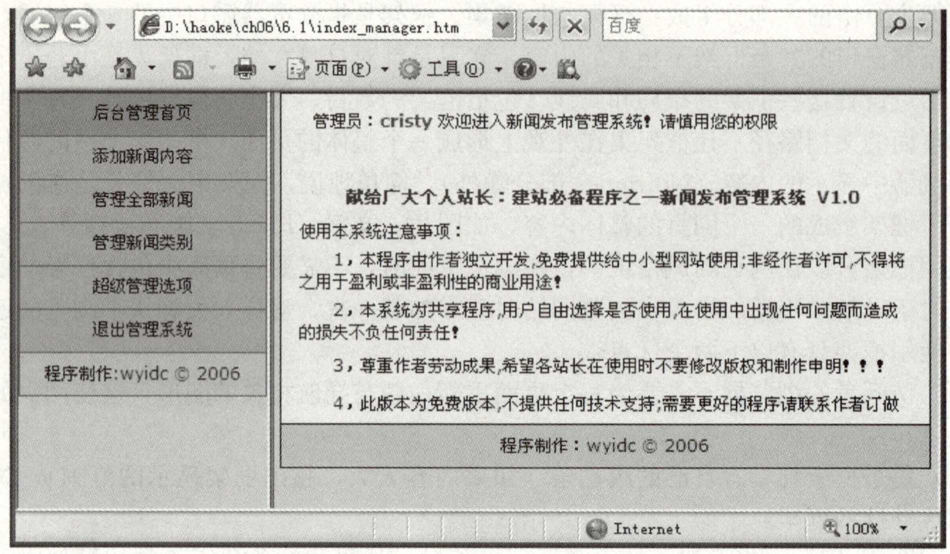

图 6—2 框架网页的显示

在 Dreamweaver CS4 中创建框架有 4 种方法：

方法一：在菜单栏中选择【文件】|【新建】命令，弹出“新建文档”对话框，在该对话框中依次选择【示例中的页】|【框架页】|【垂直拆分】选项，单击【创建】按钮，如图 6—3 所示。

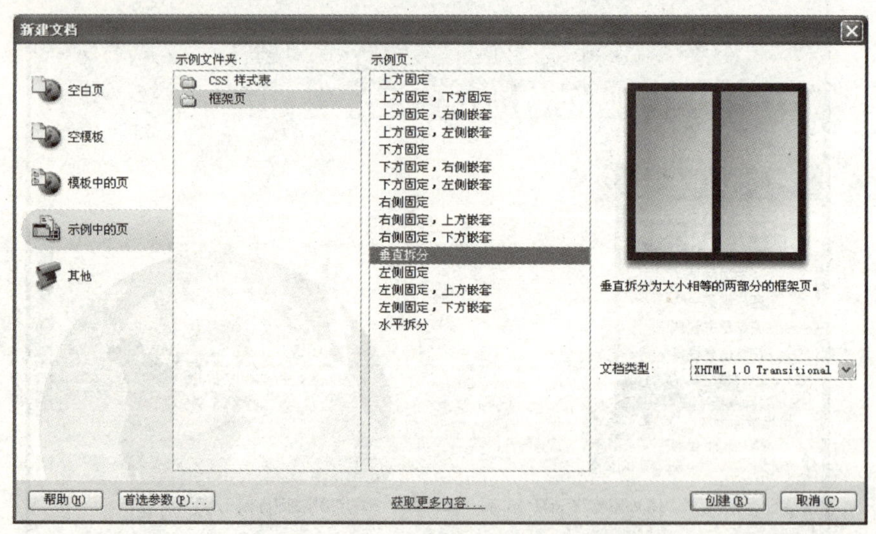

图 6—3 创建框架

方法二：在菜单栏中选择【查看】|【可视化助理】|【框架边框】命令，在网页中按 Alt 键，用鼠标拖动框架边框，即可创建框架。

方法三：在菜单栏中选择【插入】|【HTML】|【框架】|【次级菜单中框架类别】命令，即可在文档中创建框架。

方法四：切换插入面板的模式为“布局”，单击“框架”图标右侧的三角形展开式按钮，在下拉列表中选择相应的框架类别，即可创建框架。

在弹出的“框架标签辅助功能属性”对话框中设置每个框架的标题，如图 6—4 所示。单击【确定】按钮，就创建了左右形式的框架。

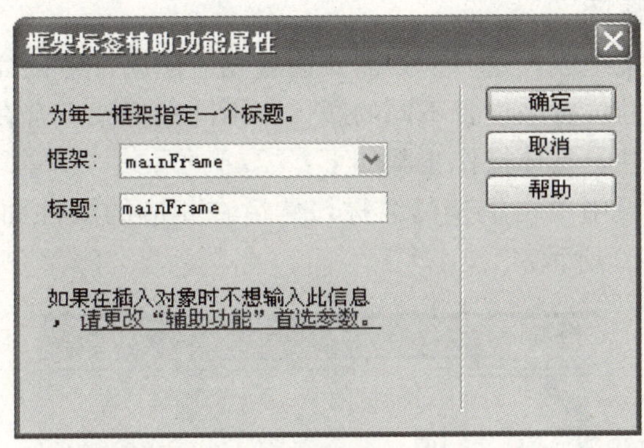

图 6—4　设置框架标题

提示：在命名框架的标题时尽量用位置和相应的英文来命名，这样便于对整个框架集的控制理解。

6.1.2　设置框架集属性

创建完框架以后，需要为生成的框架集设置属性。框架和框架集的属性都可以在属性面板中设置。设置框架集属性，具体操作步骤如下：

(1) 按快捷键 Shift＋F2 或在菜单栏中选择【窗口】|【框架】命令，弹出框架面板，如图 6—5 所示。

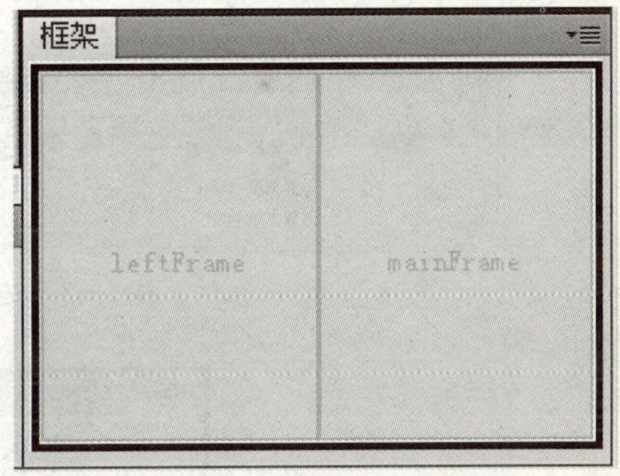

图 6—5　框架面板

(2) 在框架面板中单击最外一层边框，然后在属性面板中设置框架集的属性，如图6—6所示。

在属性面板中各项参数详细设置如下：

●边框：设置框架集是否显示边框，选项包括“是”、“否”、“默认值”，默认为显示边框。

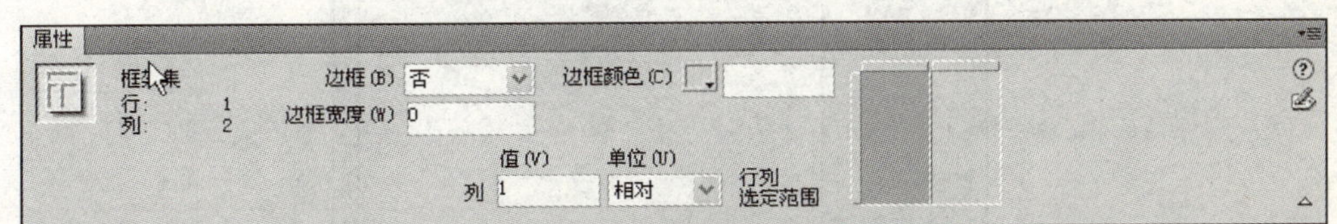

图 6—6　框架集属性面板

● 边框宽度：如果选择显示边框，在此可以设置边框的宽度。

● 边框颜色：如果选择显示边框，在此可以设置边框的颜色。

● 列：单击属性面板右侧框架集的缩图，可以设置框架集的比例。一般设置一列框架的值为固定的像素或百分比，另一列的值为“1”，单位选择“相对”，这样可以保证让框架集未固定设置宽度的一列随浏览器自动适应宽度。

6.1.3 设置框架属性

框架集由若干个框架组成，这些框架需要设置相应的属性才能完成设定的页面效果。每一个框架都会根据不同的位置来设置不同的属性，不同的框架组合在一起便成为一个完整的框架网页。设置框架属性，具体操作步骤如下：

（1）在“框架”面板中单击框架的名称，然后在相应的属性面板中设置框架的相关属性，如图 6—7～图 6—10 所示。

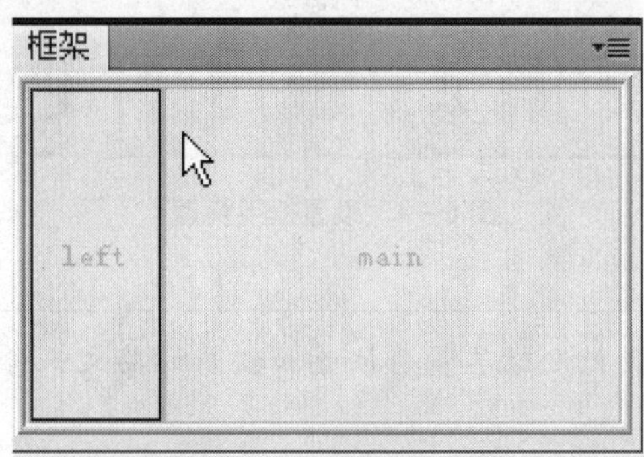

图 6—7 选择左侧框架

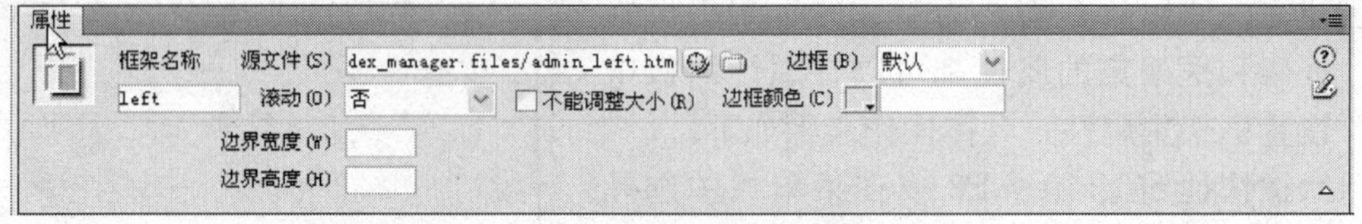

图 6—8 左侧框架页的属性面板设置

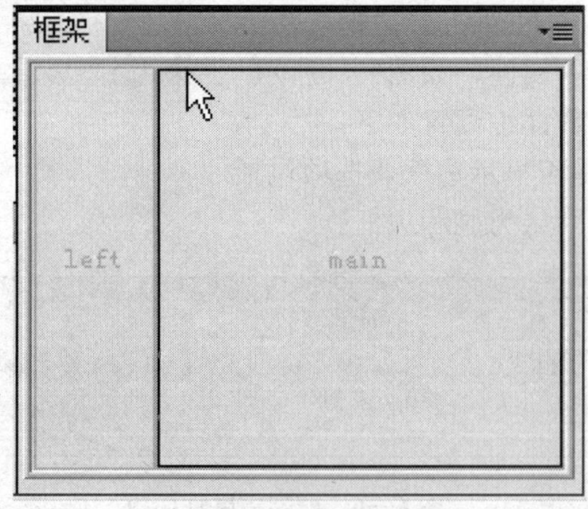

图 6—9 选择右侧框架

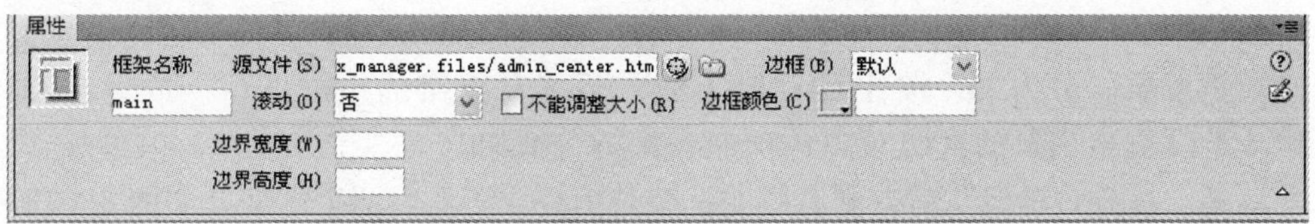

图 6—10　右侧框架页的属性面板设置

(2) 在属性面板中可以进行下面的设置。

● 框架名称：在框架名称下方的文本框中可设置框架的名称，以区别不同的框架，如 left. main。

● 源文件：在文本框中设置当前框架页内的文档名称，也可通过单击图标查找本地文件路径。

● 边框：设置当前框架是否有边框，默认为有。

● 边框颜色：如果设置有边框，可在此设置边框颜色。

● 滚动：设置当前框架是否显示滚动条，有 4 个选项：是、否、自动、默认。当选择“自动”时，若网页内容超出框架范围则自动显示滚动条。

● 不能调整大小：选中该复选框，框架将不能调整大小。

● 边界宽度：设置框架中的内容与左右边框之间的距离，单位是像素。

● 边界高度：设置框架中的内容与上下边框之间的距离，单位是像素。

6.1.4　框架的基本操作

对于框架可以进行的操作是选择框架、拆分框架、删除框架和打开框架中的一个网页。下面结合图例来讲述这四种基本操作。

1. 选择框架

(1) 选择框架：只要单击一个框架内的任意地方，该框架就成为当前活动的框架，该框架中的网页就成为当前活动的网页。

(2) 选择所有框架：把光标移动到框架与框架之间的分隔线上，等光标变为↔形状后单击。

(3) 改变框架的尺寸：把光标移到框架的边框上，等光标变为↔形状后拖动边框，如图 6—11 所示。

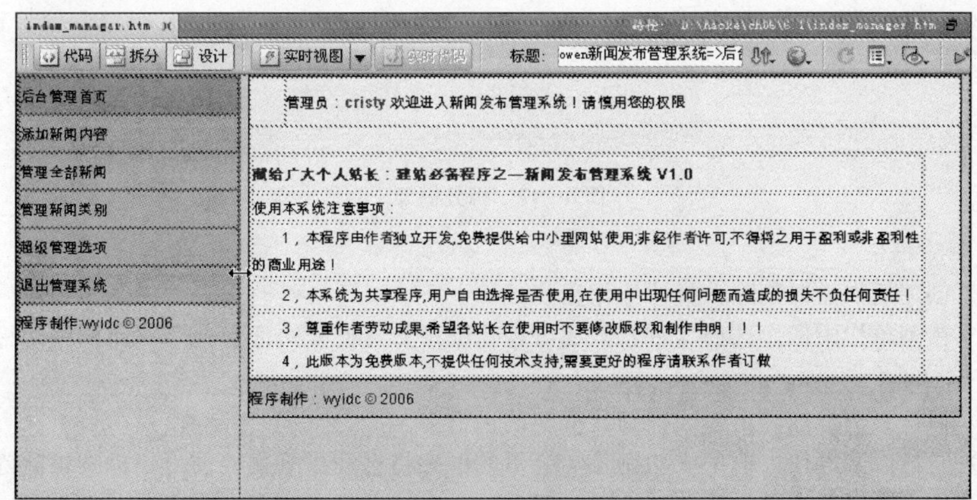

图 6—11　选择框架

2. 拆分框架

(1) 要把框架一分为二，按住 Ctrl 键不放然后拖动框架的边框即可。或者在菜单栏中选择【修改】|【框架集】的次级菜单选项命令来拆分框架。

(2) 选择“拆分右框架”后，则右侧的框架被拆分成了左右两个框架，如图 6—12 所示。

菜单命令【修改】|【框架集】的次级菜单的各项功能如下：

● 编辑无框架内容：编辑代码〈noframes〉〈/noframes〉之间的内容，即浏览器不支持框架时网页所显示的内容。

● 拆分左框架：拆分后原框架在新生成的框架左侧。

● 拆分右框架：拆分后原框架在新生成的框架右侧。

● 拆分上框架：拆分后原框架在新生成的框架上面。

● 拆分下框架：拆分后原框架在新生成的框架下面。

提示：注意编辑无框架内容的使用，当浏览器不支持框架页时网页可以显示说明文本。

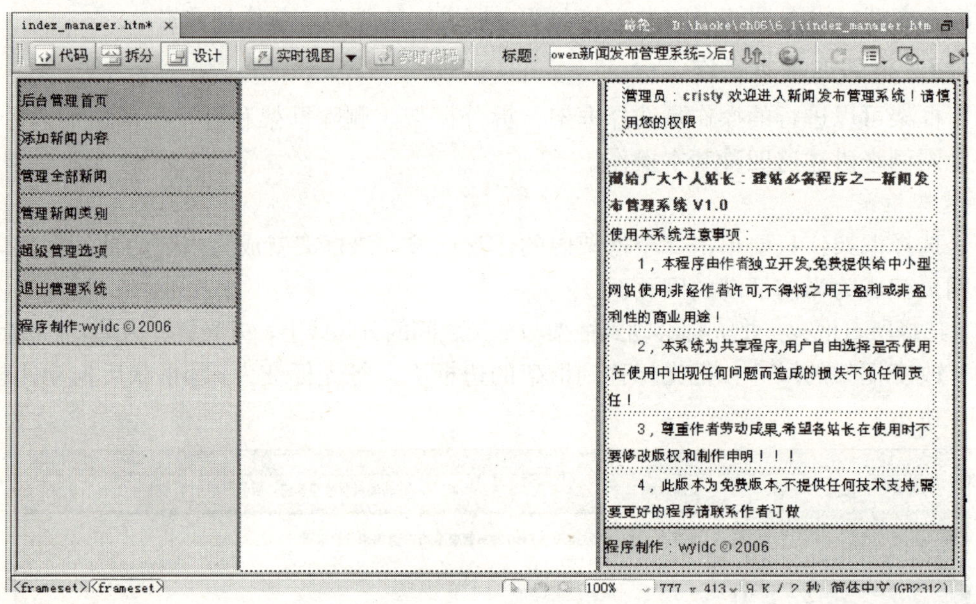

图 6—12　拆分框架

3. 删除框架

框架创建后如需要删除，具体操作步骤如下：

(1) 在菜单栏中依次选择【查看】|【可视化助理】|【框架边框】命令，将框架边框设为显示。

(2) 将框架边框拖离页面或拖到父框架的边框上。

(3) 经过以上操作，框架成功删除，余下的框架将自动撑满文档窗口，框架被删除前如图 6—12 所示，框架被删除后如图 6—13 所示。

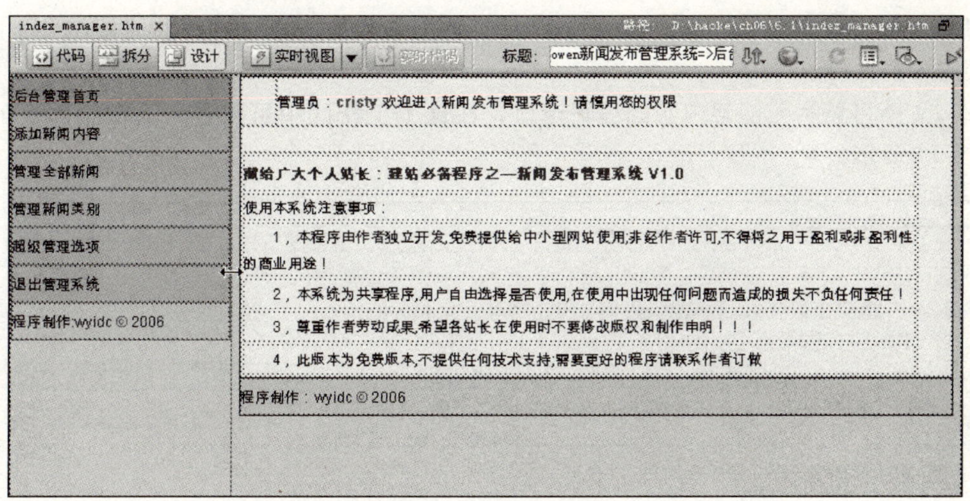

图 6—13　框架被删除后

提示： 如果将框架的边框设为隐藏，则无法进行拖动和删除操作；在删除时，要按住鼠标不放一直将要删除的框架边框拖离页面或拖到父框架的边框。查看框架面板可以确认框架是否删除成功。

4. 在框架中打开网页

在框架中打开一个网页，操作步骤如下：

(1) 打开框架面板，单击框架。

(2) 在相应的属性面板中设置框架中的页面。

(3) 在属性面板的“源文件”中直接输入框架中页面的路径和名称，或单击图标，查找文件的本地路径。

6.1.5　框架的保存

在预览或关闭当前文档的框架时，必须对框架集、框架网页进行保存。在创建一个新框架时，系统自动为框架集命名为“UntitleFrame - 1”、“UntitleFrame - 2”，这样的文件名一来不好记，二来也没有意义，在设计时还容易混淆。因此在保存时，要对框架页进行相应的重命名，一般用框架所在框架集中的位置来进行命名，如 admin _ left. htm、admin _ right. htm、admin _ top. htm、admin _ bottom. htm，这样能让人一目了然。

与保存框架集有关的命令包括：保存框架页、框架集另存和保存全部；与保存框架有关的命令包括：保存框架、框架另存、保存全部。“保存全部”命令是将框架集及其所有框架网页文件同时进行保存，如果要保存单个框架中的网页文件，只需在菜单栏中依次选择【文件】|【保存框架】命令即可。

6.1.6　设置无框架内容

浏览器并不是支持所有的框架文件，因此需要对设置无框架内容进行说明。为了保证用户的浏览器在不能显示框架时可以显示网页说明内容，我们使用无框架内容的〈noframes〉〈/noframes〉命令来完成。设置无框架内容，具体操作步骤如下：

（1）打开文档 index _ manager. htm，在菜单栏中依次选择【修改】|【框架集】|【编辑无框架内容】命令。

（2）文档将显示无框架内容的编辑窗口，在这个工作区中可以进行无框架网页的设计，如图 6—14 所示。

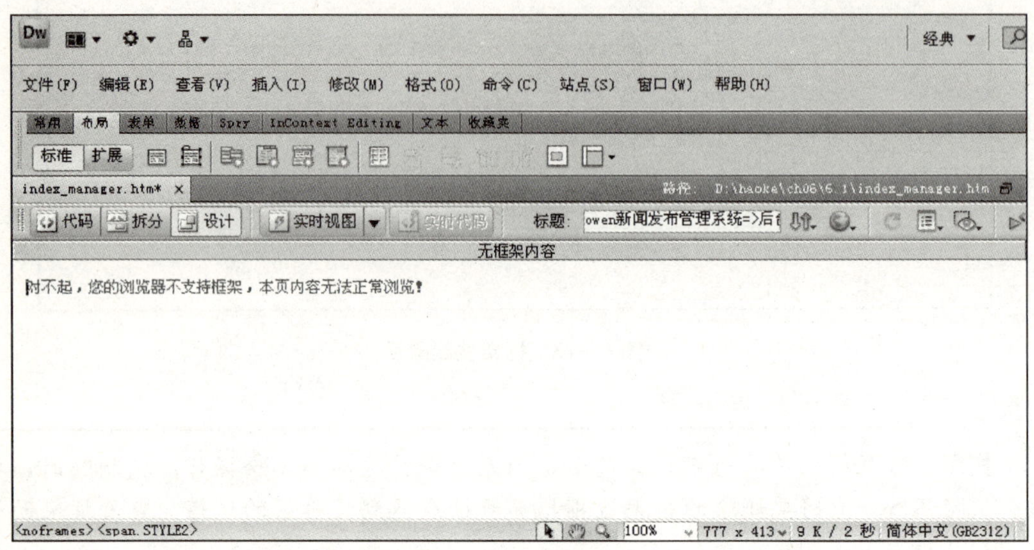

图 6—14　编辑无框架内容

切换到框架集的源代码，可以看到下面的一段代码：

〈noframes〉

〈span class = "STYLE2"〉对不起，您的浏览器不支持框架，本页内容无法正常浏览！〈/span〉

〈/noframes〉

（3）完成无框架的编辑后，在菜单栏中依次选择【修改】|【框架集】|【编辑无框架内容】命令，此时将退出无框架内容的编辑，返回文档视图。

> **提示：** 在编辑无框架内容时不必做过多修饰，此处的内容只是为了提示用户的浏览器不支持框架。现在大多数的浏览器均可以支持框架，因此没必要在此处下太多工夫。

6.1.7　为框架页设置超链接

在网页制作中使用框架的主要原因是框架页具有独特的链接方式，它可以在不同的框架中显示不同的页面，所以在设置框架页中的某处文字或图像等元素链接时，会发现在属性面板中的“目标”下拉框中多了几个选项，如 main、left 等，如图 6—15 所示。

- _ blank：链接的页面在新的窗口打开。
- _ parent：链接的页面在父框架中打开。
- _ self：链接的页面在自身窗口打开。
- _ top：链接的页面在最外层框架中打开。

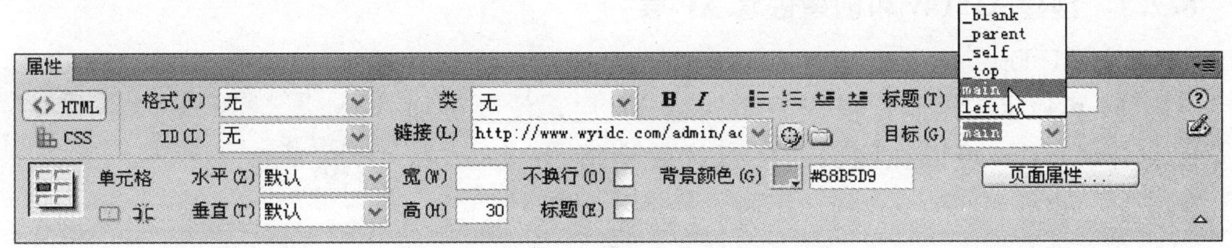

图 6—15　设置超链接的目标

● main：链接的页面在所命名的框架中打开，这里 main 为框架的名称。

多出来的几项是当前框架集所组成的框架的名称，只有进行正确的链接目标设置，才能保证整个页面的导航无误，让页面显示正确的超链接。创建框架超链接的步骤如下：

（1）打开文档“ch06 \ 6.1 \ index _ manager.htm”，在左侧框架页中选择要链接的对象，在此选择文本“添加新闻内容”。

（2）设置文件的链接路径。

（3）在“目标”下拉框中选择“main”，这里 main 为右侧框架的名称，让超链接的内容在文档右侧框架中显示。

（4）保存全部文件，在浏览器中进行浏览，单击超链接时，在右侧显示相应的页面。

6.1.8　框架的嵌套

前面谈到了父框架，因为有时根据实际需要，会在框架之间形成上下级关联，如图 6—16 所示为一个三层嵌套在框架面板的框架集。按照 Dreamweaver 自带的框架布局创建框架页以后，还可以在框架内继续创建框架形成嵌套。

在图 6—16 中，框架 main 与框架 bottom 同级；框架 main 和框架 bottom 组成的框架集与框架 left 同级；框架 top 与下面的 3 个框架 left、main、bottom 组成的框架集同级。

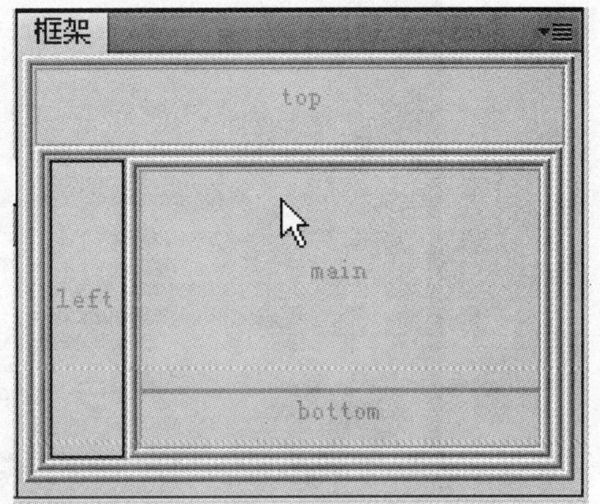

图 6—16　多层框架嵌套

6.2　AP Div 的使用

AP Div（绝对定位元素）是分配有绝对位置的一种页面元素。在网页制作过程中，AP Div 让页面元素向三维空间扩展，层与层之间可相互叠加，放在网页的任意位置，在层内可放置各种网页元素。AP Div 对于初学者来说可能有些陌生，其实它在 Dreamweaver CS4 中等同于早期版本的层，仍然用 Div 作标志符。AP Div 又称为 AP 元素，以下简称 AP 层。

在 Dreamweaver CS4 中，AP 层用来设计网页的布局，进行隐藏和显示的控制，可以在文档设计视图中移动 AP 层，也可以利用两个 AP 层来设置层的背景图像。利用 AP 层可以让位置更加灵活和机动，同时 AP 层可以实现与表格的相互转换。

6.2.1 创建 AP Div 和创建嵌套 AP 层

1. 创建 AP Div

AP Div 可以手工绘制，根据需要创建 AP 层，位置更加灵活。创建 AP Div 可以在网页的任意位置绘制 AP Div 层，在代码中以〈div〉开始，〈/div〉结束。具体步骤如下：

（1）在文件面板中，双击文件名，打开文件6－21－2. htm。

（2）在插入面板中，选择“布局”模式，并切换至“标准”类别，单击“绘制 AP Div”图标，如图 6—17 所示。此时在文档中鼠标变成十字形，按住鼠标并拖动，绘制出一个透明的矩形区，如图 6—18 所示。

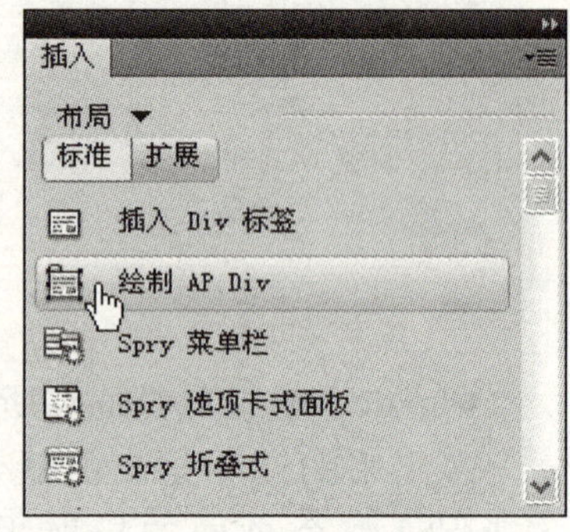

图 6—17 绘制 AP 元素

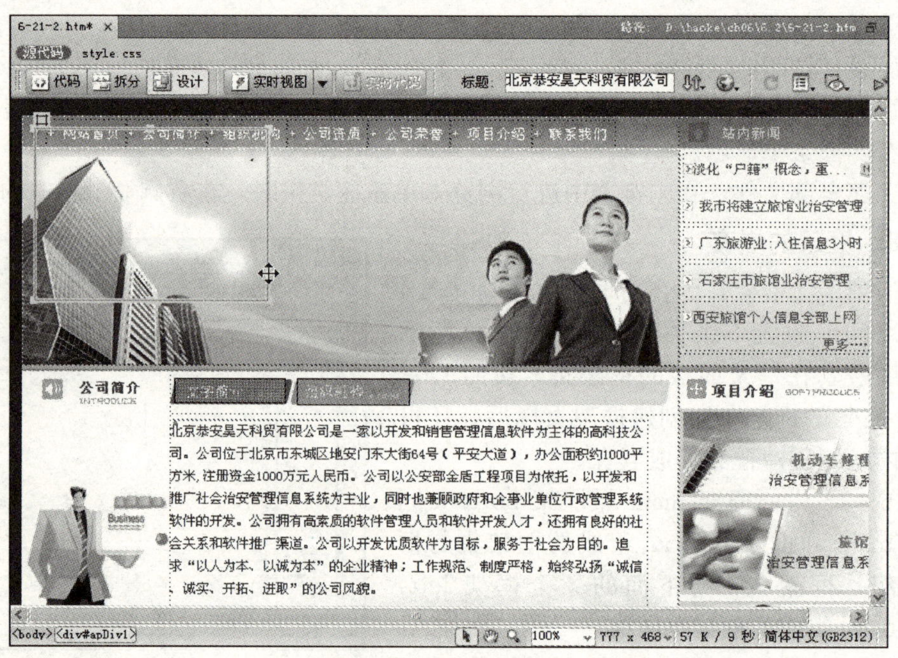

图 6—18 插入 AP 层

提示：在菜单栏中选择【插入】|【布局对象】|【AP Div】命令，也可插入 AP 层。

（3）放开鼠标，AP 层创建完成。

在菜单栏中选择【编辑】|【首选参数】命令，打开“首选参数”对话框。切换到不可见元素面板，选中“AP 元素的锚点”复选框，便能在页面编辑状态显示 AP 锚点。

2. 创建嵌套 AP 层

AP 层可以像表格一样嵌套，并且根据嵌套关系互为影响。嵌套 AP 层是指在已有的 AP 层内创建 AP 层，被嵌套的子 AP 层可以与父 AP 层一起移动、隐藏、可见，即可完全继承父 AP 层的可见性。

创建嵌套 AP 层的步骤如下：

（1）打开文件面板，打开文件 6-21-3. htm。

（2）将光标定位于要插入 AP 层的位置，单击插入面板的“常用”模式中的【插入 Div 标签】按钮，如图 6—17 所示。

（3）弹出“插入 Div 标签”对话框，在“插入”下拉框中选择“在开始标签之后”选项，默认选择〈div id="mainContent"〉，如图 6—19 所示。

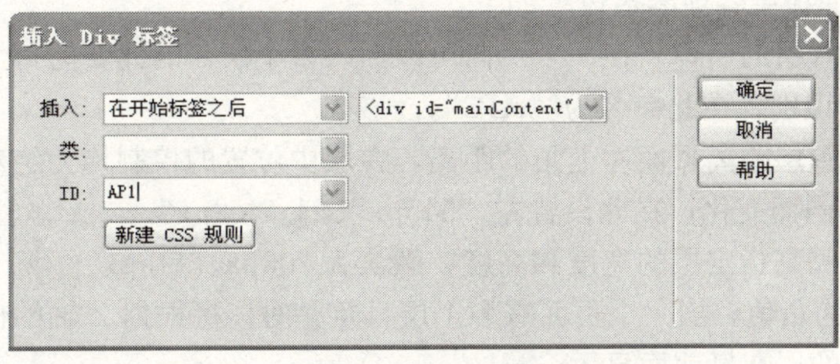

图 6—19　“插入 Div 标签”对话框

（4）单击【确定】按钮，将光标定位于新建 AP 层的左上角。

（5）在菜单栏中依次选择【插入】|【布局对象】|【AP Div】命令，插入一个默认大小 AP 层，如图 6—20 所示。

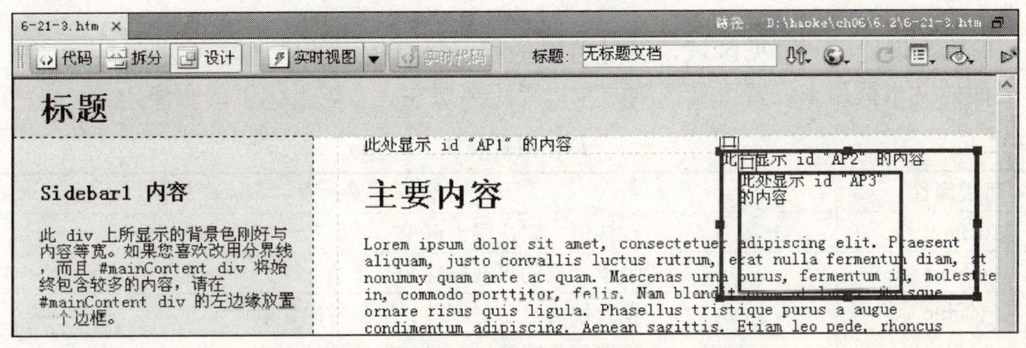

图 6—20　插入嵌套 AP 层

（6）用同样的方法，在 id=AP2 的 AP 层再创建一个 AP 层。

（7）切换到代码视图，可以看到嵌套 AP 层的源码如下：

```
〈div id = "AP1"〉此处显示 id"AP1"的内容
    〈div id = "AP2"〉此处显示 id"AP2"的内容
        〈div id = "AP3"〉此处显示 id"AP3"的内容</div>
    〈/div〉
〈/div〉
```

6. 2. 2　AP 层的属性

除了可以使用 AP 元素面板设置 AP 层外，更多的属性仍然要在属性面板中设置。单击 AP 层的外框，可选中该层，可以在属性面板中设置其属性，如图 6—21 所示。

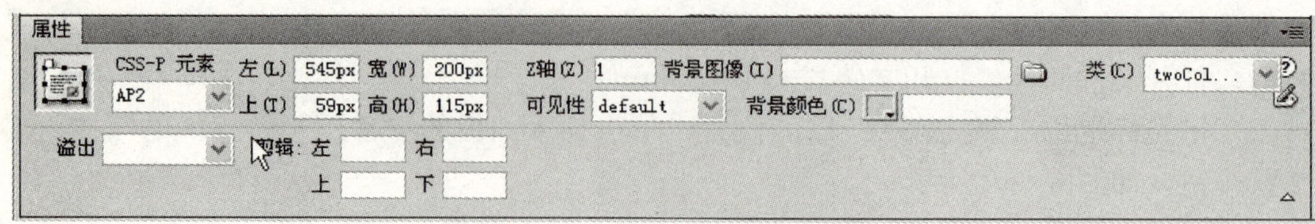

图 6—21　AP 层的属性面板

AP 层的属性面板中各项参数设置如下：

● 层编号：设置层的名称。在一个页面可以插入多个层，因此要为每个层命名一个不同的名字，以便进行识别，在此命名为“AP2”。

● 左、上：设置层距离页面左上角的距离，在层中位置的控制均为绝对位置，且随浏览器显示分辨率的不同而变化，在此设置左“545px”、上“59px”。

● 宽、高：宽和高指定层的宽度和高度，默认为 200px、115px。

● Z 轴：可以为负值，当一个页面有多个层且重叠时，可根据 Z 轴的值来决定层的显示顺序，Z 轴值最大的层在最前面显示。

● 可见性：在下拉框中设置层的可视属性，如表 6—1 所示。

● 背景图像：用来设置层的背景图像。

● 背景颜色：用来设置层的背景颜色。

● 溢出：当层中插入元素的内容超过层的设置大小时，显示层中内容的显示方式，如表 6—2所示。

● 剪辑：设置层的可见区域，经过剪辑的层，只有指定的区域才可见。“左、右、上、下”后面的文本框用来设置可见区域的左边界距离层左、右、上、下的距离。

表 6—1　层的可视属性

可视属性	含　义
default	默认值，默认层为可见
inherit	继承父层的可视属性
visible	设置层为显示，不随父层属性的影响
hidden	设置层为隐藏，不受父层属性的影响

表 6—2　层溢出时的显示方式

溢出方式	含　义
visible	当层中的内容超过层的大小时，层自动将大小扩展，直到可以容纳当前内容
hidden	当层中的内容超过层的大小时，超过部分将隐藏
scroll	当层中的内容超过层的大小时，层中将出现滚动条，拖动滚动条，可以看到层中的全部分内容
auto	当层中的内容不超过层的大小时，滚动条不显示；超出时，自动显示滚动条

层中的内容超过了层的大小限制，称为层的溢出。如果层中元素的宽和高超过设定的数值，那么层的底边缘会自动延伸以容纳这些内容。下面通过实例进行详细介绍，具体操作步骤如下：

(1) 打开文件 6 - 21 - 4. htm，将光标定位于要插入 AP 层的位置，如图 6—22 所示。

图 6—22　定位光标在插入层的位置

(2) 在文档中创建一个空白 AP 层，并选中该层，在属性面板中设置“溢出”为“scroll”，也就是说，让溢出的滚动条在内容超过 AP 层时自动显示，如图 6—23 所示。

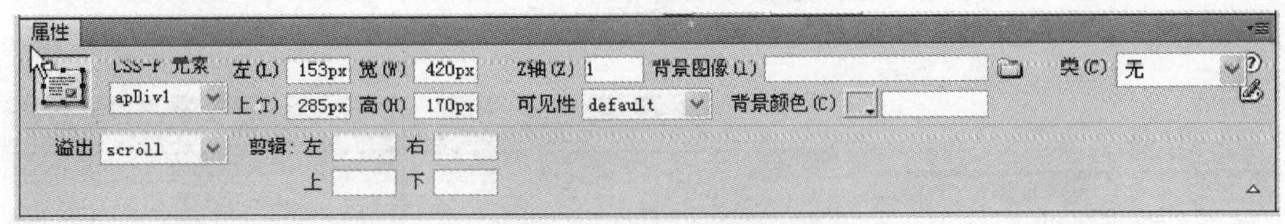

图 6—23　设置 AP 层的属性

(3) 在 AP 层中插入文本，让文本的内容超过层的高度。

(4) 保存文档，在浏览器中进行预览会发现层的内容没有全部显示，这需要借助右侧的滚动条阅读，如图 6—24 所示。

提示： 如果“溢出”属性没有设置为“visible”(可见)，那么当层在浏览器中出现时，底边缘将不会延伸。

图 6—24　层溢出时的页面效果

6.2.3　AP 元素面板

通过 AP 元素面板可以设置 AP 层的显示、隐藏属性或设置层的防重叠性，如图 6—25 所示。

1. 层的可见性

层的属性默认是可见的。按 F2 键或者在菜单栏中选择【窗口】|【AP 元素】命令，弹出【AP 元素】面板组。单击图 6—25 中左侧的眼睛图标来设置层的可见性。眼睛图标睁开时为可见，闭合时为隐藏。也就是说，眼睛睁开，AP 层可见，如图 6—26 所示；眼睛闭上，AP 层隐藏，如图 6—27 所示。

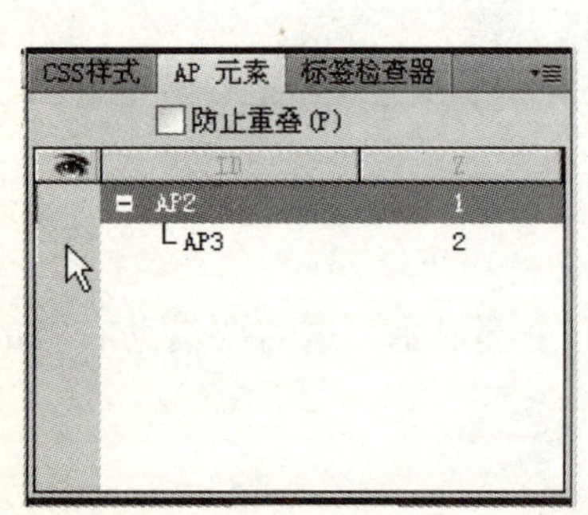

图 6—25　AP 元素面板

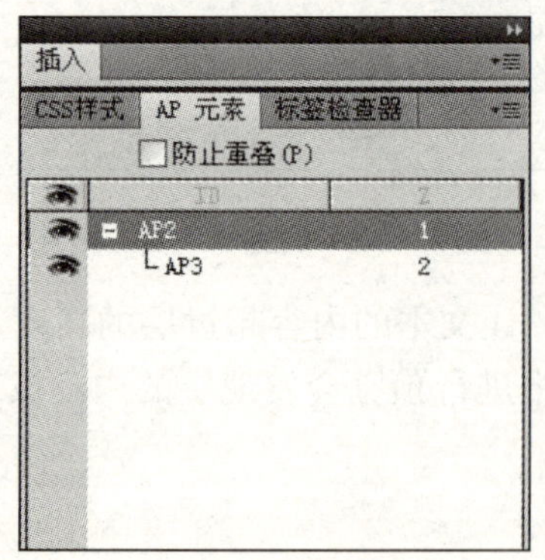

图 6—26　AP 层可见
(眼睛图标睁开)

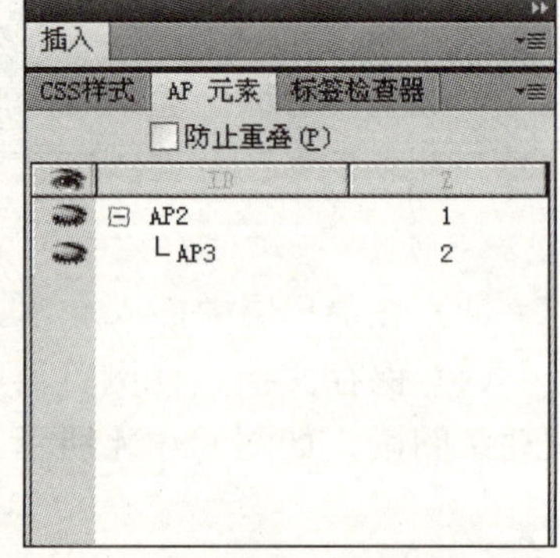

图 6—27　AP 层隐藏
(眼睛图标闭合)

2. 防止层重叠

要防止层重叠，有两种方法：

方法一：在菜单栏中选择【修改】|【排列顺序】|【防止 AP 元素重叠】命令。

方法二：打开 AP 元素面板，勾选“防止重叠”复选框，如图 6—26 所示。

如果在文档中创建多个层时已经设置“防止层重叠”，则在层拖动时只能沿已有层的边界。如果是在创建重叠层之后选择此选项，则以前发生的层重叠是不能改变的。此时，需要通过选中层进行移动的方法把重叠的层分开。

在“防止重叠”和吸附功能被启用的情况下，会导致两个层重叠。此时，层是不能被吸附到网格，而是被吸附到最靠近该层的边缘。

> **提示：** 当插入层时，即使选中“防止重叠”选项，在输入层的“左”和“上”边距时，或在代码视图中进行源代码编辑时，都可能让层发生重叠或嵌套。解决的办法是在文档窗口中拖动重叠的层，使之分离。

6.2.4　AP 层的基本操作

前面介绍了 AP 层的创建和属性，并详细讲解了 AP 元素面板。要正确运用 AP 层设计页面的布局，必须熟悉 AP 层的相关基本操作。下面介绍 AP 层的基本操作，包括 AP 层的激活与选中、在 AP 层内插入内容、调整 AP 层的尺寸和位置、AP 层的对齐、设置 AP 层的背景、AP 层与表格的相互转换等。

1. AP 层的激活与选中

AP 层创建后，在对其进行编辑前，需要先激活 AP 层并将其选中才可进一步操作。

（1）AP 层的激活。在层中插入网页元素时，需要对层进行激活才可以操作。将鼠标移到层中任一位置并单击，即可激活层，如图 6—28 所示。

（2）AP 层的选中。要对层进行移动、调整大小、删除等操作时，必须先选中该层，单击层的边框或手柄，此时图的边框出现了控制点，这时层为选中状态，可以进行层的移动、删除等操作，如图 6—29 所示。

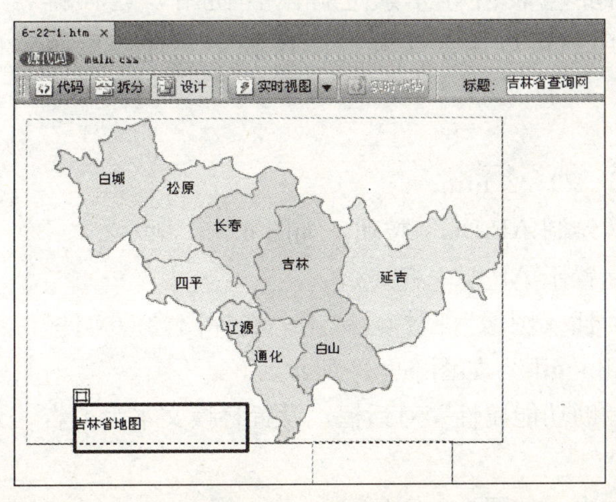

图 6—28　激活的层

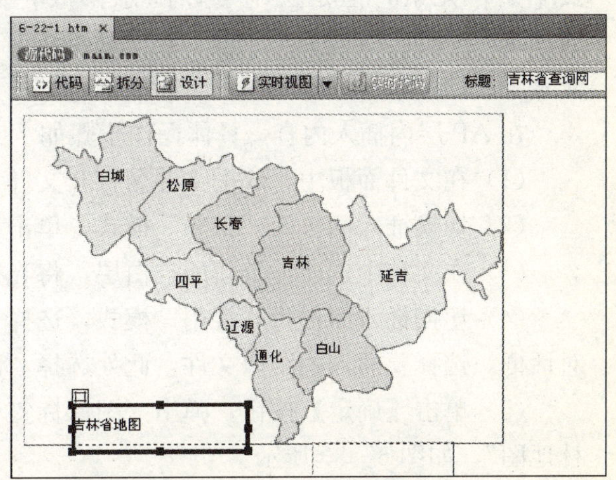

图 6—29　选中的层

（3）多个层的选中。多个层的选中有下列两种方法：

方法一：在文档编辑区窗口中，选中一个层之后，按住 Shift 键不放，继续单击其他层，就可以同时选中多个层。

方法二：利用层面板，先选择一个层，然后按住 Shift 键，单击其他要选中的层，如图 6—30 所示。

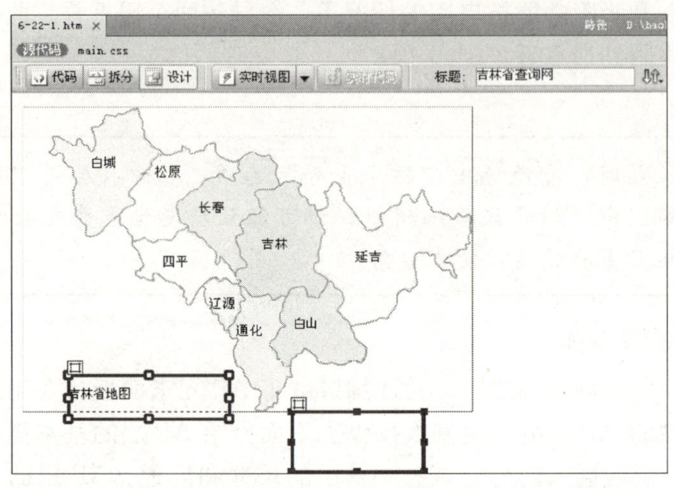

图 6—30 选中多个层

提示：细心的读者可以发现，选中多个 AP 层后，每个 AP 层中的控制点不相同，最后一个选中层的控制点是实心的，其他已选中层的控制点是空心的。

2. 在 AP 层内插入内容

AP 层的使用让网页在排版方面更加灵活。AP 层的操作简单，可以方便地在网页中定位元素，但是层不可以随意摆放，需要与表格等元素进行配合使用，这样排版出来的网页才会科学合理。在 AP 层内，用户可以插入文本、图像和多媒体等网页元素。

在 AP 层内插入内容，具体操作步骤如下：

（1）在文件面板中，双击文件名打开文件 6－22－2.htm。

（2）切换插入面板为“布局”模式，单击“绘制 AP Div”按钮，如图 6—31 所示。

（3）在文档中创建一个新的空白层，将光标置于 AP 层中将其激活。

（4）切换插入面板为“常用”模式，选择“插入图像”图标，弹出“选择图像源文件”对话框。选择要插入的图像文件，此处选择“jilin.gif”，如图 6—32 所示。

（5）单击【确定】按钮，弹出“图像标签辅助功能属性”对话框，设置替换文本为“吉林地图”，如图 6—33 所示。

（6）单击【确定】按钮，即可将图像插到层中，如图 6—34 所示。

图 6—31　绘制 AP Div

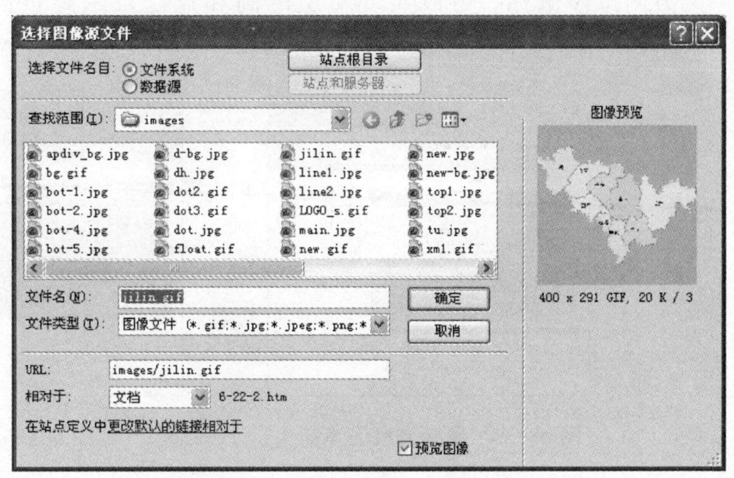

图 6—32　“选择图像源文件”对话框

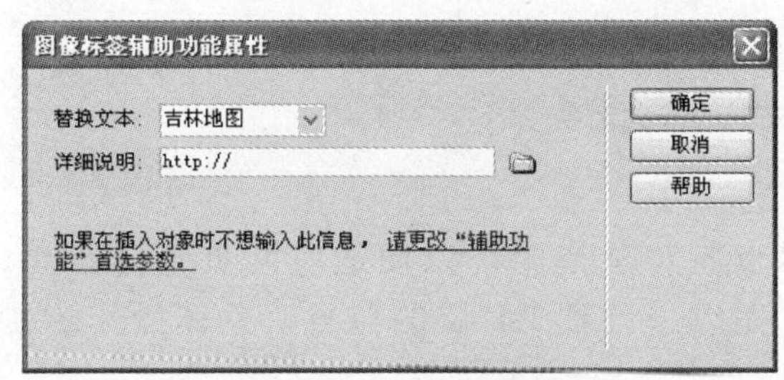

图 6—33　设置替换文本

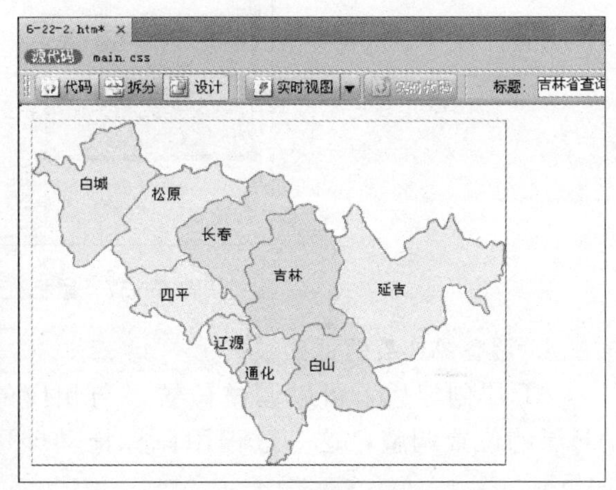

图 6—34　将图像插到层中

（7）根据图像的大小，调整层的尺寸。

提示：在插入图片后可将层的宽和高的数值全部删除，这样在修改图片的尺寸时，层会自动随图片大小改变尺寸。

3. 调整 AP 层的尺寸

调整 AP 层的尺寸，可按下面的方式进行。

● 垂直（水平）调整：当鼠标移到上下（左右）边框的控制点时，鼠标变成上下（左右）箭头的形状，拖动鼠标，可以实现对层垂直（水平）方向的尺寸调整，如图 6—35（图 6—36）所示。

● 等比例缩放：当鼠标移到边框 4 个角的控制点时，鼠标变成斜的双向箭头，向对角线的方向拉伸鼠标，可以实现对层的高和宽以及距离页面左、上距离的调整，如图 6—37 所示。

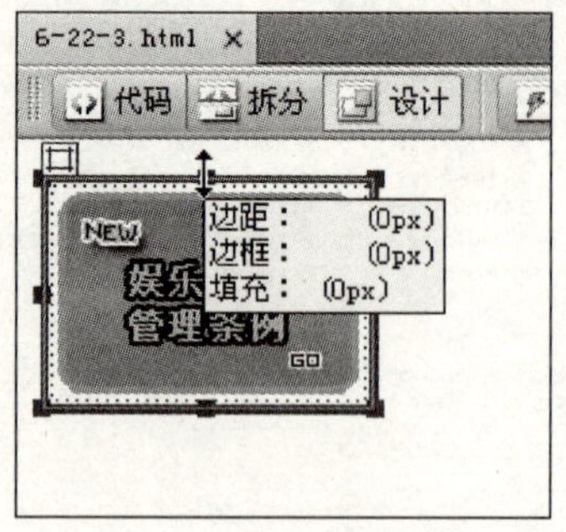

图 6—35　鼠标变成上下箭头

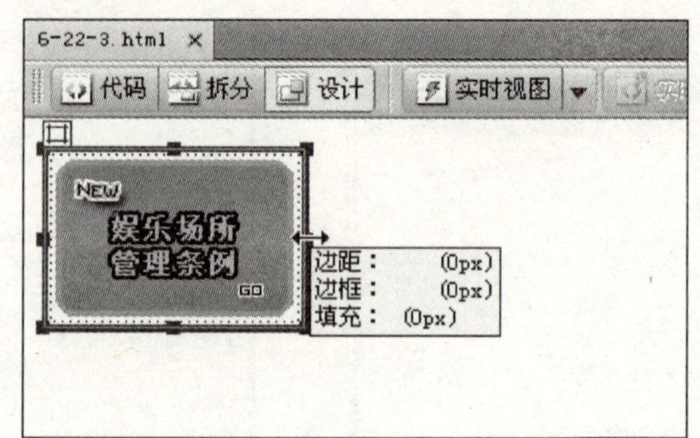

图 6—36　鼠标变成左右箭头

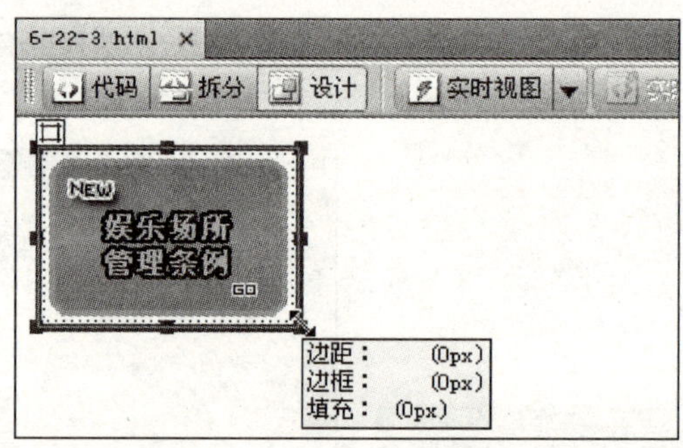

图 6—37　鼠标变成斜的双向箭头

4. 调整 AP 层的位置

AP 层创建后，可以调整位置，与相应的布局对象搭配，以便适应网页整体布局。AP 层的位置调整，这一过程用鼠标拖动即可完成。调整 AP 层的位置，具体操作步骤如下：

（1）打开文件 6－22－4. htm，并选中要调整位置的 AP 层，如图 6—38 所示。

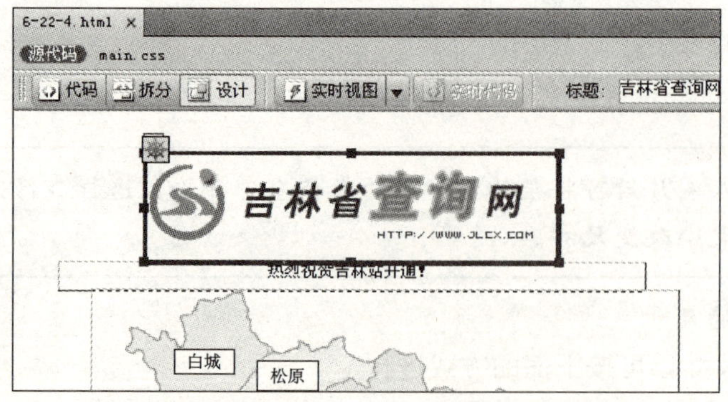

图 6—38　选中 AP 层

（2）用鼠标单击 AP 层的左上角不放，将 AP 层移动到指定位置，如图 6—39 所示。

图 6—39　移动 AP 层

提示：选中 AP 层以后，使用键盘的方向键↑、↓、←、→可以对 AP 层进行微调，每次移动 1px。

5. AP 层的对齐

一个页面可以允许多个 AP 层同时存在，并可以根据需要进行对齐方式的设置。当页面中存在多个 AP 层时，可以将它们同时选中进行对齐设置。对齐 AP 层的操作步骤如下：

(1) 打开文件面板，双击打开文件 6 - 22 - 4. htm，选中一个 AP 层。

(2) 按住 Shift 键，选中另一个 AP 层，如图 6—40 所示。

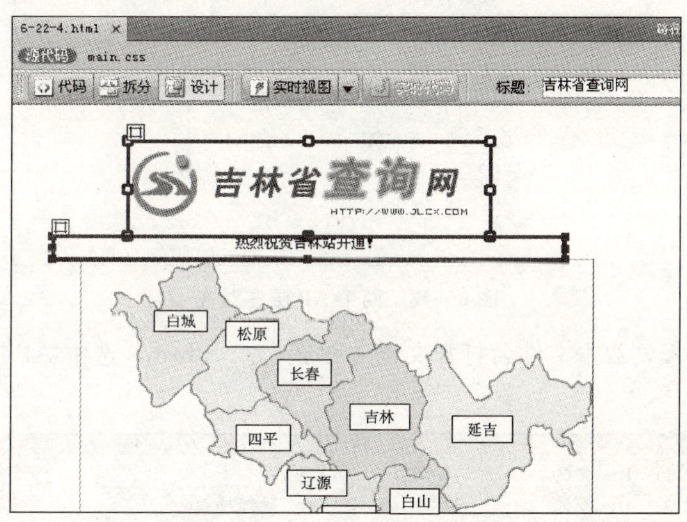

图 6—40　同时选中两个 AP 层

(3) 在菜单栏中依次选择【修改】|【排列顺序】|【左对齐】命令，如图 6—41 所示。

(4) 如图 6—42 所示，在文档编辑窗口中可以看到两个所选 AP 层已经左对齐。

6. 设置 AP 层的背景

AP 层的背景设置包括设置背景颜色和背景图像。

(1) 设置背景颜色。AP 层可以直接设置背景颜色，以突出显示 AP 层的内容。选中 AP 层后，为 AP 层设置背景颜色，以区别网页中的其他元素，具体操作步骤如下：

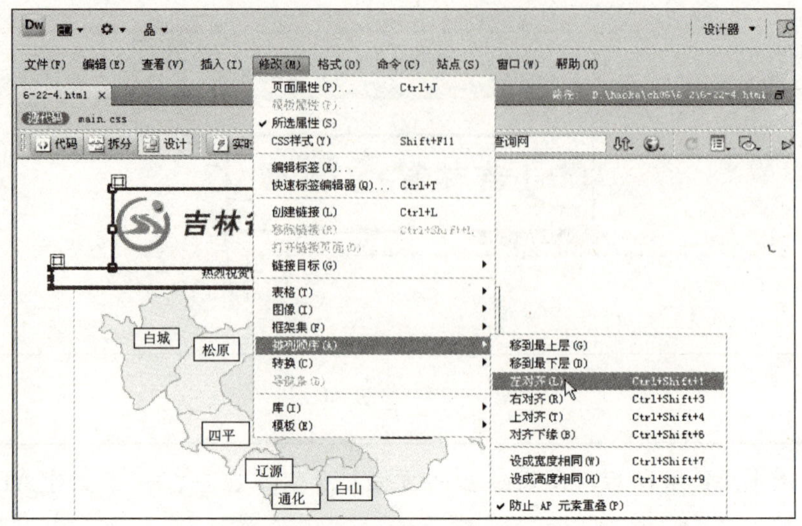

图 6—41　选择“左对齐”

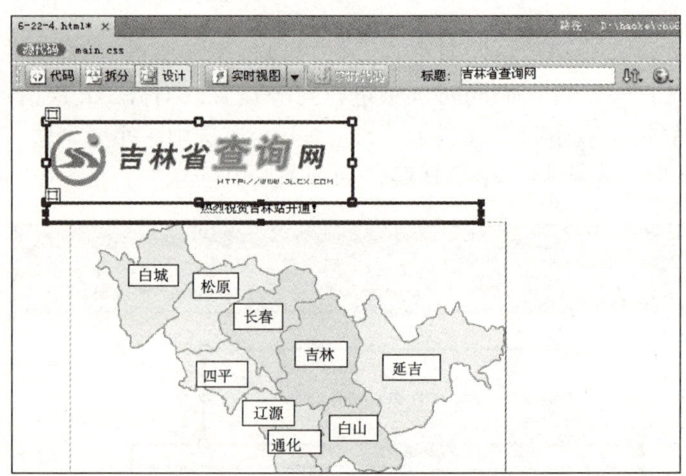

图 6—42　两个 AP 层左对齐

①打开文件面板，双击文件名打开文档 6－22－7－1. htm，选中 AP 层，此时属性面板如图 6—43 所示。

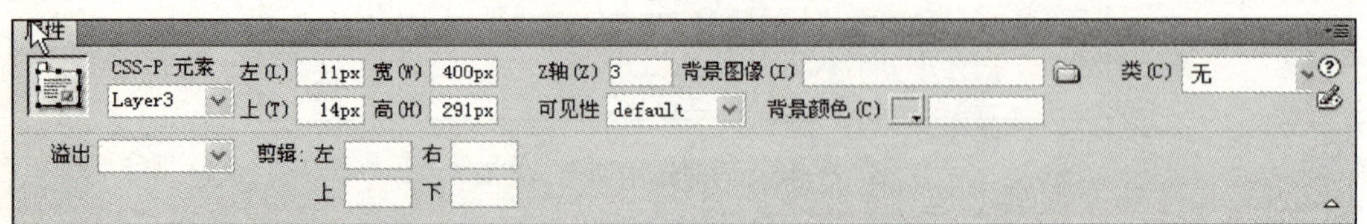

图 6—43　AP 层的属性面板

②在属性面板中设置背景颜色为“＃0033CC”，如图 6—44 所示。

提示： 背景色可以用 CSS 样式控制，以便在整个站点进行宏观调控。

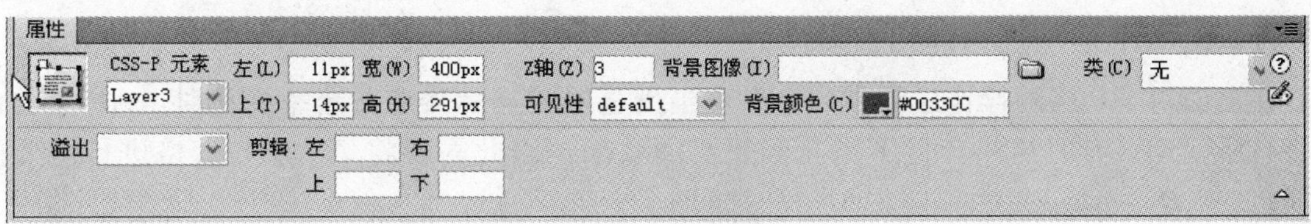

图 6—44　设置背景色

(2) 设置背景图像。搭配 AP 层的内容，设置背景图像可以美化界面，具体操作步骤如下：

①打开文件面板，双击打开文件 6-22-7-2.htm，选中已有的 AP 层，属性面板如图 6—43 所示。

②在属性面板中单击“背景图像”后面的（浏览）按钮，弹出“选择图像源文件”对话框，在此选择要设置为背景的图片“apdiv _ bg.jpg”，如图 6—45 所示。

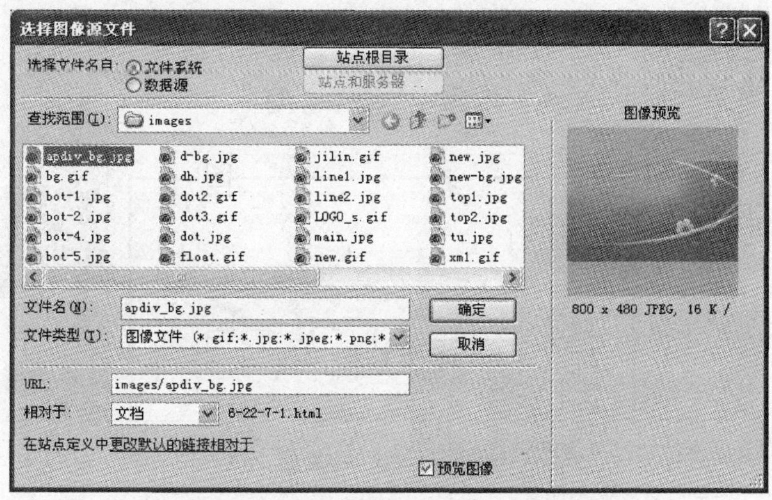

图 6—45　“选择图像源文件”对话框

(3) 单击【确定】按钮，插入背景图像后的 AP 层效果如图 6—46 所示。

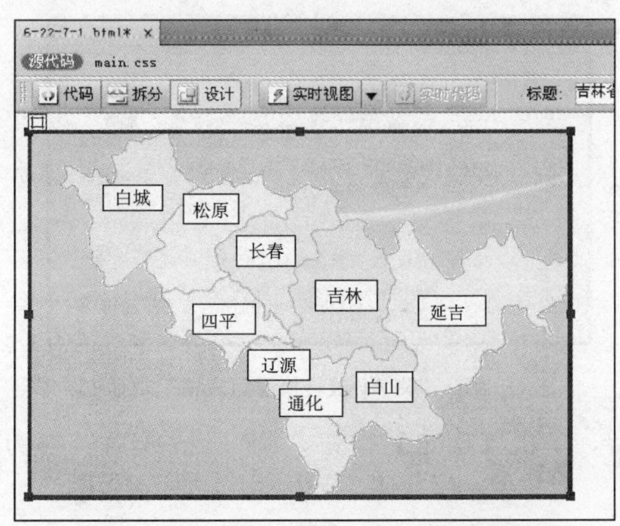

图 6—46　插入背景图像后的 AP 层效果

6.2.5 AP 层与表格的相互转换

在上面对 AP 层的操作过程中，会发现当浏览器或显示器的分辨率变化时，AP 层的位置将有所变动，有时这些变化不是我们想要的效果，因此需要将 AP 层与表格进行必要的转换。

AP 层与表格有着不可分割的联系，AP 层可以转换为表格，表格也可以转换为 AP 层。

1. AP 层转换为表格

AP 层可以通过命令直接转换为表格。具体的操作步骤如下：

(1) 在文件面板中，双击打开文件 6-22-8-1.htm，选中一个 AP 层，如图 6—47 所示。

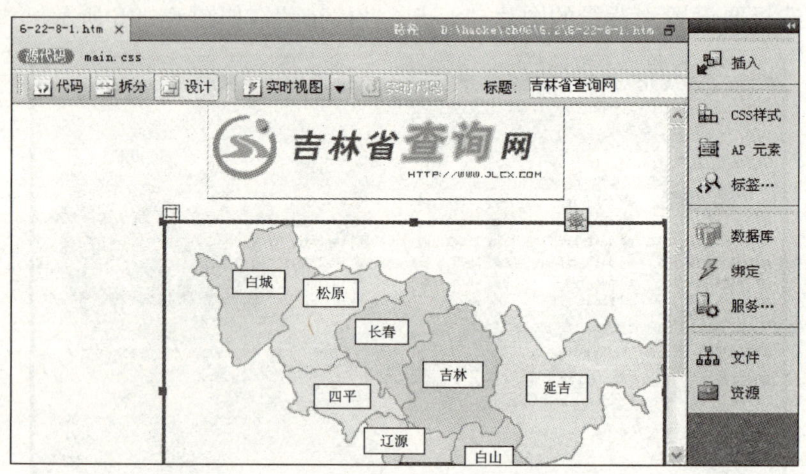

图 6—47 选中 AP 层

(2) 在菜单栏中依次选择【修改】|【转换】|【将 AP Div 转换为表格】命令，弹出“将 AP Div 转换为表格”对话框，如图 6—48 所示。

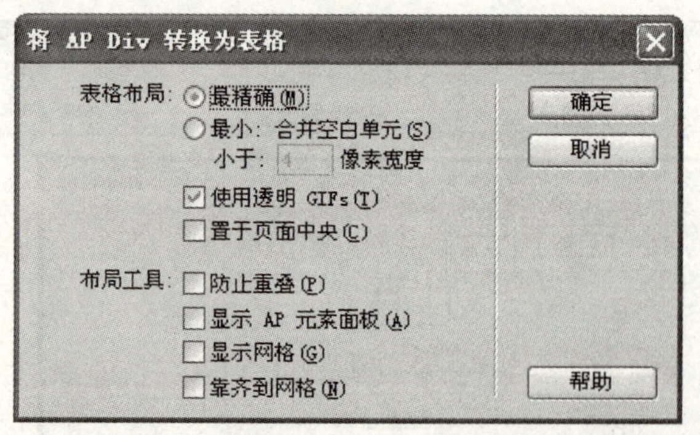

图 6—48 “将 AP 层转换层为表格”对话框

(3) 设置完成后，单击【确定】按钮，AP 层被成功转换为表格，如图 6—49 所示。

图 6—49　将 AP Div 转换为表格的效果

2. 表格转换为 AP 层

AP 层不仅可以转化为表格，同样表格也能转换为 AP 层。将表格转换为 AP 层的操作步骤如下：

(1) 在文件面板中，双击打开文件 6-22-8-2. htm，选中表格，如图 6—50 所示。

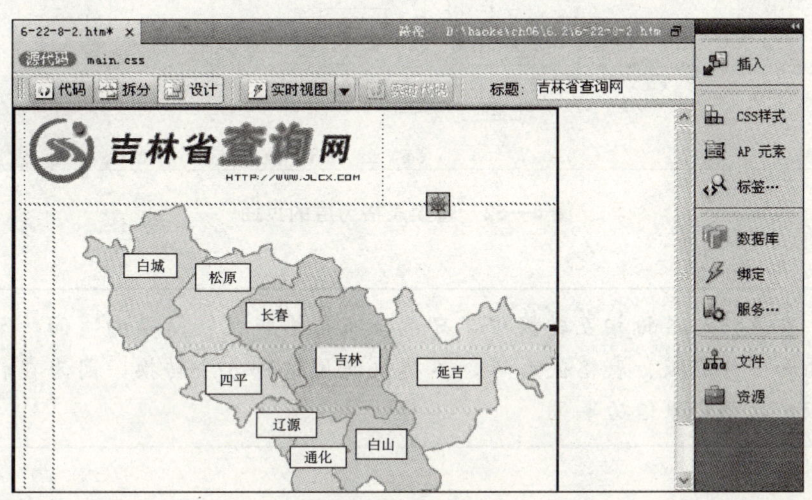

图 6—50　选中表格

(2) 在菜单栏中依次选择【修改】|【转换】|【表格到层】命令，弹出“将表格转换为 AP Div”对话框，如图 6—51 所示。

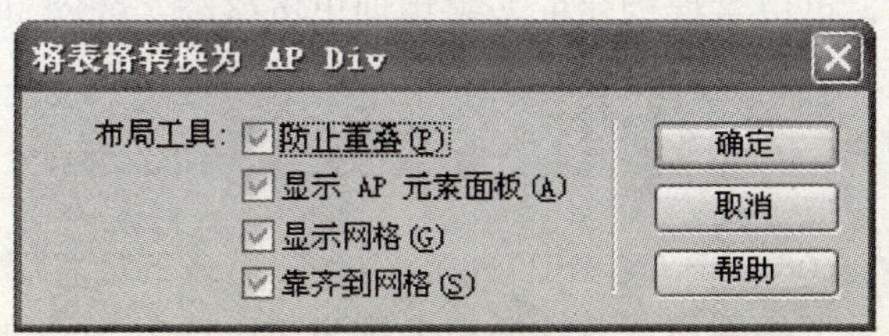

图 6—51　转换表格为层

在该对话框中的“布局工具”后面有 4 个复选框，一般只选中第一个即可。各项的具体含义如下：

- 防止重叠：在建立、移动和调整 AP 层时防止层互相重叠。
- 显示 AP 元素面板：转换完成后显示“AP 元素”面板。
- 显示网格：转换完成后在页面显示出网格。
- 靠齐到网格：启用网格吸附功能。

（3）单击【确定】按钮，表格被成功转换为 AP 层，如图 6—52 所示。案例中是一个 4 行 1 列的表格，转换为 AP 层后，每一行都单独成为一个 AP 层。

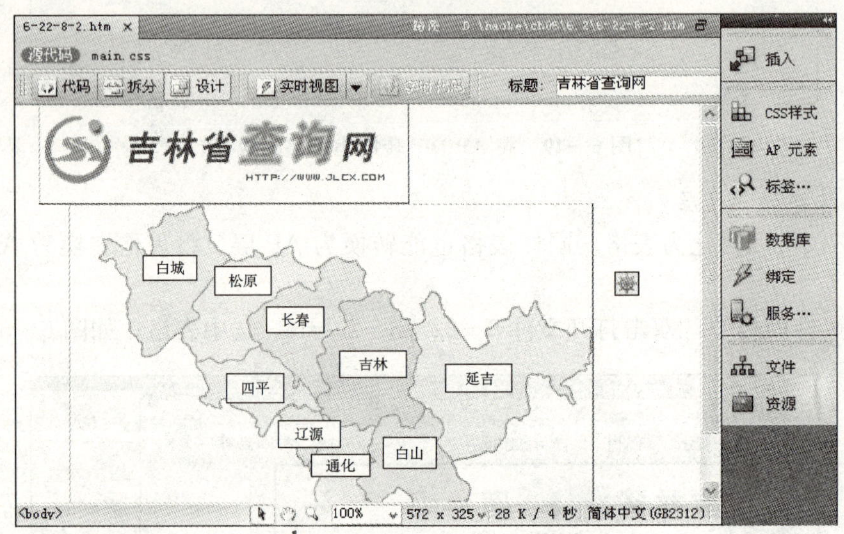

图 6—52　转换表格为层的页面

提示：在表格与层的相互转换中，只适合布局排版比较简单的页面，如果是比较复杂的页面如图片混版、表格嵌套等，不建议使用这种方法转换，因为在转换后又需要重新排版，反而会事倍功半。

6.3　项目实训

项目 1：创建“中国名胜”网页

1. 实训目的

通过该网页的制作，可以掌握创建框架来规划出风格统一的网页的方法。

2. 实训案例效果

实训案例效果如图 6—53、图 6—54 所示。

3. 实训设计过程

（1）在“d:\haoke\ch06\shixun\xm1\zgms\img”目录下放置了所有与网页有关的图像文件和网页文件，该目录下的网页背景均插有名称为“Back2.jpg”的纹理图像。

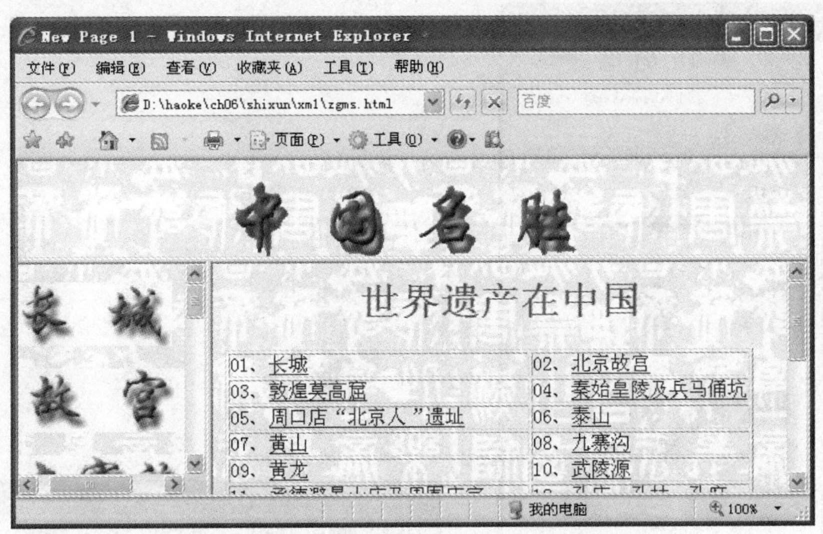

图 6—53　“中国名胜”网页的显示效果图

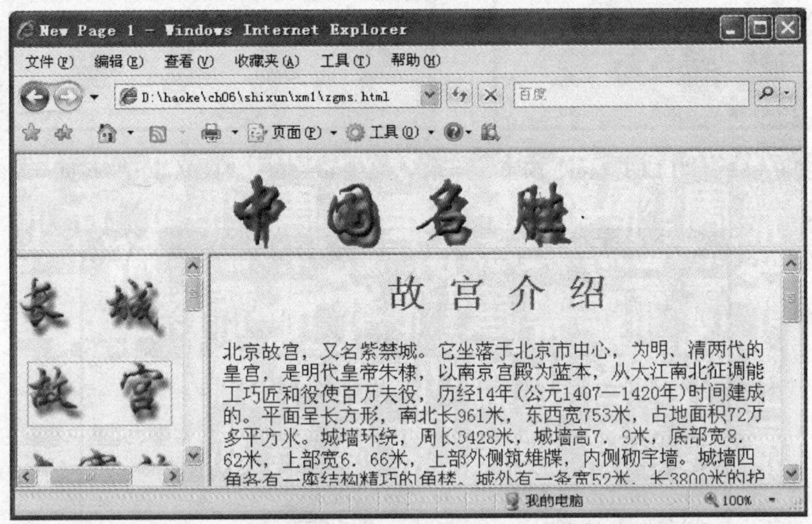

图 6—54　单击左边的“故宫”文字图像后显示的网页

（2）在“d:\haoke\ch06\shixun \xml\zgms”目录下，创建一个名称为“LEFT. htm”的网页，其中从上到下依次插入多个文字图像，如图 6—55 所示。

（3）在“d:\haoke\ch06\shixun \xml\zgms”目录下创建一个名称为“TOP. htm”的网页，它的显示效果如图 6—56 所示。在其中插入了一幅文字图像“中国名胜 . gif”，居中对齐。

（4）在“d:\haoke\ch06\shixun \xml\zgms”目录下创建一个名称为“mainb. htm”的网页，它的显示效果如图 6—57 所示。

（5）在菜单栏中单击【文件】|【新建】命令，弹出“新建文档”对话框。在该对话框中，依次选择【示例中的页】|【框架页】|【上方固定，左侧嵌套】选项，如图 6—58 所示。

图 6—55 “LEFT. htm”网页

图 6—56 “TOP. htm”网页

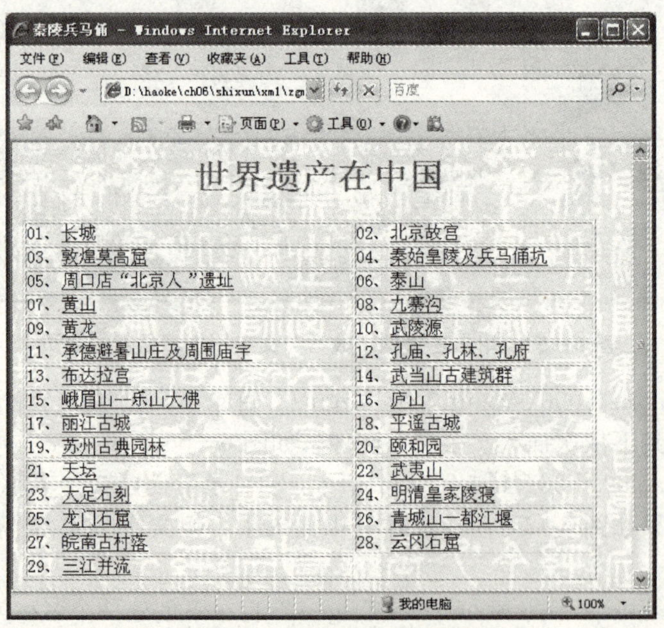

图 6—57 “mainb. htm”网页

单击【创建】按钮，即可创建有框架的网页，如图 6—59 所示。可以看出，它是由 3 个分栏框架窗口组成的，上面一个，下面分布左右两个。上面的分栏框架默认名称为“topFrame”，左边的分栏框架默认名称为“leftFrame”，右边的分栏框架默认名称为“mainFrame”。

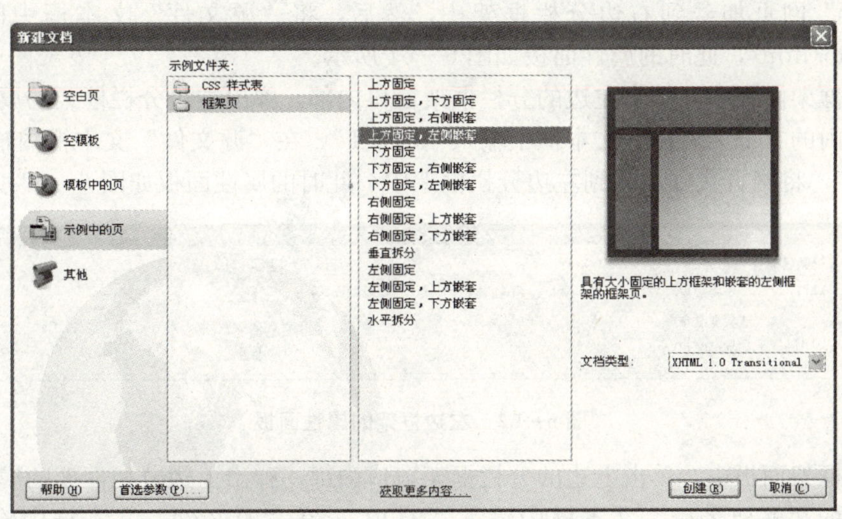

图 6—58　“新建文档”对话框

(6) 将鼠标指针移到框架的框架线上，拖动鼠标，可以调整各分栏框架的大小。在框架面板中，单击右边的分栏框架窗口内部（如图 6—60 所示），弹出右边分栏框架的属性面板。在该属性面板内的“框架名称”文本框中输入“main”，将右边分栏框架的默认名称“mainFrame”改为“main”，此时的属性面板设置如图 6—61 所示。

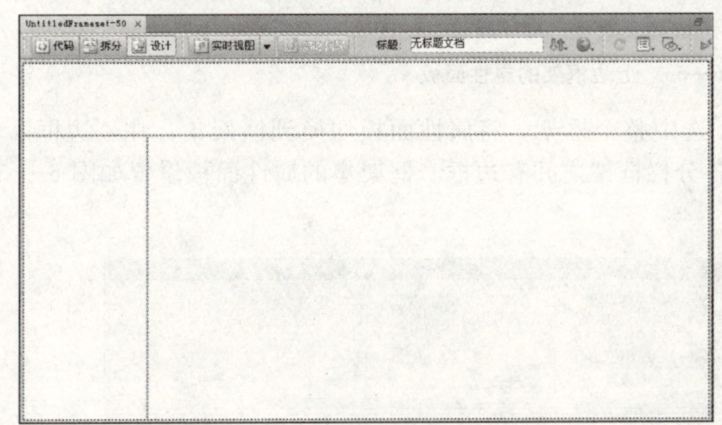

图 6—59　创建好的有框架的网页

图 6—60　框架面板中右边框架选中

图 6—61　右边框架的属性面板

(7) 在属性面板中单击“源文件”文本框右侧的 （浏览文件）按钮。弹出“选择图像源文件”对话框，在该对话框中选择“d:\haoke\ch06\shixun\zgms”目录下的“mainb.htm”网页文件，在“相对于”下拉框中选择“文档”选项，再单击【确定】按钮，将

“mainb. htm”网页加载到右边分栏框架中。然后，将“源文件”文本框中的内容改为“zgms/mainb. htm”，此时的属性面板如图 6—61 所示。

(8) 在框架面板中，单击左边的分栏框架窗口内部，弹出左边分栏框架的属性面板。在该属性面板内的“框架名称”文本框中输入“LEFT”。在“源文件”文本框内输入“zgms/LEFT. htm”，将网页文件加载到左边分栏框架中。此时的属性面板如图 6—62 所示。

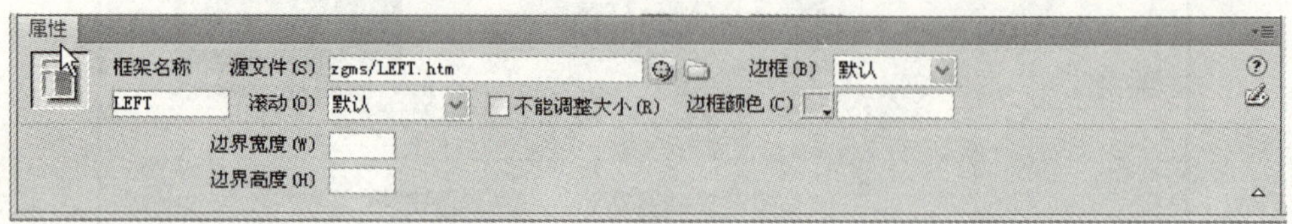

图 6—62　左边框架的属性面板

(9) 在框架面板中，单击上边的分栏框架窗口内部，弹出上边分栏框架的属性面板。在属性面板中的“框架名称”文本框中输入“TOP”。在“源文件”文本框中输入“zgms/TOP. htm”，将“d:\haoke\ch06\shixun\zgms”目录下的“TOP. htm”网页文件加载到上边分栏框架中。此时的属性面板如图 6—63 所示。

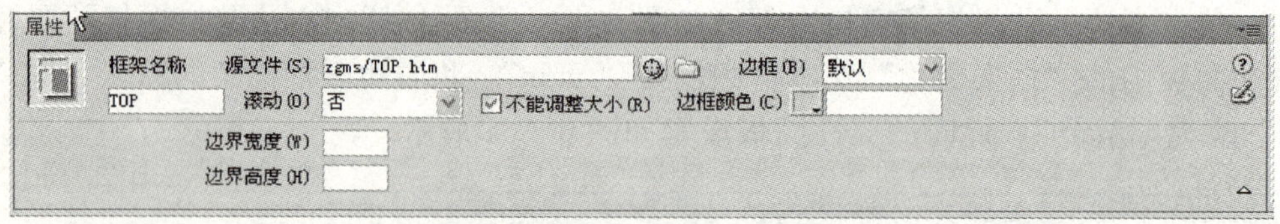

图 6—63　上边框架的属性面板

(10) 单击框架外部的框架线，选中整个框架，将属性面板切换到框架集，在“边框”下拉框中选择“默认”选项，保证各分栏框架之间有边框。框架集的属性面板设置如图 6—64 所示。

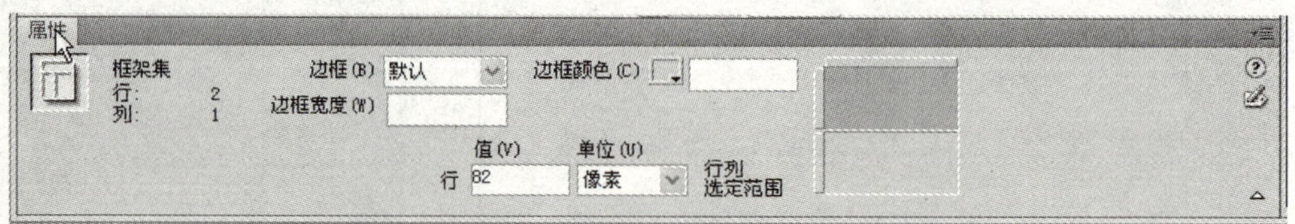

图 6—64　框架集的属性面板

(11) 打开“LEFT. htm”网页，单击选中“长城”文字图像，在其属性面板内设置“宽”为 130 像素，“高”为 50 像素。在“源文件”文本框中的“长城 . jpg”表示该图像的名称。插入该图像时，在“选择图像源文件”对话框中的“相对于”下拉框中选择“文档”选项。

在“链接”文本框内输入“ziye/cc. htm”，表示该图像与网页“cc. htm”链接，而且是相对于“文档”的链接；在“目标”下拉框中选择“main”，表示链接的网页“cc. htm”在名称为“main”的框架栏内显示。该属性面板设置如图 6—65 所示。

建立其他图像文字与相应网页文件的链接方法与上述方法基本一样。

(12) 单击【文件】|【保存框架页】菜单命令，弹出“另存为”对话框。利用该对话框可输入文件名“zgms. html”，再单击【保存】按钮，即可完成对框架集文件的保存。

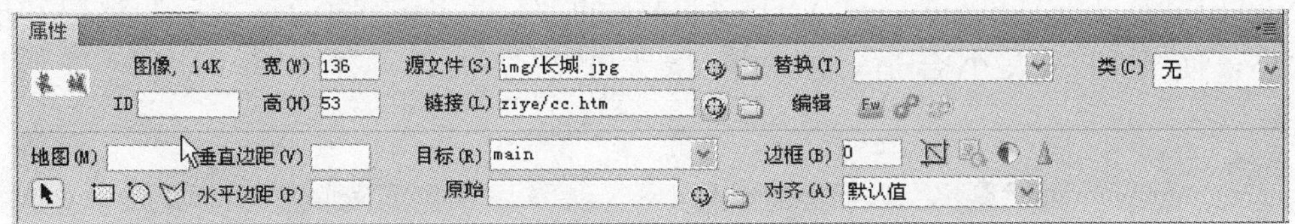

图 6—65　“长城 .jpg”图像的属性面板

项目 2：创建“中国名胜——十三陵”网页

1. 实训目的

通过该网页的制作，可以掌握创建层的方法，层的基本设计过程。

2. 实训案例效果

实训案例效果如图 6—66 所示。

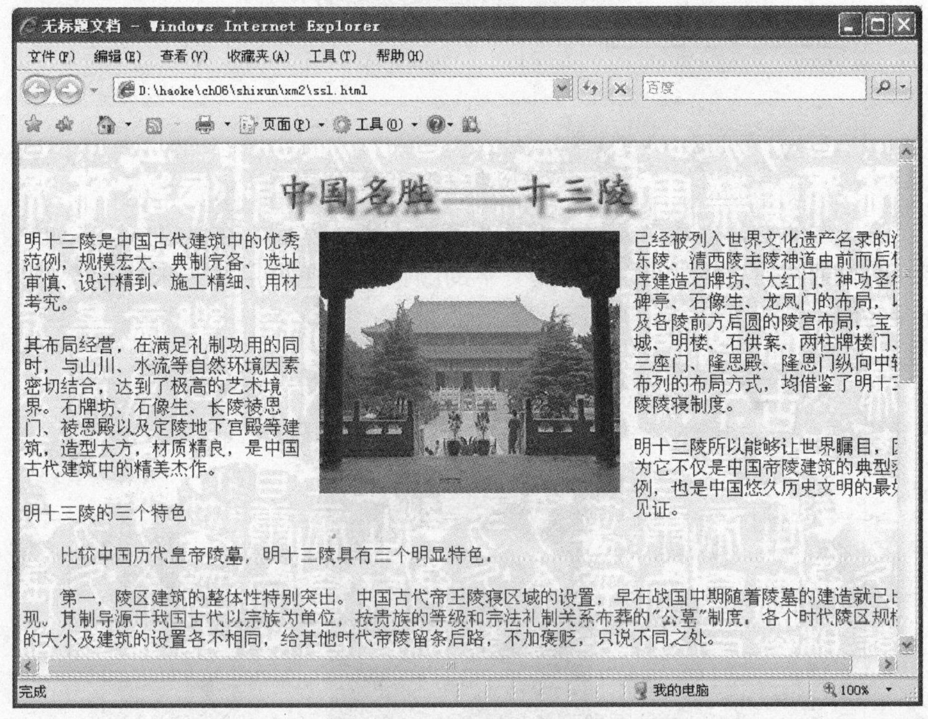

图 6—66　“中国名胜——十三陵”网页的显示效果图

3. 实训设计过程

(1) 新建一个网页，设置网页的背景为一个纹理图像“Back2. jpg”。

(2) 在插入面板的“布局”模式中单击“绘制 AP Div”按钮，鼠标变为十字线状态后，用鼠标拖动，在页面顶部居中位置创建一个层，在该层中单击鼠标，将光标定位在层内。在“d:\haoke\ch06\shixun\xm2\ssl”目录下插入“ssl－wz. jpg”文字图像，然后调整层和层内图像的大小，使它们的大小合适，层内图像大小与层大小一样。

(3) 在第 1 层的下边创建第 2 层和第 3 层，将光标定位到层内，在第 2 层内输入文字，设置颜色为蓝色，字体为宋体，大小为 16 像素 (px)，并适当调整大小。在第 3 层内插入“d:\haoke\ch06\shixun \xm2\ssl”目录下的“ssl3.jpg”图像，然后调整层和层内图像的大小，使它们的大小合适，层内图像大小与层大小一样。此时的网页如图 6—67 所示。

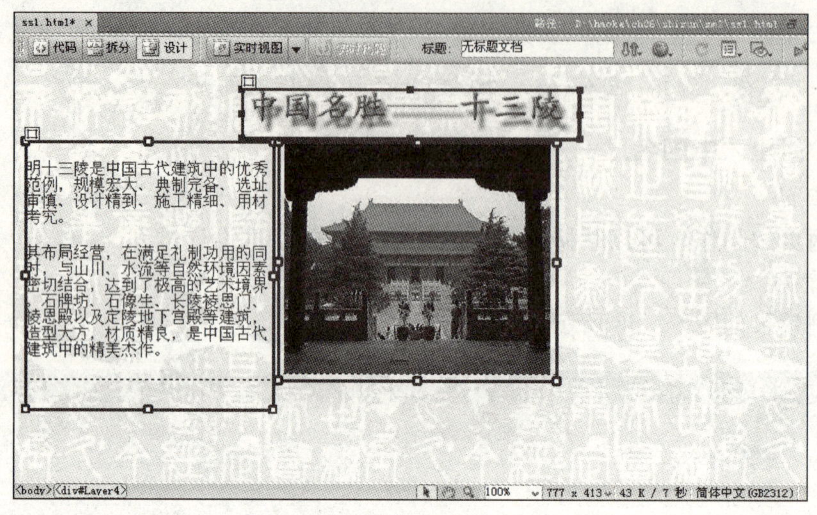

图 6—67　网页中创建的三个层

(4) 在第 3 层的右边创建第 4 层，并适当调整大小。然后，在该层内输入如图 6—68 所示的文字（网页内图右边的文字），设置文字的颜色为蓝色，字体为宋体，大小为 16 像素（px）。此时的网页效果如图 6—68 所示。

图 6—68　继续创建层后的网页效果

按照上述方法，还可以继续创建其他层，在层内插入图像和动画，输入文字。

(5) 在菜单栏中单击【文件】|【保存】命令，将网页文档保存为“ssl.html”。然后，按 F12 键，在浏览器中观察该网页的显示效果。

本章小结

本章介绍了框架与 AP Div 的使用。使用框架，可将一个浏览器窗口分成多个部分，并在每一部分中显示一个 HTML 文件，通过在各框架之间建立链接，可以实现网站风格的统一。使用 AP Div 对网页进行排版布局有着很大的灵活性，结合 JavaScript 和 HTML 可以轻松玩转网页的动态效果，同时生成的网页代码清晰明了，易于对网站进行维护和更新。读者通过本章的学习，可以掌握用框架与 AP 层来布局网页。

习　题　6

一、名词解释

1. 框架与框架集　　　　　　2. AP 层

二、填空题

1. ________与________是网页制作时用来给网页布局的两个不同的 Dreamweaver 工具。

2. 框架主要由两大部分组成：________与________。

3. 框架与框架集的属性均可以在________面板中进行设置。

4. 使用 AP Div 编排网页灵活性强，提供弹性的画面设计功能，在其中可以放入任何的________，且可以任意地________与________。

5. AP 层可以设置背景，包括设置________和________。

三、判断题

1. 在一个框架集的属性面板中，不能设置边框宽度。（　）

2. 对于一个有 n 个区域的框架集网页来说，它是一个网页文件集，它有 n+1 个网页文件。（　）

3. 在层的属性面板中可以设置“溢出”选项，“inherit”项不是“溢出”的属性。（　）

4. AP 层不能在属性面板中设置滚动条。（　）

四、拓展实训题

1. 打开一个空白网页，完成以下工作后，以 xt06－01. htm 名称保存（网页效果如图 6—69 所示）。

（1）建立左侧框架的分割框架。

（2）对右框架设置起始网页为 main. htm，框架名称为 right。

（3）框架大小为 25%、75%，并显示框架滚动条。

（4）对左框架设置起始网页为 menu. htm，框架名称为 left. 并设置每一个链接目标框架为 right。

2. 打开 xt06－02 文件，进行以下修改后存盘（网页效果如图 6—70 所示）：

（1）建立层，并在层内插入 Images 文件夹中的 life. gif 图片。

（2）插入层背景图，图片为 Images 文件夹上的 back04. jpg，并设置滚动条。

图 6—69　完成后的框架页效果图

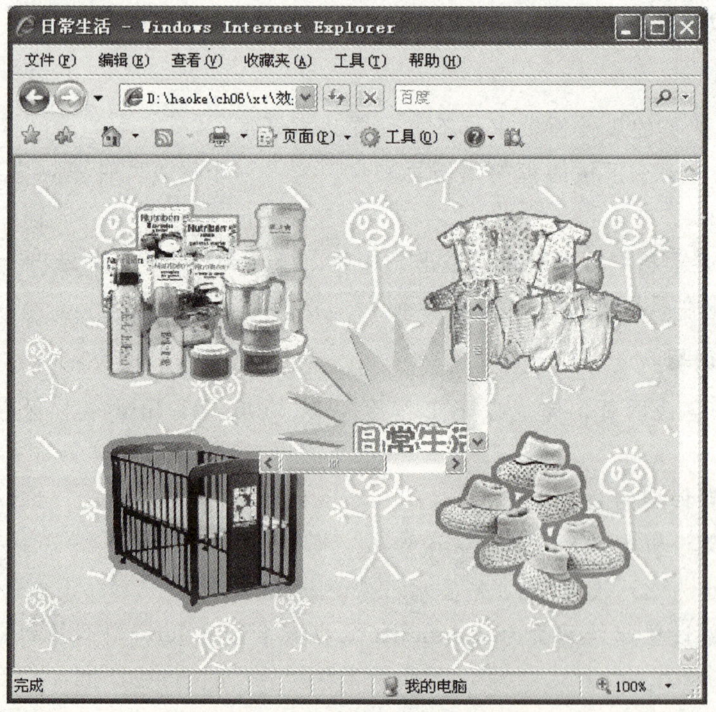

图 6—70　用层设计网页的效果图

第7章　多媒体网页

教学任务

- 学会在网页中插入各种媒体文件，如flash、视频、音乐等。
- 掌握行为面板中的交换图像、弹出信息、拖动AP元素等操作。
- 能够创建网站“都市夜景”相册。

教学重点和难点

- 在网页中插入各种媒体文件。
- 行为面板。
- 创建网站相册。

课前导读

随着多媒体技术的发展，在网页中可以使用的多媒体元素也越来越丰富，设计者们可以轻松地在网页中加入声音、视频、动画等多样化的多媒体元素，给网页添加一道亮丽的风景。有了多媒体，网页才真正地丰富起来，带给访问者的愉悦和欣喜也越来越多。

越来越多的优秀网页，它们不只包含文本和图像，还有许多交互式的效果。例如，当鼠标移动到特定位置上时，该位置就会显示特定的信息，又或者用鼠标单击某个页面元素时就会播放一段优美的乐曲等。这些都是利用行为实现客户端效果的。

Dreamweaver中提供了很多行为动作，其实就是一段JavaScript代码，每个动作可以实现特定的效果，从而实现页面与浏览者的交互。

利用Dreamweaver内建的多媒体组件，可以在网页中制作开场动画、播放影片与声音、显示网页更新日期以及互动行为效果等，各种媒体与程序文件都能使画面的呈现方式更丰富多元化。

相册与人们的生活密切相关，它可以用来收集、查看相片。在制作个人网站时，也可以把自己的电子相册放到网页中。利用CSS样式可将网站相册修饰得更精美。

7.1　在网页中插入各种媒体文件

7.1.1　插入 Flash 动画

(1) 将光标移到要插入 Flash 动画文件的位置，然后在插入面板的“常用”模式上“媒体”中单击 SWF 按钮，如图 7—1 所示。

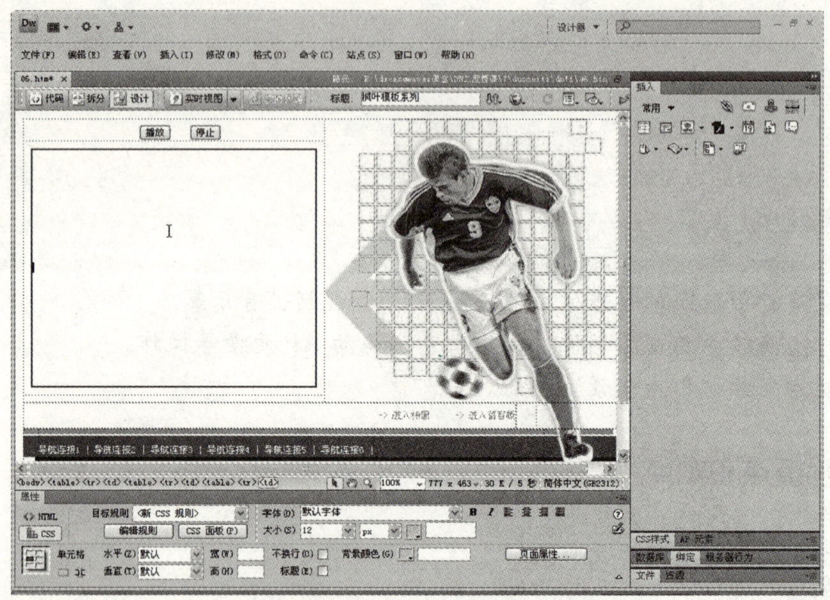

图 7—1　光标位置和 SWF 按钮

(2) 从打开的“选择文件”对话框中找到所需的文件，然后单击【确定】按钮，如图 7—2 所示。

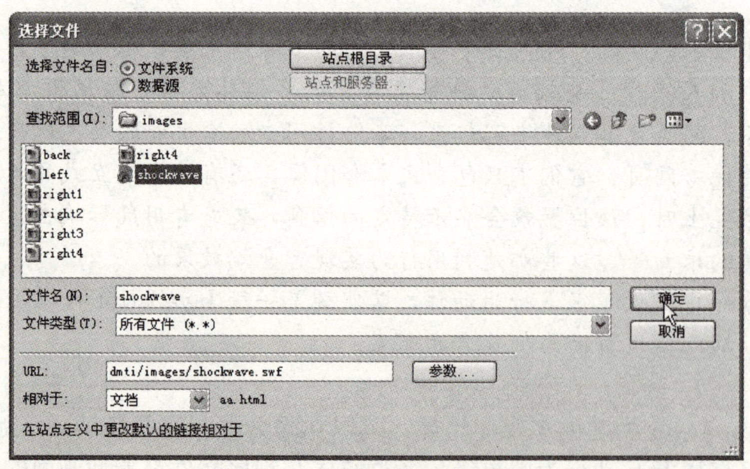

图 7—2　“选择文件”对话框

(3) 回到 Dreamweaver 窗口后，光标位置会出现插入的动画文件图标，如图 7—3 所示，在属性面板中单击【播放】按钮预览动画，效果如图 7—4 所示。

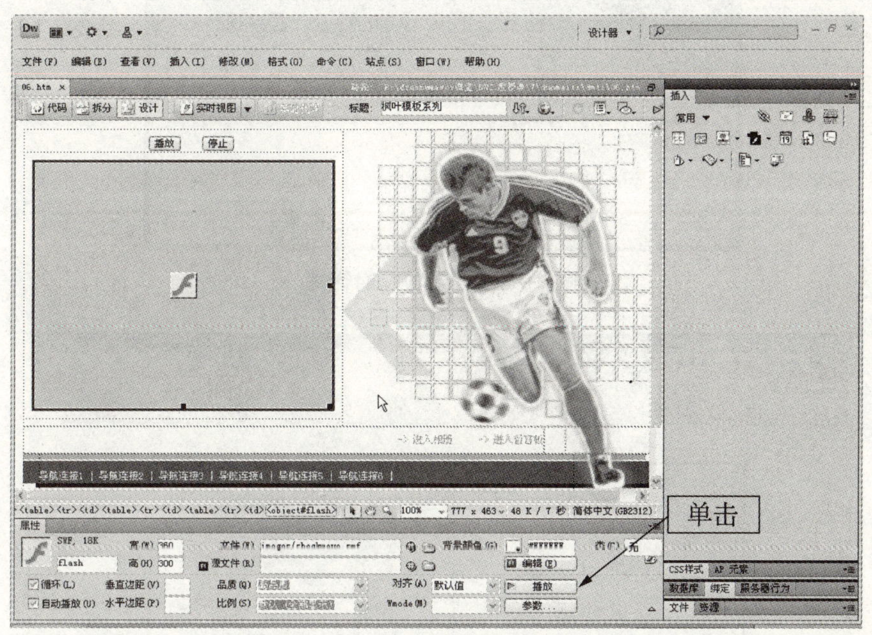

图 7—3　插入 Flash 动画后的网页

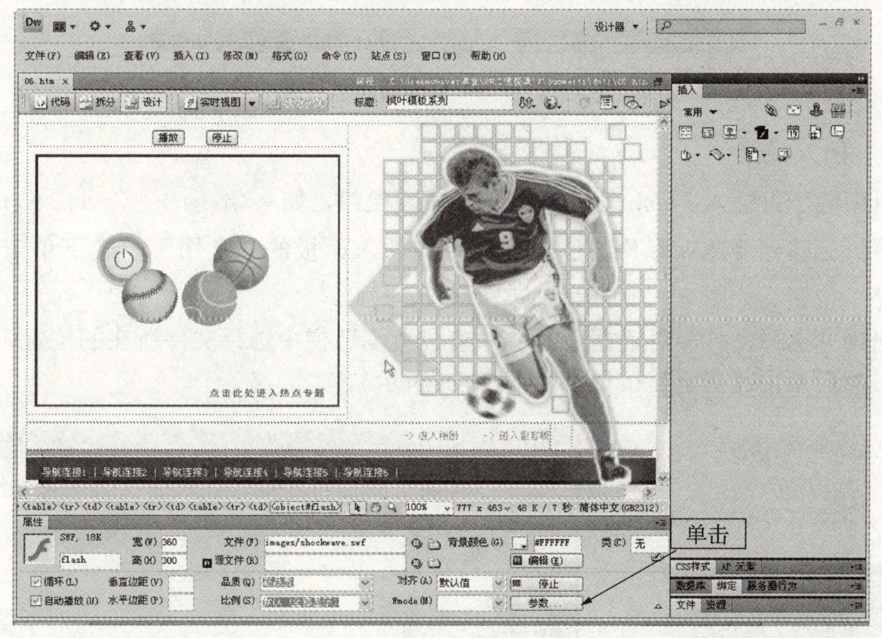

图 7—4　播放 Flash 动画

（4）选择动画文件，然后在属性面板中单击【参数】按钮，弹出“参数”对话框，如图 7—5 所示。在“参数”栏中输入“wmode”，并在“值”栏中输入“transprent”，然后单击【确定】按钮，可将 Flash 背景透明化，如图 7—6 所示。

图 7—5　“参数”对话框

图 7—6　Flash 背景透明化效果

7.1.2　插入视频

在网页中除了可插入 Flash 动画外，还可插入视频，如 *.mpg、 *.avi、 *.mov 等。

(1) 将光标移到要插入影片的位置，然后在插入面板的“常用”模式下单击 （插件外挂程序）按钮，如图 7—7 所示。

(2) 出现“选择文件”对话框后，在“查找范围”栏中选择文件所在的位置，在列表中选择文件，然后单击【确定】按钮，如图 7—8 所示。

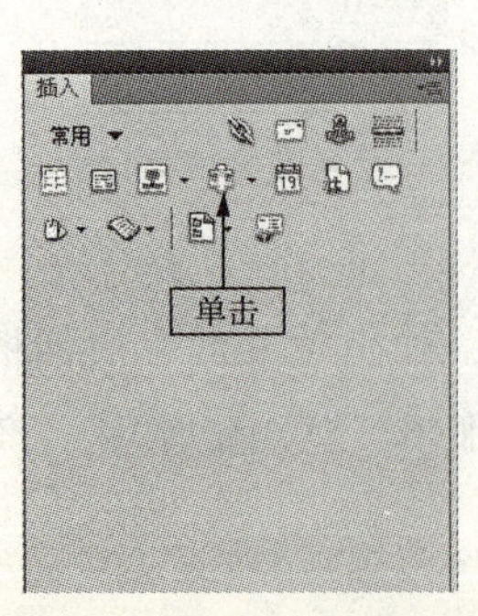

图 7—7　插入视频前的光标位置

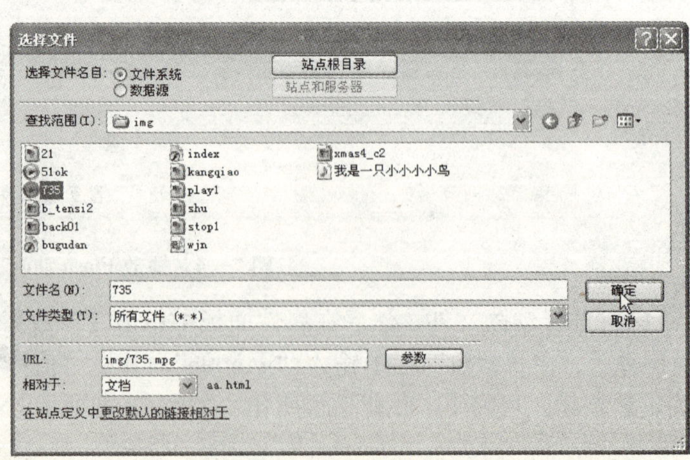

图 7—8　“选择文件”对话框

(3) 回到 Dreamweaver 窗口后，在光标位置会出现视频插件图标，在属性面板的“宽”和“高”栏分别输入影片的宽度 353 和高度 351，如图 7—9 所示。

(4) 按 F12 键，即可预览播放视频，如图 7—10 所示。

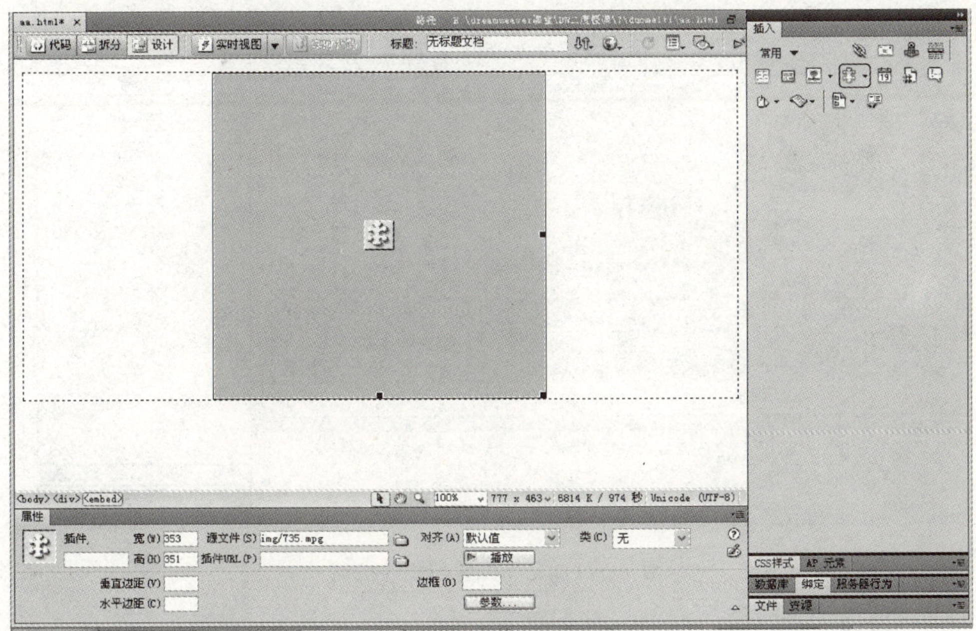

图 7—9　插入视频后的页面

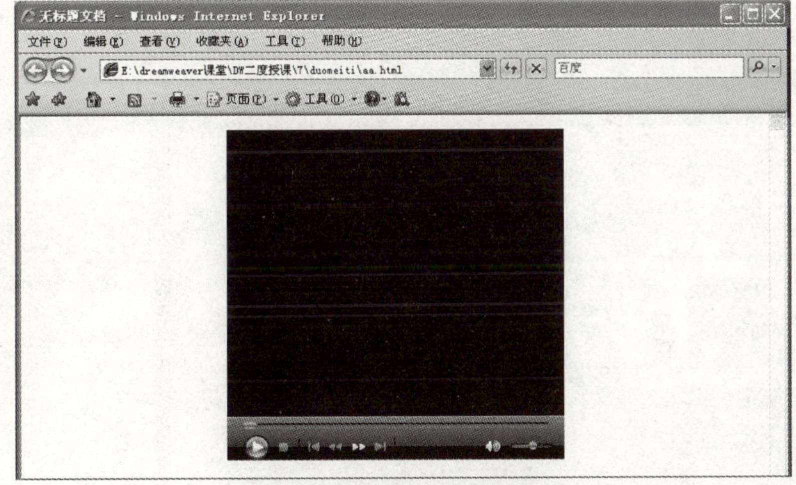

图 7—10　预览后的视频

7.1.3　插入音乐

在网页中插入音乐的步骤如下：

(1) 将光标移到要插入音乐文件的位置，然后在插入面板的“常用”模式上“媒体”中单击 (插件外挂程序) 按钮，如图 7—11 所示。

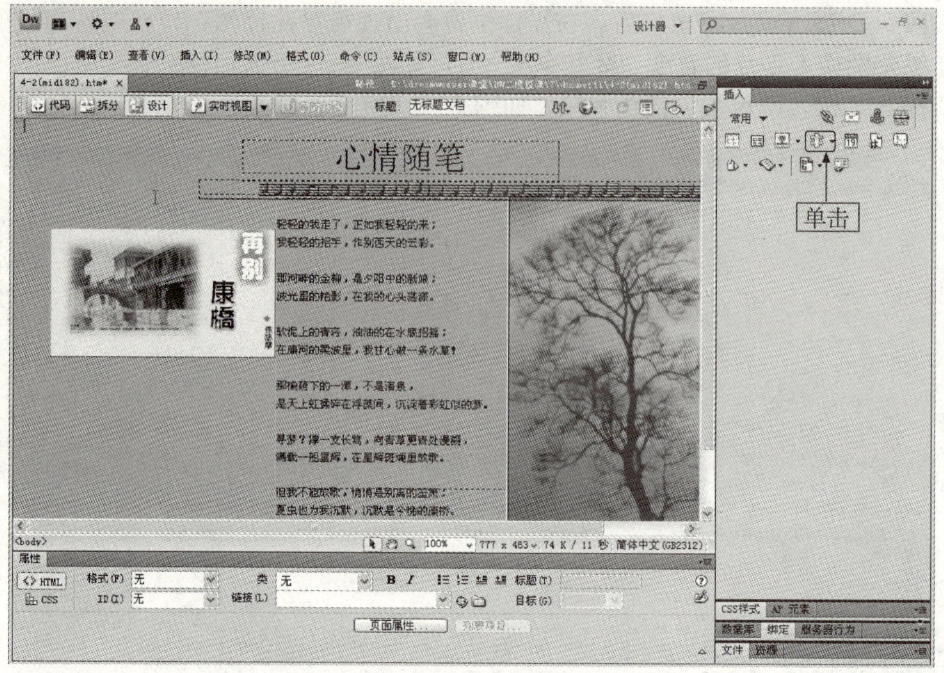

图 7—11 光标位置与插件按钮

(2) 在“选择文件”对话框中选取文件。

(3) 回到 Dreamweaver 窗口后，光标位置会出现音乐插件图标。在属性面板中单击【参数】按钮，如图 7—12 所示。

图 7—12 插入音乐后的页面

（4）出现“参数”窗口后，在“参数”栏中输入“hidden”，并在“值”栏中输入“false”，接着单击 （新增设置项目）按钮，然后在“参数”栏中输入“autostart”，在“值”栏中输入“true”，单击【确定】按钮，如图7—13所示。

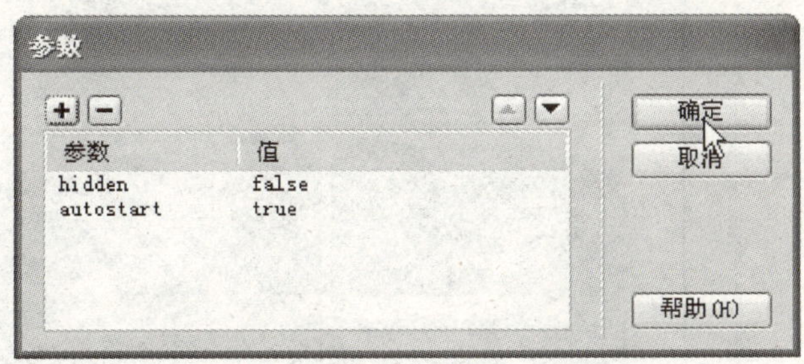

图7—13 “参数”窗口

提示：参数hidden用来设置是否隐藏播放器面板，参数autostart则设置是否自动开始播放。

7.2 行为面板

在Dreamweaver中，对行为的添加和控制主要是通过行为面板（如图7—14所示）来实现的。在行为面板中，可以先指定一个动作，然后指定触发该动作的事件，从而将行为添加到页面中。如将鼠标移到对象（事件）上时，对象会发生预定义的变化（动作）。

对象是产生行为的主体，很多网页元素都可以成为对象。事件是触发动态效果的原因，一个事件总是针对页面元素或标记而言的，如onMouseOver、onMouseOut和onClick等。动作是指最终需要完成的动态效果，如交换图像、弹出信息、拖动AP元素和显示-隐藏元素等。动作通常是一段JavaScript代码，在Dreamweaver中使用内置的行为时，系统会自动地向页面中添加JavaScript代码，用户不必自己编写。将事件和动作组合起来就构成了行为。

在菜单栏中选择【窗口】|【行为】命令，打开行为面板，如图7—14所示。

7.2.1 案例：制作交换图像网页

“交换图像”行为动作可通过更改图像标签的src属性，将选中的图像与另一个图像交换。使用该动作可以创建“鼠标经过图像”及其他图像效果。“交换图像”的创建步骤如下：

（1）启动Dreamweaver CS4软件，打开“d:\haoke\ch07\07a\7.2.1\index.html”文件，如图7—15所示。

（2）在网页文档中选择要添加行为的图像，在菜单栏中选择【窗口】|【行为】命令，打开行为面板。单击 +. （添加行为）按钮，在弹出的菜单中选择“交换图像”，如图7—14所示。

（3）在如图7—16所示的“交换图像”对话框中，单击【浏览】按钮弹出“选择图像源文件”对话框，选择“line_2”文件，如图7—17所示。

（4）单击【确定】按钮，返回“交换图像”对话框，如图7—18所示。

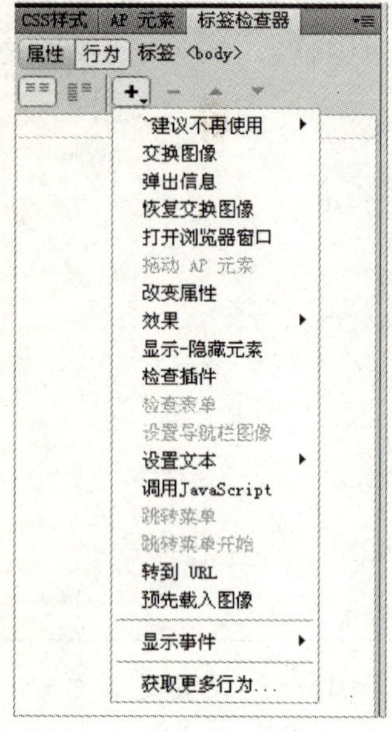

图 7—14　行为面板

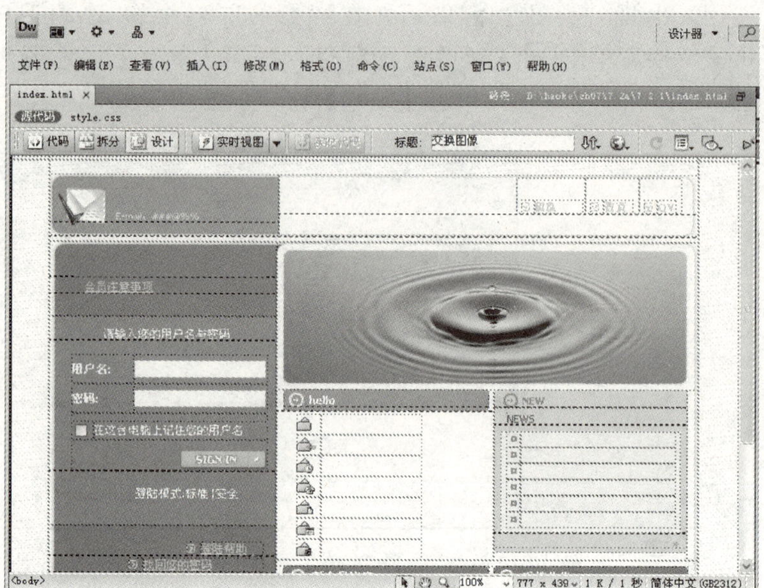

图 7—15　按相应路径打开 index. html 文件

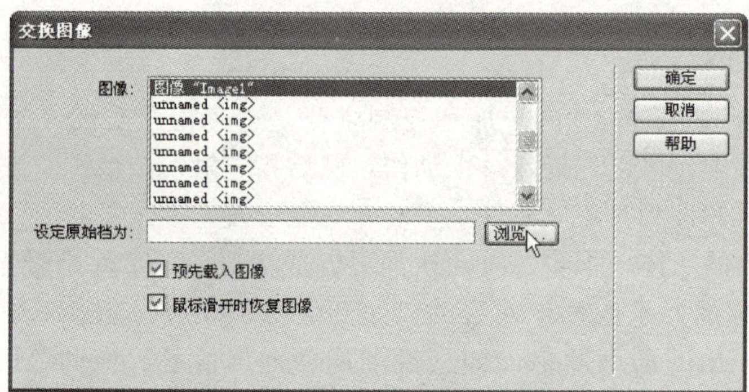

图 7—16　“交换图像”对话框

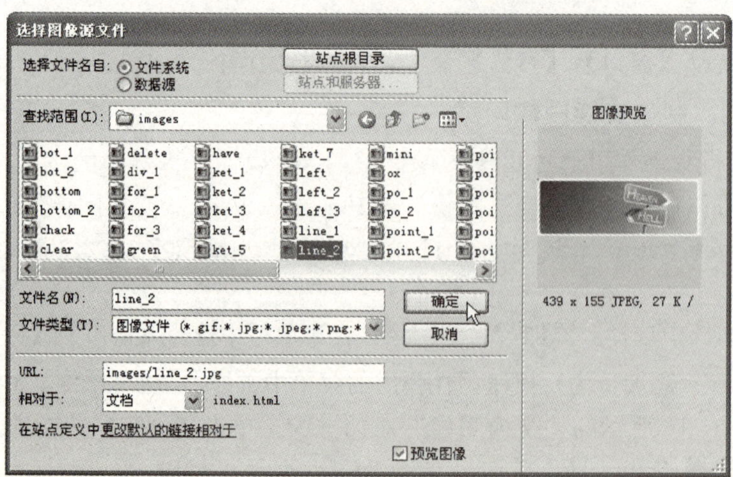

图 7—17　“选择图像源文件”对话框

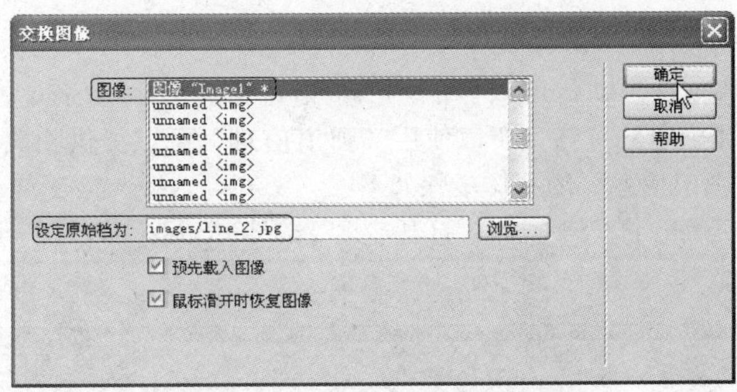

图 7—18　返回“交换图像”对话框

（5）单击【确定】按钮，可在行为面板中看到添加的行为，如图 7—19 所示。

（6）保存文件后，按 F12 键在浏览器中观看网页效果，当鼠标没有移动到被交换图像上时如图 7—20 所示；当鼠标移动到被交换的图像上时将显示出交换图像，如图 7—21 所示。

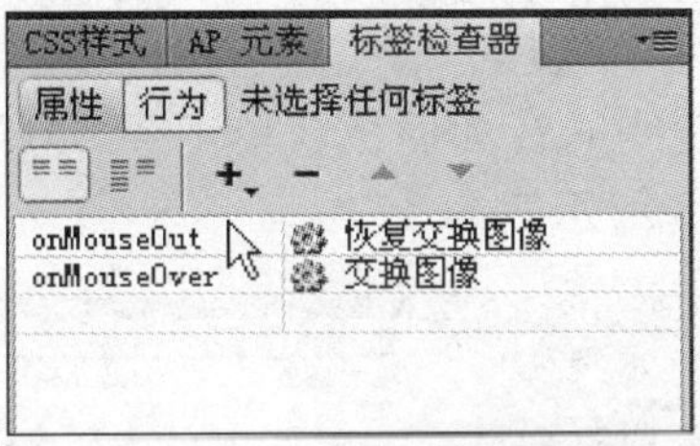

CSS样式　AP 元素　标签检查器
属性　行为　未选择任何标签
onMouseOut　恢复交换图像
onMouseOver　交换图像

图 7—19　面板中添加的行为

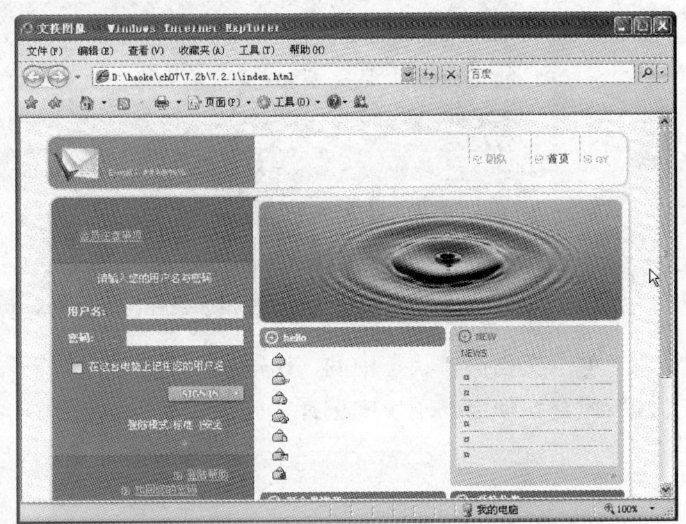

图 7—20　鼠标未在图像上的网页效果

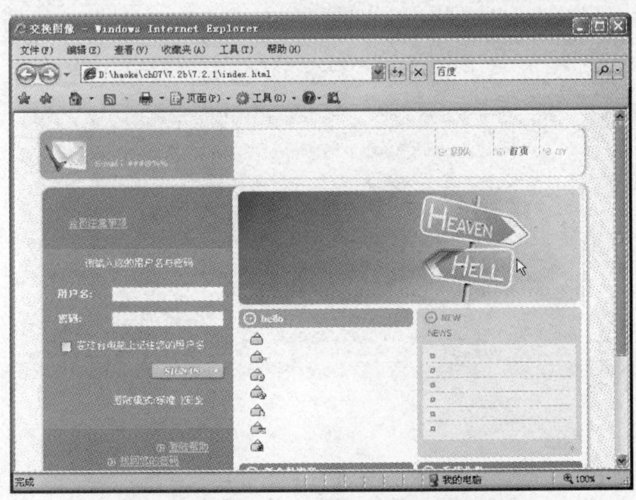

图 7—21　鼠标移到图像后的网页效果

7.2.2 案例：制作弹出信息网页

使用“弹出信息”行为动作可以显示一个带指定信息的 JavaScript 警告。因为 JavaScript 警告只有一个【确定】按钮，所以使用“弹出信息”可以提供相关提示信息，但不能为用户提供选择。“弹出信息”的制作步骤如下：

(1) 启动 Dreamweaver CS4 软件，打开“d:\haoke\ch07\7.2.2\index.html”文件，如图 7—22 所示。

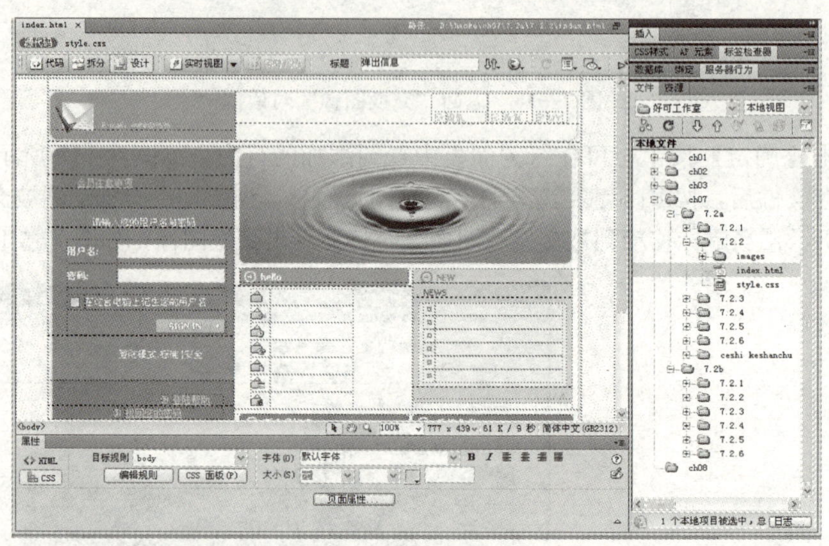

图 7—22 按相应路径打开 index.html 文件

(2) 单击文档窗口状态中的〈body〉标签，然后打开右侧的行为面板，单击 **+.** (添加行为) 按钮，在弹出的菜单中选择“弹出信息”，如图 7—23 所示。

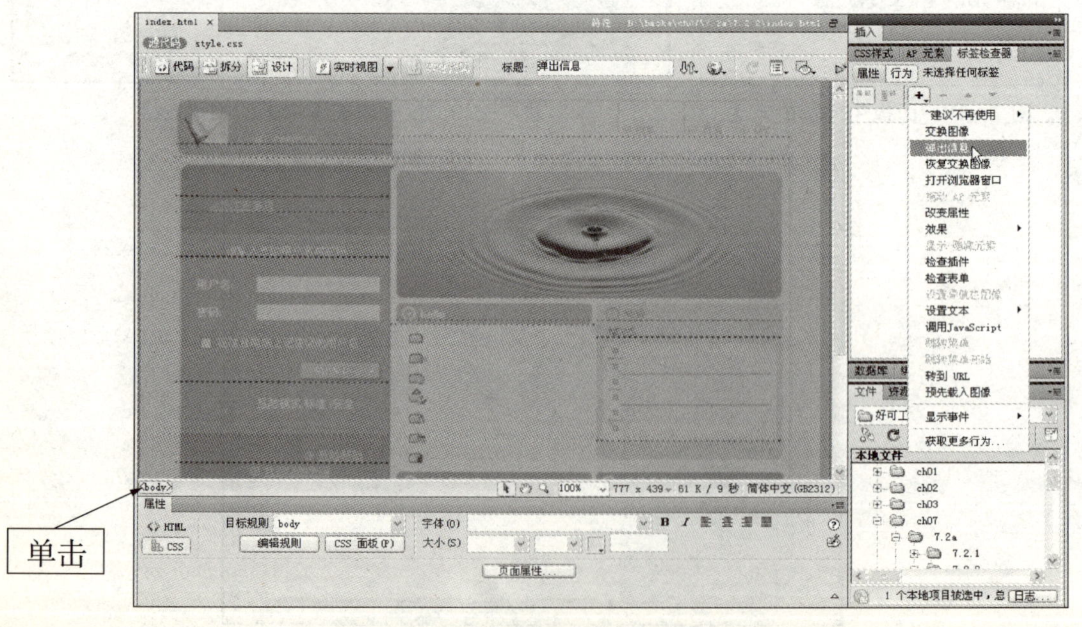

图 7—23 添加“弹出信息”行为动作

（3）在“弹出信息”对话框中，输入要显示的信息内容“欢迎您访问本站!”，如图 7—24 所示。

（4）单击【确定】按钮，在行为面板中显示了添加的行为，事件选择“onLoad”，如图 7—25 所示。

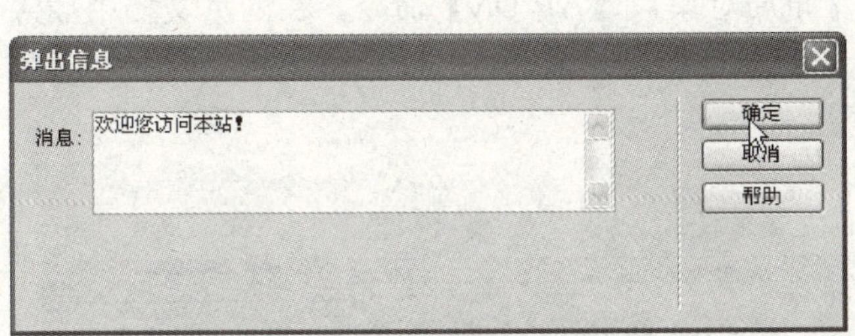

图 7—24　“弹出信息”对话框

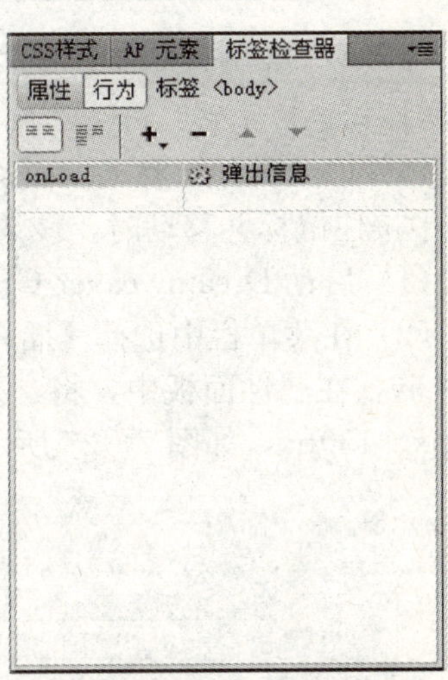

图 7—25　添加行为后的面板

（5）保存文件后，按 F12 键在浏览器中预览网页效果，可以看到进入网页时“弹出信息”对话框，如图 7—26 所示。

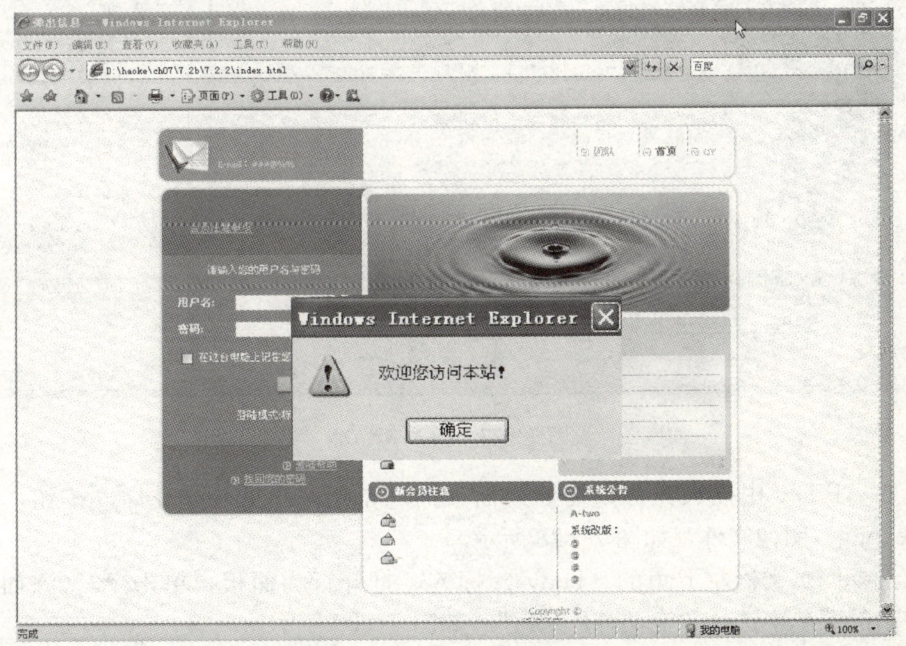

图 7—26　预览网页效果

提示：上面制作的是进入网页（onLoad）时的弹出信息，还可以制作离开网页（unLoad）时的弹出信息。

7.2.3 案例：添加“拖动 AP 元素”行为动作

“拖动 AP 元素”行为动作允许访问者拖动网页中的 AP 元素，使用它可制作拼图游戏、滑块控件以及其他可移动的页面元素。本例将介绍行为与 AP 元素结合使用的效果，在 AP Div 中按住鼠标并移动时，该 AP 元素将跟随鼠标移动。

（1）启动 Dreamweaver CS4 软件，打开“d:\haoke \ch07\7. 2. 3\index. html”文件。

（2）在菜单栏中选择【插入】|【布局对象】|【AP Div】命令，在网页文档中插入一个 AP Div，在属性面板中，将“左”和“上”都设置为 0px，将“宽”和“高”分别设置为 100px、130px，如图 7—27 所示。

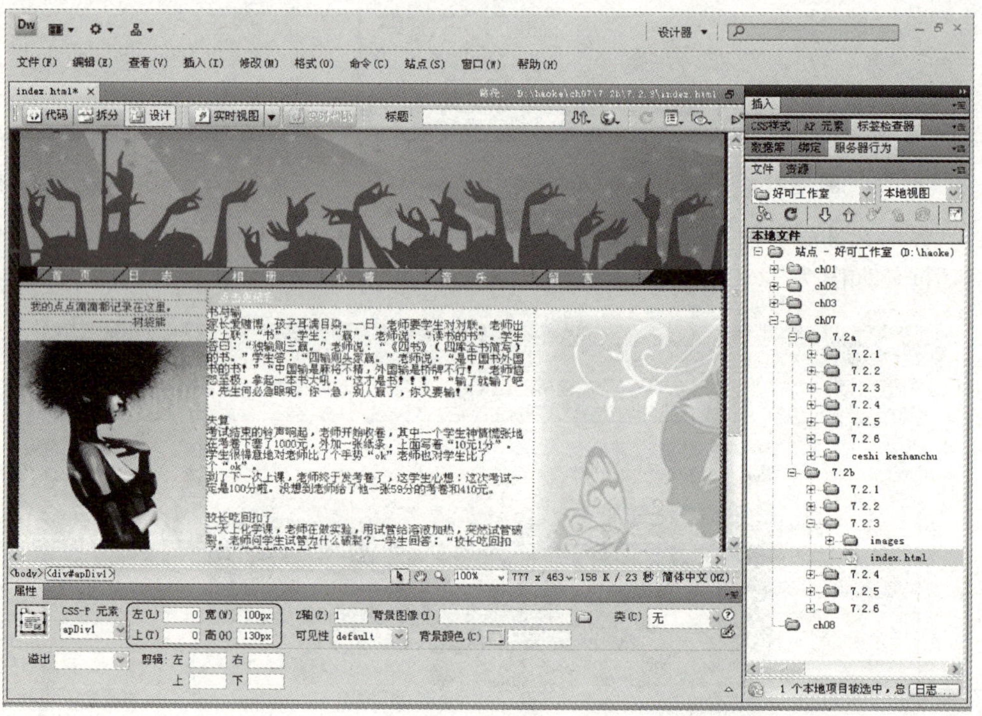

图 7—27 插入 AP Div

（3）在 AP Div 中插入光标，在插入面板的“常用”模式中单击按钮，然后插入“welcome. png”图像文件，如图 7—28 所示。

（4）选择网页文档左下角的〈body〉标签，打开行为面板，单击 +.（添加行为）按钮，在弹出的菜单中选择“拖动 AP 元素”，如图 7—29 所示。

（5）打开“拖动 AP 元素”对话框，在“基本”选项卡中将“AP 元素”设置为“div "apDiv1" ”，“移动”设置为“不限制”，如图 7—30 所示。

（6）在图 7—30 中切换到“高级”选项卡，将“拖动控制点”设置为“元素内的区域”，将“左”和“上”都设置为 0，将“宽”和“高”分别设置为 100、130，如图 7—31 所示。

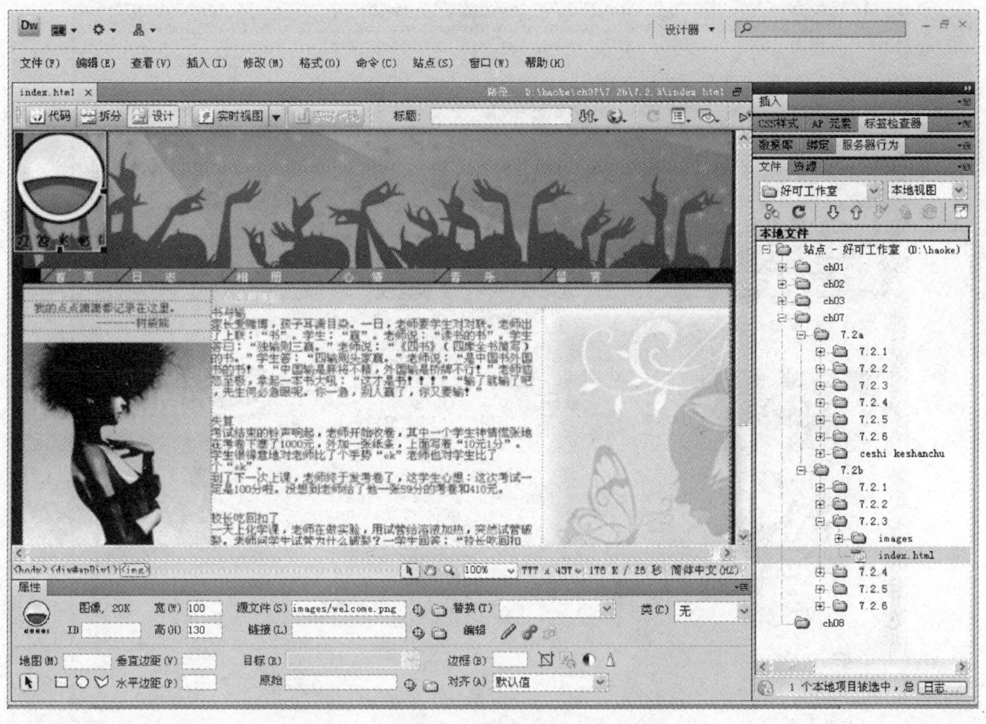

图 7—28 在 AP Div 中插入图像

图 7—29 添加“拖动 AP 元素”行为动作

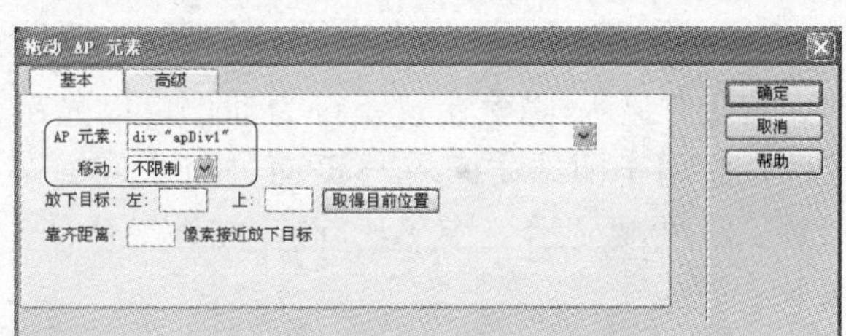

图 7—30 “拖动 AP 元素”对话框

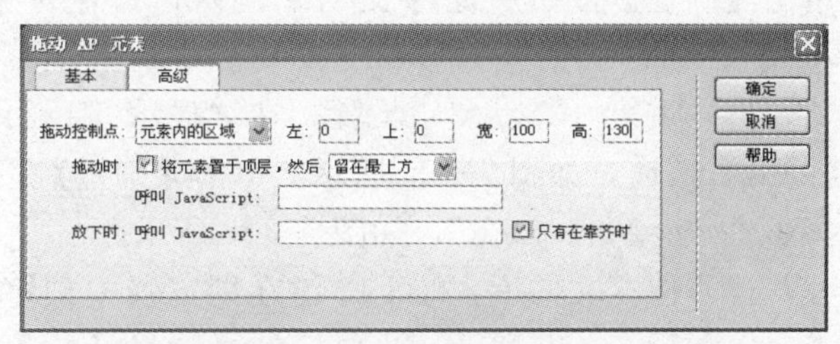

图 7—31 “高级”选项卡

（7）单击【确定】按钮，完成行为的添加。保存网页文档，按 F12 键在浏览器窗口中浏览网页，使用鼠标可拖动 AP 元素，如图 7—32 所示。

图 7—32　使用鼠标拖动 AP 元素后的效果图

7.2.4　案例：制作汽车图片的显示-隐藏元素

使用“显示-隐藏元素”行为动作可以显示、隐藏、恢复一个或多个 AP Div 的默认可见性，它用于网站访问者与页面进行交互时显示信息。例如，访问者将鼠标指针滑过一个对象时可以显示一个 AP Div，在该 AP Div 中显示该对象的详细信息。具体实现步骤如下：

(1) 在菜单栏中依次选择【插入】|【布局对象】|【AP Div】命令，在网页文档中插入两个 AP Div，分别是：apDiv1、apDiv2，如图 7—33 所示。

(2) 选择 apDiv1，打开行为面板，单击 +. (添加行为) 按钮，如图 7—34 所示。在弹出的菜单中选择“显示-隐藏元素”，打开“显示-隐藏元素”对话框。

(3) 在“元素”列表框中选择“div"apDiv2"”，单击【显示】按钮，如图 7—35 所示，单击【确定】按钮后返回文档编辑窗口。在行为面板中选择事件“onMouseOver”，如图 7—36 所示。

(4) 重复 (2)、(3) 步骤，在“显示-隐藏元素”对话框中选择“div"apDiv2"”，单击【隐藏】按钮，如图 7—37 所示。单击【确定】按钮后返回文档编辑窗口，在行为面板中选择事件“onMouseOut”，如图 7—38 所示。

(5) 保存文件后，按 F12 键在浏览器中预览网页效果。当鼠标不在“显示效果”对象上时，如图 7—39 所示；当鼠标经过“显示效果”对象时，将显示 apDiv2 中的汽车图像，如图 7—40 所示。

图 7—33　在网页中插入两个 AP Div

图 7—34　添加“显示-隐藏元素”行为动作

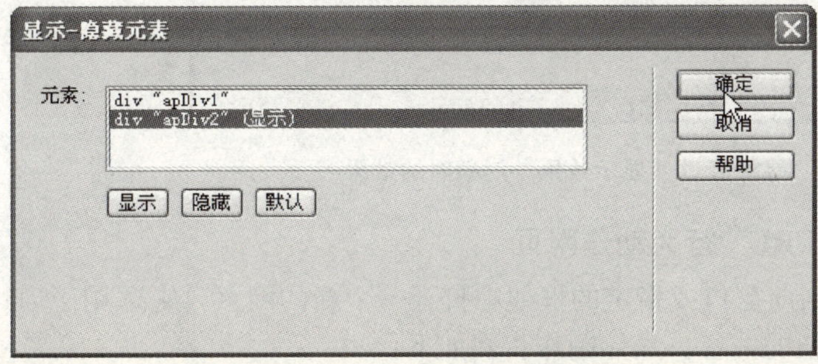

图 7—35　“显示-隐藏元素”对话框

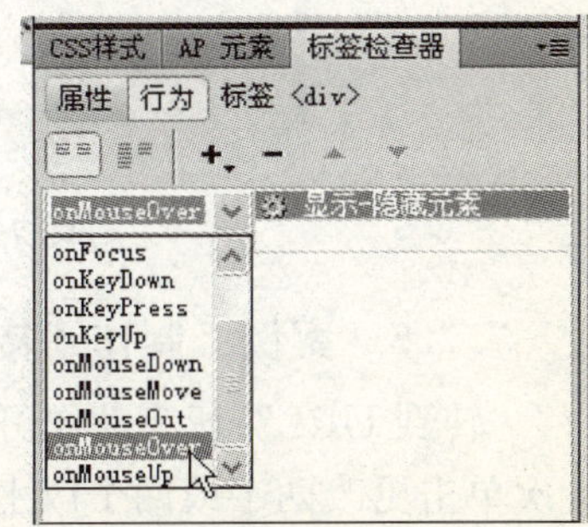

图 7—36　选择事件“onMouseOver”

图 7—37　隐藏 div"apDiv2"

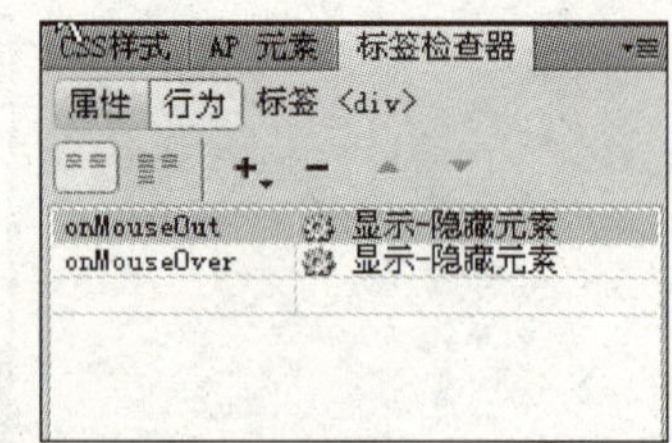

图 7—38　选择事件“onMouseOut”

图 7—39　鼠标在“显示效果”对象之外时的效果

图 7—40　鼠标经过“显示效果”对象时的效果

7.2.5　案例：制作“转到 URL”行为动作网页

“转到 URL”行为动作可在当前窗口或指定的框架中打开一个新的网页，它适用于通过一次单击更改两个或两个以上框架的内容。具体制作步骤如下：

(1) 在文档中选择要添加行为的图像，打开行为面板，单击 +.（添加行为）按钮，在弹出的菜单中选择“转到 URL”动作，如图 7—41 所示。

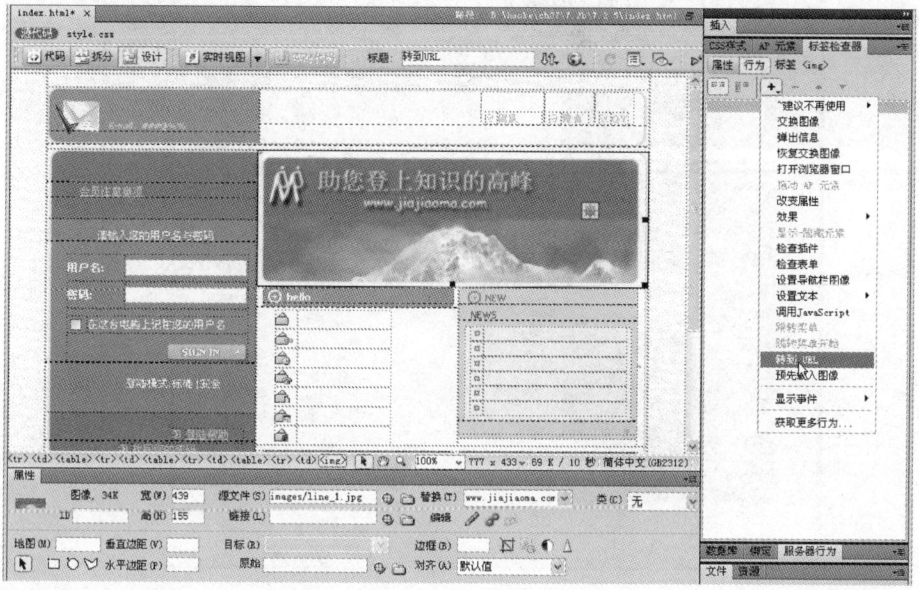

图 7—41　添加“转到 URL”动作

（2）在“转到 URL”对话框中输入要转到的 URL“http：//www. jiajiaoma. com”，如图 7—42 所示。

> **提示：** 读者也可以在“转到 URL”对话框中单击【浏览】按钮，选择本地磁盘上的文件。

（3）返回文档编辑窗口后，可在行为面板中可看到添加的动作，将事件设置为“onMouseMove”，如图 7—43 所示。

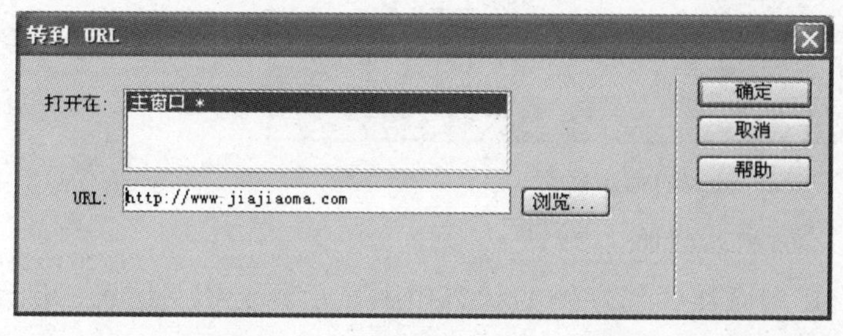

图 7—42　“转到 URL”对话框

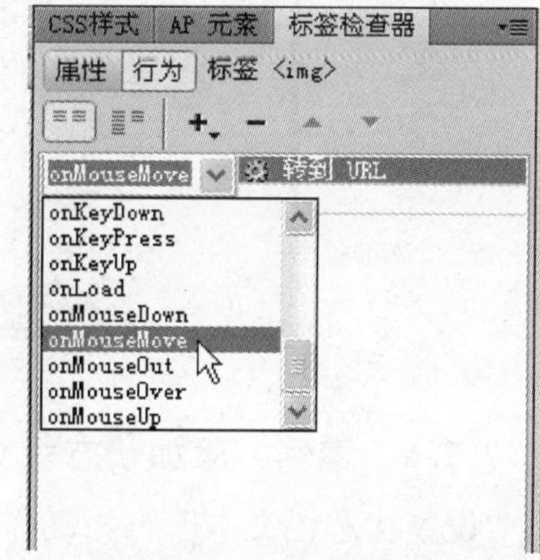

图 7—43　事件设置为“onMouseMove”

（4）保存网页后，按 F12 键预览。当光标在添加了行为的图片上移动时，如图 7—44 所示，就会转到指定的 URL 网页，如图 7—45 所示。

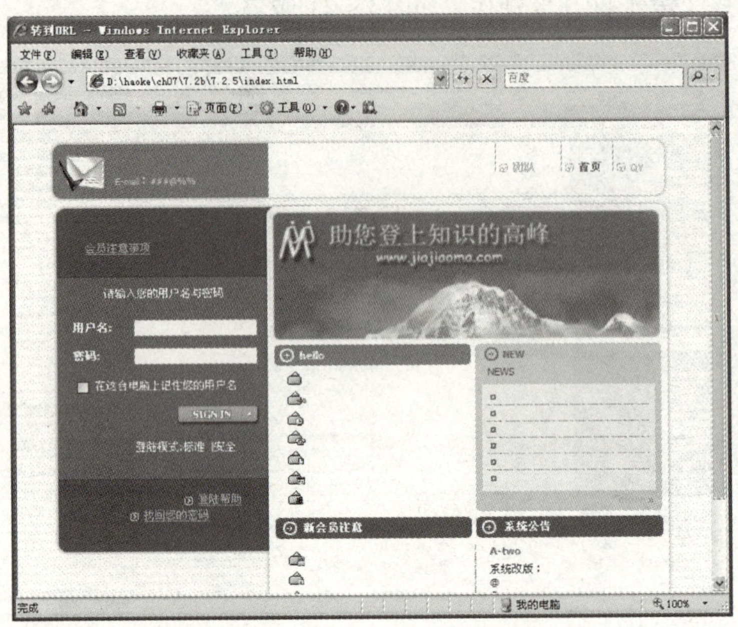

图 7—44　添加了行为动作的原网页

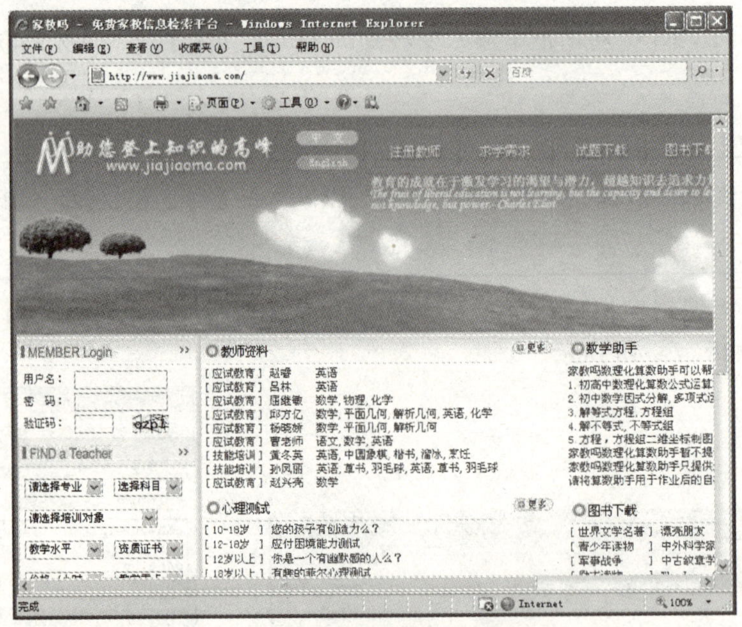

图 7—45　转到的指定网页

7.2.6　案例：添加状态栏文本“感谢您光临本站！”

“设置状态栏文本”行为动作可以在浏览器底部左侧的状态栏中显示网页相关信息。例如，在状态栏中显示超链接的地址。具体制作步骤如下：

(1) 启动 Dreamweaver CS4 软件，打开“d:\haoke\ch07\7.2.6\index.html”文件。

(2) 打开行为面板，单击 +. (添加行为) 按钮，在弹出的下拉菜单中依次选择【设置文本】|【设置状态栏文本】命令，如图 7—46 所示。

（3）打开“设置状态栏文本”对话框，在“消息”文本框中输入要显示的文字“感谢您光临本站！”或相应的 JavaScript 代码，如图 7—47 所示。

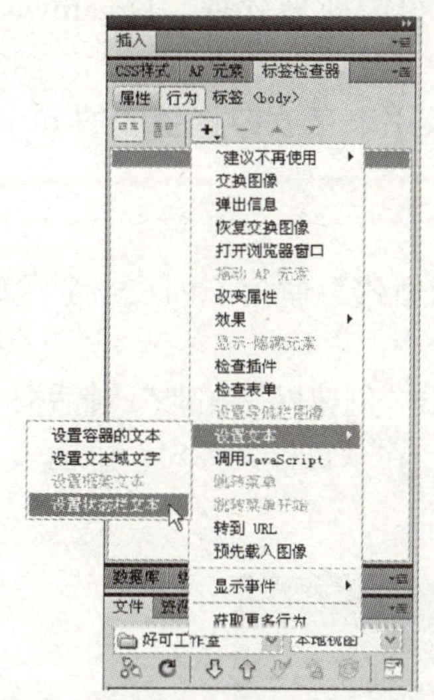

图 7—46　添加“设置状态栏文本”动作

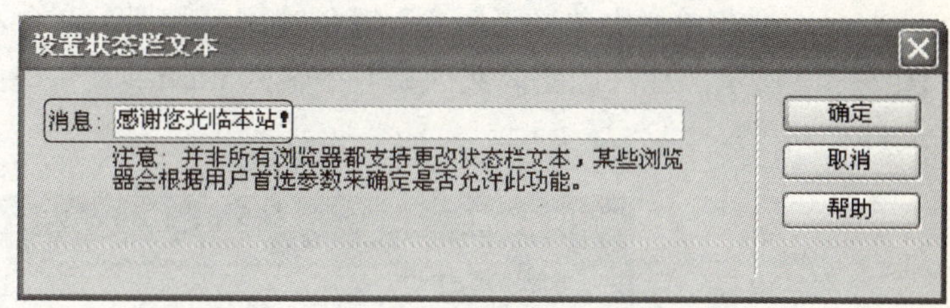

图 7—47　“设置状态栏文本”对话框

（4）单击【确定】按钮，即可完成行为添加。保存网页后，按 F12 键在浏览器中预览效果，如图 7—48 所示。

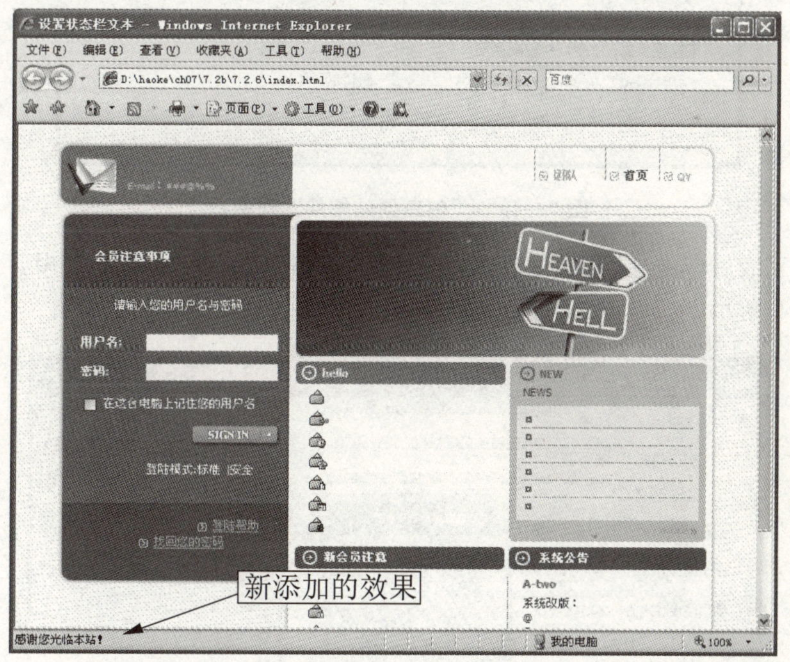

图 7—48　预览时状态栏文本的显示效果

7.3　案例：创建网站“都市夜景”相册

相册与人们的生活密切相关，它可以用来收集、查看照片。在制作个人网站时，用户也可以把自己的电子相册放到网页中。用 Dreamweaver CS4 制作相册的优点是可以设置更多的选项，页面制作得更精美。

在制作相册前，首先要确保计算机中安装了 Fireworks 图像处理软件，Dreamweaver CS4 需要调用它来处理图片。制作电子相册的操作步骤如下：

(1) 新建一个用来存放图片的源图像文件夹 images，以及用来存放即将生成的 html 文件的目标文件夹 final。

(2) 将相册中的图片保存到 images 文件夹中。

(3) 运行 Dreamweaver CS4，在菜单栏中选择【文件】|【新建】命令，创建一个存放电子相册的空白页面。

(4) 在菜单栏中选择【命令】|【创建网站相册】命令，弹出“创建网站相册”对话框，如图 7—49 所示。在“源图像文件夹”中输入 images 文件夹路径，在“目标文件夹”中输入 final 文件夹路径。

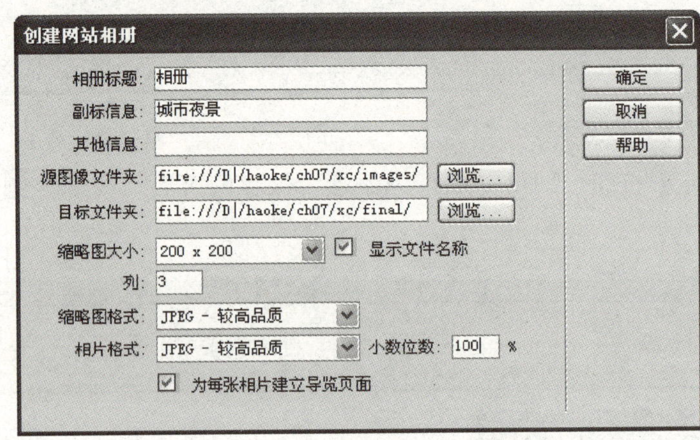

图 7—49 “创建网站相册”对话框

(5) 设置完成后单击【确定】按钮，系统自动调用 Fireworks，完成相册主页的创建过程，如图 7—50 所示。

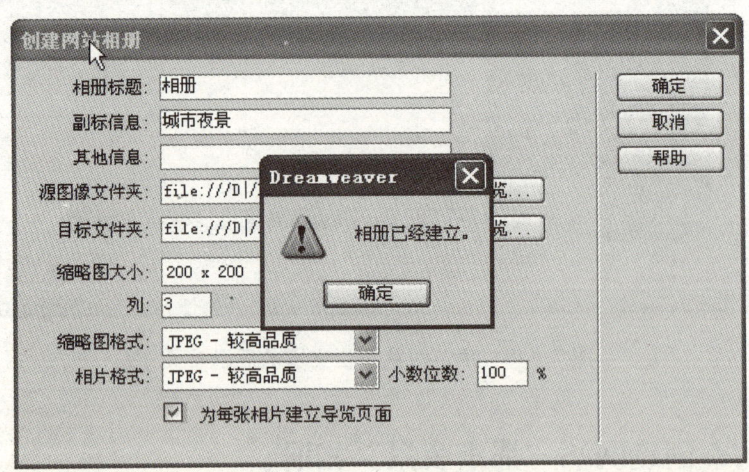

图 7—50 完成相册的建立

(6) 单击“确定”按钮，弹出相册的页面，如图7—51所示。

图7—51 创建好的相册页面

(7) 保存并预览，如图7—52所示。

图7—52 预览相册页面

预览状态下，单击相册中的某个缩略图可以放大图片，在该图片的上方可以看到一个导航条，通过单击导航条中的“前一页”、“首页”、“下一个”链接可快速浏览相册中的其他图片，如图 7—53 所示。

相册 / 05_jpg.jpg - Windows Internet Explorer
文件(F) 编辑(E) 查看(V) 收藏夹(A) 工具(T) 帮助(H)
D:\haoke\ch07\xc\final\Pages\05_jpg_jpg.htm
百度
相册/05_jpg.jpg
前一页 | 首页 | 下一个
我的电脑
100%

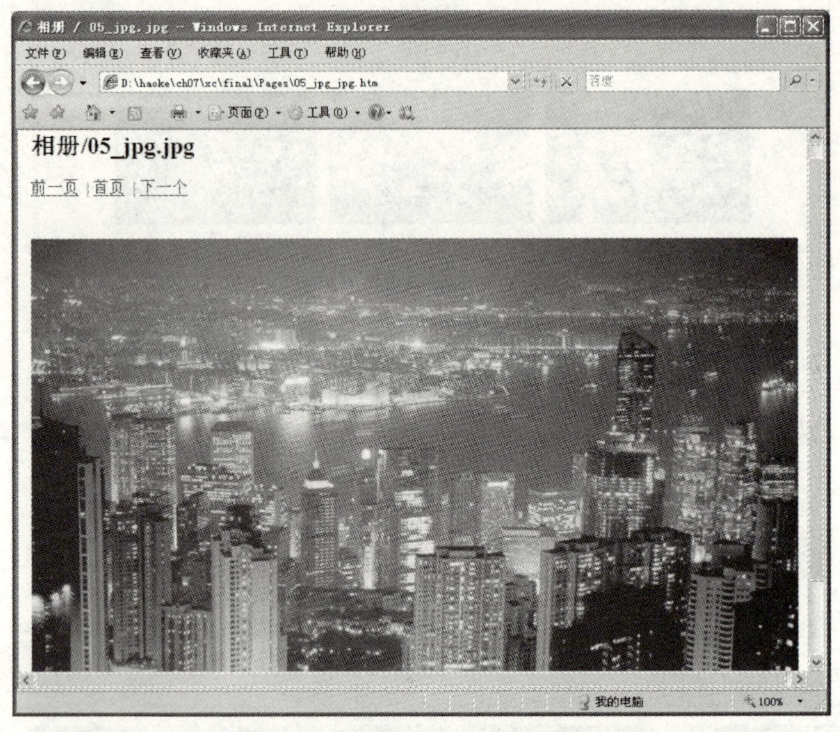

图 7—53　链接子页中放大的图片

（8）使用 CSS 样式表美化相册。在网页编辑窗口右侧，展开“CSS 样式”面板，单击【新建 CSS 规则】按钮，在对话框中设置的参数如图 7—54 所示。这样就新建了一个〈table〉标签的 CSS 样式以修饰表格的边框。

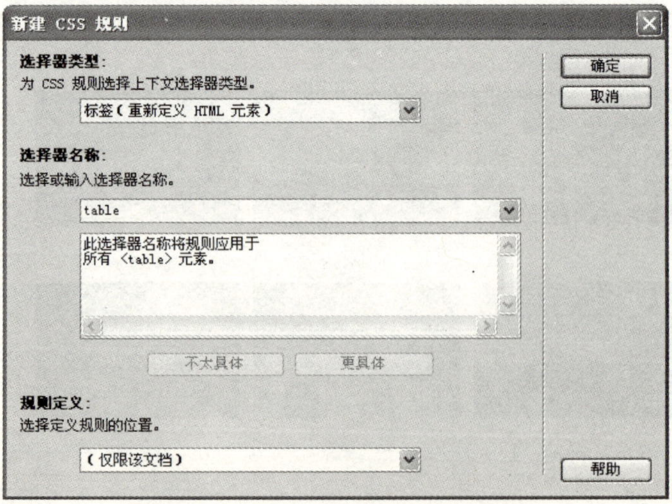

新建 CSS 规则
选择器类型：
为 CSS 规则选择上下文选择器类型。
标签（重新定义 HTML 元素）
确定
取消
选择器名称：
选择或输入选择器名称。
table
此选择器名称将规则应用于
所有 <table> 元素。
不太具体
更具体
规则定义：
选择定义规则的位置。
（仅限该文档）
帮助

图 7—54　“新建 CSS 规则”对话框

（9）单击【确定】按钮后，弹出“table 的 CSS 规则定义”对话框，在“分类”栏中选择“边框”，设置表格边框的样式、宽度、颜色，如图 7—55 所示。

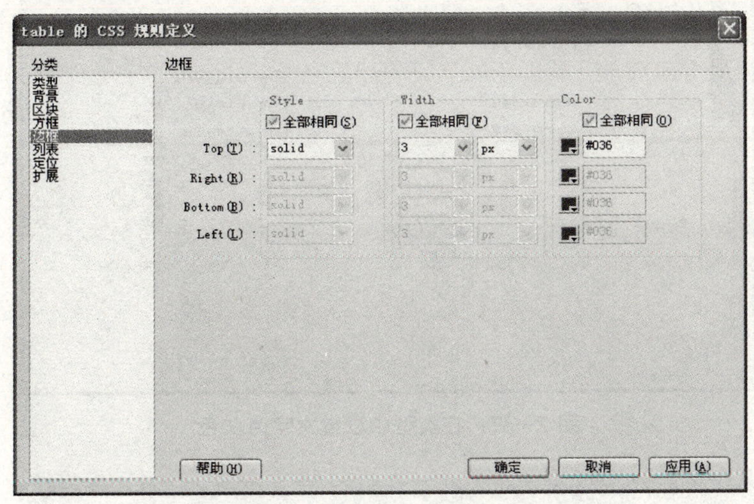

图 7—55　“table 的 CSS 规则定义”对话框

（10）重复步骤（8），新建一个单元格〈td〉标签的 CSS 样式，参数设置如图 7—56 所示。

（11）在“td 的 CSS 规则定义”对话框中，设置单元格的“类型”与边框参数，在“类型”中设置文字为白色＃FFF，如图 7—57 所示；在“边框”中设置 Style 为 solid（实线）、Width 为 1px、Color 为灰色，如图 7—58 所示。单元格的扩展参数设置如图 7—59 所示。在“Filter”栏中输入“Glow（Color＝green，Strength＝5）”，然后单击【确定】按钮。

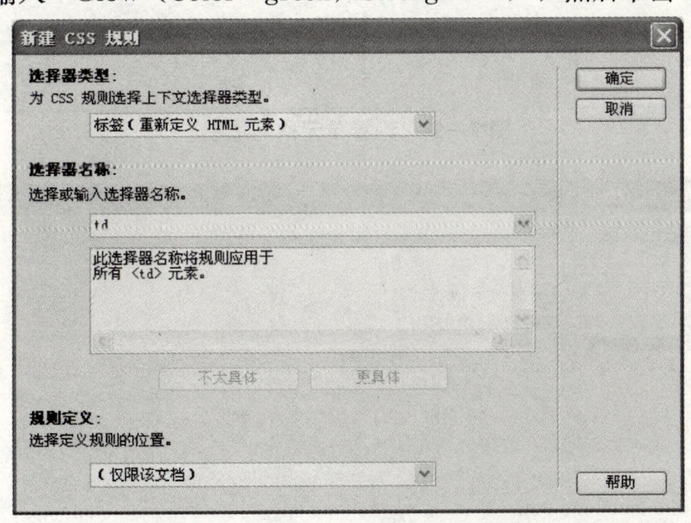

图 7—56　新建〈td〉标签的 CSS 样式

（12）完成以上操作步骤后，在网页的编辑窗口可看到相册网页的变化（由于文字是白色的，所以看不到图片下面的文字），如图 7—60 所示。

（13）按 F12 键预览，可看到发光的文字与边框，如图 7—61 所示。

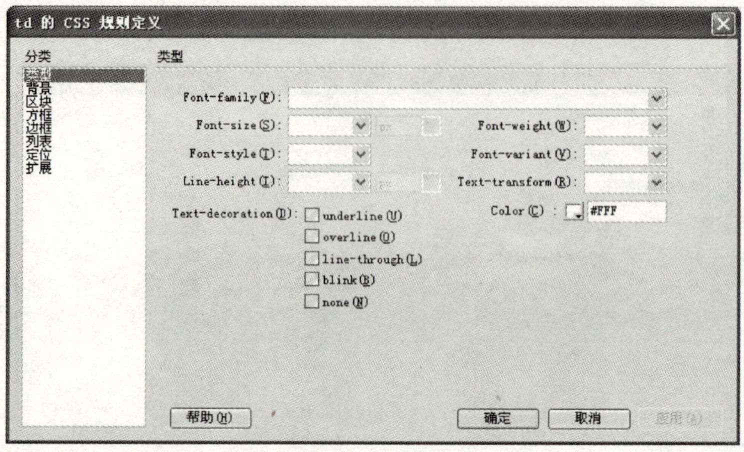

图 7—57 在类型中设置文字为白色

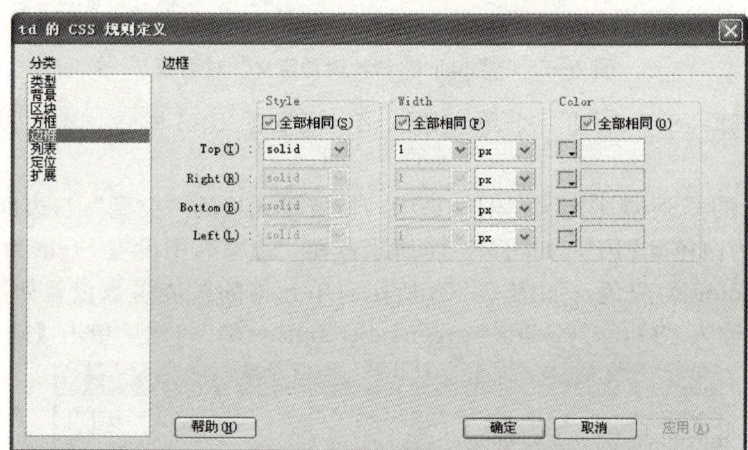

图 7—58 设置单元格的边框

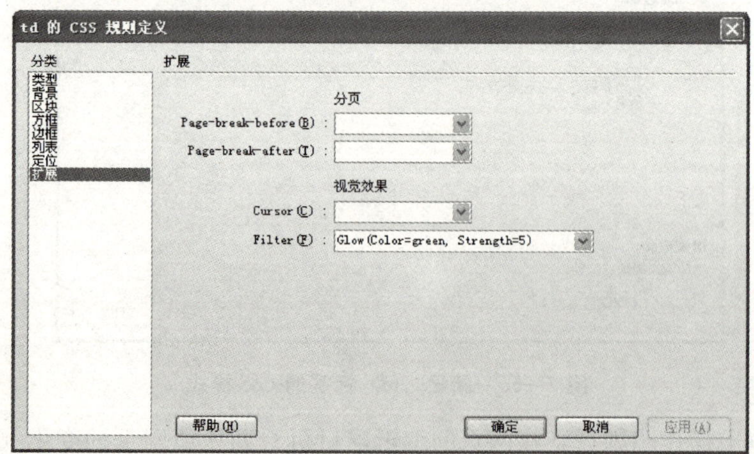

图 7—59 设置单元格的扩展参数

图 7—60　设置 CSS 样式后的相册页面

图 7—61　预览后发光的相册页面

提示： 在 Glow 过滤器输入不同的参数会得到不同的发光效果。

7.4　项目实训

项目 1：制作“多媒体播放器”网页

1. 实训目的

通过该网页的制作，可以掌握插入各种插件（如声音、视频）的方法。

2. 实训案例效果

该网页制作好后，在浏览器中预览的效果如图 7—62 所示。

图 7—62　“多媒体播放器”网页的显示效果图

3. 实训设计过程

(1) 在插入面板的“常用”模式上的“媒体”中单击 （插件外挂程序）按钮，弹出“选择文件”对话框。选择一个 . mp3 文件，如图 7—63 所示，单击【确定】按钮。

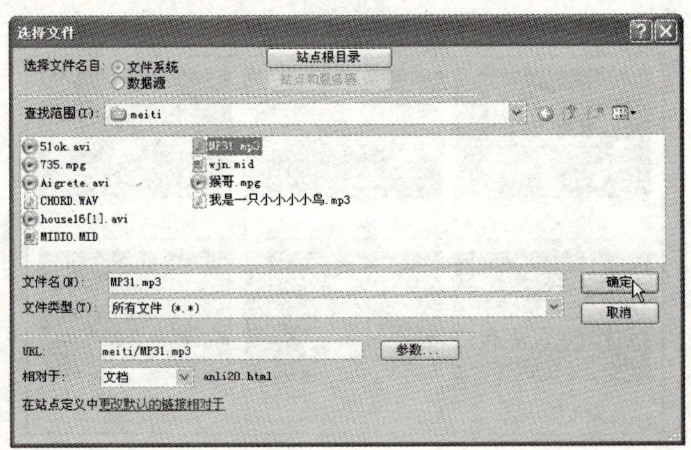

图 7—63　“选择文件”对话框

(2) 插入文件后，在网页编辑窗口中会显示一个插件图标。选中该图标后，可用鼠标拖动插件图标的黑色控制柄，调整其大小。

(3) 按照上述方法，再插入 3 个插件，分别导入 .avi 文件、.wav 文件和 .mid 文件。

项目 2：制作"Flash 动画播放器"网页

1. 实训目的

通过该网页的学习，掌握在网页中插入 Flash 按钮、Flash 动画、Flash 文本的方法和技巧等。

2. 实训案例效果

该网页制作好后，在浏览器中预览的效果如图 7—64 所示。

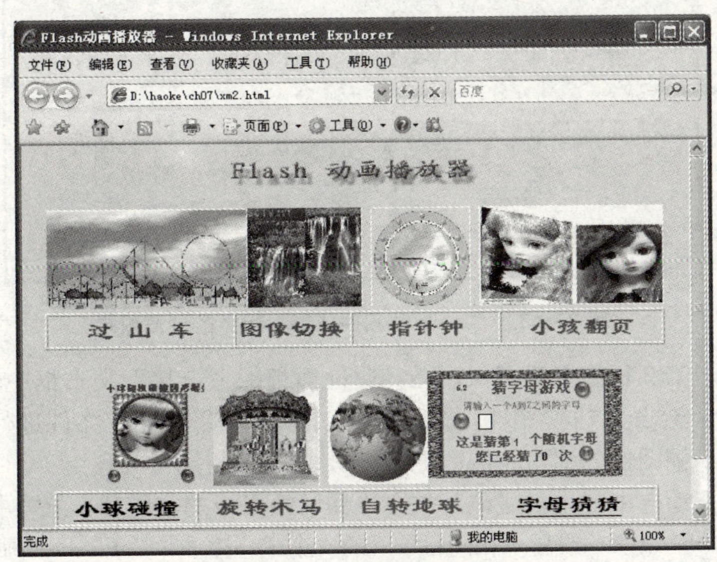

图 7—64　网页最终效果图

3. 实训设计过程

(1) 在"d:\haoke\ch07\xiangmu2"文件夹内放置 10 个 SWF 格式的 Flash 动画文件：过山车 .swf、图像切换 .swf、小孩翻页 .swf、旋转木马 .swf、指针钟 .swf、自传地球 .swf、汽车行驶 .swf、卷轴图像 .swf、小球碰撞 .swf 和字母猜猜 .swf，7 幅图像：过山车 .jpg、图像切换 .jpg、小孩翻页 .jpg、旋转木马 .jpg、指针钟 .jpg、自转地球 .jpg 和 Flash. jpg。

(2) 新建一个网页文档，将该网页文档以名称"xm2. htm"保存到"d:\haoke\ch07\"文件夹内。利用"页面属性"对话框设置网页的背景颜色为黄色，网页标题为"Flash 动画播放器"。

(3) 在第 1 行插入"Flash. jpg"图像，它是"Flash 动画播放器"文字标题图像。在文字标题图像下边，分两行插入 6 幅图像：过山车 .jpg、图像切换 .jpg、指针钟 .jpg、小孩翻页 .jpg、旋转木马 .jpg、自转地球 .jpg，将图像的高度都调整为 95 像素，对宽度做适当调整，使图像宽高比合适。

(4) 将光标定位在第 4 行图像的左边，在插入面板的"常用"模式上"媒体"中单击 SWF 按钮，弹出"选择文件"对话框。在该对话框中，将"d:\haoke\ch07\xiangmu2"文件夹内的"小球碰撞 .swf"文件导入，再按照相同的方法，在第 4 行图片的右边导入"字母猜猜 .swf"文件。然后，调整两个导入的 Flash 动画的大小。

(5) 在两行图像的下边各创建一个有 4 个单元格的表格，各单元格中分别输入红色、18

号字大小、居中对齐的文字，如图 7—65 所示。

图 7—65 “Flash 动画播放器”网页的预览效果

（6）单击选中第 2 行第 1 幅图像，在其属性面板的“链接”文本框中输入“xiangmu2/过山车 . swf”，将该图像与同一个目录下的“过山车 . swf”Flash 文件进行链接。按照相同的方法，将其他 5 幅图像分别与相应的 Flash 文件进行链接。

（7）用鼠标拖动选中“小球碰撞”文字，在属性面板的“链接”文本框中输入“xiangmu2/小球碰撞 . swf”文字，设置与相同目录下的“小球碰撞 . swf”Flash 动画链接；建立“字母猜猜”文字与相同目录下的“字母猜猜 . swf”Flash 动画链接，如图 7—66 所示。

图 7—66 文字链接后的效果

（8）按F12键，即可在浏览器中预览网页的最终效果，如图7—64所示。

项目3：制作弹出式菜单网页

1. 实训目的

通过该网页的制作，了解行为面板的使用方法、动作和事件的名称及其作用，掌握“显示-隐藏元素”动作的设计方法。

2. 实训案例效果

该网页制作好后，在浏览器中预览的效果如图7—67所示。当鼠标指针经过“多媒体”文字图像时，会显示下面的弹出式菜单；当鼠标指针离开菜单时，会隐藏下面的弹出式菜单。

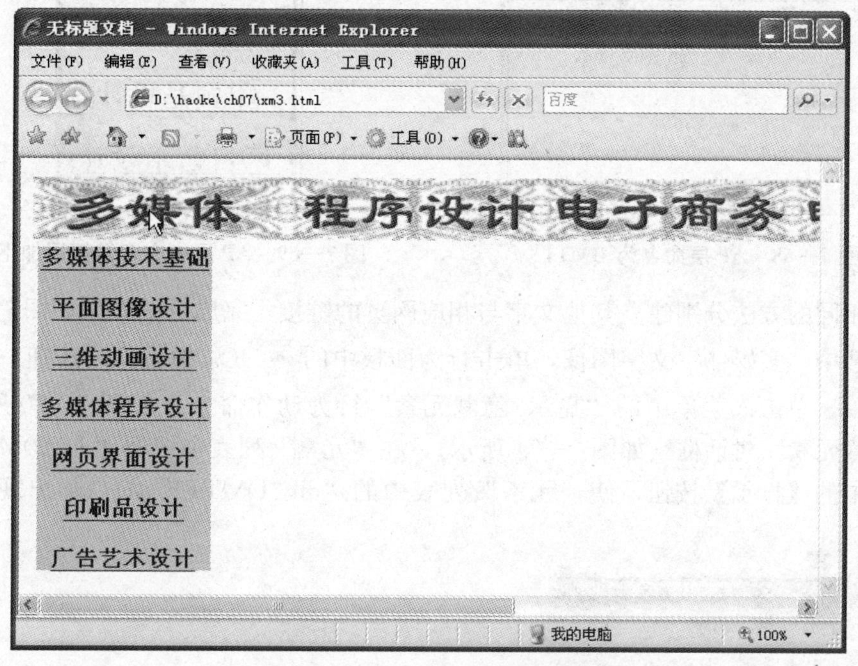

图7—67　弹出式菜单的显示效果图

3. 实训设计过程

（1）新建一个网页文档，在网页的适当位置插入导航条，在导航栏内插入已经制作好的“多媒体”文字图像等，共有五幅文字图像。

（2）在“多媒体”文字图像下方，紧贴导航栏的下面插入一个AP层，将该层命名为“DMT1”，如图7—68所示。将层设置成“灰色”背景，在层中输入文字“多媒体技术基础”、“平面图像设计”、“三维动画设计”、“多媒体程序设计”、“网页界面设计”、“印刷品设计”和“广告艺术设计”。每输入完一组文字，按一次Enter键，如图7—69所示。

（3）用鼠标拖动选中“多媒体技术基础”文字，在属性面板中将该文字的颜色设置为蓝色，字大小为18像素。然后，单击“链接”栏中的按钮，弹出“选择文件”对话框，在该对话框中选择要链接的网页，选中“相对于”下拉框中的“文档”选项，最后单击【确定】按钮，即可设置好链接的网页文件。也可以直接在“链接”下拉框中输入要链接的网页文件的路径与名称（此网页在“d:\haoke\ch07\xiangmu”文件夹内）。

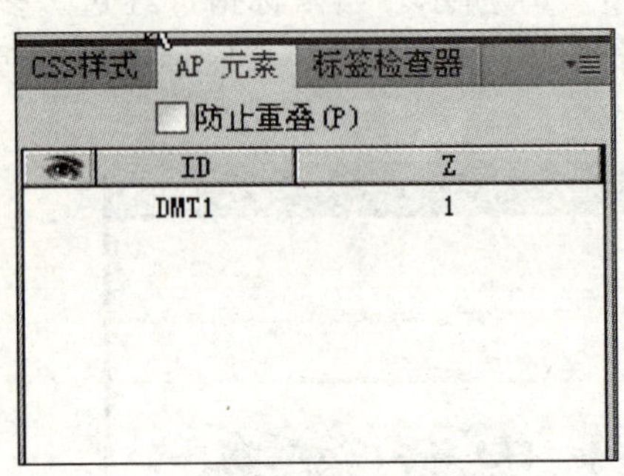

图 7—68　AP 层命名为 DMT1

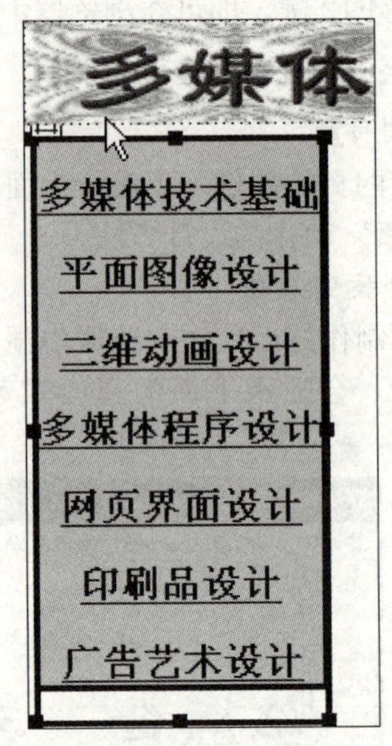

图 7—69　AP 层中文字链接后加下划线

按照相同的方法分别建立其他文字与相应网页的链接，完成后的效果如图 7—69 所示。

(4) 选中“多媒体”文字图像，单击行为面板中的 +（添加行为）按钮，弹出“动作名称”菜单，单击该菜单中的“显示-隐藏元素”行为动作命令（如图 7—70 所示），弹出“显示-隐藏元素”对话框（如图 7—71 所示），在“元素”列表中选择“div"DMT1"”，单击该对话框中的【显示】按钮，使“元素”列表中的“div"DMT1"”的右边出现“（显示）”文字。

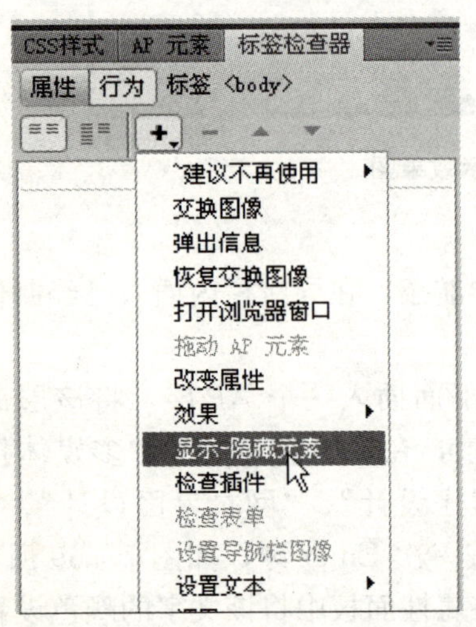

图 7—70　添加“显示-隐藏元素”行为动作

图 7—71　“显示-隐藏元素”对话框

(5) 单击【确定】按钮，返回行为面板，单击“事件”栏下拉框右边的 按钮，弹出“事件名称”菜单。在“事件名称”菜单中选择“onMouseOver”事件选项，将事件设置成“当鼠标指针经过对象”，即可设置好鼠标指针经过“多媒体”文字图像时产生使“DMT1”

层显示的动作，如图 7—72 所示。

（6）同理，选中 AP 元素面板中的“DMT1”层，单击行为面板内的 （添加行为）按钮，弹出“动作名称”菜单，单击该菜单中的“显示-隐藏元素”行为动作命令，弹出“显示-隐藏元素”对话框，单击该对话框中的【显示】按钮，使“元素”列表中“div"DMT1"”的右边出现“（显示）”文字。

（7）单击【确定】按钮，返回行为面板，单击“事件”栏右边的 按钮，弹出“事件名称”菜单，在该菜单中选择“onMouseOver”事件选项，即设置鼠标指针经过“DMT1”层自身时出现“DMT1”层显示的动作。

（8）再次选中 AP 元素面板中的“DMT1”层。同样按上述方法添加“显示-隐藏元素”动作，弹出“显示-隐藏元素”对话框，单击该对话框中的【隐藏】按钮，使“元素”列表中的“div"DMT1"”的右边出现“（隐藏）”文字，如图 7—73 所示。

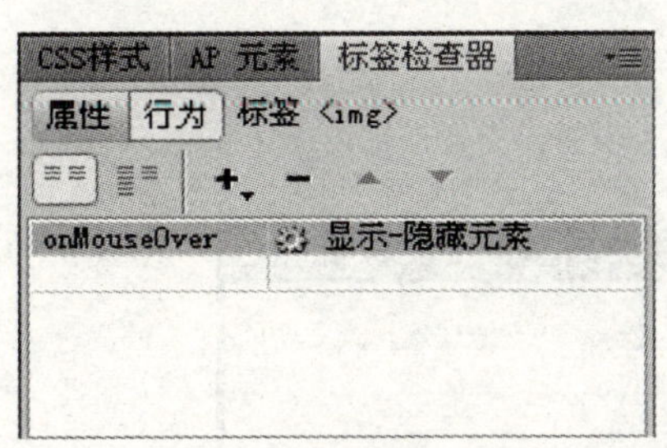

图 7—72 设置鼠标经过事件

图 7—73 “显示-隐藏元素”对话框

（9）单击【确定】按钮，返回行为面板，单击“事件”栏右边的 按钮，弹出“事件名称”菜单，在“事件名称”菜单中选择“onMouseOut”事件选项，将事件设置成“当鼠标指针离开对象”，即可设置好鼠标指针离开“DMT1”层后产生使“DMT1”层隐藏的动作。

（10）在 AP 元素面板中选中“DMT1”层，单击左侧会显示 眼睛图标，再次单击眼睛图标会变成 图标，将该层设置成“初始状态下隐藏”，如图 7—74 所示。

提示： 以后如果要显示该层，可单击选中 AP 元素面板中的“DMT1”层的 图标，使该图标变为 图标，如图 7—75 所示。

此时，“DMT1”层的行为面板设置如图 7—76 所示。由图 7—76 所示的行为面板可以看出，进行完动作和事件的设置后，在行为面板内会显示出动作的名称和对应的事件，在动作名称的左边会有一个 按钮，双击该按钮，可以弹出“显示-隐藏元素”对话框，重新进行设置。

（11）第一个菜单制作完成，按 F12 键，在浏览器中可预览网页，弹出菜单的最终效果如图 7—67 所示。按照上述方法，继续完成导航栏中其他文字图像的弹出式菜单设置。

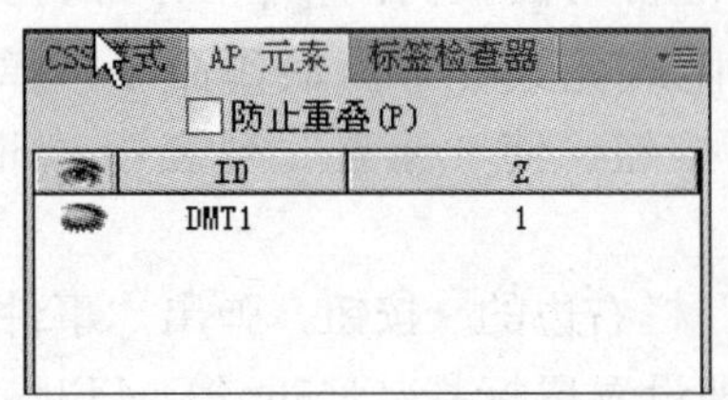

图 7—74 “DMT1”层初始状态下隐藏

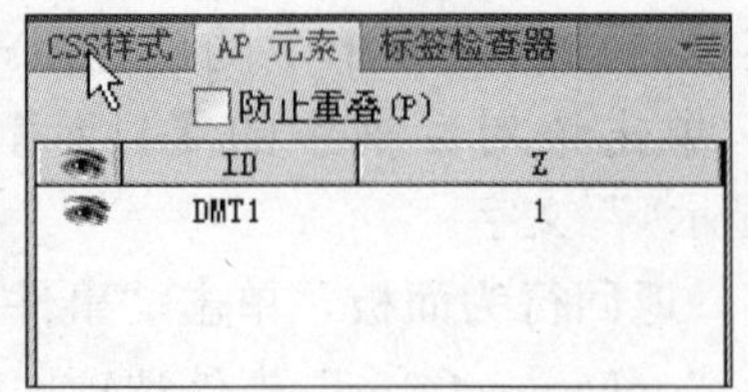

图 7—75 “DMT1”层重新显示

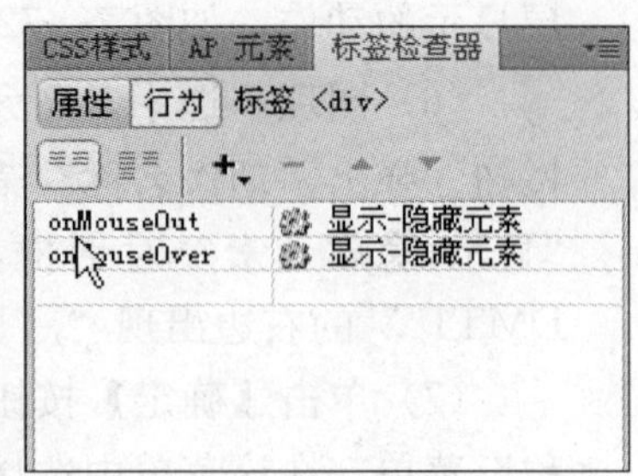

图 7—76 行为面板中设置后

项目 4：制作“控制播放 Flash 动画和 MIDI 音乐”网页

1. 实训目的

通过该网页的制作，可以掌握“控制 Shockwave 或 Flash”和“播放声音”动作的设计方法。

2. 实训案例效果

实训案例效果如图 7—77 所示。

图 7—77 “控制播放 Flash 动画和 MIDI 音乐”网页的显示效果图

3. 实训设计过程

（1）将光标定位在第 1 行，在插入面板的“常用”模式上“媒体”中单击 SWF 按钮，弹出“选择文件”对话框。利用该对话框将“d:\haoke\ch07\swf”文件夹内的“图像切换. swf”文件导入，然后适当调整它的大小。

（2）在 Flash 动画的右边创建 5 个 AP 层，在各个 AP 层内插入不同的图像，调整这些图像的大小，并输入不同的文字，如图 7—77 所示。

（3）单击选中 Flash 动画，在其属性面板内左边的“名称”文本框内输入“FLASH”，这是 Flash 动画的名称，如图 7—78 所示。

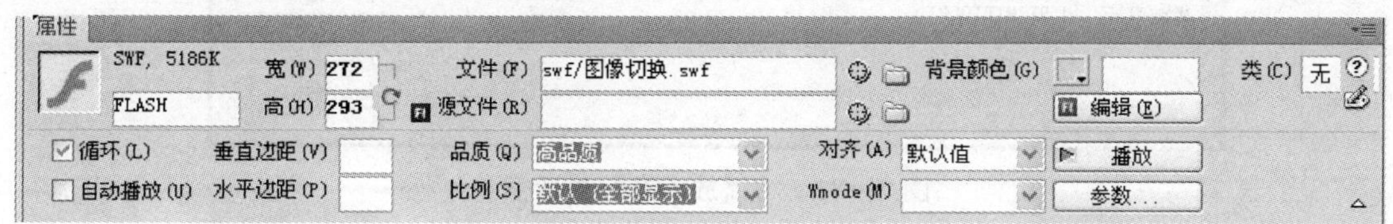

图 7—78　在属性面板中给 Flash 动画命名为 FLASH

（4）选中“Flash 播放”文字上边的图像，单击行为面板中的 +（添加行为）按钮右下角的箭头，弹出“动作名称”菜单，单击“控制 Shockwave 或 SWF”命令，弹出“控制 Shockwave 或 SWF”对话框，如图 7—79 所示，选择“播放”单选按钮。在行为面板中设置它的事件为“onClick”（单击），如图 7—80 所示。

（5）按照上述方法再设置一个行为，在“控制 Shockwave 或 SWF”对话框中选中“停止”单选按钮，在行为面板中设置它的事件为“onLoad”（加载网页）。此时行为面板的设置如图 7—80 所示。

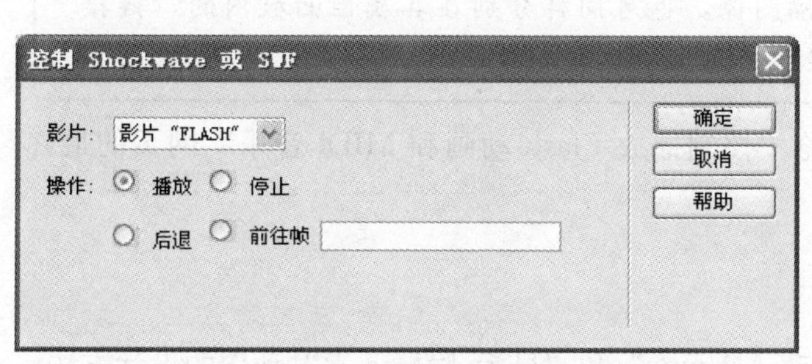

图 7—79　“控制 Shockwave 或 SWF ”对话框

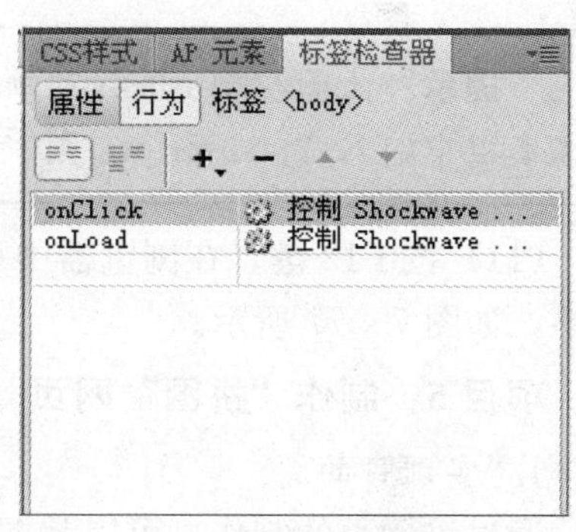

图 7—80　添加行为后的行为面板

（6）选中“Flash 暂停”文字上边的图像，按照上边所述方法，设置“控制 Shockwave 或 Flash”动作，在“控制 Shockwave 或 SWF”对话框中选择“停止”单选按钮，在行为面板中设置它的事件为“onClick”（单击）。

（7）选中“Flash 后退”文字上边的图像，按照上边所述方法，设置“控制 Shockwave 或 Flash”动作。在“控制 Shockwave 或 SWF”对话框中选择“后退”单选按钮，在行为面板中设置它的事件为“onClick”（单击）。

（8）选中“到第 5 帧”文字上边的图像，按照上边所述方法，设置“控制 Shockwave 或 Flash”动作。在“控制 Shockwave 或 SWF”对话框中选择“前往帧”单选按钮，在其右边的文本框中输入“5”，在行为面板中设置它的事件为“onClick”（单击）。

（9）选中“播放 MIDIO 音乐”文字上边的图像，在行为面板中单击 +（添加行为）按钮右下角的箭头，弹出“动作名称”菜单，选择【播放声音】菜单命令，弹出“播放声音”对话框，利用该对话框选择“MIDI/MIDIO. MID”文件，具体设置如图 7—81 所示，单击【确定】按钮。在行为面板中设置它的事件为“onClick”（单击）。

图 7—81 “播放声音”对话框

(10) 选中“播放 MIDI 音乐”文字上边的图像，在其属性面板内的“链接”文本框中输入“javascript:;”，如图 7—82 所示。

图 7—82 在属性面板中的“链接”设置

提示：上面控制 Flash 动画的四幅图像，也可同样分别在其属性面板内的“链接”文本框中输入“javascript:;”，可以产生行为特效的视觉效果。

(11) 按 F12 键，在浏览器中可预览“控制播放 Flash 动画和 MIDI 音乐”网页的最终效果，如图 7—77 所示。

项目 5：制作“拼图”网页

1. 实训目的

通过该网页的制作，可以掌握“拖动 AP 元素”和“显示-隐藏元素”动作的设计方法。

2. 实训案例效果

鼠标单击手指图像时，在左上角显示拼图的效果图，如图 7—83 所示。

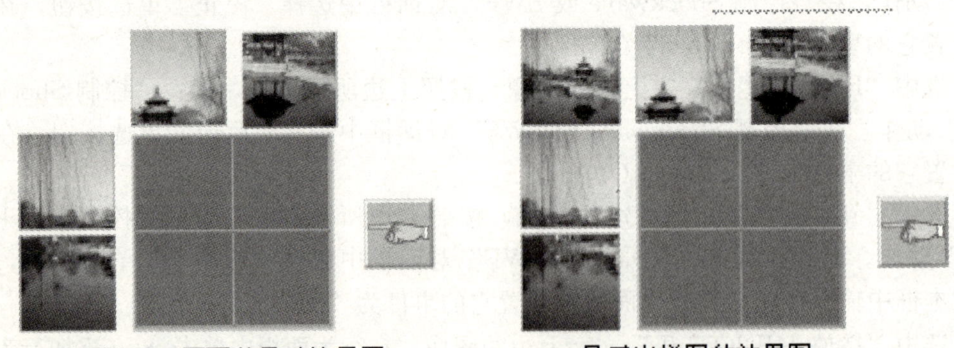

“拼图游戏”网页的显示效果图　　显示出拼图的效果图

图 7—83 案例效果图

完成拼图游戏后的画面如图 7—84 所示。

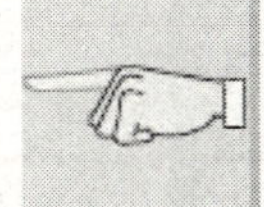

图 7—84　拼图效果

3. 实训设计过程

（1）在页面内创建 4 个 AP 层，层的名称分别为 Layer1、Layer2、Layer3 和 Layer4。在各个层中插入拼图图像，然后适当调整它们的大小，最好用鼠标拖动粗调后，再在它们的属性面板中内精细调整（宽 100 像素，高 100 像素），最终效果如图 7—85 所示。

（2）在拼图图像的下面创建一个名称为"Layer5"的层，在 AP 层中插入一个 2 行 2 列的表格，并调整它的大小（宽 200 像素，高 200 像素，单元格均为宽 100 像素，高 100 像素）和位置，使表格框线内部的大小与拼图图像合成后的大小一样。

（3）在表格的左上边创建一个名称为"Layer6"的层，在其内插入拼图效果图像。在表格的右边创建一个名称为"Layer7"的层，在其内插入手指图像，调整它们的大小与位置，最终效果如图 7—86 所示。

图 7—85　在 4 个 AP 层中插入图像　　图 7—86　七个层内容制作好后的效果

（4）用鼠标将 4 幅拼图图像拖到表格的正确位置，如图 7—87 所示。

（5）在菜单栏中单击【窗口】|【AP 元素】命令，弹出 AP 元素面板，单击"Layer6"左边，使其左边出现图标，表示该层被隐藏，这时表格左上边的图像会消失。此时，AP 元素面板如图 7—88 所示。

（6）单击页面左下角的〈body〉标识符，选中整个页面，从而可以保证一进入网页就启动"拖动 AP 元素"动作。单击行为面板内的 +. （添加行为）按钮，选择"拖动 AP 元素"行为动作，弹出"拖动 AP 元素"对话框，如图 7—89 所示。

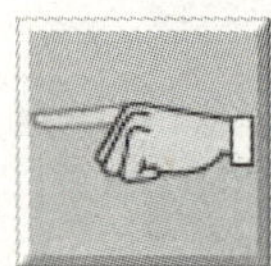

图 7—87　取得拖动层的正确位置

CSS样式　AP 元素　标签检查器

防止重叠(P)

	ID	Z
	Layer7	5
	Layer6	4
	Layer4	3
	Layer3	2
	Layer2	2
	Layer1	2
	Layer5	1

图 7—88　左上角层 6 隐藏后的状态

（7）在“AP 元素”下拉框中选择“div"Layer1"”，再单击【取得目前位置】按钮，可将“Layer1”层的当前位置数值自动填入其左边的两个文本框内。同时，“靠齐距离”文本框内给出默认值 50。

按照上述方法，完成对 Layer2、Layer3 和 Layer4 层的设置。设置完的行为面板如图 7—90 所示。然后，将这几个 AP 层拖动还原到原来的位置。

图 7—89　“拖动 AP 元素”对话框

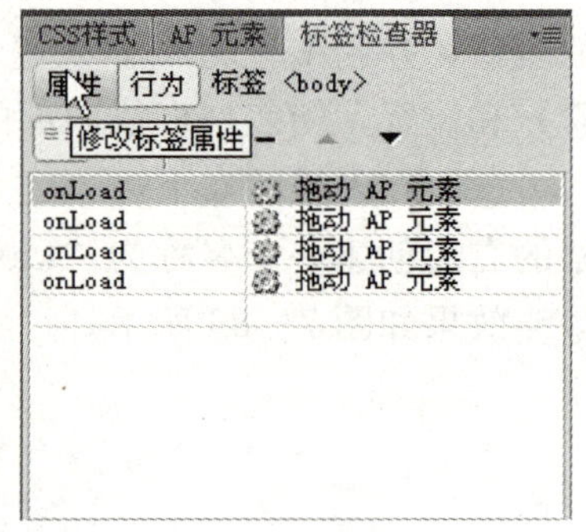

图 7—90　设置完的行为面板

（8）调整 Layer1、Layer2、Layer3 和 Layer4 层的位置，如图 7—91 所示。

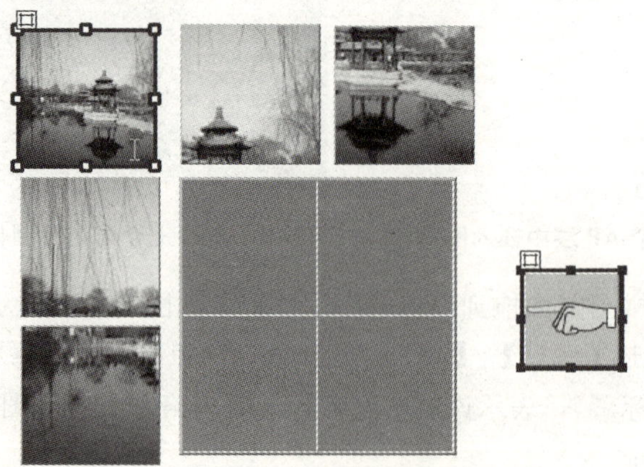

图 7—91　将层 1～层 4 调整回原位置

（9）单击选中手指图像，单击行为面板中的 +（添加行为）按钮，选择“显示-隐藏元素”行为动作，弹出“显示-隐藏元素”对话框，如图 7—92 所示。

图 7—92　"显示-隐藏元素"对话框（1）

（10）在"元素"列表框内选择"div"Layer6""层（即表格左上边的层），再单击【显示】按钮，设置"Layer6"层为显示。此时"元素"列表框内"Layer6"层名称右边会出现"（显示）"文字，如图 7—92 所示。单击【确定】按钮，返回行为面板，将"Layer6"层显示的动作所对应的事件设置为"onClick"。

按照上述方法，再进行一次手指图像的行为设置，这次要单击【隐藏】按钮，设置"Laycr6"层为不显示。此时，"元素"列表框内的"div"Layer6""层名称右边会出现"（隐藏）"文字，如图 7—93 所示。

图 7—93　"显示-隐藏元素"对话框（2）

（11）返回行为面板，如图 7—94 所示。将"Layer6"层隐藏的动作所对应的事件设置为"onMouseOut"（鼠标指针离开对象）。要确定哪一个是使"Layer6"层隐藏（或显示）的动作，可双击动作名称，弹出"显示-隐藏元素"对话框。

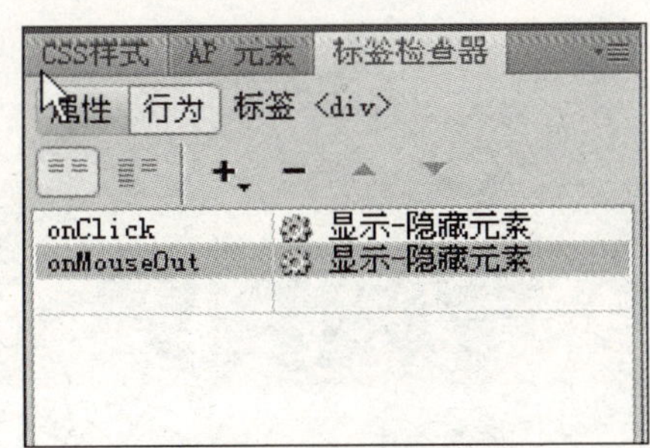

图 7—94　设置后的行为面板

本章小结

本章介绍了在网页中插入各种媒体文件、行为特效的使用、网站相册的创建以及使用 CCS 样式美化相册的方法和技巧。通过本章的学习，读者应该掌握各种多媒体元素的灵活运用方法，丰富自己的网页，使网站变得更加生动。对 CSS 样式的进一步学习，可以让读者对 CSS 样式有完整全面的了解。

习 题 7

一、名词解释

1. 行为　　　　2. 事件　　　　3. 动作

二、填空题

1. 在网页中插入 Flash 动画后，移动鼠标在属性面板中单击__________按钮可预览动画。

2. 移动鼠标在属性面板中单击【参数】按钮，在“参数”栏中输入__________，并在“值”栏中输入__________，即可隐藏播放器面板。

3. 使用“设置状态栏文本”行为可以在浏览器窗口底部左侧的__________中显示消息。

4. 在创建网站相册之前，要先执行【文件】|【新建】菜单命令，新建一个__________页面，专门用来存放电子相册。

三、判断题

1. 利用行为面板也可设置交换图像。（　）

2. 若要在进入网页时弹出信息窗口，则在行为面板中的事件应选择 Unload。（　）

3. 在行为面板中要设置鼠标经过事件应选择 onMouseOut。（　）

4. 创建网站相册需执行【文件】|【新建网站相册】菜单命令。（　）

5. 在 CSS 规则定义的扩展类型下对 Glow 过滤器输入不同的参数会得到不同的发光效果。（　）

四、拓展实训题

1. 打开 xt07－01. htm 文件，进行以下修改后存盘，效果如图 7—95 所示。

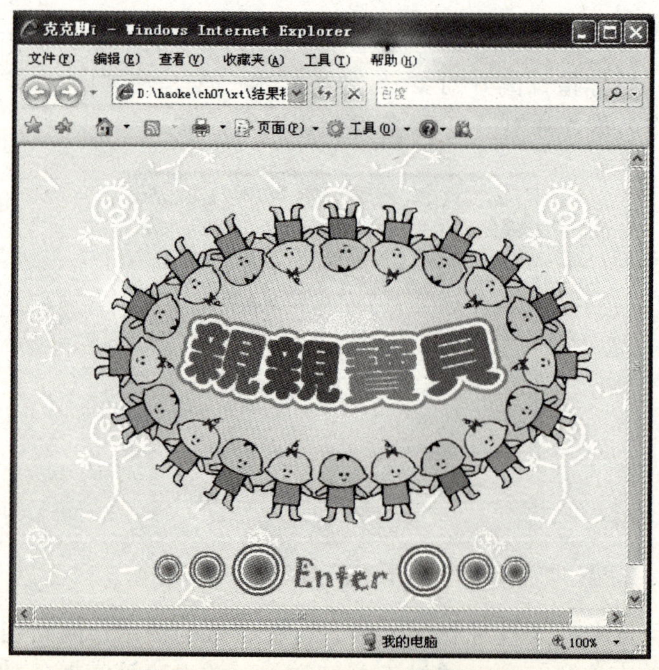

图 7—95　xt07－01. htm 的最终效果

(1) 在首页插入一个 Flash 开场动画，文件名称为 index.swf 。

(2) 将插入 Flash 动画的背景透明化。

2. 打开 xt07－02.htm 文件，进行以下修改后存存盘，效果如图 7—96 所示。

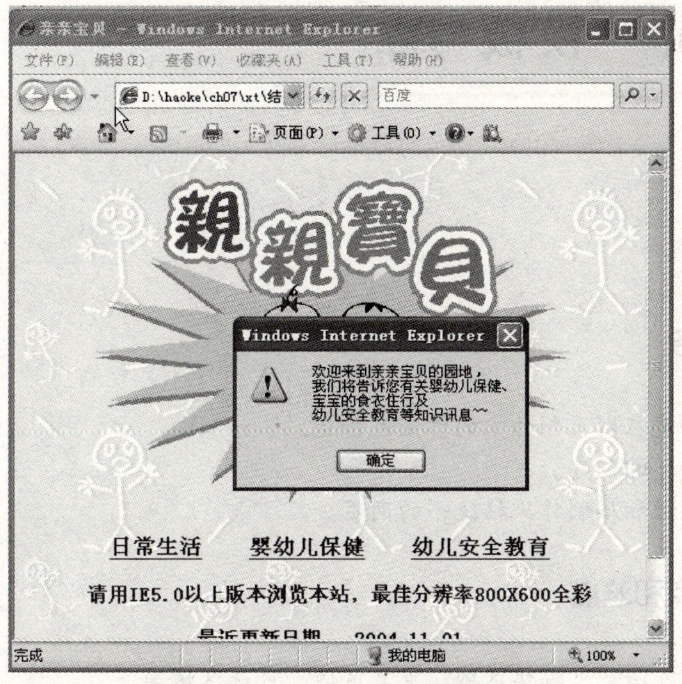

图 7—96　xt07－02.htm 的最终效果

(1) 制作在进入网页的同时，弹出提示信息窗口，内容为“欢迎来到亲亲宝贝的园地，我们将告诉您有关婴幼儿安全教育等知识讯息~~”。

(2) 加入最近更新日期。

3. 为自己制作一个相册网页，并用 CSS 样式表美化相册网页。

第 8 章　模板与库

教学任务

- 理解模板和库在网页制作中的作用及价值。
- 学习模板和库的创建。
- 能够运用模板和库制作风格统一的网页。

教学重点和难点

- 模板的创建方法、可编辑区域、重复区域、可选区域等。
- 库的创建方法、插入库的方法、对库项目进行编辑更改等。

课前导读

通常在一个网站中会有很多风格和内容基本相似的网页，如果逐页制作，则费时、费力，不利于提高效率。只有简化重复操作，才能提高效率，方便网站的维护，模板才能简化重复操作。模板可以将多个页面中相同的部分制作成一个文件，相似的页面可以通过模板来创建，我们只需要在套用了模板的页面中进行修改，就可以制作出风格相似，但又有区别的页面。模板一旦被更新，应用了模板的页面都将随之更新，从而极大地提高工作效率。

利用库文件，将一个固定内容插入到不同页面中，当需要更新时，只要改变一个文件就使站点中的相关页面的文件同时得到更新。

使用模板和库可以更方便、快捷地维护网站，可以在短时间内重新设计网站和大量地修改页面。

8.1　统一网页风格的模板

在建设一个大规模的网站时，通常需要制作很多的页面，而且还要保证这些页面的风格统一。为了提高网站建设与更新的工作效率，避免重复操作，这就要用到 Dreamweaver CS4 中的模板。本节就来学习如何创建和使用模板。

模板的最大作用就是创建风格统一的网页，省去重复的操作，提高工作效率。它是一种特殊类型的文档，文件扩展名为 .dwt。

在设计网页时，可以将网页的公共部分放到模板中。当公共部分更新时，只需要更改模板，所有应用该模板的页面都会随之改变。在模板中可以创建可编辑区域，应用模板的页面只能对可编辑区域内的部分进行编辑，而可编辑区域外的部分只能在模板中编辑。使用模板的优点如下：

（1）提高设计者的工作效率。

（2）更新站点时，使用相同模板的网页文件可同时更新。

（3）模板与基于该模板的网页文件之间保持连接状态，对于相同的内容可保证完全一致。

8.1.1　创建模板的方法

模板的制作与普通网页的制作相同，是制作网页的公共部分。设计者可以根据需要，直接创建空白的模板，也可以将已有文档转换为模板。为了使模板生效，至少需要创建一个可编辑区域，否则基于该模板的页面是不可编辑的。

为了便于管理，最好将创建的模板存放在站点根目录下的“Templates”文件夹中，使用的文件扩展名为 .dwt。若该文件夹不存在，则存储一个新模板时，Dreamweaver CS4 会自动生成此文件夹。

1. 直接创建空模板

直接创建空模板有以下三种方法。

方法一：通过资源面板，创建空模板。在资源面板中单击左侧竖排的【模板】按钮，如图 8—1 所示。单击下方的“新建模板”按钮，创建空模板。此时新建模板将添加到“模板”列表中，为该模板输入名称，如图 8—2 所示。

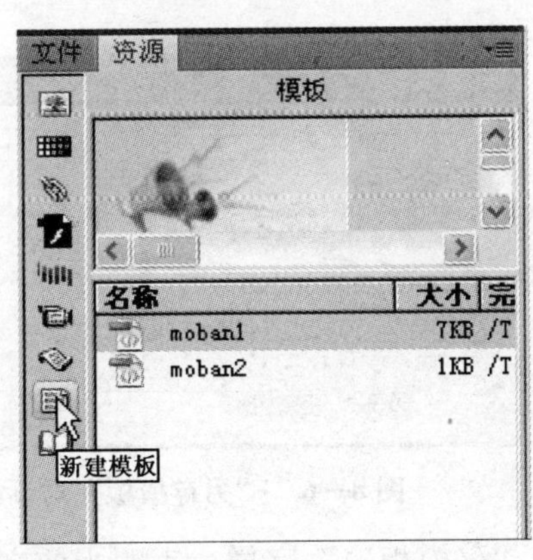

图 8—1　资源面板中的模板列表

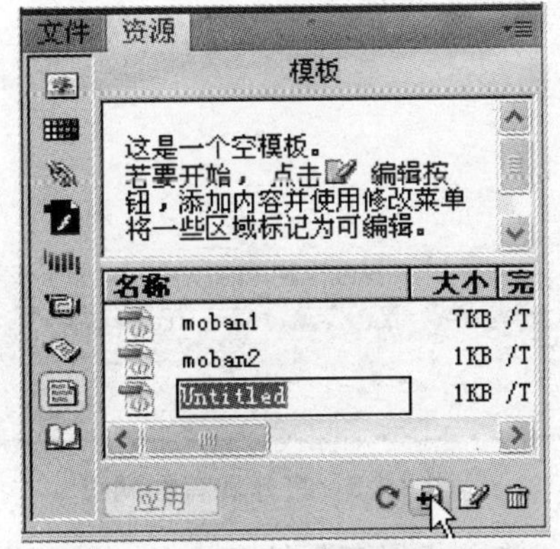

图 8—2　单击下方的按钮创建空模板

方法二：单击鼠标右键，创建空模板。在资源面板的“模板”列表区域，单击鼠标右键，在弹出的菜单中选择“新建模板”选项，如图 8—3 所示。

方法三：通过插入面板，创建模板。在插入面板的“常用”模式中单击“创建模板”按钮，将当前文档转换为模板文档，如图 8—4 所示。

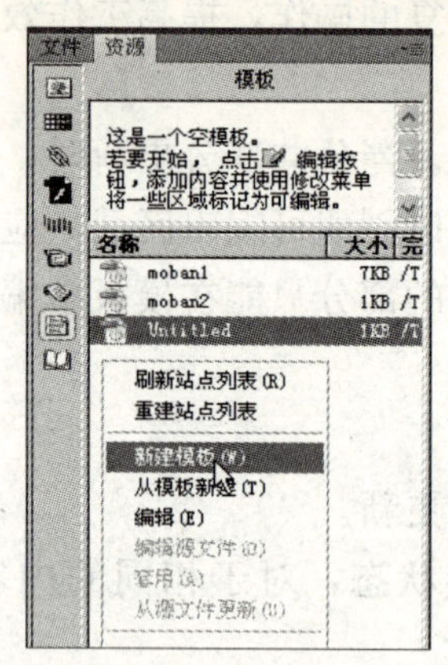

图 8—3　单击鼠标右键创建空模板

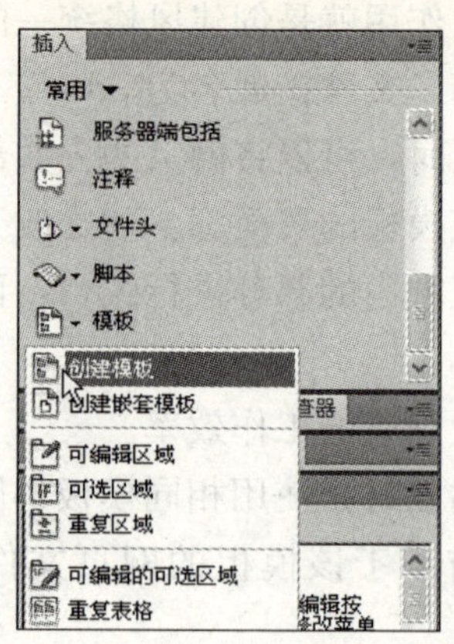

图 8—4　通过插入面板创建模板

2. 将已有文档转换为模板

除了直接创建模板外，在 Dreamweaver CS4 中还可以将已有文档转换为模板，具体操作步骤如下：

（1）在菜单栏中选择【文件】|【打开】命令，弹出“打开”对话框，选择要作为模板的网页，然后单击【打开】按钮，如图 8—5 所示。

（2）在菜单栏中选择【文件】|【另存为模板】命令，弹出“另存模板”对话框，输入模板名称，如图 8—6 所示。

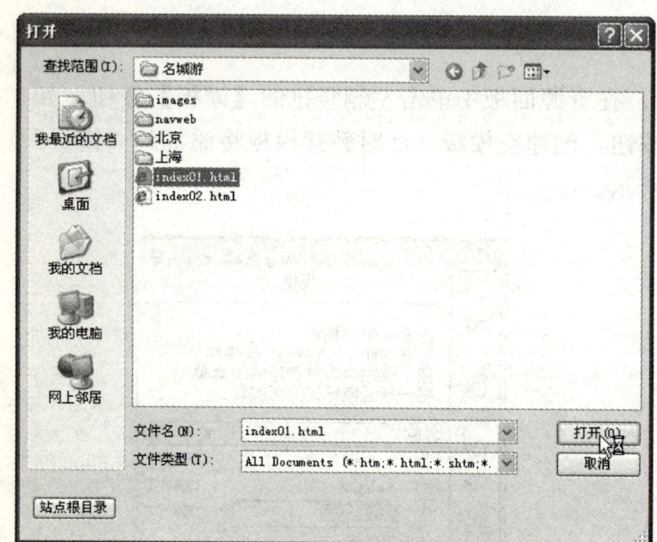

图 8—5　打开现有的网页

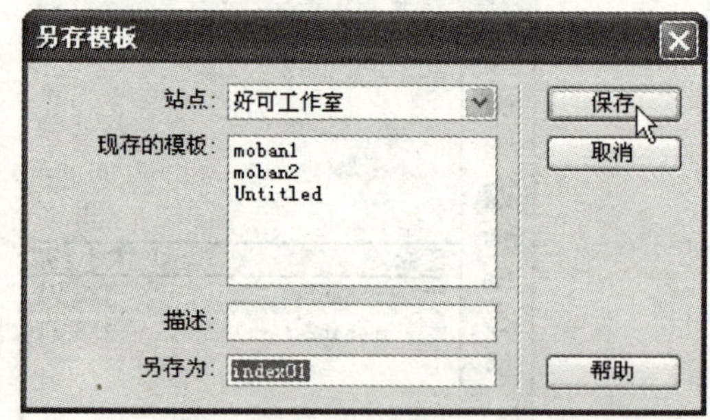

图 8—6　“另存模板”对话框

（3）单击【保存】按钮，此时窗口标题栏中显示“〈〈模板〉〉”字样，表明当前文档是一个模板文档，如图 8—7 所示。

3. 对空模板进行修改

如果要修改新建的空模板，则先在“模板”列表中选中该模板，然后单击资源面板下方的“编辑”按钮。如果重命名新建的空模板，则单击资源面板中的菜单按钮，从弹出的菜单中选择“重命名”，输入新名称即可，如图 8—8 所示。

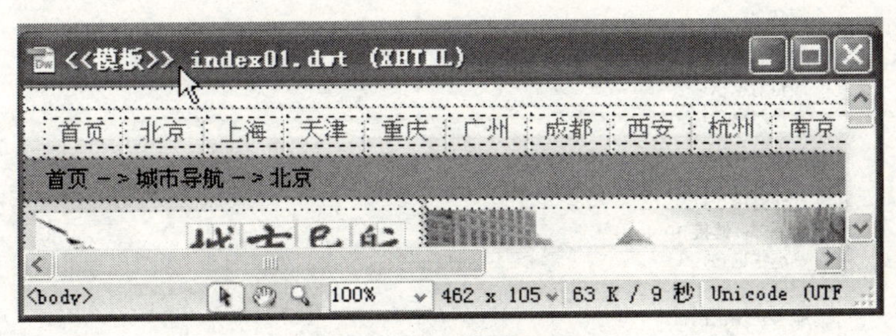

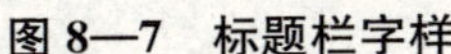
图 8—7　标题栏字样

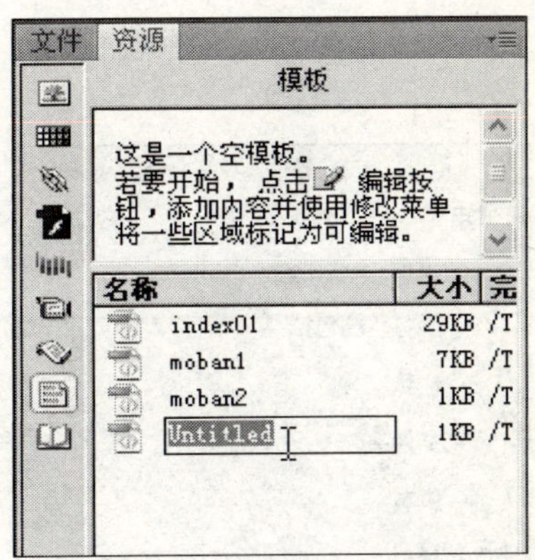

图 8—8　重命名模板

8.1.2　创建模板的可编辑区域

在设计模板时，设计者可以决定模板中哪些部分是可编辑的，哪些是不可编辑的，这就需要通过创建可编辑区域来实现上述功能。

模板的不可编辑区域是指基于模板创建的网页中固定不变的元素，模板的可编辑区域是指基于模板创建的网页中用户可以编辑的区域。

当创建一个模板，或将一个网页另存为模板时，Dreamweaver CS4 默认将所有区域标志为“锁定”，这是因为用户要根据具体要求定义和修改模板的可编辑区域。

1. 选择区域

设计模板时首先要指定将哪些区域设置为可编辑区域，选择区域有以下两种方法：

方法一：在文档窗口中，选择要设置为可编辑区域的文本或内容。

方法二：在文档窗口中，将插入点放在要插入的可编辑区域。

2. 启用“新建可编辑区域”对话框

创建可编辑区域是通过“新建可编辑区域”对话框实现的。启用该对话框，有以下三种方法。

方法一：在插入面板的“常用”模式中，单击模板展开式按钮▾，选择【可编辑区域】按钮，如图 8—9 所示。

方法二：使用快捷键 Ctrl＋Alt＋V 直接创建可编辑区域。

方法三：在菜单栏中依次单击【插入】|【模板对象】|【可编辑区域】命令，如图 8—10 所示。

3. 执行创建可编辑区域功能

在“名称”选项的文本框中为该区域输入唯一的名称，单击【确定】按钮，创建可编辑区域，如图 8—11 所示。

可编辑区域在模板中，由高亮显示的矩形边框围绕，如图 8—12 所示，该边框使用在“首选参数”对话框中设置的高亮颜色，在该区域左上角的选项卡中显示该区域的名称。

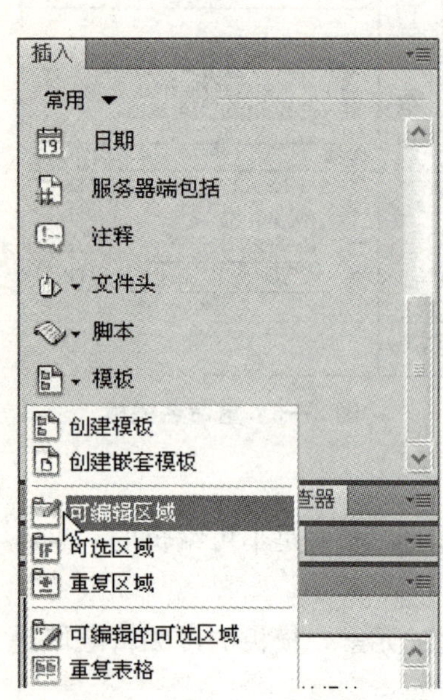

图 8—9　可编辑区域按钮

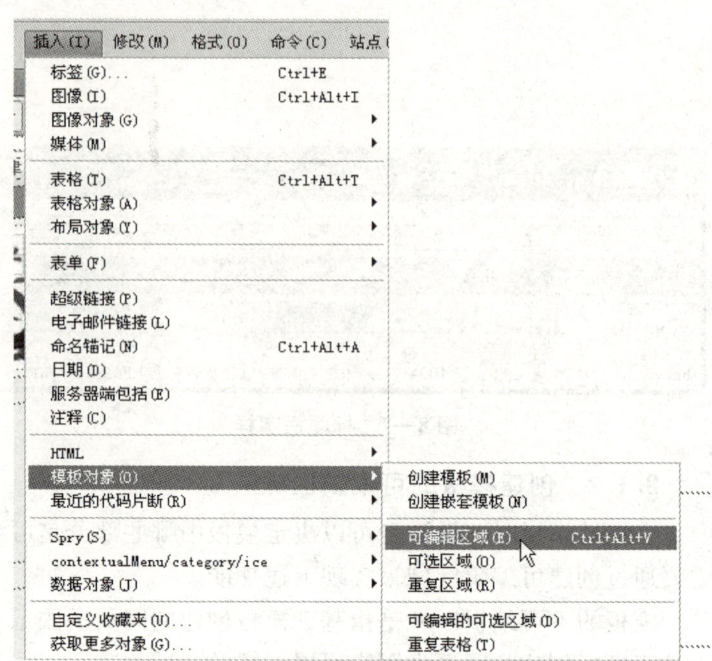

图 8—10　插入【可编辑区域】菜单命令

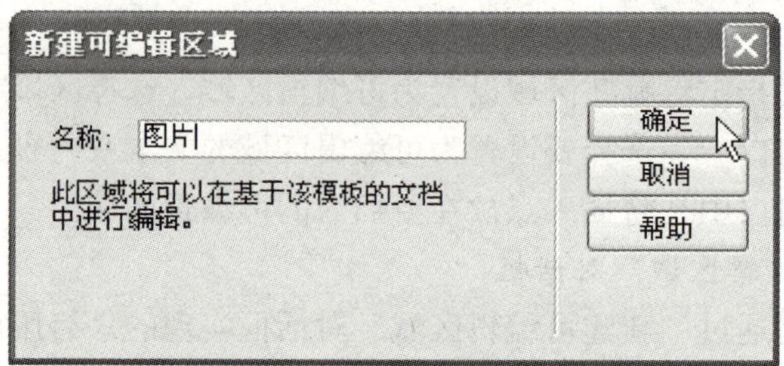

图 8—11　输入可编辑区域的名称

图 8—12　可编辑区域高亮显示的矩形边框

4. 使用可编辑区域的注意事项

(1) 在“名称”选项的文本框中不能使用特殊字符。

(2) 同一模板中的多个可编辑区域不能出现重名。

(3) 可以将整个表格或单独的表格单元格标志为可编辑的，但不能将多个表格单元格标志为单个可编辑区域。如果选定〈td〉标签，则在可编辑区域内，包括了单元格周围的区域；如果未选定〈td〉标签，则可编辑区域只影响单元格的内容。

(4) 层和层内容是单独的元素。当层可编辑时，可以更改层的位置及内容；当使层的内容可编辑时，只能更改层的内容，而不能更改层的位置。

(5) 在普通网页文档中插入一个可编辑区域，Dreamweaver CS4 会提示该文档将自动另存为模板。

(6) 可编辑区域不能进行嵌套插入。

8.1.3 创建模板的重复区域

重复区域是可以根据需要在基于模板的页面中复制任意次数的模板部分。重复区域通常用于表格，但也可以为其他页面元素定义重复区域。但是，重复区域不是可编辑区域，若要使重复区域中的内容可编辑，则必须在重复区域内插入可编辑区域。

1. 选择区域

在文档窗口中，选中要设置重复区域的内容，如图 8—13 所示。

2. 启用“新建重复区域”对话框

创建重复区域，是通过“新建重复区域”对话框实现的，启用该对话框通常有以下三种方法。

方法一：在插入面板的“常用”选项卡中，单击模板展开式按钮▾，选择“重复区域”按钮，如图 8—14 所示。

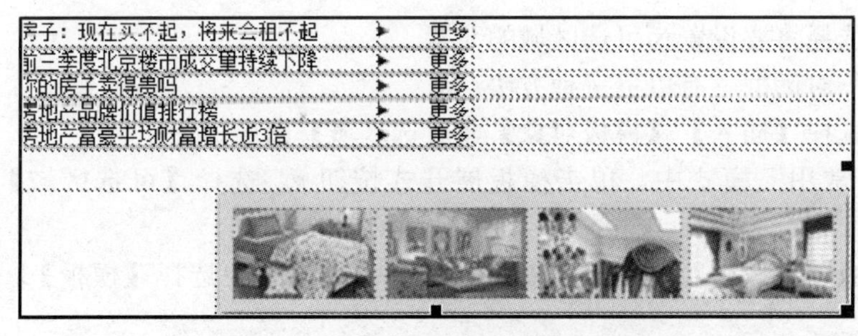

图 8—13 选择要设置为重复区域的内容

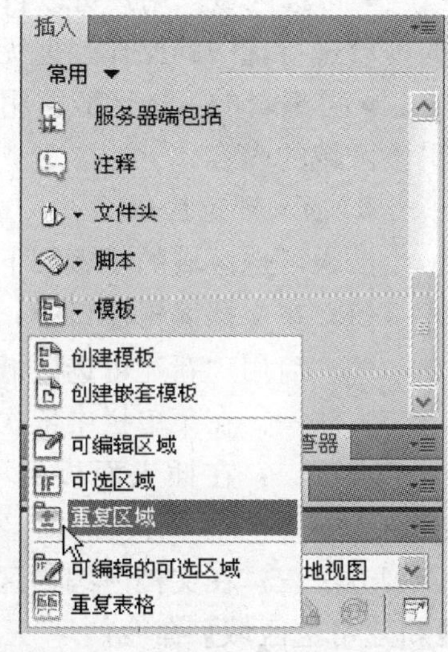

图 8—14 创建“重复区域”按钮

方法二：在菜单栏中选择【插入】|【模板对象】|【重复区域】命令，如图 8—15 所示。

方法三：在文档编辑窗口中，单击鼠标右键，在弹出的菜单中选择【模板】|【新建重复区域】命令，如图 8—16 所示。

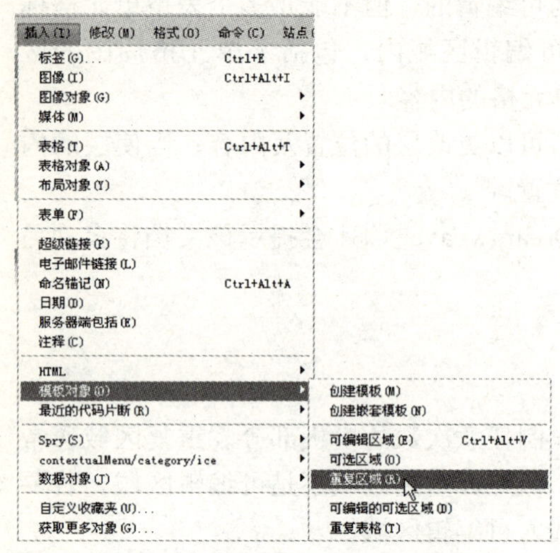

图 8—15 插入【重复区域】菜单命令

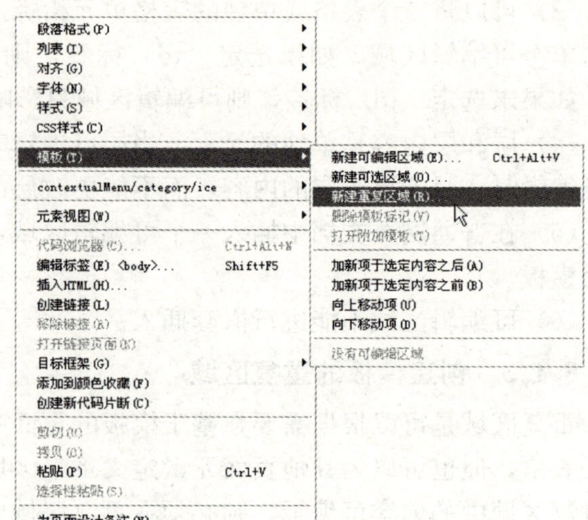

图 8—16 用右键菜单创建重复区域

3. 执行创建重复区域功能

在“名称”选项的文本框中为该区域输入唯一的名字，单击【确定】按钮，将重复区域插到模板中。选择重复区域或其中一部分，如表格、行或单元格，将其定义为编辑区域。

8.1.4 创建模板的可选区域

使用模板创建的可选区域有两种类型：

● 可选区域：用户可以自己设定是否显示标注的区域。在这个区域内，可以对可选区域的内容进行选中的操作，但无法编辑该区域的内容。

● 可编辑的可选区域：用户可以自己设定是否显示标注的区域。在这个区域内，可以编辑该区域的内容。

1. 插入可选区域

插入可选区域的步骤如下：

(1) 在文档编辑窗口中，选择将要设置为可选区域的元素。

(2) 启用“新建可选区域”对话框，有以下三种方法。

方法一：在菜单栏中依次选择【插入】|【模板对象】|【可选区域】命令。

方法二：在插入面板的“常用”模式中，单击模板展开式按钮▾，选择【可选区域】按钮。

方法三：在文档“编辑区域”窗口中，单击鼠标右键，在弹出的菜单中选择【模板】|【新建可选区域】命令。

(3) 在“新建可选区域”对话框中，为可选区域指定选项，然后单击【确定】按钮，如图 8—17 所示。

2. 插入可编辑的可选区域

(1) 在文档“编辑区域”窗口中，将插入点放置在要插入可选区域的地方。注意：不能通过环绕选定内容来创建可编辑的可选区域。

(2) 启用“新建可选区域”对话框，执行下列两种操作均可。

方法一：在菜单栏中依次选择【插入】|【模板对象】|【可编辑的可选区域】命令。

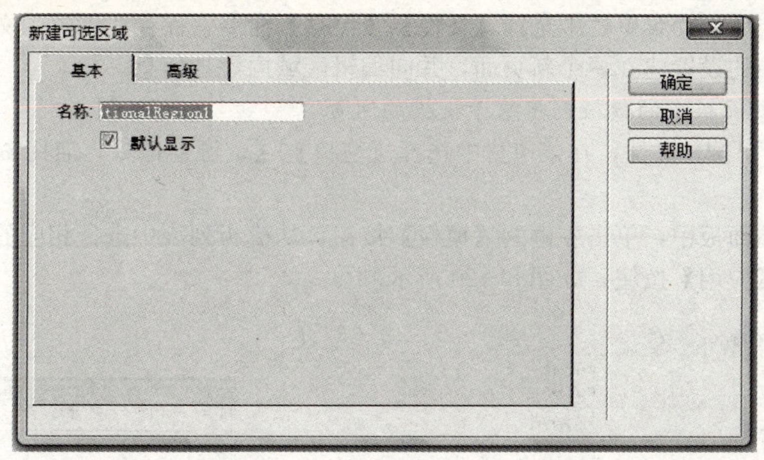

图 8—17　"新建可选区域"对话框

方法二：在插入面板的"常用"模式中，单击模板展开式按钮▾，选择【可编辑的可选区域】按钮。

(3) 在"新建可选区域"对话框中，为可选区域输入名称，单击【确定】按钮后，在该区域内插入内容。

8.1.5　模板的应用

前面学习了创建模板的方法，下面就来学习如何将已创建的模板应用到页面中。

1. 使用新建命令创建基于模板的新文件

在网页编辑窗口的菜单栏中，选择【文件】|【新建】命令，打开"新建文档"对话框，单击"模板中的页"标签，在"站点"列表中选择本网站的站点，如"好可工作室"，再从右侧"模板"列表中选择一个模板文件，单击【创建】按钮，创建基于模板的新文档，如图 8—18 所示。

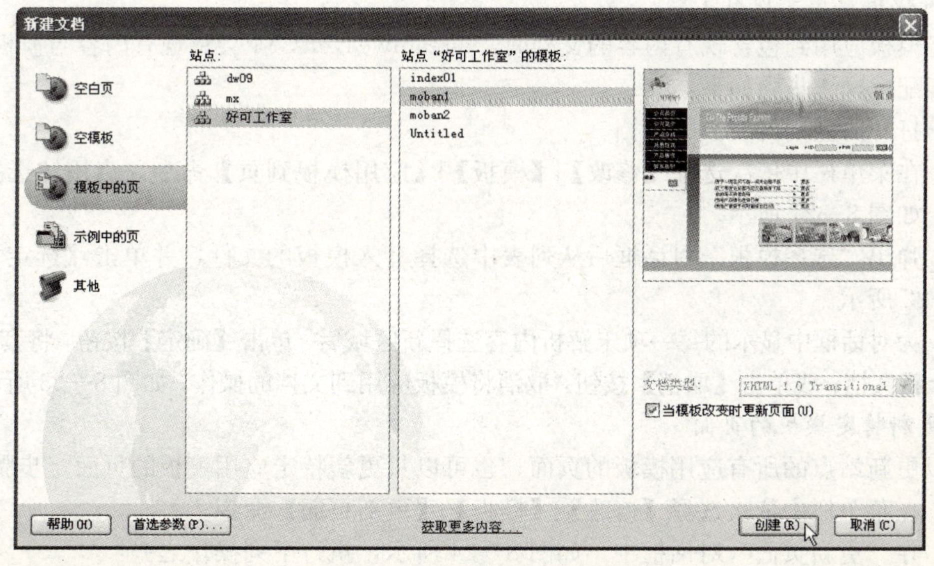

图 8—18　"新建文档"对话框

编辑完文档后，在菜单栏中选择【文件】|【保存】命令，保存所创建的文档。在文档窗口中按照模板中的设置建立一个新页面，并向编辑区域内添加信息。

2. 应用资源面板中的模板创建基于模板的网页

（1）新建 HTML 文件，在菜单栏中选择【窗口】|【资源】命令，启用资源面板，如图 8—19 所示。

（2）在资源面板中，单击左侧的【模板】按钮，从模板列表中选择相应的模板，单击资源面板下方的【应用】按钮，如图 8—20 所示。

窗口(W) 帮助(H)
插入(I) Ctrl+F2
✓ 属性(P) Ctrl+F3
CSS样式(C) Shift+F11
AP 元素(L) F2
数据库(D) Ctrl+Shift+F10
绑定(B) Ctrl+F10
服务器行为(O) Ctrl+F9
组件(S) Ctrl+F7
文件(F) F8
资源(A)
代码片断(N) Shift+F9
标签检查器(T) F9
行为(E) Shift+F4
历史记录(H) Shift+F10
框架(M) Shift+F2
代码检查器(D) F10
结果(R)
menus/DWMenuWindowExtensions
工作区布局(W)
显示面板(P) F4
层叠(C)
水平平铺(Z)
垂直平铺(V)

图 8—19 启用资源面板菜单命令

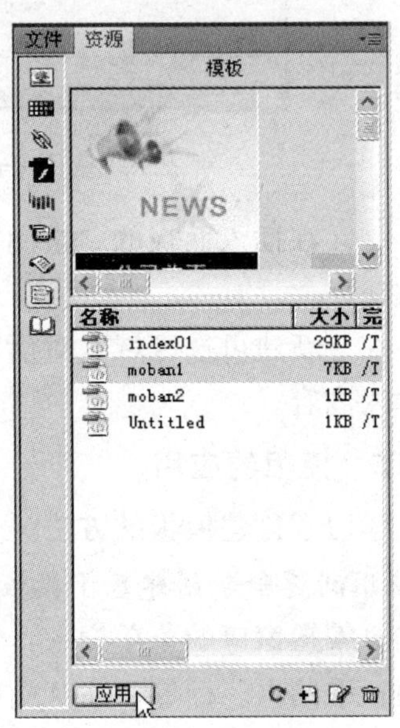

图 8—20 模板列表中的【应用】按钮

3. 将模板应用于现有文档

当将模板应用到包含现有内容的文档时，Dreamweaver CS4 会将现有内容与模板中的区域进行匹配。操作步骤如下：

（1）打开要应用的模板的文档。

（2）在菜单栏中依次选择【修改】|【模板】|【应用模板到页】命令，启用“选择模板”对话框，如图 8—21 所示。

（3）弹出“选择模板”对话框后从列表中选择套入模板的文件，并单击【选定】按钮，如图 8—22 所示。

（4）为对话框中显示的每一项未解析内容选择新区域后，单击【确定】按钮，将套用模板，得到一个新文档；或单击【取消】按钮，取消将模板应用到文档的操作，如图 8—23 所示。

4. 更新特定模板的页面

可以更新站点的所有应用模板的页面，也可以只更新特定应用模板的页面。步骤如下：

（1）在菜单栏中依次选择【修改】|【模板】|【更新页面】命令。

（2）在“更新页面”对话框中，如图 8—24 所示，执行下列操作之一：

操作一：若要按相应模板更新所选站点中的所有文件，可选择“整个站点”，然后从相邻的列表菜单中选择站点名称。

操作二：若要针对特定模板更新文件，则选择“文件使用”，然后从相邻的列表菜单中选择模板名称。

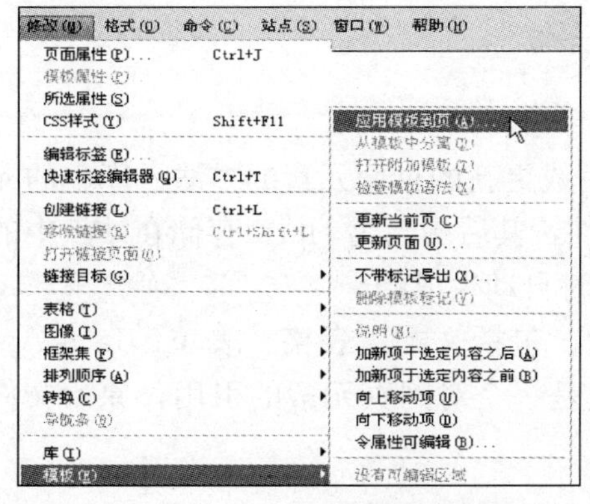

图 8—21　选择【应用模板到页】命令

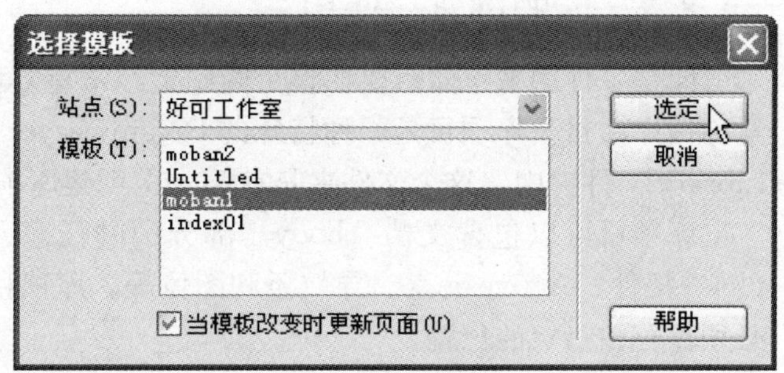

图 8—22　“选择模板”对话框

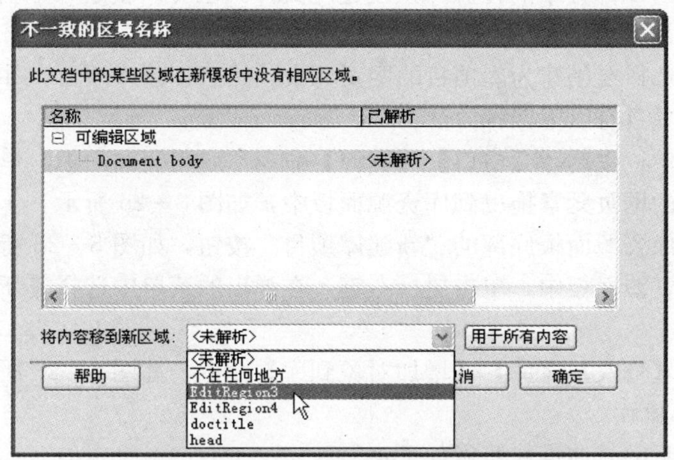

图 8—23　“不一致的区域名称”窗口

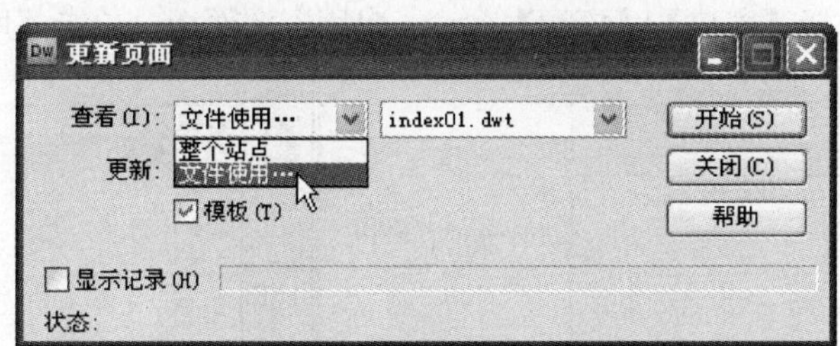

图 8—24　“更新页面”对话框

5. 把页面从模板中分离出来

如果要对应用了模板的页面的锁定区域进行修改，必须先把页面从模板中分离出来。一旦页面被分离出来，就可以像没有应用模板一样编辑页面。但当更新模板时，该页面将不能被更新。从模板中分离页面的步骤如下：

(1) 打开要分离的页面文档。

（2）在菜单栏中依次选择【修改】|【模板】|【从模板中分离】命令，即可把页面从模板中分离出来。

页面被分离出来之后，所有区域都变为可编辑区域，此时就可以像没有应用模板一样，对区域进行编辑。

8.2 库的创建与使用

库是一种用来存储想要在整个网站上经常重复使用或更新的页面元素的方法。库中的元素称做库项目。库项目是一种特殊的 Dreamweaver 文件，其后缀名为.lbi，存储在站点中的 Library 文件夹中，这个文件夹是在第一次创建库项目时自动生成的。

库项目可以包含文档〈body〉部分中的任意元素，包括文本、表格、表单、Java Applet、插件、Active 元素、导航条和图像等。库项目只是一个对网页元素的引用，原始文件必须保存在指定的位置。

8.2.1 创建库

可以使用〈body〉部分中的任意元素创建库文件，也可以新建一个空白库文件。

1. 基于选定内容创建库项目

在文档窗口中选择要创建为库项目的网页元素，然后创建库项目，并为新的库项目输入一个名称。创建库项目有以下四种方法：

方法一：在菜单栏中选择【窗口】|【资源】命令，启用资源面板。单击【库】按钮，按住鼠标左键将选定的网页元素拖曳到库资源面板中，如图 8—25 所示。

方法二：单击库资源面板底部的“新建库项目”按钮，如图 8—26 所示。

方法三：在库资源面板中，单击鼠标右键，在弹出的菜单中选择【新建库项】命令，如图 8—27 所示。

方法四：选择【修改】|【库】|【增加对象到库】命令，如图 8—28 所示。

2. 创建空白库项目

创建空白库项目的具体操作步骤如下：

（1）确保没有在文档窗口中选择任何内容。

（2）在菜单栏中选择【窗口】|【资源】命令，启用资源面板。单击【库】按钮，进入库面板。

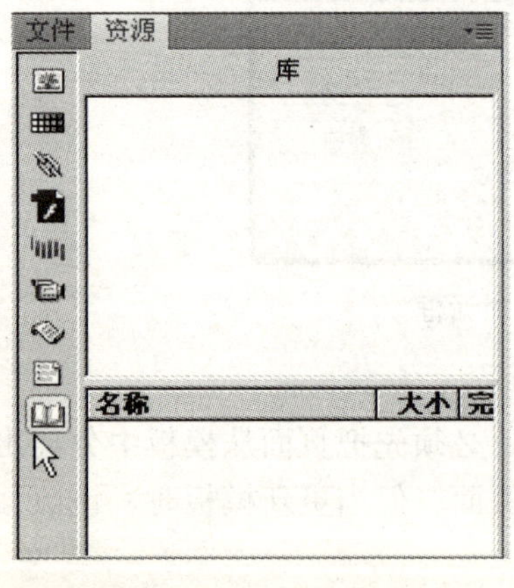

图 8—25 库资源面板

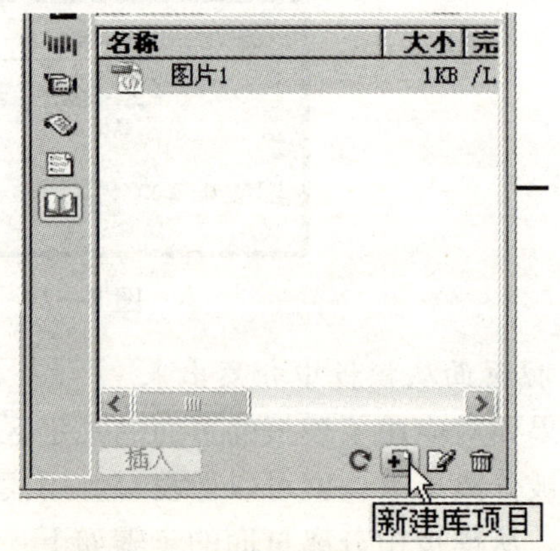

图 8—26 【新建库项目】按钮

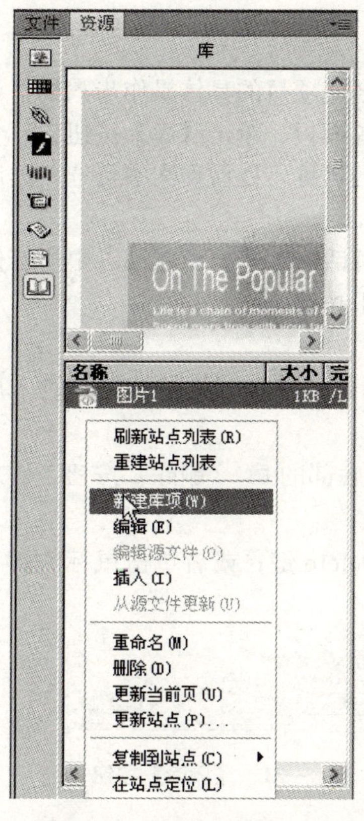

图 8—27　右键菜单命令

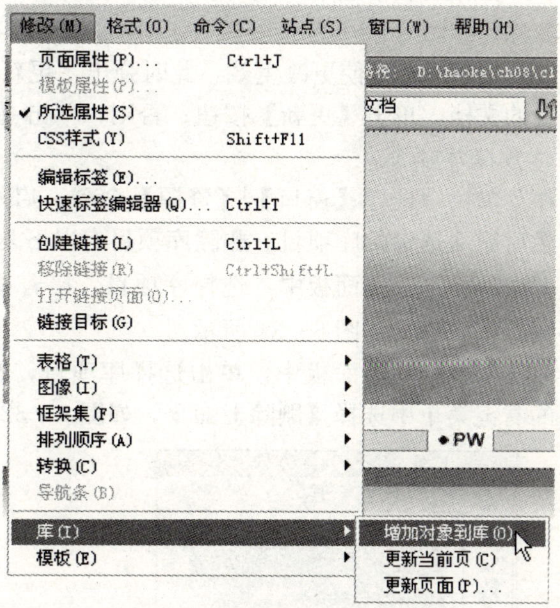

图 8—28　【修改】菜单命令

(3) 单击库面板底部的“新建库项目”图标，将一个新建的无标题的库项目添加到面板列表中。为该项目输入名称，并按 Enter 键确认，如图 8—29 所示。

8.2.2　插入库

在页面中插入库项目的具体操作步骤如下：

(1) 将插入点放在文档窗口中的合适位置。

(2) 在菜单栏中选择【窗口】|【资源】命令，启用资源面板。单击【库】按钮，将库项目插入到网页中。

将库项目插入到网页有以下两种方法：

方法一：将一个库项目从库面板拖曳到文档窗口中。

方法二：在库面板中选择一个库项目，然后单击面板底部的【插入】按钮，如图 8—29 所示。

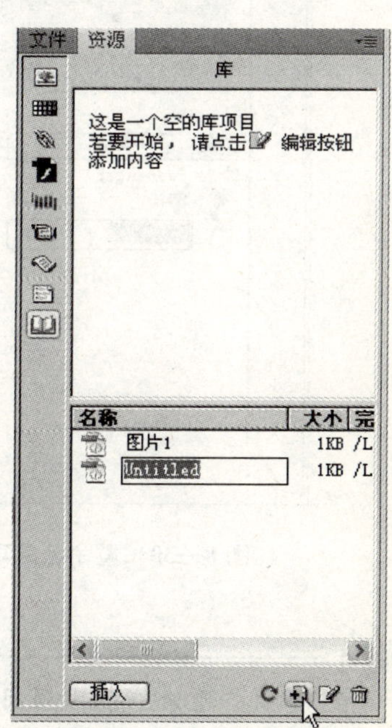

图 8—29　创建空白库项目

8.2.3　对库进行编辑更改

当修改库项目时，会更新使用该项目的所有文档。如果选择不更新，那么文档保持与库项目的关联，可以在以后进行更新。

对库项目的编辑更改包括：重命名库项目、删除库项目、重新创建已删除的库项目、修改库项目、更新库项目。

1. 重命名库项目

重命名库项目可以断开它与文档或模板的连接。重命名库项目的具体操作步骤如下：

(1) 在菜单栏中选择【窗口】|【资源】命令，启用资源面板，单击【库】按钮。

(2) 在库列表中选中库项目，单击要重命名的库项目的名称，以便使文本可选，然后输入新名称，如图 8—30 所示。

(3) 按 Enter 键使更改生效，此时弹出“更新文件”对话框。若要更新站点中所有使用该项目的文档，单击【更新】按钮；否则，单击【不更新】按钮。

2. 删除库项目

在菜单栏中选择【窗口】|【资源】命令，启用资源面板。单击【库】按钮，进入库面板，然后删除选中的库项目。删除库项目有以下几种方法：

方法一：在库子面板中，选择库项目，接着单击面板底部的 (删除) 按钮，然后确认要删除该项目，如图 8—31 所示。

方法二：在库子面板中，单击选择库项目，然后按 Delete 键；或者单击鼠标右键，在弹出的右键菜单中选择【删除】命令，如图 8—32 所示。

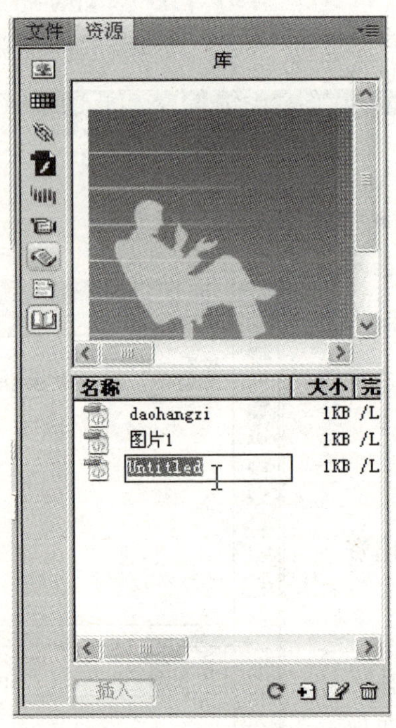

图 8—30 重命名库项目

图 8—31 【删除】按钮

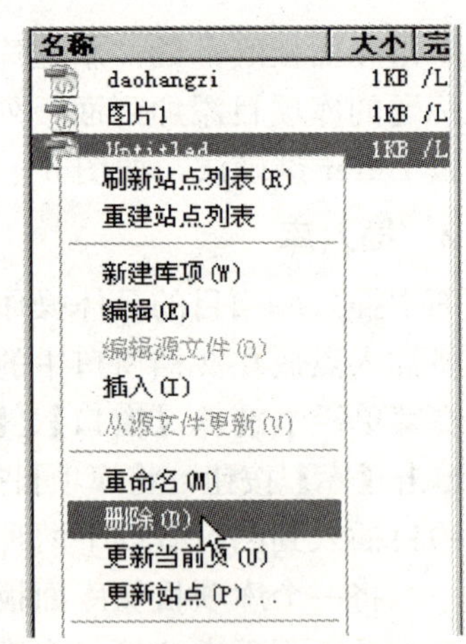

图 8—32 右键菜单【删除】命令

提示： 删除一个库项目后，无法使用【撤销】命令找回，只能重新创建。删除库项目后，不会更改任何使用该项目的文件内容。

3. 重新创建已经删除的库项目

若网页中已经插入了库项目，但该库项目被误删，此时可以重新创建库项目。具体操作步骤如下：

(1) 在网页中选择被删除的库项目的一个实例。

(2) 在菜单栏中选择【窗口】|【属性】命令，启用属性面板，单击【重新创建】按钮，如图 8—33 所示。此时，库面板中将显示该库项目。

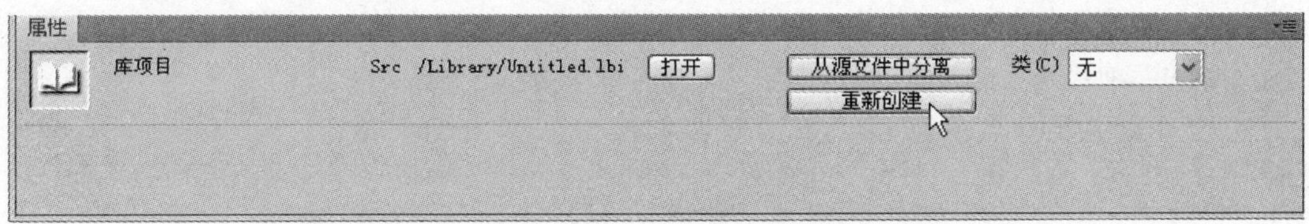

图 8—33　【重新创建】按钮

4. 编辑库项目

(1) 在菜单栏中选择【窗口】|【资源】命令，启用资源面板，单击左侧的【库】按钮，面板右侧将显示本站点的库列表。

(2) 在库列表中，双击要修改的库或者单击鼠标右键，在弹出的右键菜单中选择【编辑】命令，打开库项目，如图 8—34 所示。

提示： 单击面板底部的【编辑】按钮，也可打开库项目。

5. 更新库项目

更新库项目是指使用库项目的最新版本更新整个站点，或插入该库项目的所有网页。具体操作步骤如下：

(1) 启用"更新页面"对话框，如图 8—35 所示。

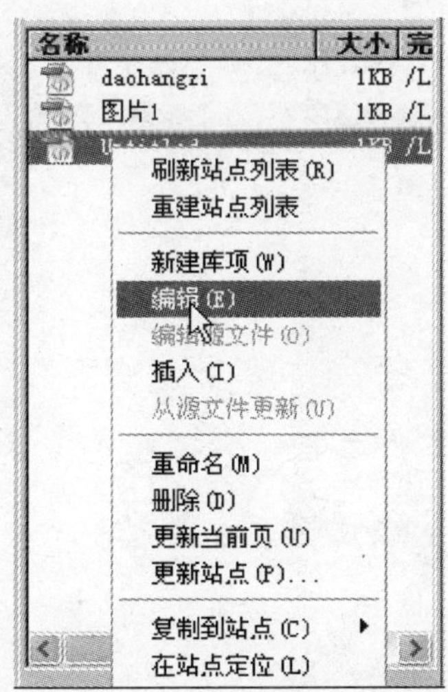

图 8—34　右键菜单的【编辑】命令

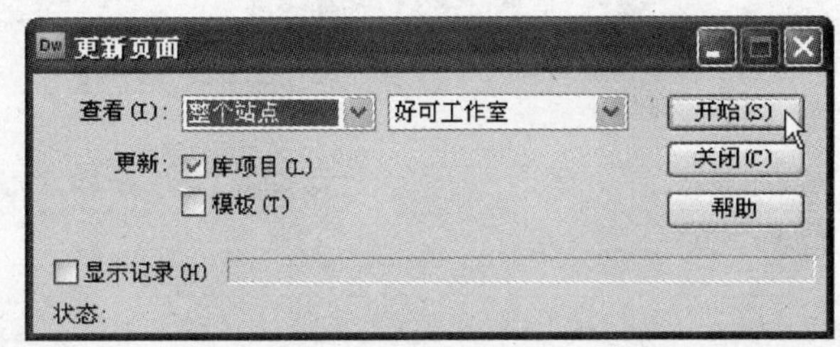

图 8—35　"更新页面"对话框

(2) 用库项目的最新版本更新整个站点，则在"查看"选项右侧的第一个下拉列表中选择“整个站点”，然后从第二个下拉列表中选择相应的站点。

(3) 在“更新”选项组中选择“库项目”复选框。

(4) 单击【开始】按钮，即可选择更新整个站点或应用特定模板的所有网页。

8.2.4 库的分离

Dreamweaver CS4 提供将对象从库项目中分离出来的功能。有下面两种方法：

方法一：在文件面板中双击插入库项目的网页文件，打开文档。选中网页中的库项目，在属性面板中单击“从源文件中分离”图标。

方法二：选中要分离的项目，单击鼠标右键，从弹出的菜单中选择“从源文件中分离 (D)”，如图 8—36 所示。

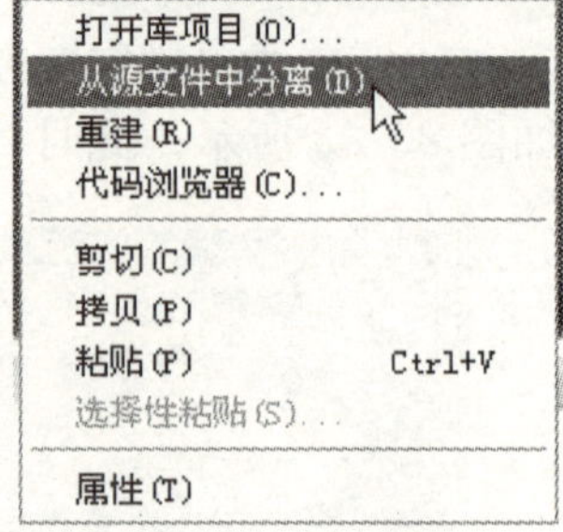

图 8—36 右键菜单命令

8.3 项目实训

项目 1：创建“房产资讯网”

1. 实训目的

掌握使用【创建模板】按钮创建模板，使用【可编辑区域】和【重复区域】按钮制作可编辑区域和重复可编辑区域效果的方法。

2. 实训案例效果

实训案例效果如图 8—37 所示。

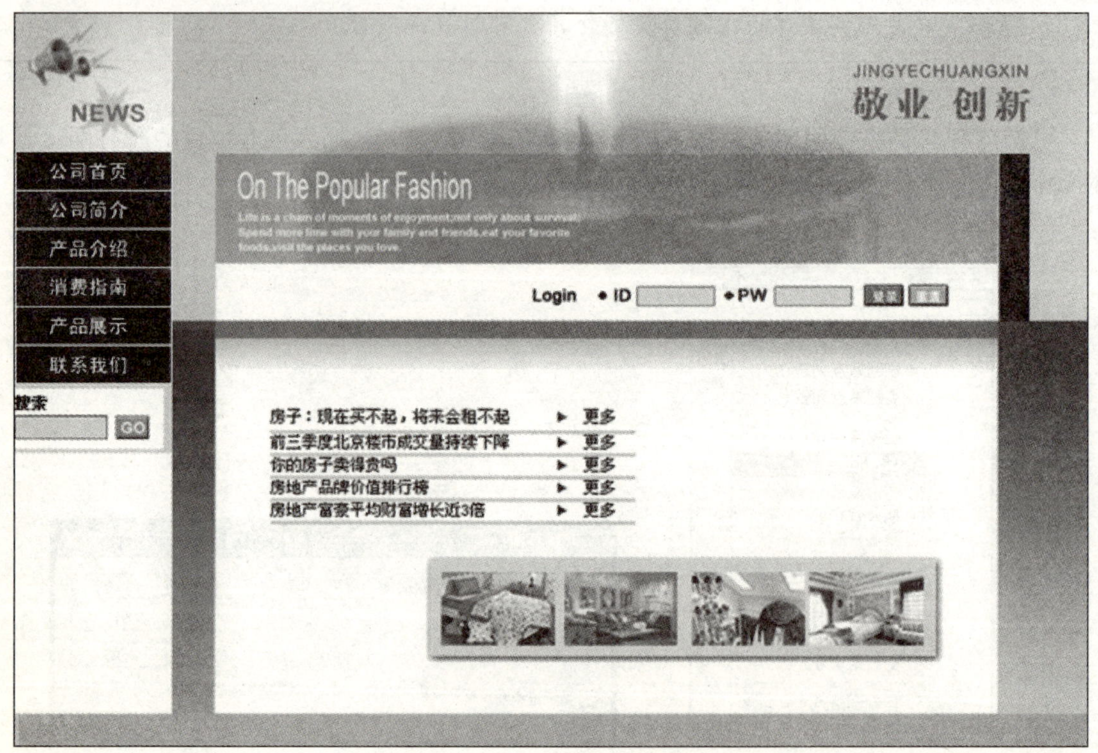

图 8—37 实训案例效果图

3. 实训设计过程

(1) 创建模板。

①在菜单栏中选择【文件】|【打开】命令，在弹出的对话框中选择“d:\haoke\ch08\clip\房产资讯网\index.html”文件，单击【打开】按钮，如图 8—38 所示。

图 8—38　打开相应路径的 index.html 文件

②在插入面板的“常用”模式中，单击模板展开式按钮▾，选择“创建模板”，如图 8—39 所示。在弹出的“另存模板”对话框中进行设置，如图 8—40 所示。

③单击【保存】按钮，弹出提示对话框，如图 8—41 所示，单击【是】按钮，将当前文件转换为模板文档 moban.dnt，文档名也随之改变，如图 8—42 所示。

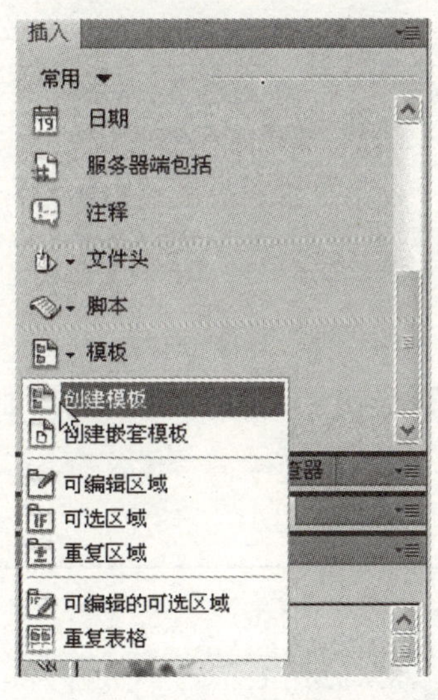

图 8—39　“创建模板”按钮

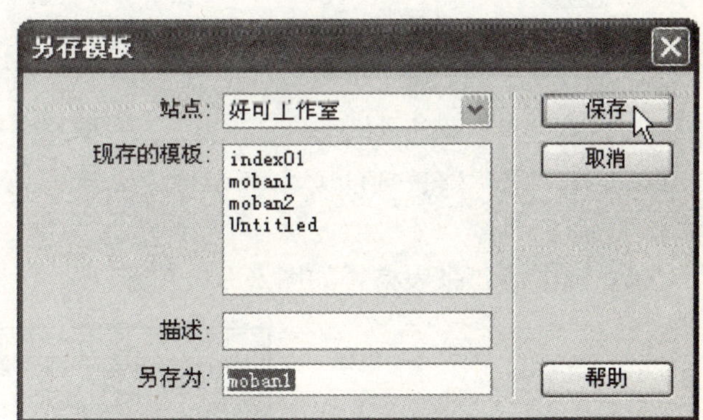

图 8—40　“另存模板”对话框

(2) 创建可编辑区域。

① 选中表格，如图 8—43 所示。

② 在插入面板的“常用”模式中，单击模板展开式按钮▾，选择“可编辑区域”，弹出“新建可编辑区域”对话框，如图 8—44 所示。

图 8—41　提示对话框

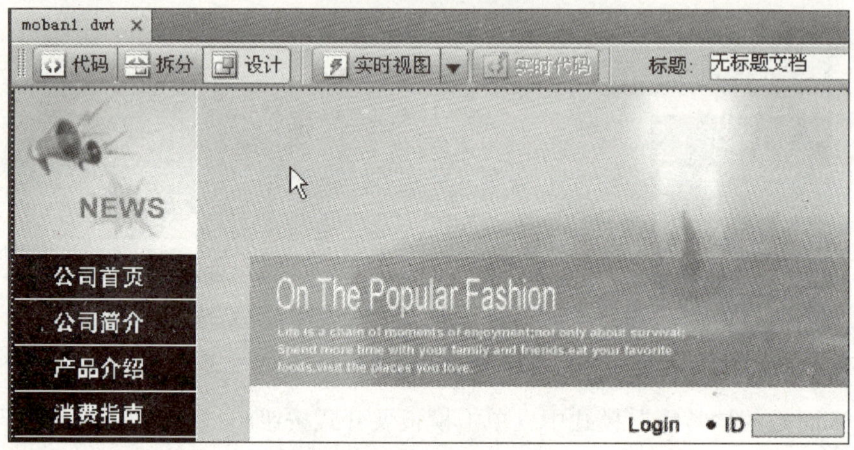

图 8—42　保存后的文件名

图 8—43　选中表格

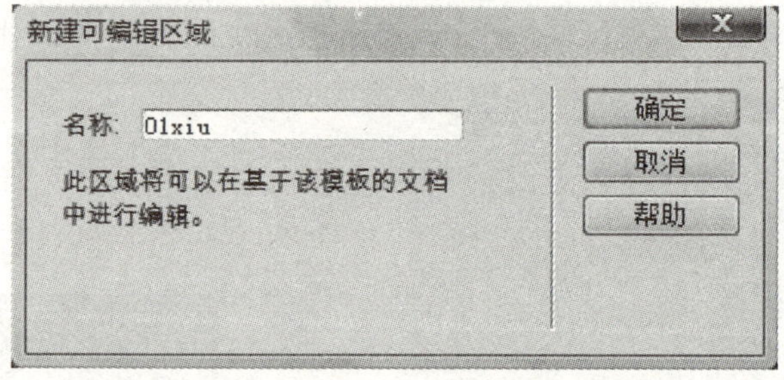

图 8—44　“新建可编辑区域”对话框

（3）在“名称”选项的文本框中输入名称，单击【确定】按钮创建可编辑区域，如图 8—45 所示。

（4）选中第二张表格，如图 8—46 所示。

图 8—45　创建可编辑区域

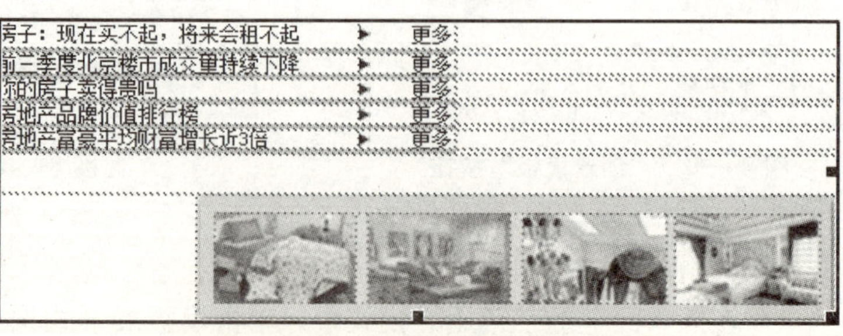

图 8—46　选中另一表格

(5) 在插入面板的“常用”模式中，单击模板展开式按钮▾，如图 8—47 所示。选择“重复区域”，弹出“新建重复区域”对话框，如图 8—48 所示。

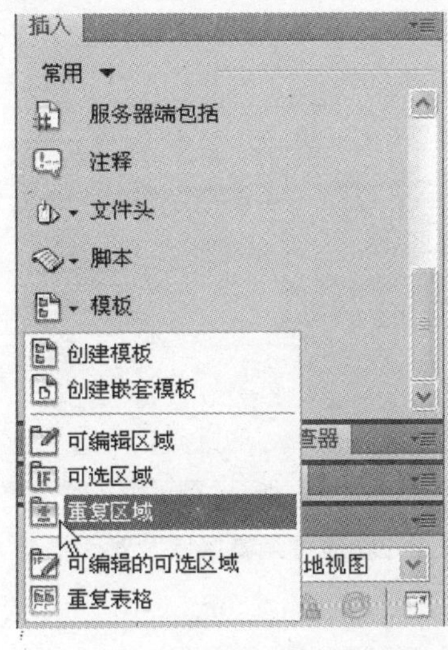

图 8—47　【重复区域】按钮

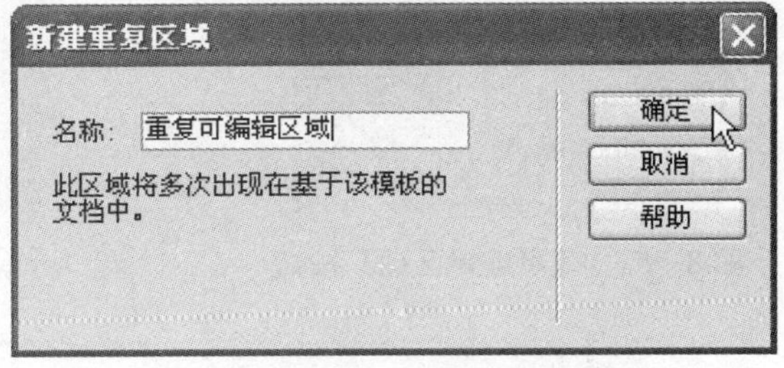

图 8—48　“新建重复区域”对话框

(6) 在“名称”文本框中输入名称后，单击【确定】按钮，效果如图 8—49 所示。

图 8—49　插入重复可编辑区域后的效果

(7) 选中下面表格，如图 8—50 所示。

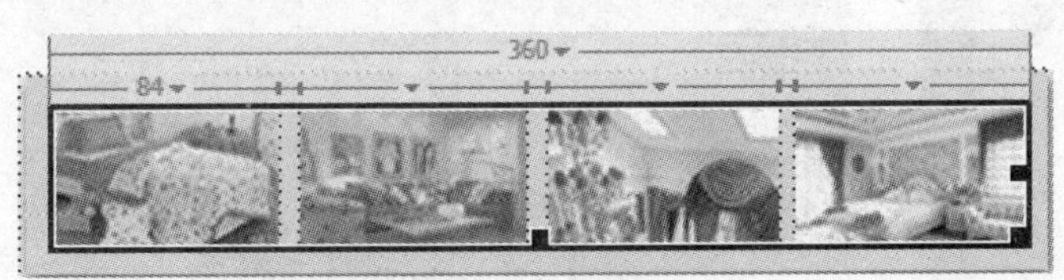

图 8—50　选中表格

(8) 在插入面板的“常用”模式中，单击模板展开式按钮▾，选择“可编辑区域”，如图 8—51 所示。弹出“新建可编辑区域”对话框，如图 8—52 所示。

(9) 在“名称”文本框中输入名称“图片”，单击【确定】按钮创建可编辑区域，效果如图 8—53 所示。

(10) 模板网页制作后的效果如图 8—54 所示。

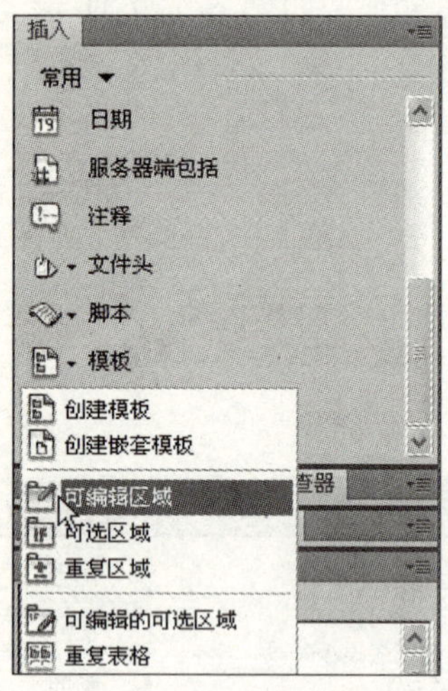

图 8—51 【可编辑区域】按钮

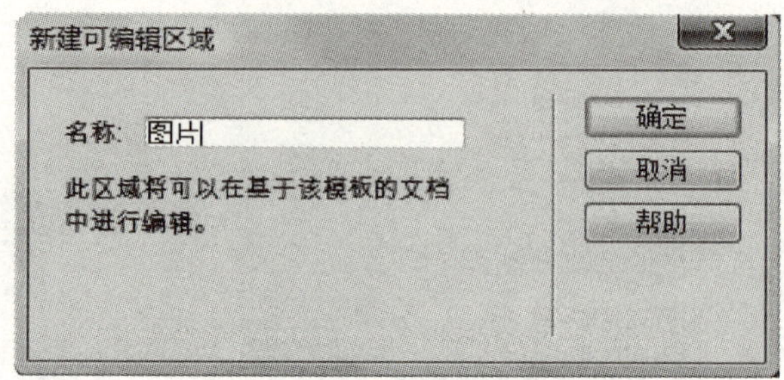

图 8—52 “新建可编辑区域”对话框

图 8—53 创建可编辑区域

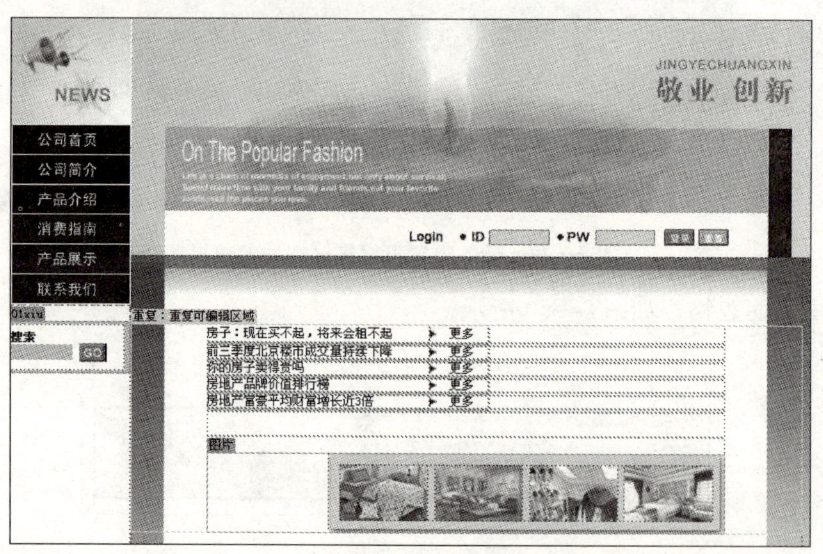

图 8—54 模板网页制作后的效果

项目 2：制作“热点话题跟踪”网页

1. 实训目的

掌握在库面板中添加库项目，使用库中注册的项目制作网页，使用【文本颜色】按钮更改网页的颜色。

2. 实训案例效果

实训案例效果如图 8—55 所示。

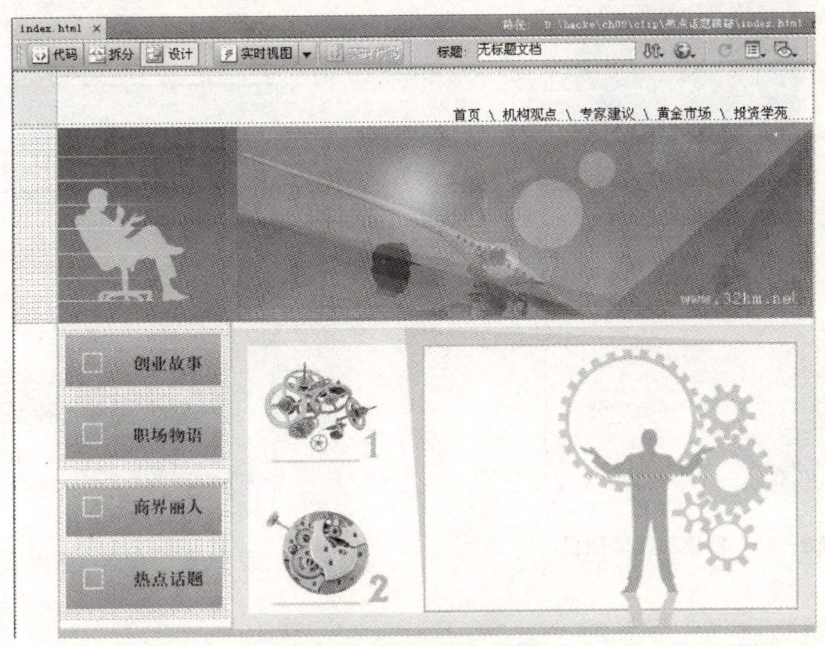

图 8—55　实训案例效果图

3. 实训设计过程

（1）把经常用的图片添加到库中。

①在菜单栏中选择【文件】|【打开】命令，从弹出的对话框中选择“d:\haoke\ch08\clip\热点话题跟踪\index. html”文件，单击【打开】按钮。

②在菜单栏中选择【窗口】|【资源】命令，弹出资源控制面板，单击左侧的【库】按钮。选中要放入库中的图片，按住鼠标左键将其拖曳到库面板中，松开左键，选定的图像将添加为库项目，如图 8—56 所示。

③在可输入状态下，将库项目重命名为“logo”，如图 8—57 所示。

④选中网页文档上方的导航文字，按住鼠标左键插入库面板中，为选定的文字添加库项目，并将其重命名为“Daohangzi”，如图 8—58 所示。

（2）利用库中注册的项目制作网页文档。

①在菜单栏中选择【文件】|【打开】命令，从弹出的对话框中选择“d:\haoke\ch08\clip\热点话题跟踪 \ index1. html”文件，单击【打开】按钮，如图 8—59 所示。

②将光标放置在上方的导航表格中，选择库面板中的“Daohangzi”选项，按住鼠标左键将其拖曳到单元格中，如图 8—60、图 8—61 所示。

（3）在库面板中选择“logo”库项目，按住鼠标左键将其拖曳到单元中，如图 8—62 所示。

（4）保存文档，按 F12 键，预览效果如图 8—63 所示。

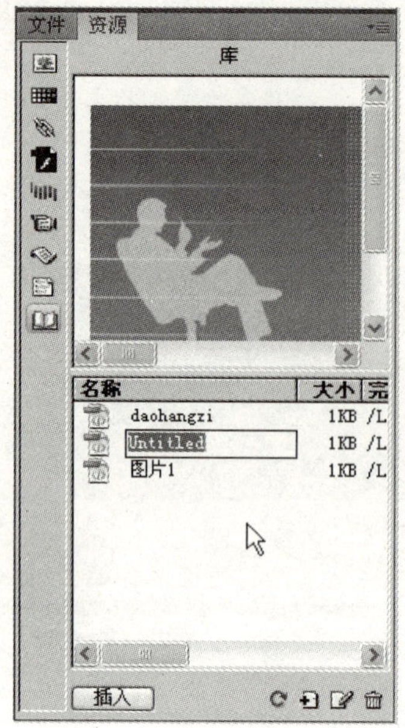

图 8—56　创建图像库项目

图 8—57　重命名库项目

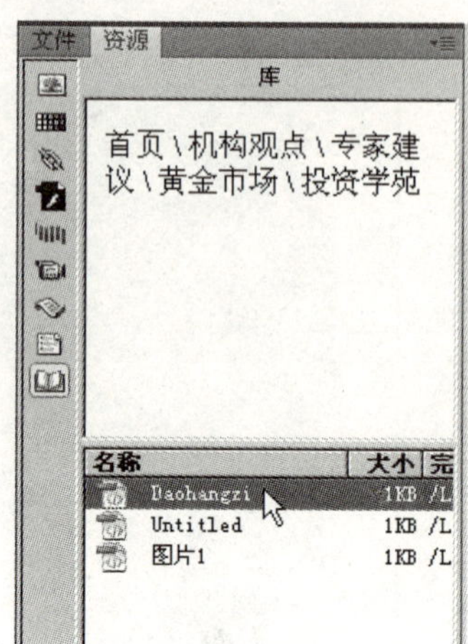

图 8—58　创建文字库项目

图 8—59　打开相应路径的 index1. html 文件

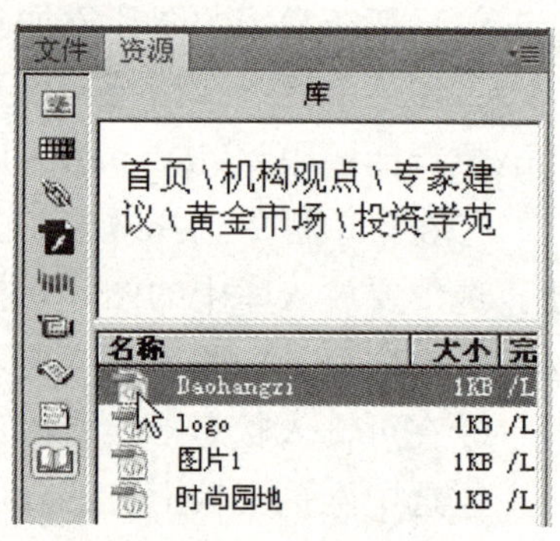

图 8—60　使用文字库项目

图 8—61　在网页中使用文字库项目后的效果

（5）修改库中注册的项目。

①在库面板中双击“Daohangzi”选项，进入项目的编辑界面中，如图 8—64 所示。

②将文字选中，在属性面板中单击【文字颜色】按钮，将文本颜色设为蓝色（#003366），如图 8—65 所示。

③在菜单栏中选择【文件】|【保存】命令，弹出“更新库项目”对话框，单击【更新】按钮，弹出“更新页面”对话框，单击【关闭】按钮。

④按 F12 键，可以看到文字颜色发生了改变。

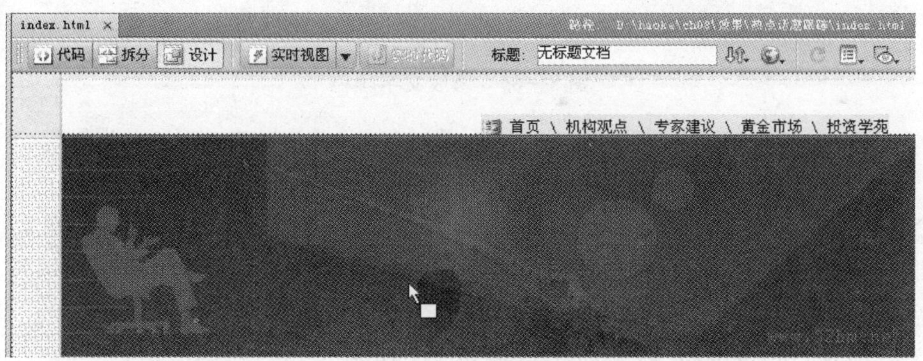

图 8—62　使用 logo 图像库项目

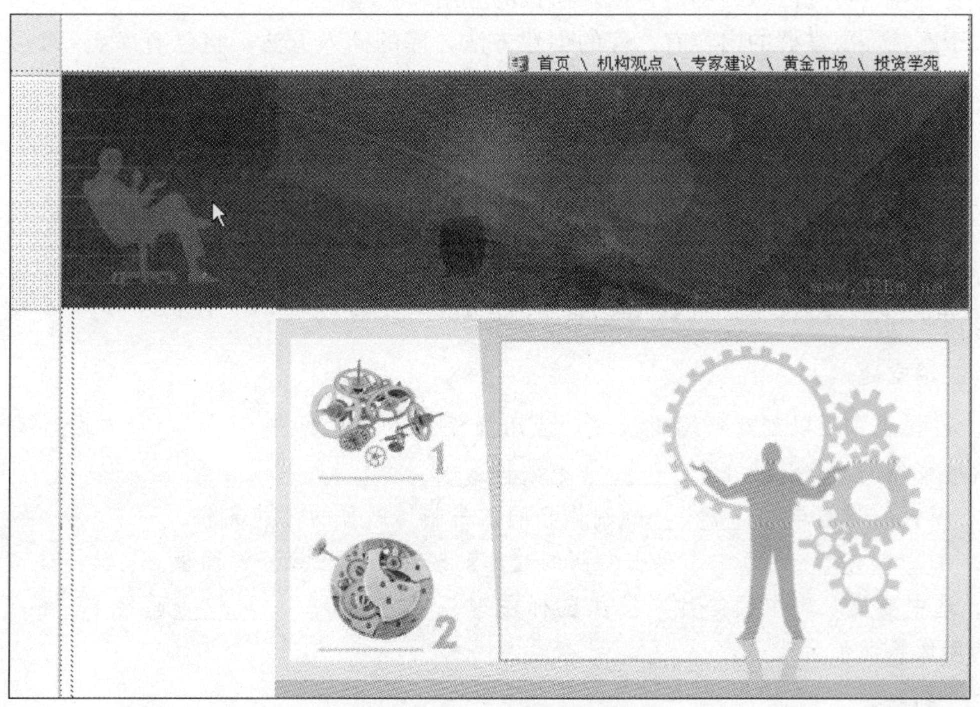

图 8—63　使用库项目后的效果

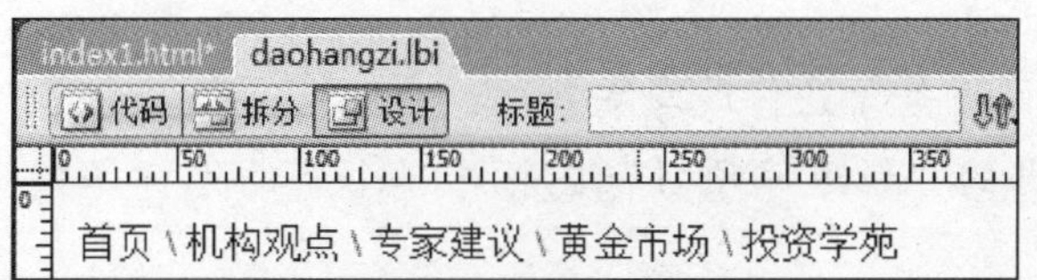

图 8—64　编辑文字库项目

图 8—65 修改文字颜色

本章小结

每个网站都是由多个整齐、规范、流畅的网页组成的。为了保持站点中网页风格的统一，需要在每个网页中制作一些相同的内容，如相同栏目下的导航条、各类图标等，因此网站制作者需要花费大量的时间和精力在重复性的工作上。为了减轻网页制作者的工作量，提高工作效率，Dreamweaver CS4 提供了模板和库的功能。

关于模板，需要掌握的内容有：模板的创建方法，对模板内容的修改，模板的可编辑区域、重复区域、可选区域的创建，以及模板的应用和管理等。

关于库，需要掌握的内容有：库的创建方法，库的插入方法，将已有库更新到文档中，库的重命名、修改、删除，以及将对象从库项目中分离出等。

习 题 8

一、名词解释

1. 模板　　2. 可编辑区域

3. 库　　4. 库项目

二、填空题

1. 在模板中可以创建可编辑区域，应用模板的页面只能对__________内进行编辑，而可编辑区域外的部分只能在__________中编辑。

2. 模板的制作与__________的制作相同，是制作网页的公共部分。

3. 在__________面板中，单击左侧的【库】按钮，进入库资源面板。

4. 选中要放入库中的图片，按住鼠标左键将其拖曳到__________面板中，松开左键，选定的图像将添加为库项目。

三、判断题

1. 模板与基于该模板的网页文件之间保持连接状态，对于相同的内容可保证完全的一致。　　（　　）

2. 应用了模板的网页是无法修改与更新的。　　（　　）

3. 单击库面板底部的“新建库项目”图标，一个新的无标题的库项目被添加到面板的列表中。　　（　　）

4. 删除一个库项目后，无法使用“撤销”命令来找回它，只能重新创建。从库中删除库项目后，也不会更改任何使用该项目的文档中的内容。　　（　　）

四、拓展实训题

1. 啤酒世界。

打开“d:\haoke\ch08\clip\啤酒世界\index.html”网页文件，创建一个模板文档，制作可编辑区域。使用该模板文档，制作其他网页文档效果，如图 8—66 所示。

图 8—66　拓展实训 1 的最终应用网页效果

2. 节日礼品购物网。

打开“d:\haoke\ch08\clip\节日礼品购物网\index.html”网页文件，使用库面板添加库项目。使用库中注册的项目，制作其他网页文档，如图 8—67 所示。

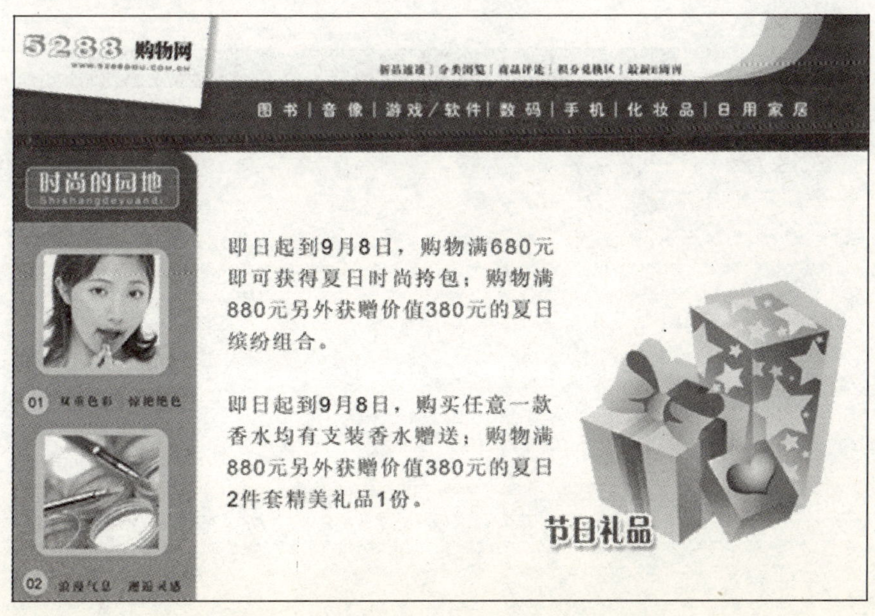

图 8—67　拓展实训 2 的最终应用网页效果

3. 制作精品汽车网。

打开“d:\haoke\ch08\clip\精品汽车网\index1.html”现有网页，创建一个模板文档，在该模板文档中创建可编辑区域。新建一个网页文档套用该模板文档，制作其他网页文档效果，如图 8—68 所示。

图 8—68　拓展实训 3 的最终应用网页效果

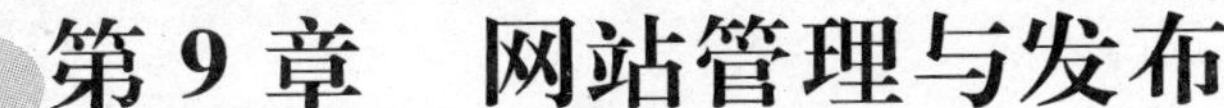

第 9 章　网站管理与发布

教学任务

- 学习网站管理，掌握网站管理窗口的使用、查看与更正链接。
- 能够发布网站文件，连接服务器，进行网站文件的上传与下载。

教学重点和难点

- 网站管理窗口的使用、查看与更正链接。
- 连接服务器、网站文件的上传与下载。

课前导读

网站的开发是一个复杂的工程，需要很多人共同完成。多人完成一个网站，就可能出现问题，在上传网站之前应该对网站进行全面测试：设计是否统一、链接是否有效、页面的浏览效果和兼容性等，网站测试无误后，再将其上传、发布，提供给浏览者欣赏。

网站上传、发布后，要对其进行管理、维护和宣传，以使其达到最佳的效果。

定期对网站内容进行更新、管理，以确保信息的实时性和准确性。同时可以通过多种渠道宣传网站，吸引更多的浏览者。

网站制作好后需要发布到网络服务器上，这样才能让人们通过浏览器进入网站。发布网站通常经由 FTP，Dreamweaver 内建 FTP 功能，可以方便地上传网站，并且提供了一些好用的网站内部管理功能。

9.1　网站管理

9.1.1　网站管理窗口

网站管理窗口包含了站点文件（见图 9—1）、测试服务器（见图 9—2）、存储库文件（见图 9—3）3 种视图模式。在网站文件模式下可以看到远程和本地端的文件，以方便进行两端的管理。

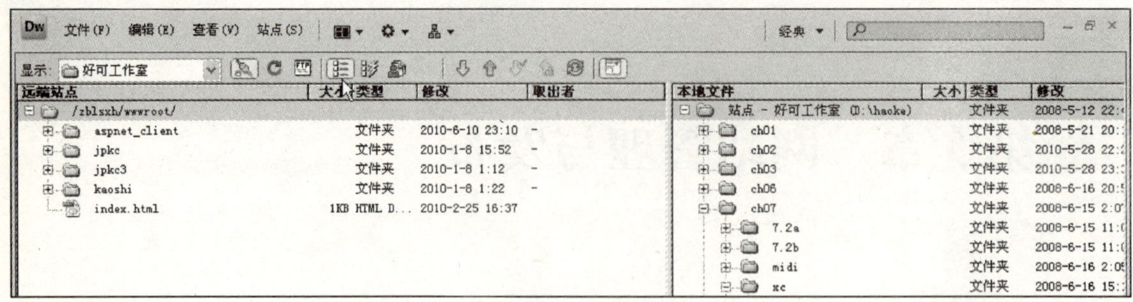

图 9—1　站点文件

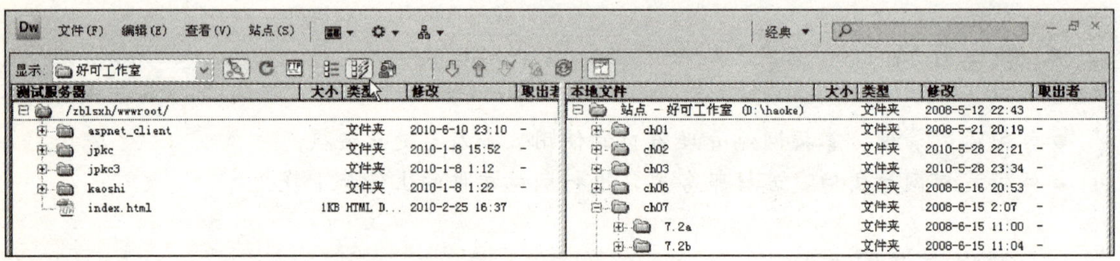

图 9—2　测试服务器

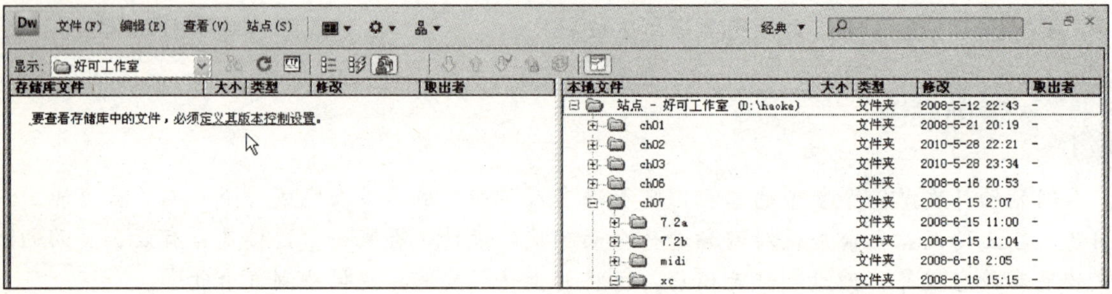

图 9—3　存储库文件

> **提示：**站点文件窗口服务器端文件夹图标是黄色的，测试服务器窗口服务器端文件夹图标是红色的。

文件管理面板的方法：在网页编辑窗口中，打开文件面板，选择右侧的（扩展/折叠）按钮，如图 9—4 所示。

展开网站管理窗口后，在“显示”栏中选择要打开的网站名称，则本地端就会像资源管理器一样，将网站中的文件以层级列出来，而左边则会显示远端站点内容，如图 9—5 所示。网站管理窗口的工具按钮名称说明如表 9—1 所示。

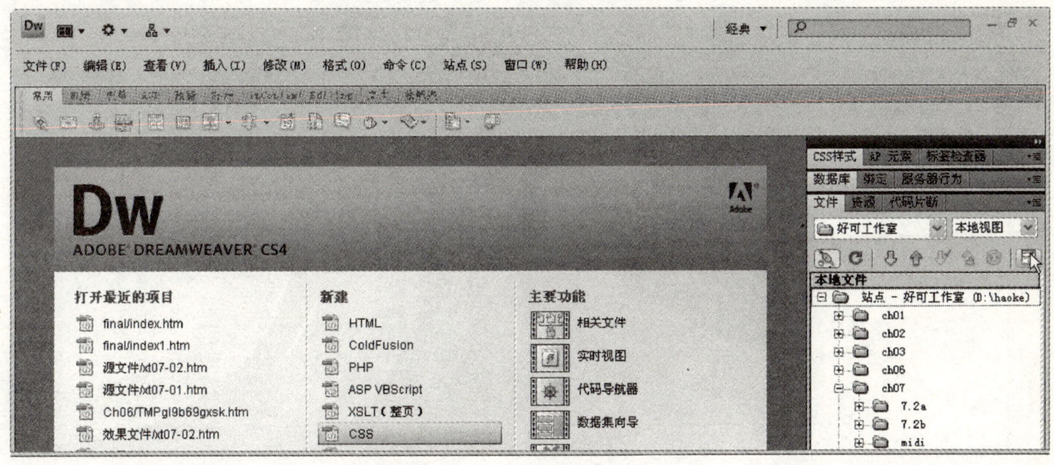

图 9—4　“扩展/折叠”按钮

图 9—5　远端与本地端内容

表 9—1　　　　网站管理窗口的工具按钮

工具按钮	名　称	工具按钮	名　称
	网站文件		下载文件
	测试服务器		上传文件
	存储库文件		取出文件
	联机至远程主机		存回
	重新整理		扩展/折叠
	视图网站的 FTP 记录		

9.1.2　更改文件夹名称

更改文件夹名称步骤如下：

(1) 选择要更改的文件夹后，单击鼠标左键，原来的文件夹名会出现可输入的状态，输入新名称后，按 Enter 键，如图 9—6 所示。

(2) 弹出“更新文件”对话框，列表中会列出所有要修改的网页，单击【更新】按钮，如图 9—7 所示。

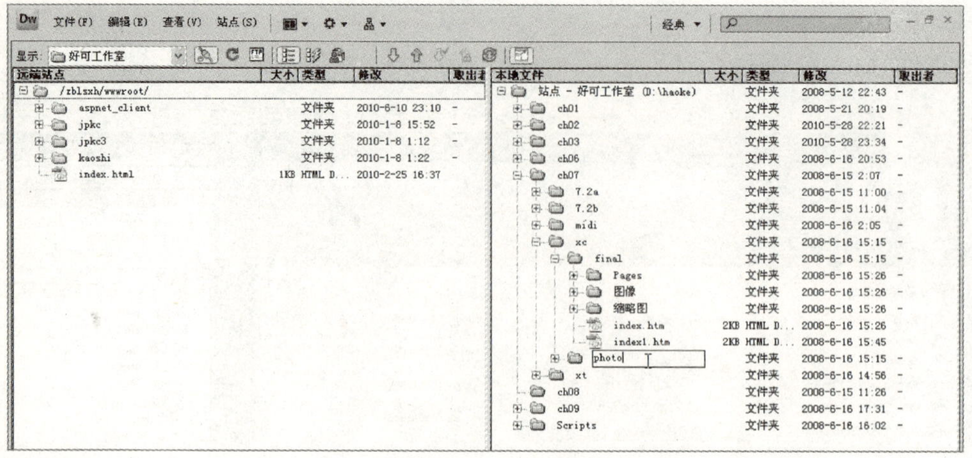

图 9—6 输入新名称

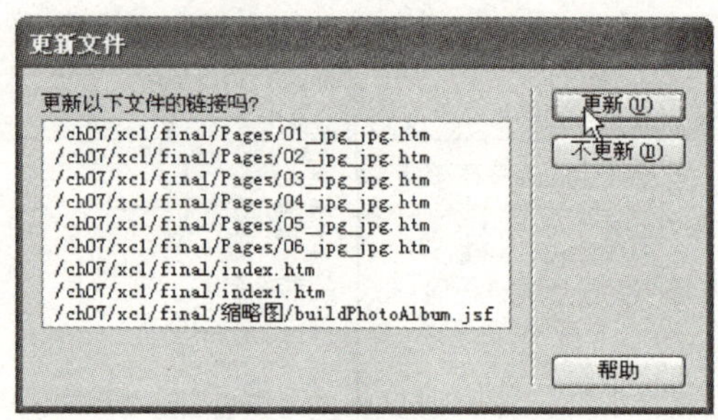

图 9—7 “更新文件”对话框

9.1.3 设置首页文件

上传网站之前要在自己申请的主机空间管理中设置默认的首页文件，必须与本地网站中的首页一致，这样被绑定在主机空间的域名才可以访问网站，如图 9—8 所示。

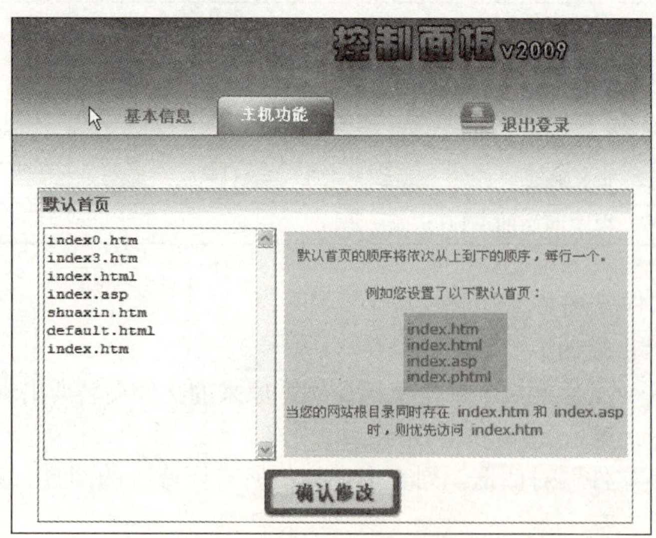

图 9—8 设置默认首页

9.1.4　查看网站的链接状况

如图 9—6 所示，在菜单栏中选择【站点】|【检查站点范围的链接】命令。

出现链接检查程序面板后，在“显示”下拉框中选择“断掉的链接”（见图 9—9）、“外部链接”（见图 9—10）和“孤立文件”（见图 9—11）3 种链接状态的结果。

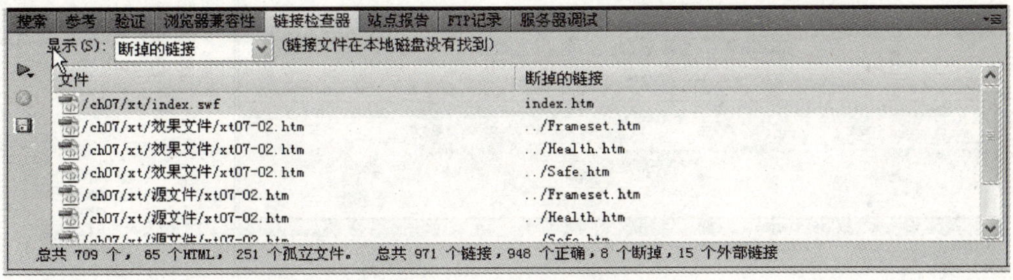

图 9—9　断掉的链接

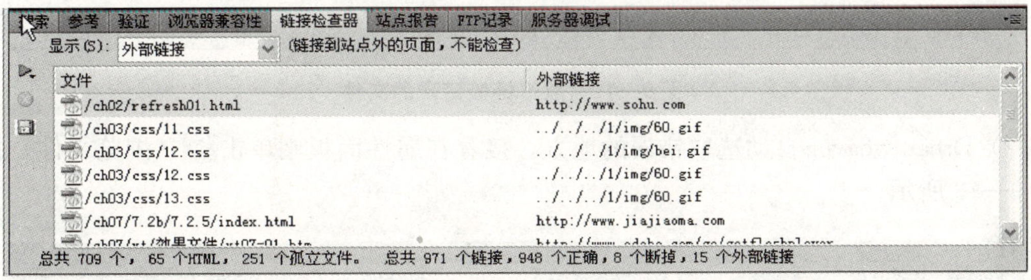

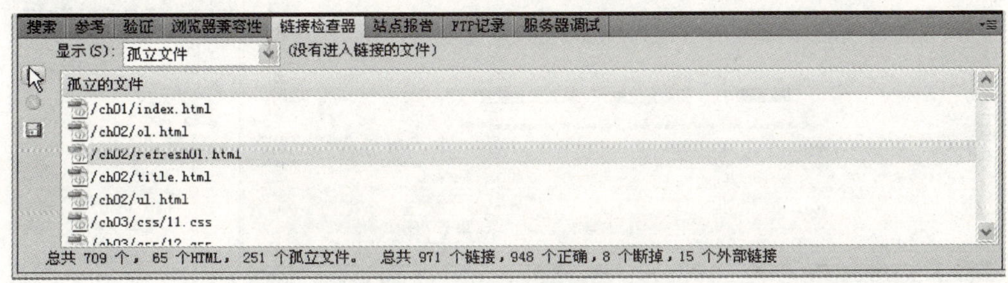

图 9—10　外部链接

图 9—11　孤立文件

- 断掉的链接：显示错误的超链接，可能指定的链接文件不存在或文件名改变了。
- 外部链接：Dreamweaver 将列出网站中所有外部的链接，但是必须自己手动链接到指定的网站去检查。
- 孤立文件：网站经过多次的更新，难免会留下一些用不到的文件，这时可以将孤立文件删除，以免占用网页空间，孤立文件在发布时也会被上传到服务器。

9.1.5　修改错误的链接

修改错误的链接步骤如下：

(1) 在链接检查器面板中，双击链接错误的文件，如图 9—12 所示。

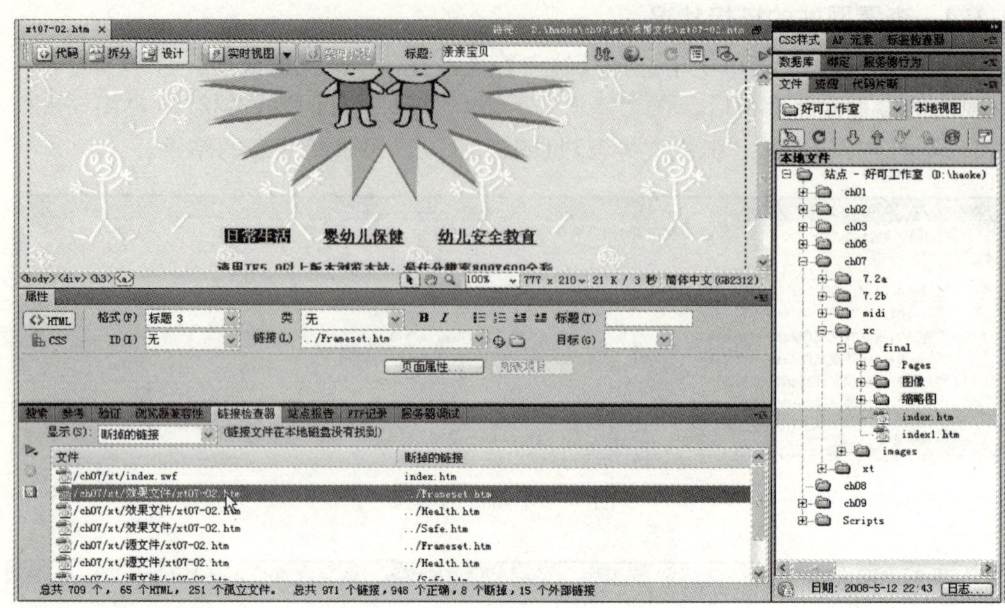

图 9—12　双击链接错误的文件

（2）Dreamweaver 自动选取错误的地方，接着在属性面板中单击（浏览文件）按钮，如图 9—13 所示。

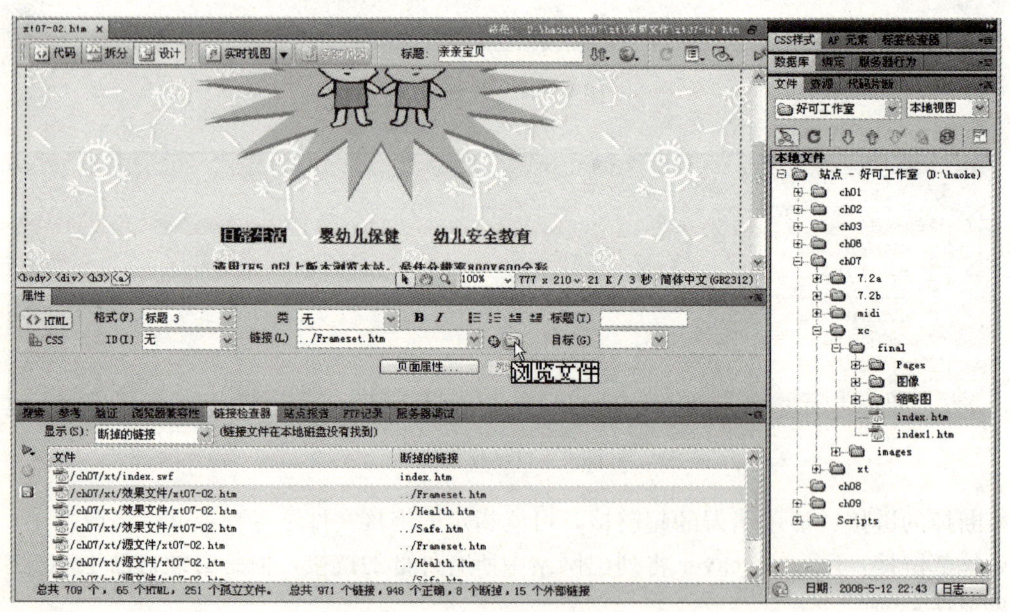

图 9—13　单击“浏览文件”按钮

（3）出现“选择文件”对话框后，从列表中选择正确的链接文件，接着单击【确定】按钮，如图 9—14 所示。

（4）回到网页编辑画面后，在菜单栏中单击【文件】|【保存】命令。将文件修改并保存后，Dreamweaver 会自动将链接检查器面板中的错误文件删除。

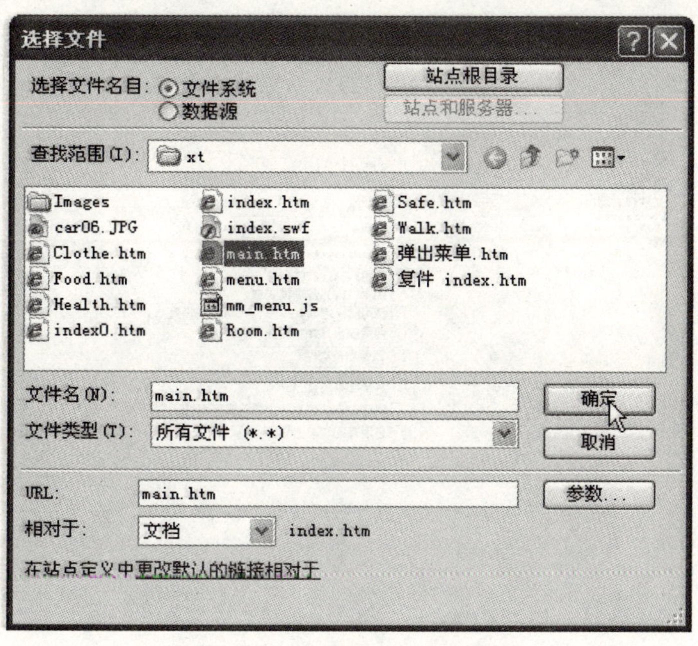

图 9—14　“选择文件”对话框

提示：超链接检查不仅能找出网页链接的错误，而且当图文件内嵌媒体等各种文件的链接有错误时，也都可以检查出来。

9.2　发布网站文件

9.2.1　连接服务器

在发布网站前，必须先申请一个网页空间，然后将本地端联机到指定的服务器，上传网站文件。具体步骤如下：

(1) 切换到网站管理窗口画面后，选择“定义远程站点”，如图 9—15 所示。

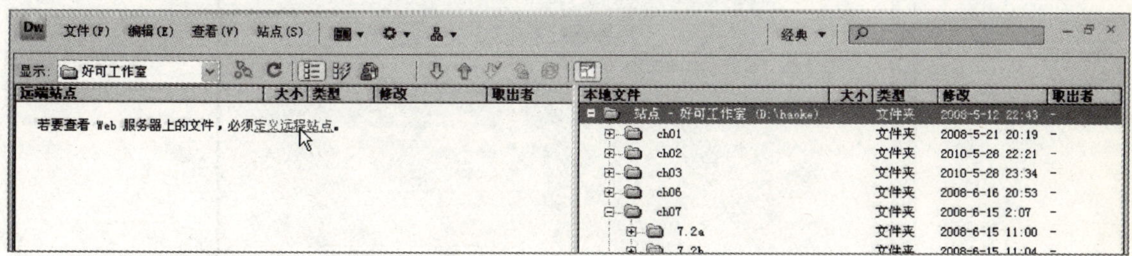

图 9—15　定义远程站点

(2) 出现站点定义窗口后，在“分类”栏中选择“远程信息”，接着从“访问”下拉框中选择“FTP”，如图 9—16 所示。

(3) 在“FTP 主机”文本框中输入 FTP 主机地址“125. 65. 112. 41”，在“登录”文本框中输入“zblsxh”，然后在“密码”文本框中输入登录密码并勾选“保存”，表示自动保存密码，最后单击【确定】按钮。

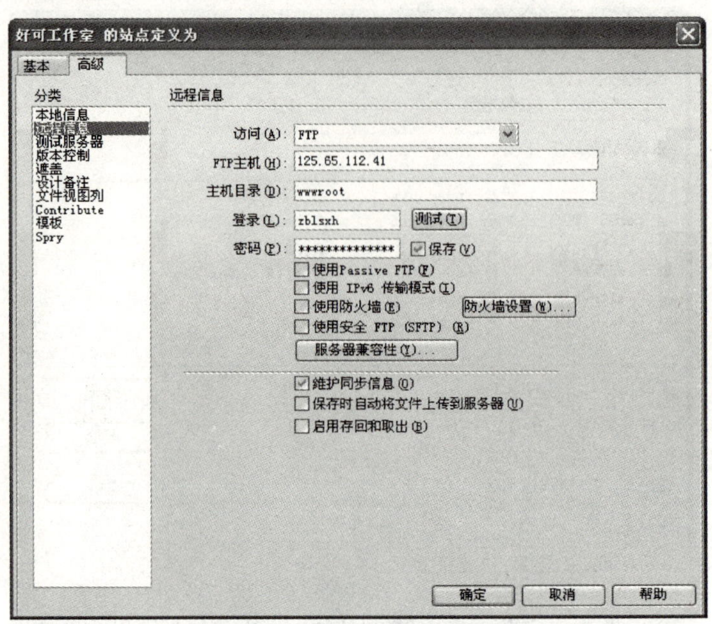

图 9—16 设置“远程信息”

(4) 在“分类”栏中选择“测试服务器”，在“服务器模型”下拉框中选择“ASP VB-Script”，其他相关设置如图 9—17 所示。

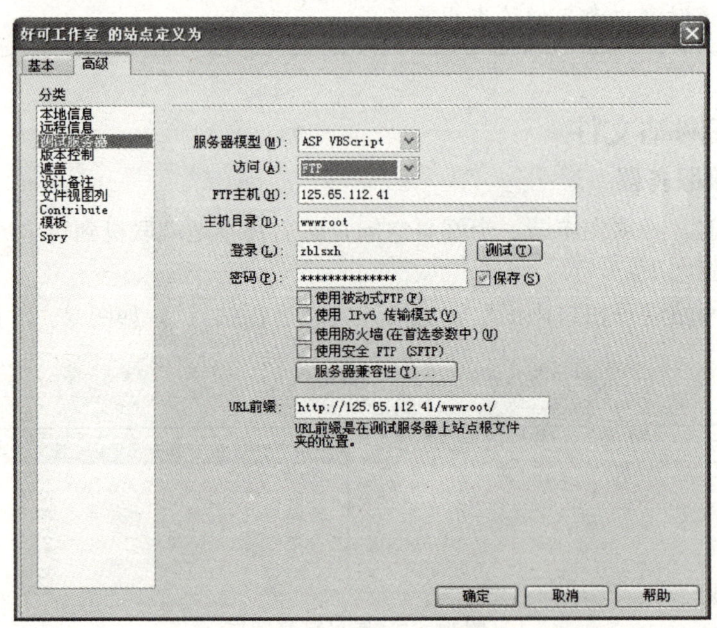

图 9—17 设置“服务器模型”

(5) 单击【确定】按钮后返回网站管理窗口，单击 (连接到远端主机) 图标，如图 9—18 所示。

当 (连接到远端主机) 图标变成绿灯后，表示连接成功；单击 (与远程主机离线) 图标则会中断联机，如图 9—19 所示。

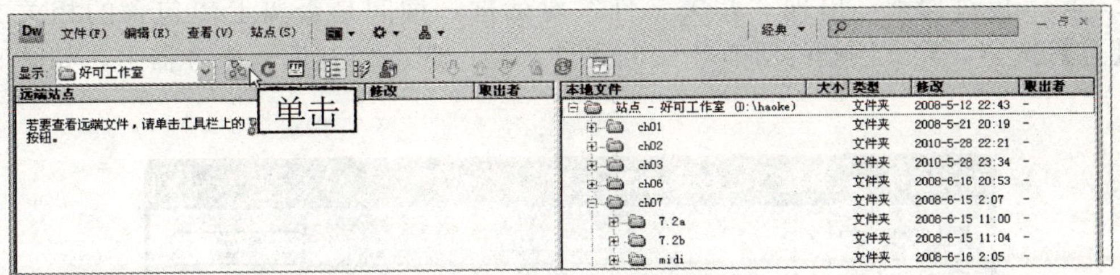

图 9—18　连接到远端主机

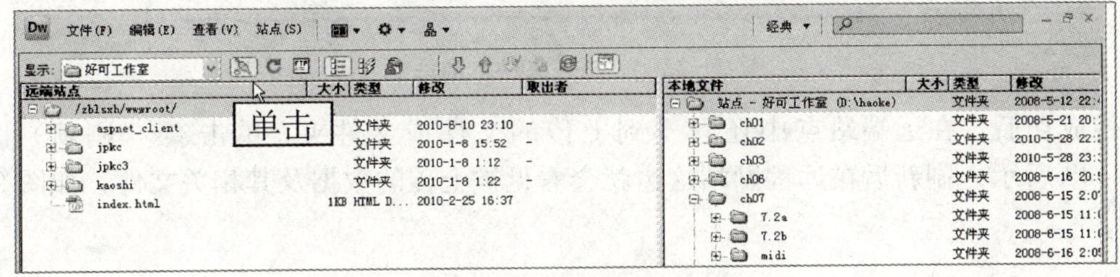

图 9—19　中断联机

9.2.2　上传文件

本地端计算机和远程服务器连接后，就可以开始传送文件了。把计算机中的文件传送到远程服务器称为上传，从服务器取得文件回来则是下载。上传文件的操作步骤如下：

(1) 如图 9—20 所示，选择要上传的文件或文件夹，单击⇧（上传文件）图标，出现“后台文件活动”对话框，如图 9—21 所示。

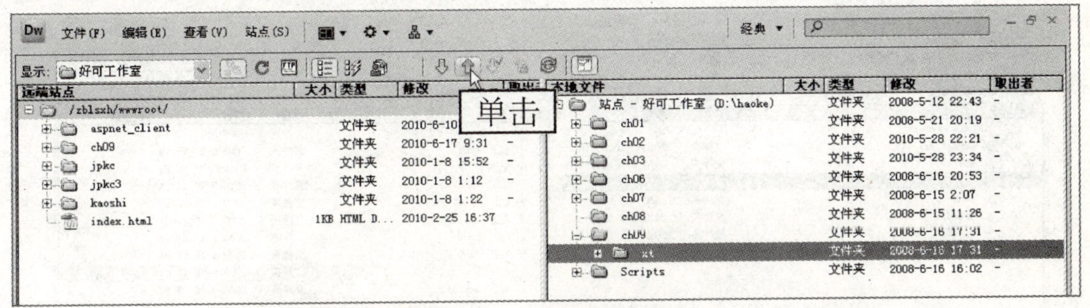

图 9—20　“上传文件”界面

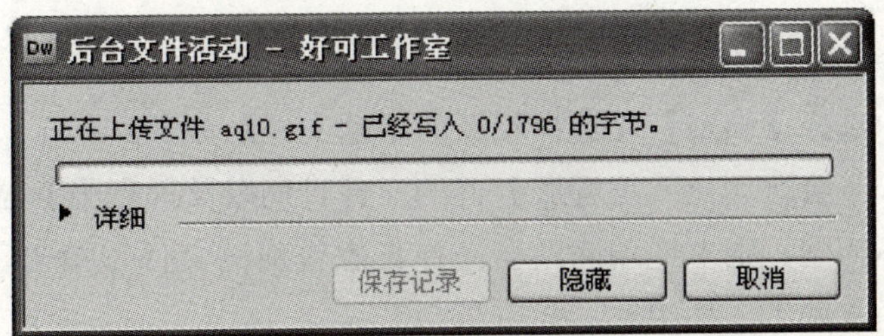

图 9—21　“后台文件活动”对话框

(2) 在上传过程中，出现“相关文件”对话框，询问是否要上传包含的相关文件，单击【是】按钮，则此网站的所有相关的文件都会一起上传到远程服务器上，如图 9—22 所示。

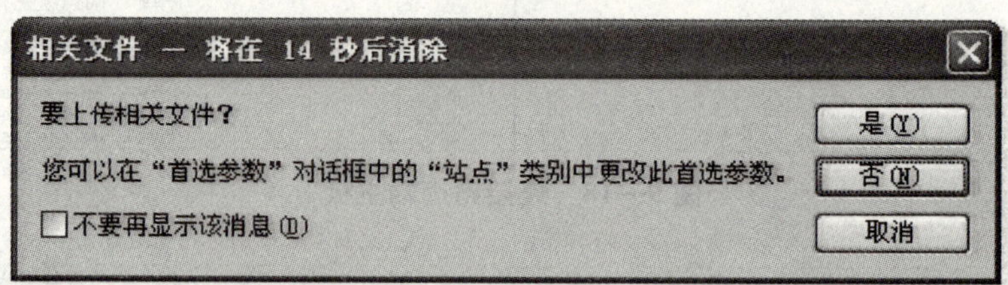

图 9—22 “相关文件”对话框

上传成功后，在远端站点中还看不到上传的文件或文件夹，单击 （刷新）图标，如图 9—23 所示。刷新后在远程网站这边就会看见被上传的数据及其相关文件，如图 9—24 所示。

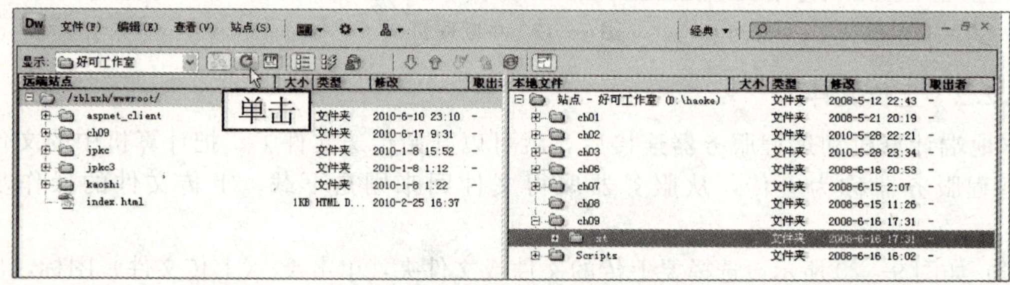

图 9—23 单击【刷新】按钮

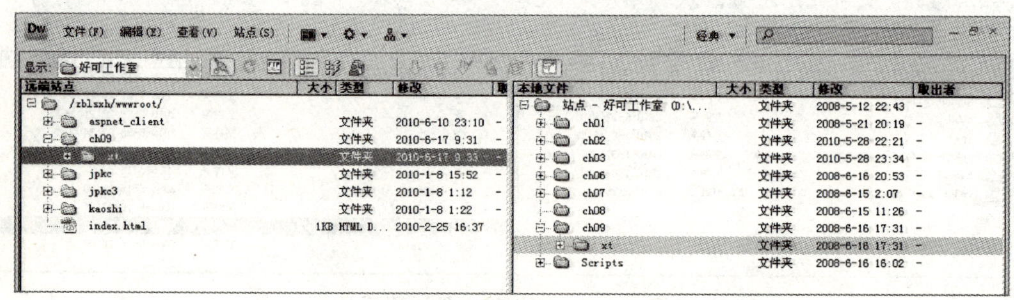

图 9—24 上传的数据及其相关文件

9.2.3 上传更新后的文件

(1) 在菜单栏中选择【编辑】|【选择较新的本地文件】命令。

(2) Dreamweaver 会自动比较远程服务器的文件日期以及远程服务器中没有的文件，如图 9—25 所示。若不相同，则本地端网站会选择日志较新的文件，单击“上传”文件按钮，就可以上传更新后的文件了，如图 9—26 所示。

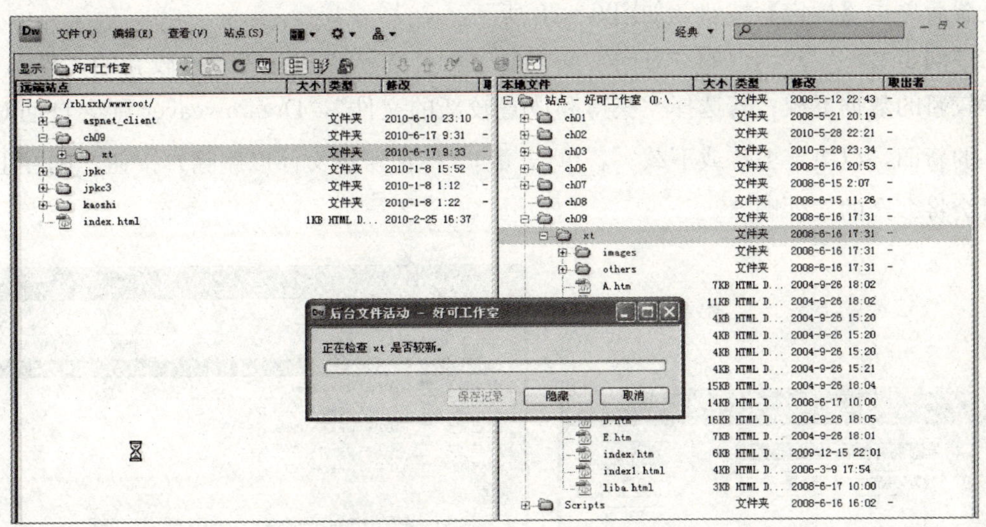

图 9—25　自动对照两端文件

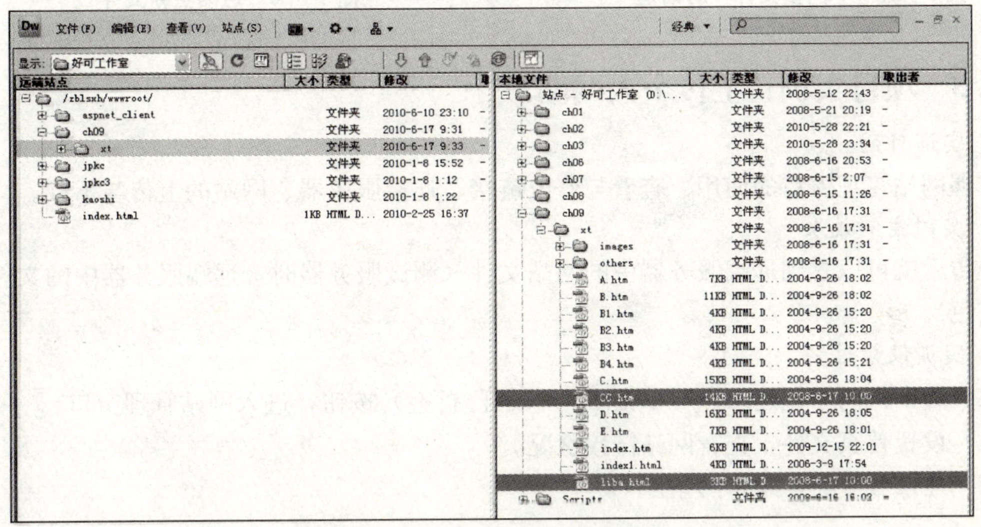

图 9—26　自动选择较新的文件

9.2.4　本地网站与远端网站的同步更新

Dreamweaver 使用文件同步功能，会自动将本地网站与远程服务器比较，找出最新的数据后，自行选择要上传或删除的文件，轻轻松松地完成同步更新。

（1）在菜单栏中选择【站点】|【同步】命令。

（2）出现“同步文件”对话框后，在“同步”文本框中输入“整个‘好可工作室’站点”，接着在“方向”下拉框中选择“放置较新的文件到远程”，然后勾选“删除本地驱动器上没有的远端文件”，最后单击【预览】按钮，如图 9—27 所示。

（3）弹出所有要上传文件的窗口后，若是“忽略”或者“已同步”，则不会上传此文件，完成设置后单击【确定】按钮，如图 9—28 所示。

在“同步文件”对话框的“方向”文本框中，若选择“从远程获得较新的文件”，则会将远程较新的数据下载；若选择“获得和放置较新的文件”，Dreamweaver 则会自动对比两端文件的新旧，以决定上传或下载。若单击 （标记所选文件以删除）按钮，则在上传或下载时会将多余的文件删除。

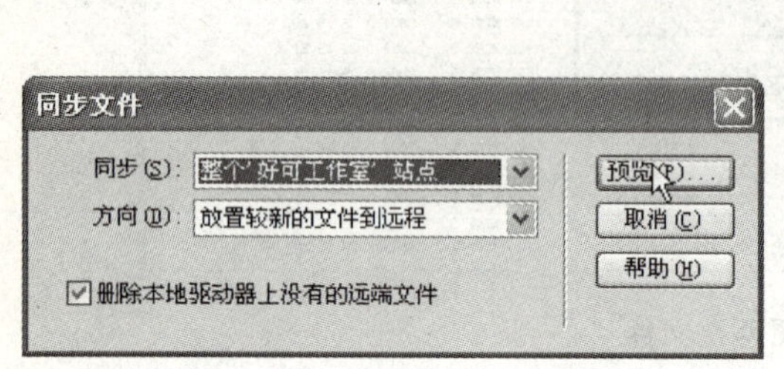

图 9—27 “同步文件”对话框

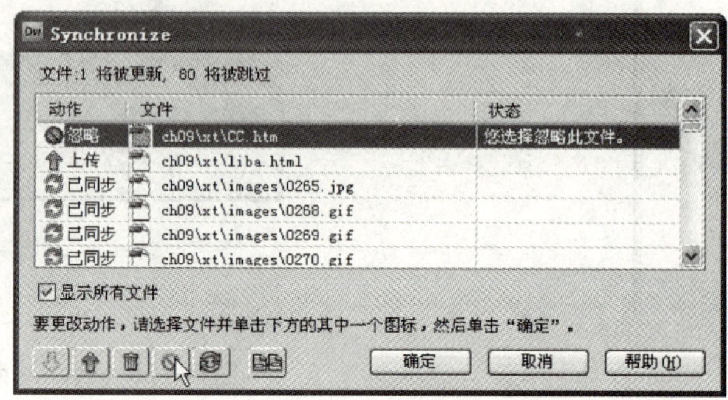

图 9—28 忽略更新文件

9.3 项目实训：上传个人网站

1. 实训目的

掌握网站管理窗口的使用、查看与修改链接、连接服务器、网站的上传与下载。

2. 实训案例效果

上传后就可以看到远端服务器中的网站文件（测试服务器时，远端服务器中的文件夹显示为红色）。

3. 实训设计过程

（1）为个人网站创建站点，单击 （展开/折叠）按钮，进入网站管理窗口。

（2）设置首页文件，查看网站链接状况。

（3）连接服务器，发布网站。

提示： 上述各设计过程的图示可参考前面的内容。

本章小结

本章介绍了网站的管理与发布，站点在发布前必须定义远程站点的远程信息、测试服务器和版本控制等，发现错误链接必须及时更正。通过本章的学习，读者应该掌握网站管理窗口中的使用、查看与修改链接、连接服务器、网站的上传与下载。

习　题　9

一、名词解释

1. 网站管理窗口　　2. 连接服务器　　3. 上传　　4. 下载

二、填空题

1. 进入网站管理窗口，必须单击________按钮。

2. 在链接检查程序面板的“显示”栏中，________会显示错误的超级链接，可能指定的链接文件已不在，或文件名称改变。

3. 在同步文件窗口的“方向”栏中，选择________会将远程较新的数据下载。

4. 网站在发布之前，必须预先连接到远端________。

三、判断题

1. 发布网站通常经由 FTP，Dreamweaver 内建 FTP 功能，方便把网站送出去，并且提供了一些好用的网站内部管理功能。（　　）

2. 测试服务器窗口服务器端文件夹图标是红色的。（　　）

3. 在同步文件窗口的“方向”栏中，选择“获得和放置较新的文件”，则会将远程较新的数据下载。（　　）

四、拓展实训题

新建站点，连接 xt 文件夹，完成以下工作：

(1) 申请一个网页空间，并将“爱犬之家”网站上传，如图 9—29 所示。

(2) 使用报告（Report）功能检查网站，以及与浏览器的兼容性。

图 9—29　“爱犬之家”网站

第 10 章　动态网页

教学任务

- 认识动态网页。
- 能够搭建服务器平台包括：IIS 的安装、设置 IIS 服务器。
- 能够进行用户注册和登录验证。

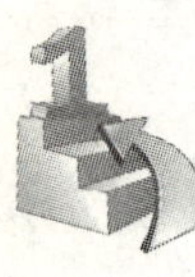

教学重点和难点

- 用户注册和登录验证。

课前导读

随着网页制作技术的不断发展，Internet 不仅可以提供静态的页面，还能根据用户的需求提供更强大的动态服务。

表单是实现用户与服务器之间信息交互的一种重要的工具。设计者利用表单可以制作出供浏览者输入的表单页面，加上后台程序的支持，对表单中的信息进行操作和处理可实现动态服务。

动态网页不只是信息交互的表单页面，它还可以根据不同的用户、不同的时间、不同的条件反馈给浏览者不同的页面内容，为每个用户提供符合用户需求的个性化服务。

10.1　认识动态网页

动态网页，就是网页文件中不但含有 HTML 标记，而且是建立在 B/S（浏览器与服务器）架构上的服务器端脚本程序。在浏览器端显示的网页是服务器端程序运行的结果。动态网页文件的后缀则根据不同的程序语言来确定，如 ASP 文件的后缀是 .asp。

动态网页最主要特点是结合后台数据库，自动更新页面。建立数据库的链接是页面通向数据的桥梁，任何形式的添加、删除、修改和检索都是建立在数据库基础上的。

动态网页发布技术的出现使得网站从展示平台变成了网络交互平台。Dreamweaver 集成了动态网页的开发功能后，由网页设计工具变成了网站开发工具。Dreamweaver 提供了众多的可视化设计工具、应用开发环境以及代码编辑支持，开发人员和设计师能够快捷地创建代码应用程序，集成程度高，开发环境精简而高效。

动态网页的特点可以归纳为以下几点：

(1) 交互性。动态网页会根据用户的需求和选择而发生改变和响应，将浏览器作为客户端界面。

(2) 自动更新。动态网页以数据库为基础，无须手动更新 HTML 文件，自动生成新的页面，降低网站维护的工作量。

(3) 因时因人而变。动态网页能够根据不同的时间、不同的访问者而显示不同的网页内容；根据用户的即时操作和即时请求，动态网页的内容会发生相应的变化，如常见的留言板、BBS、聊天室等就是由动态网页来实现的。

采用动态网站技术生成的网页都称为动态网页。动态网站建设就是指网站中的网页使用 ASP、PHP、ASP. NET 和 JSP 等程序语言编写，并且网页中某一部分或所有内容通过数据库连接，然后数据库中的数据将显示在网页相应的位置。

10.2 搭建服务器平台

各种动态网页格式适用的服务器应用软件如表 10—1 所示。

表 10—1　服务器应用软件

格 式	服务器应用软件
ASP	Microsoft 的 IIS 或 PWS
ASP. NET	Microsoft 的 IIS、. NET Framework、MDAC（Microsoft Data Access Components）2.6 以上的版本
PHP	PHP、Microsoft 的 IIS（或 PWS）或免费软件 Apache
JSP	Macromedia 的 JRun 或 IBM 的 WebSphere 或 Tomcat
ColdFusion	ColdFusion

在 Dreamweaver 中设计 ASP、ASP. NET、PHP 或 JSP 网页时，必须安装相关的服务器软件，才能正常预览动态网页。

有些服务器软件附加在系统安装的光盘中，有些可以从网站免费下载。在选择以哪种语言作为开发平台时，需考虑其适用性、复杂度以及软件支持应用的便利性。各服务器软件取得的位置如表 10—2 所示。

微软的操作系统中已经包含了 IIS，可直接从原版光盘中选择安装，但是 Windows XP Home Edition 并没有提供 IIS。

表 10—2　服务器软件取得的位置

软件名称	取得位置
IIS	随附在 Windows NT、Windows 2000 Professional、Windows 2000 Server 及 Windows XP Professional 等操作系统中
PWS	随附在 Windows 98 和 Windows NT Workstation 的安装光盘中
. NET Framework	可以直接从 Visual Studio. NET 的光盘中安装或从网站免费下载，下载网址：http://asp. net/download. aspx

续前表

软件名称	取得位置
MDAC	Windows XP已经内建新版的MDAC，也可以从网站免费下载最新的版本，下载网址：http://www.microsoft.com/data/download.htm
PHP	属于开放性的软件，可以从网站免费下载，下载网址：http://www.php.net/downloads.php
JRun	可以从网站下载试用版，下载网址：http://www.macromedia.com/software/jrun/
WebSphere	可以从网站免费下载，下载网址：http://www－3.ibm.com/software/
Tomcat	可以从网站免费下载，下载网址：http://jakarta.apache.org/tomcat/
ColdFusion	可以从网站下载试用版，下载网址：http://www.macromedia.com/software/coldfusion/

不同版本的操作平台，服务器版本也不同，如表10—3所示。

表10—3　　不同的服务器版本

操作平台	服务器软件
Windows NT 4.0 Workstation	PWS 4.0
Windows 95/98/Me	PWS 4.0
Windows NT 4.0 Server	IIS 4.0
Windows 2000 或 Windows 2000 Server、Windows XP	IIS 5.0

10.2.1　IIS的安装

在Windows XP操作平台上，安装IIS 5.0服务器软件，如图10—1所示。

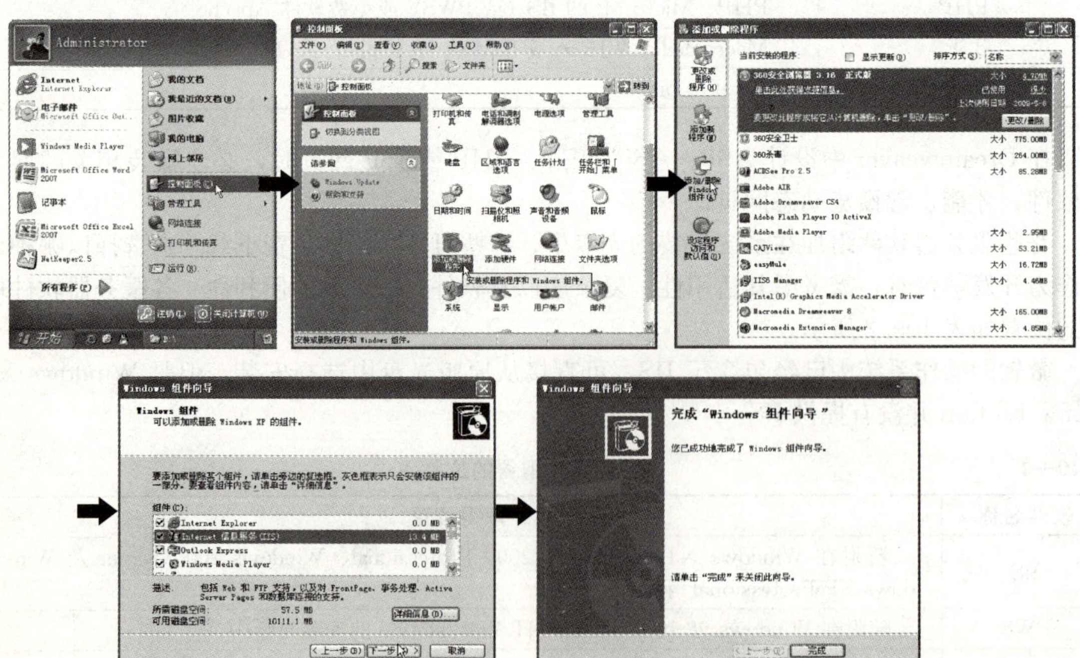

图10—1　安装IIS的图示

（1）如果使用的是 Windows 2000 Server，安装操作系统时，就会自动安装 IIS，所以不需要再次安装。

（2）对于没有安装服务器软件的动态网页，是无法预览的，需将动态网页上传到网站服务器，网页才能正常显示。

如果想要安装的是 PWS，则执行系统安装光盘中 add-ons\PWS 中的 setup. exe 文件，其他服务器软件的安装方法也大同小异，只要依画面的指示一步步操作，即可完成安装。

10. 2. 2　设置 IIS 服务器

1. 服务器属性的设置

当用户端通过 HTTP 通信协议对服务器端发出请求后，IIS 会根据用户端所指定的地址，将其对应到服务器上实际的文件路径，然后将网页返回用户端。而要让用户端所指定的地址能够对应到正确的文件路径，就要对服务器设置正确的目录。

选择 Windows 任务栏中的【开始】按钮，出现菜单后，选择“控制面板”，设置步骤如图 10—2 所示。

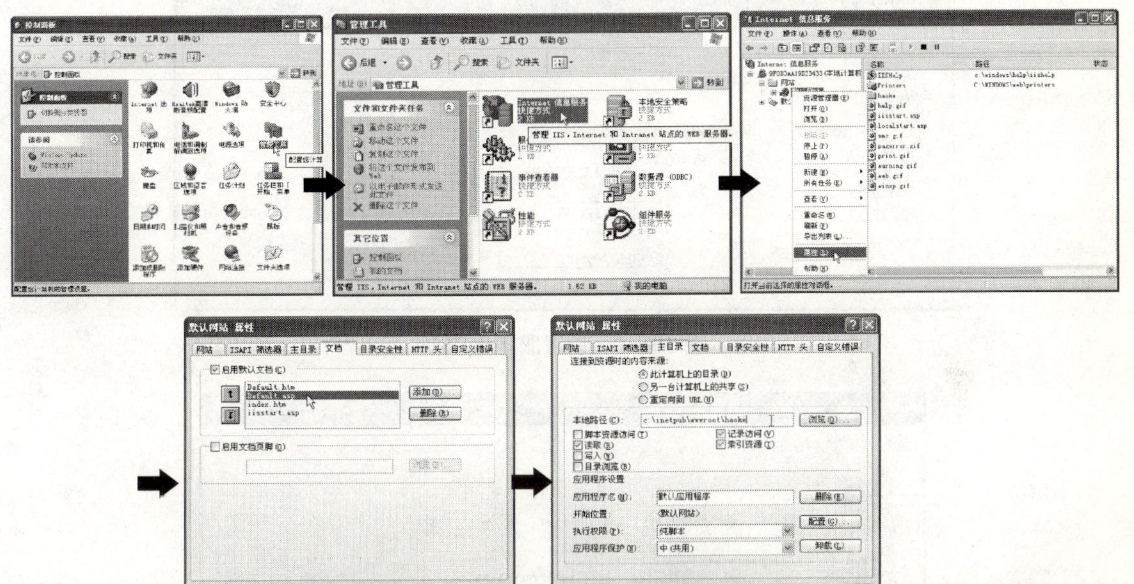

图 10—2　服务器属性的设置

2. 设置服务器模式

如果想要在自己的计算机上测试数据库网页，需将计算机模拟成服务器，因此在定义网站的窗口中，还要设置测试服务器的模式和访问的文件夹。

（1）在文件面板中，单击 按钮，选择“管理站点”，如图 10—3 所示。

（2）在“管理站点”对话框中，选择要编辑的网站名称，然后单击【编辑】按钮，如图 10—4 所示。

（3）在站点定义窗口中，选择“高级”标签，接着在“分类”栏中选择“测试服务器”，然后从“服务器模型”下拉框中选择服务器模型“ASP VBScript”，如图 10—5 所示。

（4）在“访问”下拉框中选择测试服务器访问的位置并设置“测试服务器文件”，如图

10—6 所示。

（5）单击【确定】按钮后，回到“管理站点”对话框后，单击【完成】按钮。

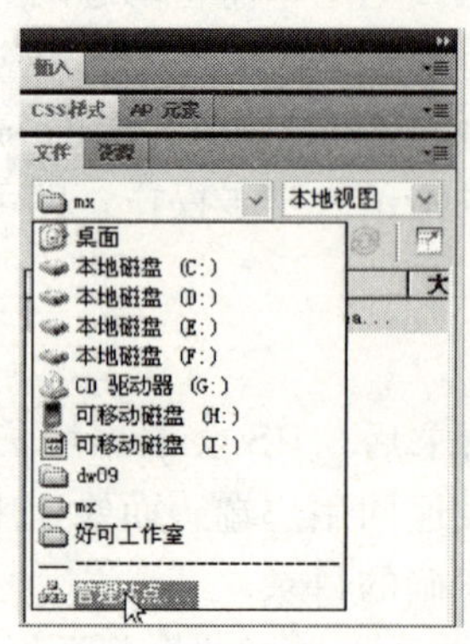

图 10—3　选择“管理站点”

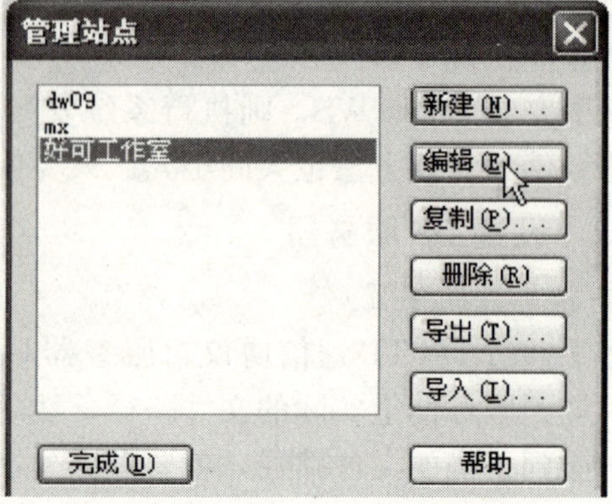

图 10—4　“管理站点”对话框

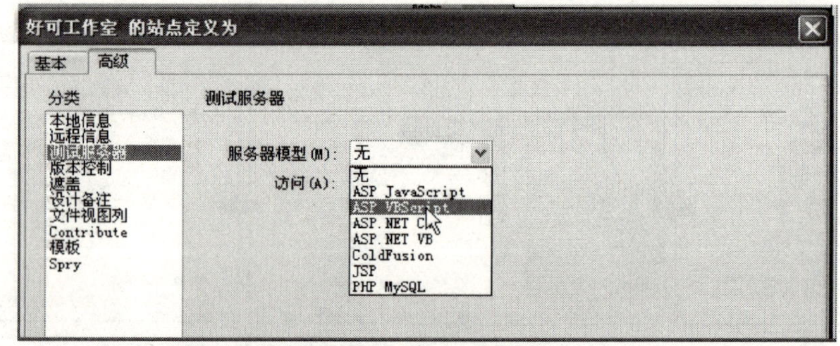

图 10—5　设置服务器模型

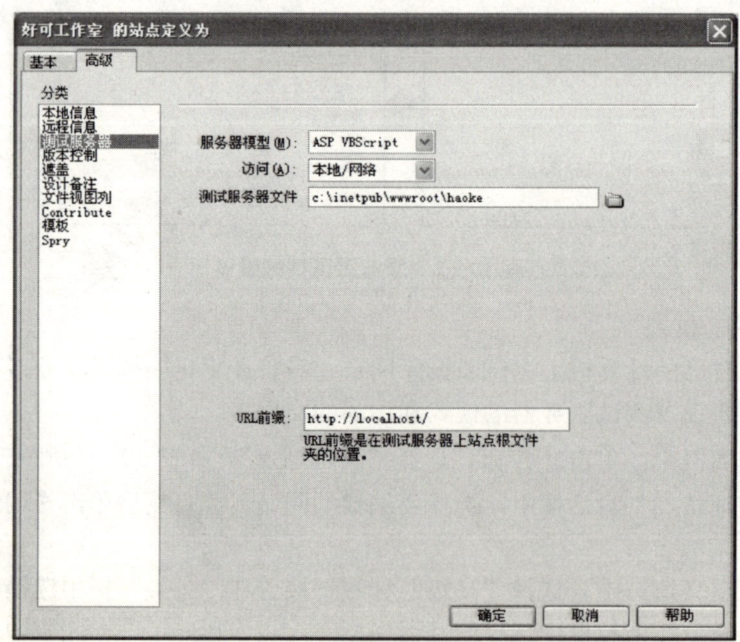

图 10—6　设置后的站点定义窗口

10.3　用户注册和登录验证

对于一个交互性的网站，用户登录验证功能是不可或缺的。实现了这个功能，可以很容易做到对特殊频道的权限控制。例如，在一些提供影视服务的网站中，登录验证用于确定某些收费频道。用户注册和登录验证的整个过程并不复杂，其原理也很容易理解。借助程序将用户输入的账号和密码与数据库中存储的资料进行核对。若数据库中存在此用户的资料就通过，否则被拒绝。

10.3.1　用户资料库的设计

了解用户注册和登录验证机制的原理后，就应该明白创建一个用户资料库是必需的。下面具体介绍用户资料库（Access 数据库）的设计流程。

（1）在 Windows 操作系统中单击【开始】|【程序】|【Microsoft Office】|【Microsoft Office Access 2003】命令，打开“Microsoft Access”窗口。

（2）单击【新建文件】|【空数据库】命令，弹出“文件新建数据库”对话框。可以根据实际情况，保存到相应位置。在“文件名”中输入数据库文件名，如“user. mdb”，如图 10—7 所示。

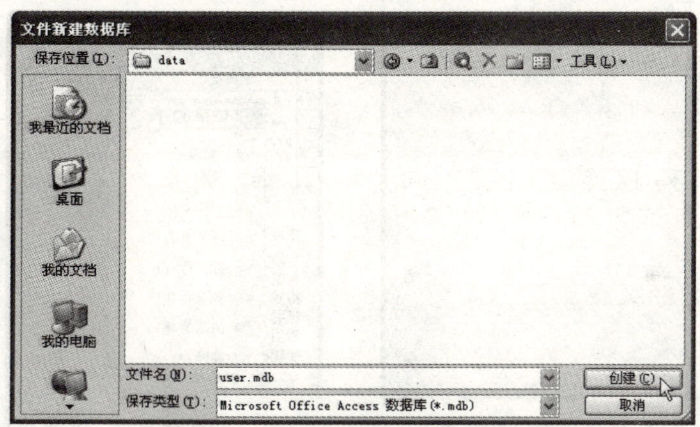

图 10—7　“文件新建数据库”对话框

（3）单击【创建】按钮，弹出“user：数据库（Access 2000 文件格式）”窗口，如图 10—8 所示。

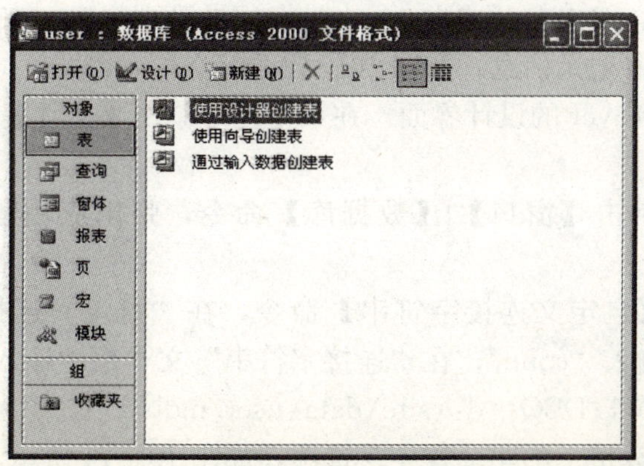

图 10—8　“user：数据库（Access 2000 文件格式）”窗口

(4) 单击【使用设计器创建表】按钮，弹出“表 1：表”设计窗口。在菜单栏中单击【文件】|【保存】命令，把表重新命名，如“tb _ user”。

(5) 在“tb _ user：表”设计窗口中按照表 10—4 来定义所有字段信息。

(6) 选择“dt”字段，在“默认值”文本框中输入“Now( )”，目的是把当前时间作为记录新增值，如图 10—9 所示。

表 10—4　　“tb _ user：表”所有字段信息

字段名称	数据类型	说　明
id	自动编号	用户记录编号
name	文本	用户账号
pswd	文本	用户口令
dt	日期/时间	注册日期

(7) 右击“id”字段，选择【主键】命令，为表设置主键，如图 10—10 所示。

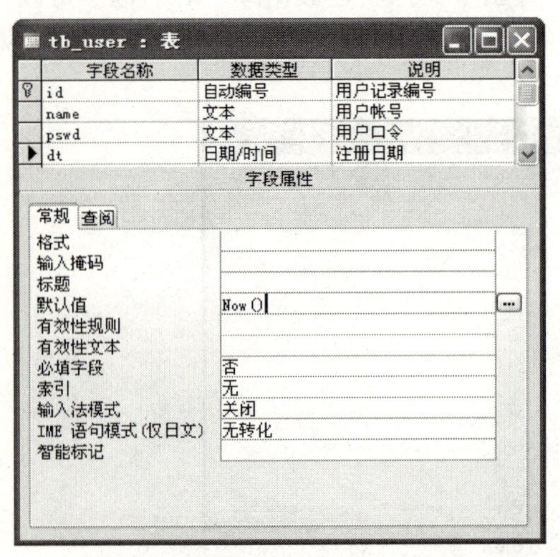

图 10—9　“dt”字段的默认值设置

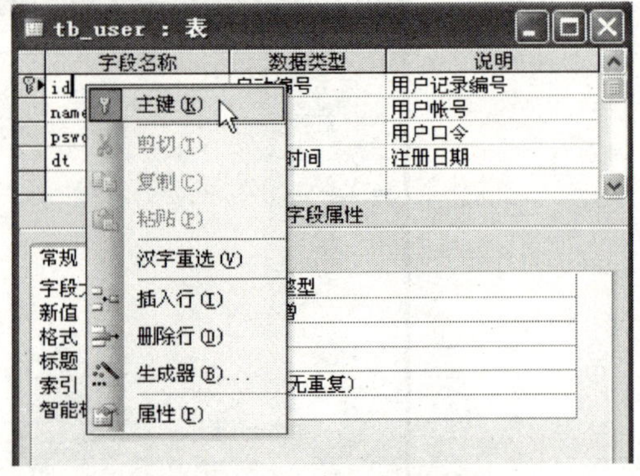

图 10—10　为表设置主键

(8) 单击窗口右上角的【关闭】按钮，系统会提示保存所做的修改。返回到“user：数据库(Access 2000 文件格式)”窗口，会发现所设计的表“tb _ user”已经存在，如图 10—11 所示。

(9) 在实际操作中，双击打开“tb _ user：表记录管理窗口。在这个窗口中，可以选择录入、编辑或者删除一些记录信息，如图 10—12 所示。

(10) 打开 Dreamweaver 的设计界面，在菜单栏中单击【文件】|【新建】命令，新建一个标准 ASP 文件。

(11) 在菜单栏中单击【窗口】|【数据库】命令，弹出应用程序面板，如图 10—13 所示。

(12) 单击【+】|【自定义连接字符串】命令，在“自定义连接字符串”对话框中的“连接名称”文本框中输入“conn”；在“连接字符串”文本框中输入“Driver＝{Microsoft Access Driver (*.mdb)};DBQ＝d:\site\data\user.mdb”；在“Dreamweaver 应连接”选项组中选择“使用此计算机上的驱动程序”选项，如图 10—14 所示。

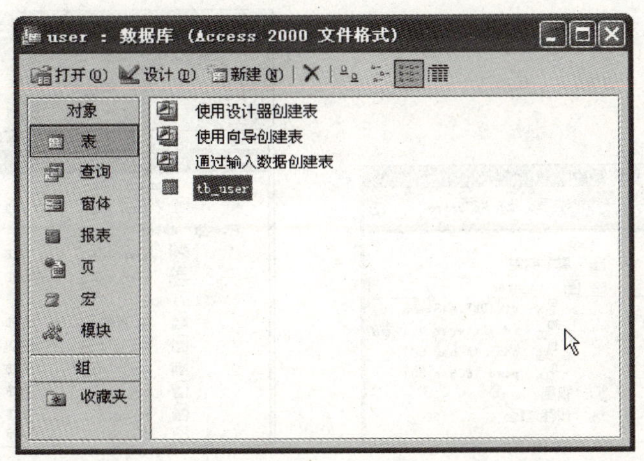

图 10—11 “user：数据库（Access 2000 文件格式）”窗口

tb_user : 表

id	name	pswd	dt
1	f2f2f	f2f123456	2010-7-30 0:32:58
2	lvyangbo	lvyangbo25463	2010-7-30 0:32:58
3	hanyang	785412	2010-7-30 0:32:58
4	r90	r901247	2010-7-30 0:32:58
(自动编号)			2010-7-30 0:32:58

记录: 4 共有记录数: 4

图 10—12 “tb _ user：表”记录管理窗口

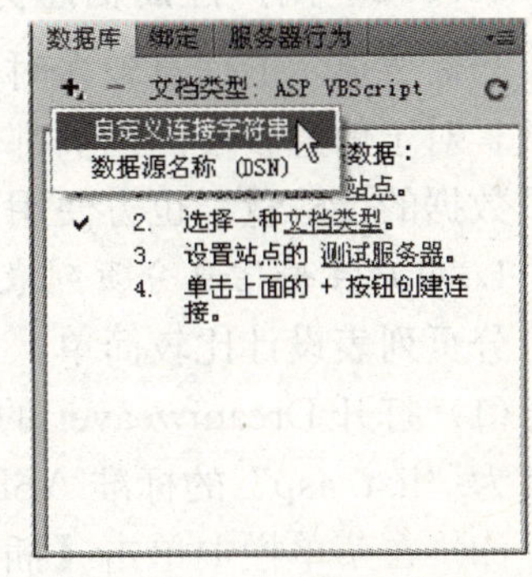

图 10—13 应用程序面板

（13）单击【测试】按钮，如果连接创建成功，则弹出如图 10—15 所示的对话框。

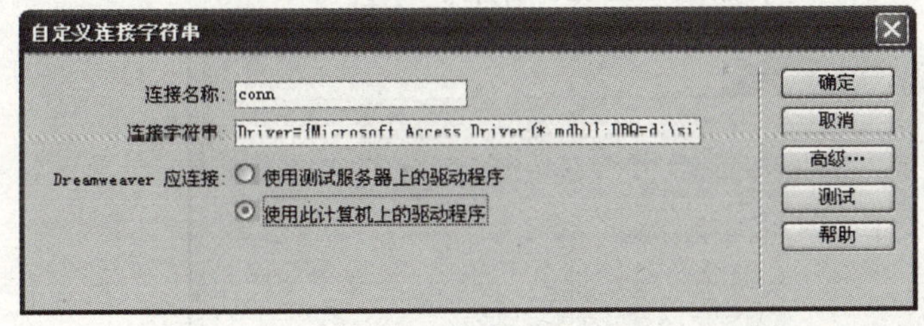

图 10—14 “自定义连接字符串”对话框

图 10—15 连接创建成功提示

（14）单击【确定】按钮，关闭“自定义连接字符串”对话框。返回应用程序面板，向导将自动在其下拉列表中添加一条“conn”列表选项，如图 10—16 所示。

（15）单击【窗口】|【文件】命令，在文件面板中将看到在站点目录下自动创建了一个名为“Connections”的文件夹，并在其下新增了一个名为“conn. asp”的文件，如图 10—17 所示。

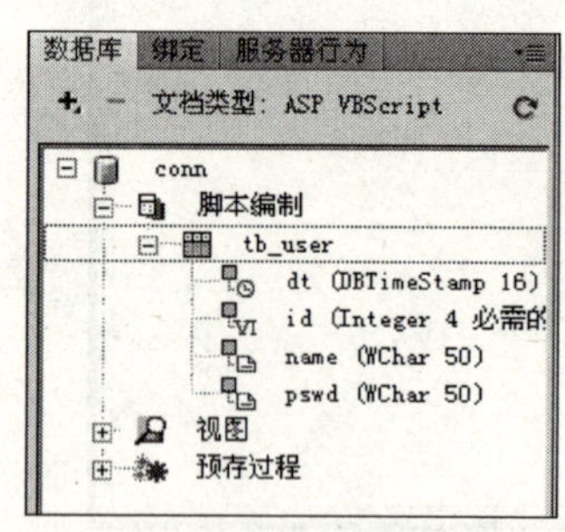

图 10—16 应用程序面板

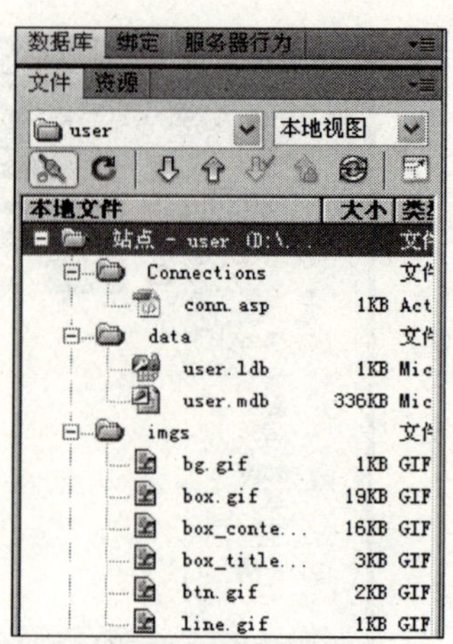

图 10—17 文件面板

10.3.2 用户注册信息分页显示功能

当需要显示的信息较多时，如果在同一页显示，将会造成页面太大，用户长时间等待。通常，对于信息较多的网页都使用分页显示技术，每页只显示指定的记录数目。这样，既降低了数据的传输量，也方便用户浏览。本节将讲解如何分页显示用户注册信息。

1. 用户注册信息分页列表 list. asp

分页列表设计比较简单，难点在于频繁进行数据绑定。具体操作步骤如下：

（1）打开 Dreamweaver 的设计界面，在菜单栏中单击【文件】|【新建】命令，创建一个名为“list. asp”的标准 ASP 文件。

（2）在菜单栏中单击【插入】|【表格】命令。在弹出的“表格”对话框中进行相应设置，在文档窗口中插入表格用于定位。

（3）根据实际情况，对特定的单元格进行宽度和背景图片的设定，以修饰表格的外观。在单元格中，输入相应的文字信息，具体效果如图 10—18 所示。

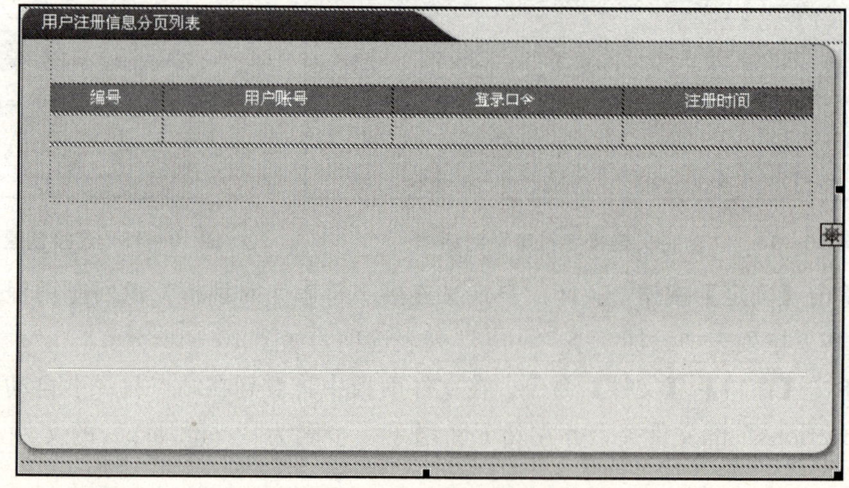

图 10—18 输入文字效果

(4) 单击【窗口】|【绑定】命令，弹出绑定面板，如图 10—19 所示。

(5) 单击【+】|【记录集（查询）】命令，弹出“记录集”对话框。在“名称”文本框中输入“rs”。在“连接”下拉框中选择“conn”选项。在“数据库项”列表中，单击“表格”前的⊞，选择“tb _ user”选项；单击右侧的【SELECT】按钮。Dreamweaver 自动在“SQL”文本框中输入“SELECT ＊ FROM tb _ user”，如图 10—20 所示。

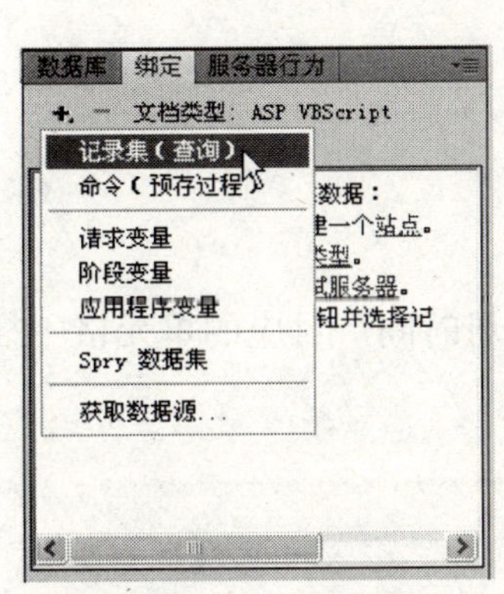

图 10—19　绑定面板

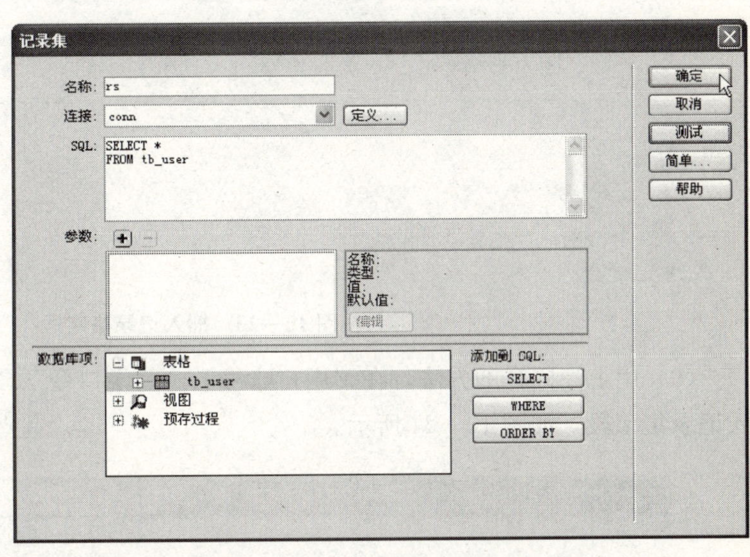

图 10—20　“记录集”对话框

(6) 单击【测试】按钮，如果记录集创建成功，将弹出如图 10—21 所示的对话框。

(7) 单击【确定】按钮，关闭“记录集”对话框。返回绑定面板，向导将自动在其下拉列表中添加“记录集（rs)”列表选项，如图 10—22 所示。

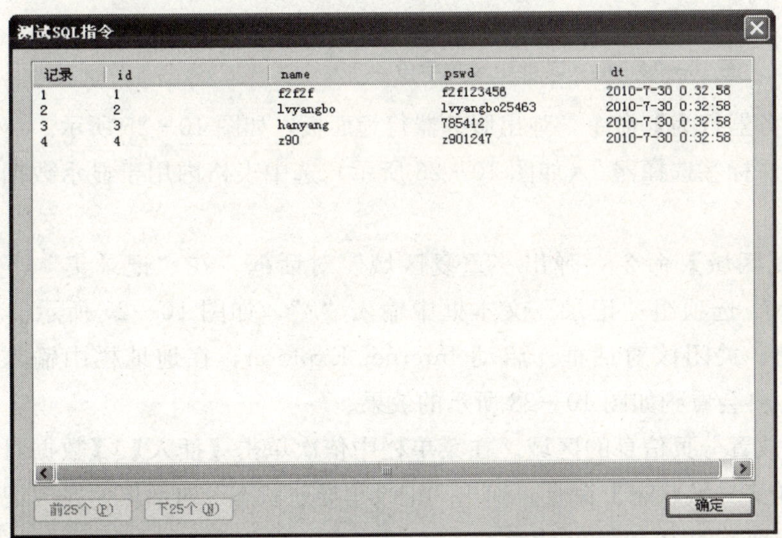

测试SQL指令

记录	id	name	pswd	dt
1	1	f2f2f	f2f123456	2010-7-30 0:32:58
2	2	lvyangbo	lvyangbo25463	2010-7-30 0:32:58
3	3	hanyang	785412	2010-7-30 0:32:58
4	4	r90	r901247	2010-7-30 0:32:58

前25个(P)　下25个(N)　确定

图 10—21　“测试 SQL 指令”对话框

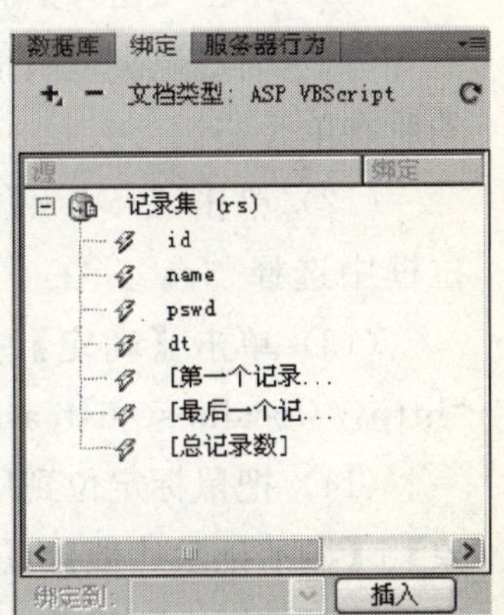

图 10—22　应用程序面板

（8）将光标放置在“编号”所对应的表格单元格中，然后在绑定面板中选择“记录集（rs）| id”选项。单击【插入】按钮，把“id”字段插到单元格中，显示效果如图 10—23 所示。

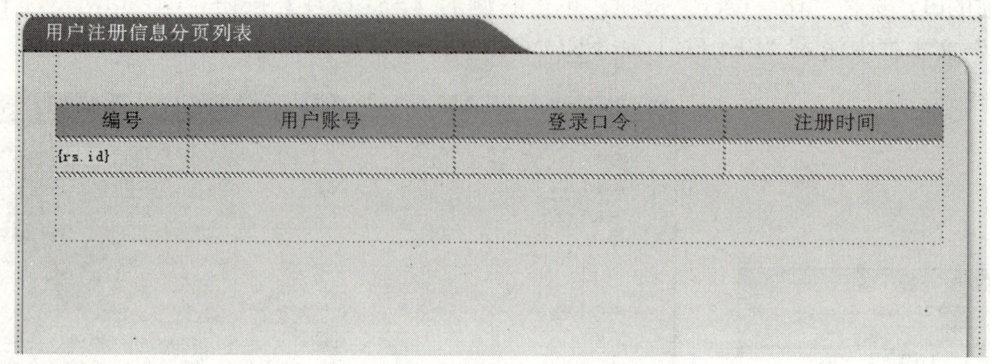

图 10—23 插入记录集字段

（9）用上述同样的方法，在“用户账号”、“登录口令”、“注册时间”对应的单元格中插入记录集字段，如图 10—24 所示。

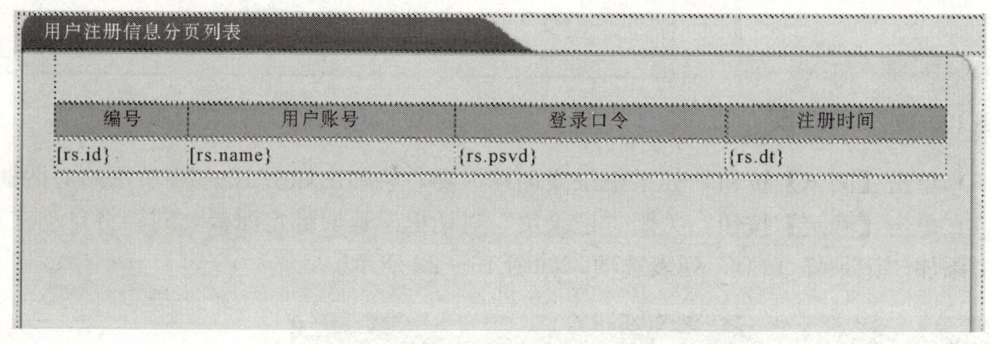

图 10—24 插入其他记录集字段

（10）单击【窗口】|【服务器行为】命令，弹出服务器行为面板，如图 10—25 所示。

（11）通过鼠标或者借助“标签选择器”（如图 10—26 所示）选中表格内用于显示数据的所有单元格。

（12）单击【+】|【重复区域】命令，弹出“重复区域”对话框。在“记录集”下拉框中选择“rs”。在“显示”选项组“记录”文本框中输入“2”，如图 10—27 所示。

（13）单击【确定】按钮，关闭该对话框。启动 Internet Explorer，在地址栏中输入“http://localhost/list.asp”，将会看到如图 10—28 所示的效果。

（14）把鼠标定位到用于放置分页信息的区域。在菜单栏中依次单击【插入】|【数据对象】|【显示记录计数】|【记录集导航状态】命令，弹出“记录集导航状态”对话框。在“记录集”下拉框中选择“rs”选项，如图 10—29 所示。

（15）单击【确定】按钮，关闭该对话框。Dreamweaver 将在文档窗口中自动插入一排用于记录统计的信息，如图 10—30 所示。

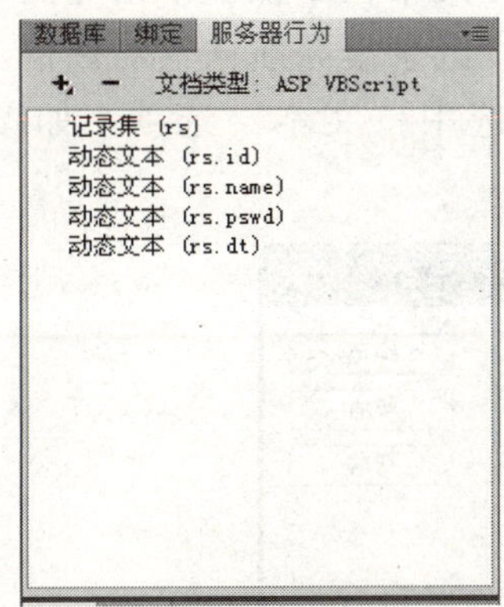

图 10—25　服务器行为面板

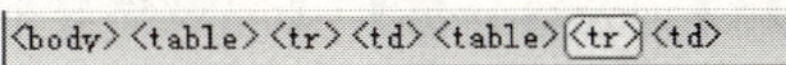

图 10—26　标签选择器

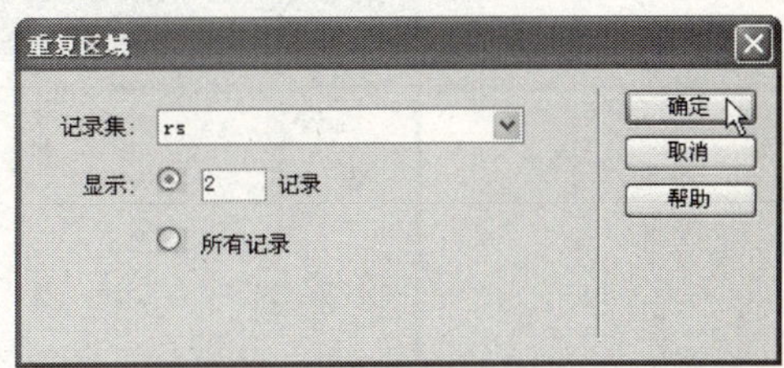

图 10—27　“重复区域”对话框

用户注册信息分页列表

编号	用户账号	登录口令	注册时间
1	f2f	123456	2006-12-16 15:16:15
2	lvyangbo	lvyangbo25463	2006-12-16 15:19:33
3	hanyang	765412	2006-12-16 15:19:50

图 10—28　查看“http://localhost/list.asp”

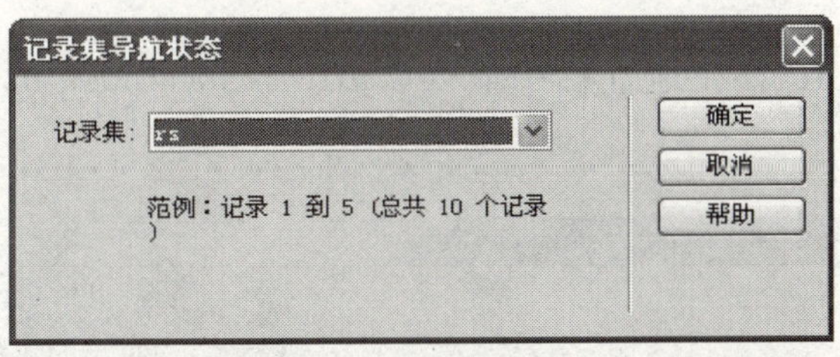

图 10—29　“Recordset Navigation States”对话框

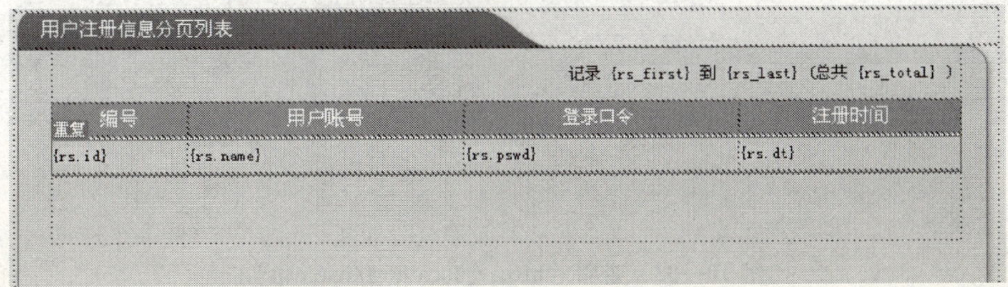

图 10—30　插入记录集导航状态

（16）把鼠标定位到用于放置分页控制的按钮区域。在菜单栏中依次单击【插入】|【数据对象】|【记录集分页】|【记录集导航条】命令，弹出“记录集导航条”对话框。在“记录集”下拉框中选择“rs”，在“显示方式”选项组中选中“文本”选项，如图 10—31 所示。

图 10—31 “记录集导航条”对话框

（17）单击【确定】按钮，关闭该对话框。Dreamweaver 将在文档窗口中自动插入一排用于翻页控制的导航条，如图 10—32 所示。

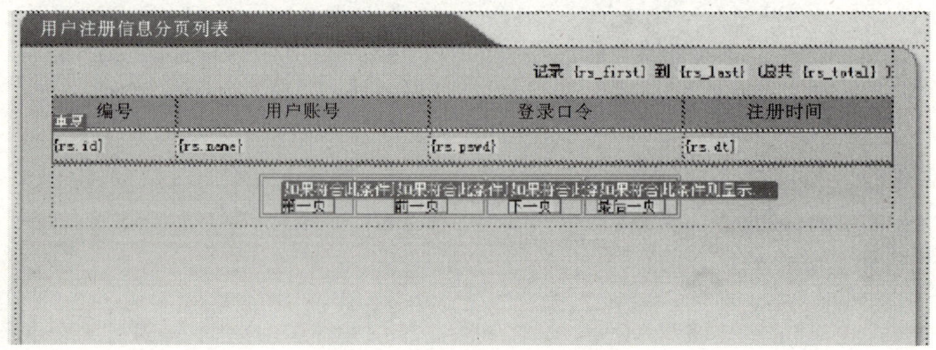

图 10—32 插入记录集导航条

2. 用户注册信息分页显示功能

启动 Internet Explorer，在地址栏中输入“http://localhost/list.asp”，将会看到如图 10—33 所示的效果。

用户注册信息分页列表

记录 1 到 3 (总共 4)

编号	用户账号	登录口令	注册时间
1	f2f	123456	2006-12-16 15:18:15
2	lvyangbo	lvyangbo25483	2006-12-16 15:19:33
3	hanyang	785412	2006-12-16 15:19:50

下一页 最后一页

图 10—33 查看“http://localhost/list.asp”

3. 代码分析——用户注册信息分页列表页面（list.asp）

用户注册信息分页列表页面（list.asp）的完整代码如下：

```
<%@LANGUAGE="VBSCRIPT" CODEPAGE="936"%>
<!--#include file="Connections/conn.asp"-->            <!--包含数据库链接文件-->
<%
Dim rs                                                 '定义记录集变量
Dim rs_numRows                                         '定义记录当前记录位置的变量
Set rs = Server.CreateObject("ADODB.Recordset")        '建立记录集对象
rs.ActiveConnection = MM_conn_STRING                   '指定数据库链接字符串
rs.Source = "SELECT * FROM tb_user"                    '构建 SQL 语句
rs.CursorType = 0
rs.CursorLocation = 2
rs.LockType = 1
rs.Open( )                                             '获取记录
rs_numRows = 0
%>
<%
Dim Repeat1__numRows                                   '定义显示记录的总数目变量
Dim Repeat1__index                                     '定义显示记录的数目变量
Repeat1__numRows = 3                                   '设定本次显示三个记录
Repeat1__index = 0
rs_numRows = rs_numRows + Repeat1__numRows
%>
<%
' *** Recordset Stats, Move To Record, and Go To Record: declare stats variables
Dim rs_total                                           '定义记录总数变量
Dim rs_first                                           '定义初始行变量
Dim rs_last                                            '定义结束行变量
rs_total = rs.RecordCount                              '获取记录集总数
```

以下代码设置当前页显示记录的行数。

```
If (rs_numRows <0) Then                                '如果记录行数小于0
  rs_numRows = rs_total                                '获取记录总数
Elseif (rs_numRows = 0) Then                           '如果记录行数等于0
  rs_numRows = 1                                       '设定记录行数为1
End If
```

以下代码计算当前页显示记录的开始行和结束行数值。

```
rs_first = 1                                           '设置开始行为1
rs_last = rs_first + rs_numRows-1                      '计算结束行
If (rs_total<>-1) Then                                 '如果记录集总数正确
  If (rs_first > rs_total) Then                        '如果开始行数大于记录总数
    rs_first = rs_total                                '设置开始行为最后一行
```

```
  End If
  If (rs_last > rs_total) Then                       '如果结束行数大于记录总数
    rs_last = rs_total                                '设置结束行为最后一行
  End If
  If (rs_numRows > rs_total) Then                    '如果当前记录行数大于记录总数
    rs_numRows = rs_total                             '设置当前记录为最后一行
  End If
End If
%>
<%
```

如果获取的记录总数不正确，则采用循环的方式，重新计算记录的总数。

```
If (rs_total = -1) Then                              '如果获取的记录总数为-1
  rs_total=0                                          '设置记录总数为 0
  While (Not rs.EOF)                                  '依次循环访问每个记录
    rs_total = rs_total + 1                           '记录总数加 1
    rs.MoveNext                                       '访问下一个记录
  Wend
  If (rs.CursorType > 0) Then
    rs.MoveFirst                                      '访问第一个记录
  Else
    rs.Requery                                        '重新查询
  End If
If (rs_numRows > rs_total) Then                      '如果当前记录行数大于记录总数
    rs_numRows = rs_total
  End If
  rs_first = 1                                        '设置开始行为 1
  rs_last = rs_first + rs_numRows - 1                 '计算结束行
  If (rs_first > rs_total) Then                       '如果开始行大于记录总数
    rs_first = rs_total
  End If
  If (rs_last > rs_total) Then                        '如果结束行数大于记录总数
    rs_last = rs_total
  End If
End If
%>
<%
Dim MM_paramName
%>
<%
' *** Move To Record and Go To Record: declare variables
Dim MM_rs
Dim MM_rsCount
```

```
Dim MM_size
Dim MM_uniqueCol
Dim MM_offset
Dim MM_atTotal
Dim MM_paramIsDefined
Dim MM_param
Dim MM_index
Set MM_rs = rs                                          '获取记录集
MM_rsCount = rs_total                                   '获取记录总数
MM_size = rs_numRows                                    '获取记录行数
MM_uniqueCol = ""
MM_paramName = ""
MM_offset = 0
MM_atTotal = false
MM_paramIsDefined = false
If (MM_paramName <> "") Then
  MM_paramIsDefined = (Request.QueryString(MM_paramName) <> "")
End If
%>
<%
' *** Move To Record: handle' index' or' offset' parameter
if (Not MM_paramIsDefined And MM_rsCount <> 0) then
  'use index parameter if defined, otherwise use offset parameter
  MM_param = Request.QueryString("index")
  If (MM_param = "") Then
    MM_param = Request.QueryString("offset")
  End If
If (MM_param <> "") Then
  MM_offset = Int(MM_param)
End If
' if we have a record count, check if we are past the end of the recordset
If (MM_rsCount <>-1) Then
If (MM_offset >= MM_rsCount Or MM_offset =-1) Then' past end or move last
  If ((MM_rsCount Mod MM_size) > 0) Then ' last page not a full repeat region
    MM_offset = MM_rsCount-(MM_rsCount Mod MM_size)
  Else
    MM_offset = MM_rsCount-MM_size
  End If
   End If
End If
' move the cursor to the selected record
MM_index = 0
While ((Not MM_rs.EOF) And (MM_index < MM_offset Or MM_offset =-1))
```

```
    MM_rs.MoveNext                                      '访问下一个记录
    MM_index = MM_index + 1
  Wend
  If (MM_rs.EOF) Then
      MM_offset = MM_index' set MM_offset to the last possible record
    End If
  End If
  %>
  <%
  ' *** Move To Record: if we dont know the record count, check the display range
  If (MM_rsCount =-1) Then
    ' walk to the end of the display range for this page
    MM_index = MM_offset
    While (Not MM_rs.EOF And (MM_size < 0 Or MM_index < MM_offset + MM_size))
      MM_rs.MoveNext                                    '访问下一个记录
     MM_index = MM_index + 1
  Wend
  ' if we walked off the end of the recordset, set MM_rsCount and MM_size
  If (MM_rs.EOF) Then
    MM_rsCount = MM_index
    If (MM_size < 0 Or MM_size > MM_rsCount) Then
      MM_size = MM_rsCount
    End If
  End If
  ' if we walked off the end, set the offset based on page size
  If (MM_rs.EOF And Not MM_paramIsDefined) Then
    If (MM_offset > MM_rsCount-MM_size Or MM_offset =-1) Then
      If ((MM_rsCount Mod MM_size) > 0) Then
        MM_offset = MM_rsCount-(MM_rsCount Mod MM_size)
    Else
      MM_offset = MM_rsCount-MM_size
      End If
    End If
  End If
  ' reset the cursor to the beginning
  If (MM_rs.CursorType > 0) Then
    MM_rs.MoveFirst                                     '访问第一个记录
  Else
    MM_rs.Requery                                       '重新查询
  End If
  'move the cursor to the selected record
  MM_index = 0
  While (Not MM_rs.EOF And MM_index < MM_offset)
```

```
    MM_rs.MoveNext                                                    '访问下一个记录
      MM_index = MM_index + 1
    Wend
End If
%>
<%
' *** Move To Record: update recordset stats
' set the first and last displayed record
rs_first = MM_offset + 1
rs_last = MM_offset + MM_size
If (MM_rsCount <> -1) Then
  If (rs_first > MM_rsCount) Then
    rs_first = MM_rsCount
  End If
  If (rs_last > MM_rsCount) Then
    rs_last = MM_rsCount
  End If
End If
' set the boolean used by hide region to check if we are on the last record
MM_atTotal = (MM_rsCount <> -1 And MM_offset + MM_size >= MM_rsCount)
%>
<%
' *** Go To Record and Move To Record: create strings for maintaining URL and Form parameters
Dim MM_keepNone
Dim MM_keepURL
Dim MM_keepForm
Dim MM_keepBoth
Dim MM_removeList
Dim MM_item
Dim MM_nextItem
' create the list of parameters which should not be maintained
MM_removeList = "&index="
If (MM_paramName <> "") Then
  MM_removeList = MM_removeList & "&" & MM_ paramName & "="
End If
MM_keepURL=""
MM_keepForm=""
MM_keepBoth=""
MM_keepNone=""
' add the URL parameters to the MM_keepURL string
For Each MM_item In Request.QueryString
  MM_nextItem = "&" & MM_item & "="
  If (InStr(1,MM_removeList,MM_nextItem,1) = 0) Then
```

```
    MM_keepURL=MM_keepURL & MM_nextItem& Server.URLencode(Request.QueryString(MM_item))
  End If
Next
' add the Form variables to the MM_keepForm string
For Each MM_item In Request.Form
  MM_nextItem = "&" & MM_item & "="
  If (InStr(1,MM_removeList,MM_nextItem,1) = 0) Then
    MM_keepForm = MM_keepForm & MM_nextItem & Server.URLencode(Request.Form(MM_item))
  End If
Next
' create the Form + URL string and remove the intial'&' from each of the strings
MM_keepBoth = MM_keepURL & MM_keepForm
If (MM_keepBoth <> "") Then
  MM_keepBoth = Right(MM_keepBoth, Len(MM_keepBoth)-1)
End If
If (MM_keepURL <> "") Then
  MM_keepURL = Right(MM_keepURL, Len(MM_keepURL)-1)
End If
If (MM_keepForm <> "") Then
  MM_keepForm = Right(MM_keepForm, Len(MM_keepForm)-1)
End If
' a utility function used for adding additional parameters to these strings
Function MM_joinChar(firstItem)
  If (firstItem <> "") Then
    MM_joinChar = "&"
  Else
    MM_joinChar = ""
  End If
End Function
%>
<%
```

以下代码构建分页链接字符串。

```
Dim MM_keepMove
Dim MM_moveParam
Dim MM_moveFirst                                   '定义第一页链接字符串变量
Dim MM_moveLast                                    '定义最后一页链接字符串变量
Dim MM_moveNext                                    '定义下一页链接字符串变量
Dim MM_keepMove
Dim MM_moveParam
Dim MM_moveFirst                                   '定义第一页链接字符串变量
Dim MM_moveLast                                    '定义最后一页链接字符串变量
Dim MM_moveNext                                    '定义下一页链接字符串变量
```

```
Dim MM_movePrev                                          '定义上一页链接字符串变量
Dim MM_urlStr
Dim MM_paramList
Dim MM_paramIndex
Dim MM_nextParam
MM_keepMove = MM_keepBoth
MM_moveParam = "index"
If (MM_size > 1) Then
  MM_moveParam = "offset"
  If (MM_keepMove <> "") Then
    MM_paramList = Split(MM_keepMove, "&")
    MM_keepMove = ""
    For MM_paramIndex = 0 To UBound(MM_paramList)
    MM_nextParam = Left(MM_paramList(MM_paramIndex), InStr(MM_paramList(MM_paramIndex),"=")
-1)
    If (StrComp(MM_nextParam,MM_moveParam,1) <> 0) Then
     MM_keepMove = MM_keepMove & "&" & MM_paramList(MM_paramIndex)
    End If
  Next
  If (MM_keepMove <> "") Then
     MM_keepMove = Right(MM_keepMove, Len(MM_keepMove)-1)
  End If
  End If
End If
' set the strings for the move to links
If (MM_keepMove <> "") Then
  MM_keepMove = Server.HTMLEncode(MM_keepMove) & "&"
End If
MM_urlStr = Request.ServerVariables("URL") & "?" & MM_keepMove & MM_moveParam & "="
MM_moveFirst = MM_urlStr & "0"
MM_moveLast = MM_urlStr & "-1"
MM_moveNext = MM_urlStr & CStr(MM_offset + MM_size)
If (MM_offset-MM_size < 0) Then
  MM_movePrev = MM_urlStr & "0"
Else
  MM_movePrev = MM_urlStr & CStr(MM_offset-MM_size)
End If
%>
```

以下代码显示分页显示的页面。

```
<!DOCTYPE html PUBLIC "-//W3C//DTD XHTML 1.0 Transitional//EN"
"http://www.w3.org/TR/xhtml1/DTD/xhtml1-transitional.dtd">
<html xmlns="http://www.w3.org/1999/xhtml">
```

```
<head>
<meta http-equiv="Content-Type" content="text/html; charset=gb2312" />
<title>用户注册信息分页列表</title>
<style type="text/css">
<!--
body,td,th {
   font-family: 宋体;
  font-size: 12px;
  color: #000000;
}
body {
    background-image: url(imgs/bg.gif);
    margin-left: 0px;
    margin-right: 0px;
    margin-bottom: 0px;
    background-color: #E0E5EB;
}
.STYLE1 {color: #FFFFFF;font-size: 14px}
-->
</style></head>
<body>
<table width="720" height="500" border="0" align="center" cellpadding="0" cellspacing="
0">
  <tr>
    <td height="100"> </td>
  </tr>
  <tr>
    <td height="27" background="imgs/box_title.gif" style="line-height:27px;">
<spanclass="STYLE1">   用户注册信息分页列表</span>
</td>
</tr>
<tr>
  <td height="373" align="center" valign="top" background="imgs/box_content.gif">
  <table width="664"border="0" cellspacing="0" cellpadding="0">
    <tr>
```

以下代码显示记录显示的编号。

```
    <td height="40" colspan="4" align="right"> 
  记录 <%=(rs_first)%> 到 <%=(rs_last)%> (总共 <%=(rs_total)%>)</td>
</tr>
<tr>
<td width="100" height="25" align="center" bgcolor="#68B1D1">
<span class="STYLE1">编号</span>
```

```
</td>
<td width="200" align="center" bgcolor="#68B1D1">
<span class="STYLE1">用户账号</span></td>
<td width="200" align="center" bgcolor="#68B1D1">
<span class="STYLE1">登录口令</span></td>
<td align="center" bgcolor="#68B1D1">
<span class="STYLE1">注册时间</span></td>
</tr>
<tr>
  <td height="2" colspan="4" background="imgs/line.gif"></td>
</tr>
<%
```

以下代码循环显示每个记录。

```
While ((Repeat1__numRows <> 0) AND (NOT rs.EOF))
%>
  <tr>
   <td height="25"><%=(rs.Fields.Item("id").Value)%></td>
    <td height="25"><%=(rs.Fields.Item("name").Value)%></td>
     <td><%=(rs.Fields.Item("pswd").Value)%></td>
     <td><%=(rs.Fields.Item("dt").Value)%></td>
  </tr>
  <tr>
    <td height="2" colspan="4" background="imgs/line.gif"></td>
</tr>
<%
Repeat1__index=Repeat1__index+1
Repeat1__numRows=Repeat1__numRows-1
rs.MoveNext                                                      '访问下一个记录()
Wend
%>
<tr>
```

以下代码显示分页导航链接。

```
<td height="50" colspan="4" align="center"><table border="0" width="50%" align="cen-
ter">
    <tr>
     <td width="23%" align="center"><% If MM_offset <> 0 Then %>
         <a href="<%=MM_moveFirst%>">第一页</a>
         <% End If ' end MM_offset <> 0 %>
    </td>
    <td width="31%" align="center"><% If MM_offset <> 0 Then %>
```

```
      <a href="<%=MM_movePrev%>">前一页</a>
      <% End If ' end MM_offset <> 0 %>
    </td>
    <td width="23%" align="center"><% If Not MM_atTotal Then %>
    <a href="<%=MM_moveNext%>">下一页</a>
    <% End If ' end Not MM_atTotal %>
    </td>
    <td width="23%" align="center"><% If Not MM_atTotal Then %>
     <a href="<%=MM_moveLast%>">最后一页</a>
    <% End If ' end Not MM_atTotal %>
        </td>
      </tr>
    </table></td>
        </tr>
    </table></td>
  </tr>
  <tr>
    <td align="center"> </td>
    </tr>
  </table>
  </body>
  </html>
```

以下代码关闭数据库链接。

```
<%
rs.Close()
Set rs = Nothing
%>
```

10.3.3 用户信息录入功能

用户注册提供了一个用户自动注册的平台。实现添加记录功能主要通过3个页面：用户信息录入页面（add.asp）、录入成功信息提示页面（add_ok.asp）、录入失败信息提示页面（add_wrong.asp）。

1. 用户信息录入页面（add.asp）

本实例的用户信息录入页面实现用户信息添加的功能。设计过程如下：

（1）打开Dreamweaver的设计界面。在菜单栏中单击【文件】|【新建】命令，新建一个名为“add.asp”的标准ASP文件。

（2）在设计界面窗口中，在插入面板“常用”模式下单击【表格】按钮。在弹出的“表格”对话框中进行相应设置，在文档窗口中插入用于定位的表格。

（3）根据实际情况，对特定的单元格进行宽度和背景图片的设定，以修饰表格的外观。在单元格中，输入相应的文字信息，具体效果如图10—34所示。

图 10—34 用户信息录入页面排版

(4) 单击插入面板中的【表单】|【表单】按钮，在文档最前头插入表单。通过“标签选择器”选中该表单。在属性面板中的“表单 ID”文本框中输入“frmdata”，在“目标”下拉框中选择“_self”选项，如图 10—35 所示。

图 10—35 “属性”面板

(5) 根据上面的表格布局，插入各项对应的表单元素，包括文本字段、按钮等，如图 10—36 所示。表 10—5 是表单元素的属性列表。

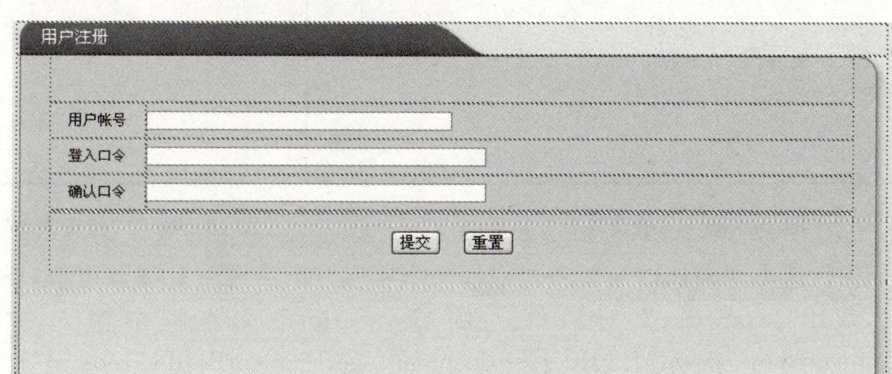

图 10—36 插入记录集字段

表 10—5 表单元素的属性列表

对应标签名	表单元素 id
用户账号	name
登录口令	pswd

(6) 通过“标签选择器”选中“frmdata”表单，如图 10—37 所示。

(7) 在菜单栏中单击【窗口】|【行为】命令，弹出“标签 <form>”面板，如图 10—38 所示。

<body><form#frmdata>

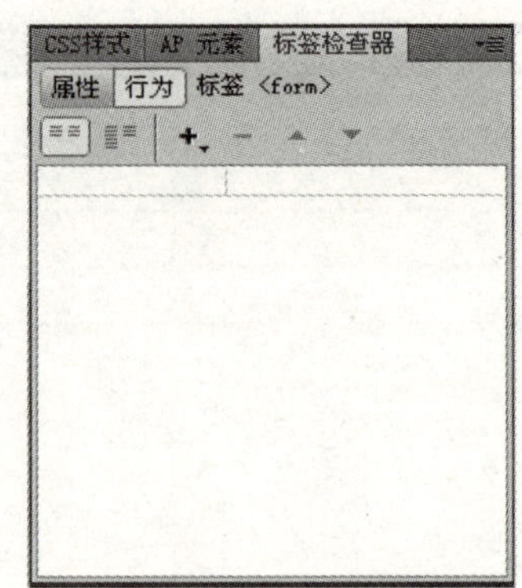

图 10—37 标签选择器　　图 10—38 标签〈form〉面板

（8）单击【+】|【检查表单】命令，弹出“检查表单”对话框，如图 10—39 所示。在【域】列表中选择不同的域，勾选“必需的”选项。

（9）单击【确定】按钮，关闭“检查表单”对话框。返回标签〈form〉面板，向导将自动在其下拉列表中添加一条在“onSubmit”事件时发生的行为动作“检查表单”的列表项，如图 10—40 所示。

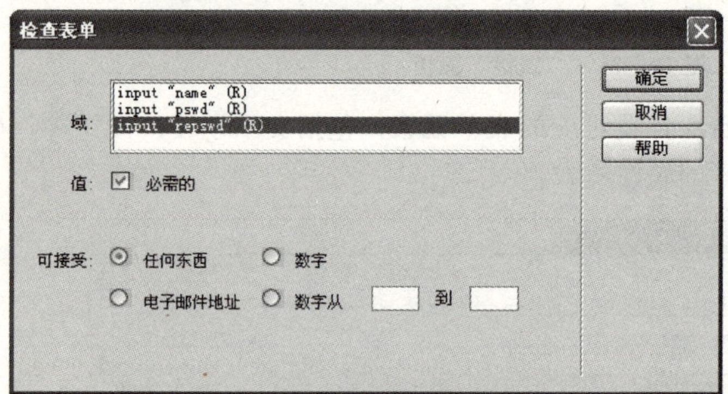

CSS样式　AP 元素　标签检查器
属性　行为　标签 <form>
onSubmit　检查表单

图 10—39 “检查表单”对话框　　图 10—40 “检查表单”行为

（10）用鼠标选中“确认口令”所对应的文本字段。单击【+】|【调用 JavaScript】命令，弹出“调用 JavaScript”对话框。在“JavaScript”文本框中输入：“if (document. getElementById("pswd"). value! =document. getElementById ("repswd"). value){alert("两次口令输入不一致!");}”,如图 10—41 所示。

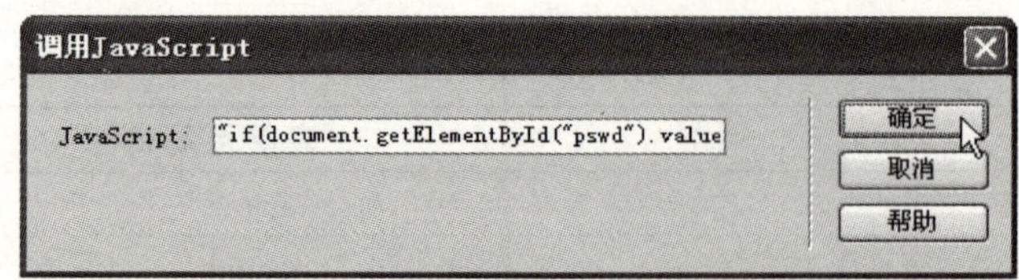

图 10—41 “调用 JavaScript”对话框

（11）单击【确定】按钮，关闭“调用 JavaScript”对话框。返回“标签〈input〉”面板，向导将自动在其下拉列表中添加一条在“onBlur”事件时发生的行为动作“调用 JavaScript”的列表选项，如图 10—42 所示。

(12)在菜单栏中单击【窗口】|【服务器行为】命令，弹出“服务器行为”面板，如图 10—43 所示。

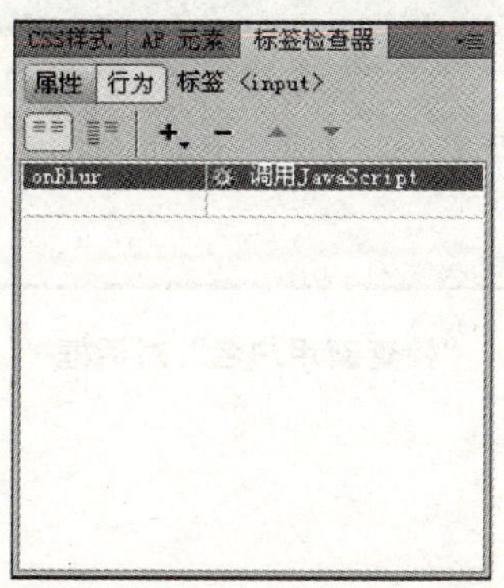

图 10—42　“调用 JavaScript”行为

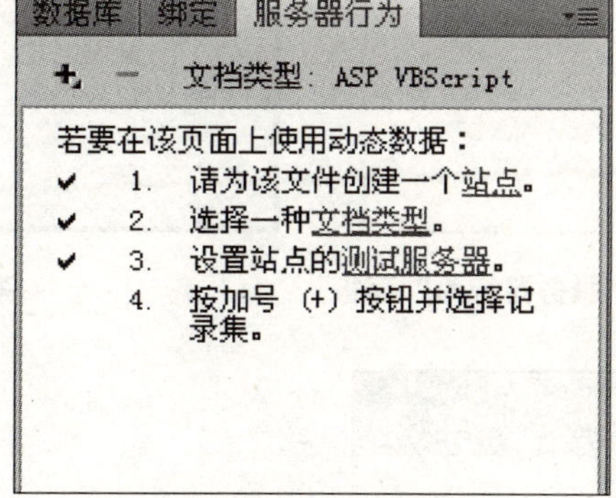

图 10—43　“服务器行为”面板

(13)单击【+】|【插入记录】命令，弹出“插入记录”对话框。在“连接”下拉框中选择“conn”选项。在“插入到表格”下拉框中选择“tb_user”选项。在“插入后，转到”文本框中输入“add_ok. asp”。在“获取值自”下拉框中选择“frmdata”选项，如图 10—44 所示。

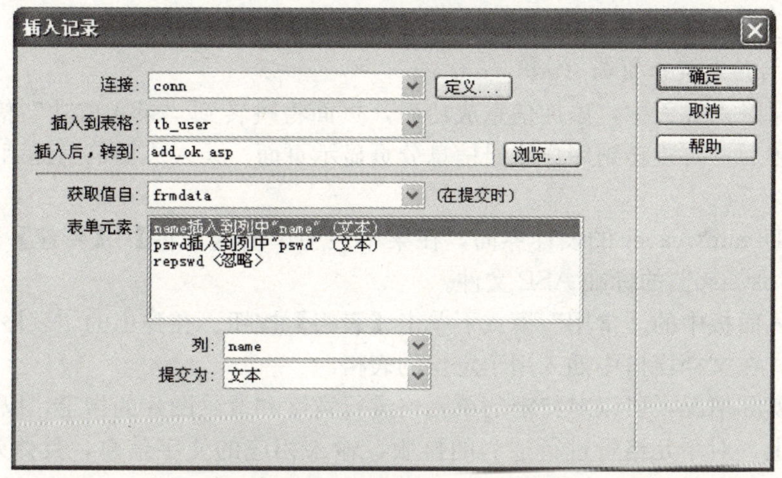

图 10—44　“插入记录”对话框

(14)单击【确定】按钮，关闭“插入记录”对话框。返回应用程序面板，向导将自动在其下拉列表中添加一条“插入记录(表单"frmdata")”列表选项，如图 10—45 所示。

(15) 单击【+】|【用户身份验证】|【检查新用户名】命令，弹出“检查新用户名”对话框。在“用户名字段”下拉框中选择“name”选项。在“如果已存在，则转到”文本框中输入“add wrong. asp”，如图 10—46 所示。

(16) 单击【确定】按钮，关闭“检查新用户名”对话框。返回“服务器行为”面板，向导将自动在其下拉列表中添加一条“检查新用户名”列表选项，如图 10—47 所示。

(17) 在“标签选择器”中选中表单 frmdata。在“属性”面板中的“动作”文本框中会看到系统自动写入“〈%=MM _ editAction%〉”的值，如图 10—48 所示。

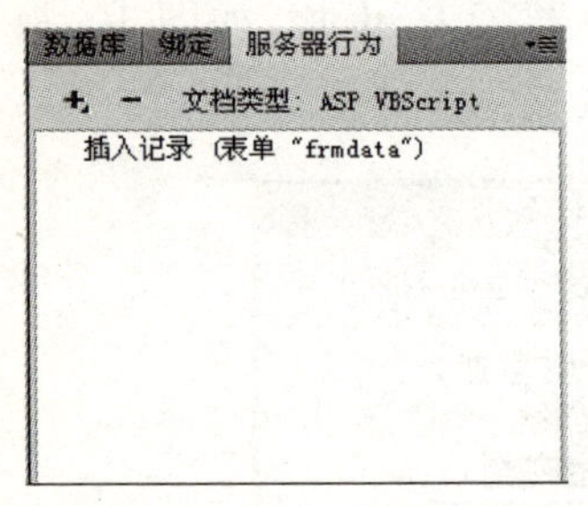

图 10—45 “服务器行为”面板

图 10—46 “检查新用户名”对话框

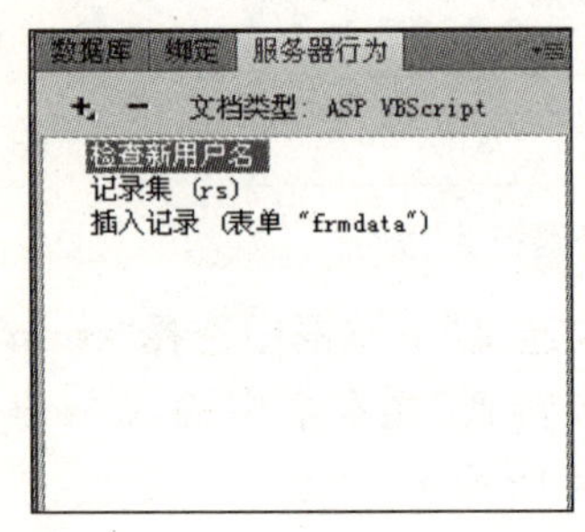

图 10—47 “服务器行为”面板

图 10—48 属性面板

2. 录入成功信息提示页面（add _ ok. asp）

在用户信息录入界面中，添加信息成功后，页面将跳转到“录入成功”信息提示页面。进入该网页 2 秒后，再跳转到用户注册信息分页显示页面。录入成功信息提示页面制作过程如下：

（1）打开 Dreamweaver 的设计界面，在菜单栏中单击【文件】|【新建】命令，新建一个名为“add _ ok. asp”的标准 ASP 文件。

（2）在插入面板中的“常用”模式下单击【表格】按钮。在弹出的“表格”对话框中进行相应的设置，在文档窗口中插入用于定位的表格。

（3）根据实际情况，可以对特定的单元格进行宽度和背景图片的指定，以修饰表格的外观。在此基础上，对单元格行进行适当的排版，输入相应的文字信息，具体效果如图 10—49 所示。

（4）在插入面板中的“常用”模式下单击【文件头：刷新】按钮。弹出“刷新”对话框，在“延迟”文本框中输入“2”，在“操作”选项组中选中“转到 URL：”选项，并在其对应的文本框中输入“list. asp”，如图 10—50 所示。

（5）单击【确定】按钮，关闭该对话框。

启动 Internet Explorer，在地址栏中输入“http://localhost/add. asp”。输入用户注册信息，如图 10—51 所示。

单击【提交】按钮，用户信息会自动输入数据库。转到 add _ ok. asp 页面，如图 10—52 所示。

经过 2 秒的防恶意刷新处理，系统会自动转到 list. asp 页面，如图 10—53 所示。

图 10—49　录入成功信息提示页面

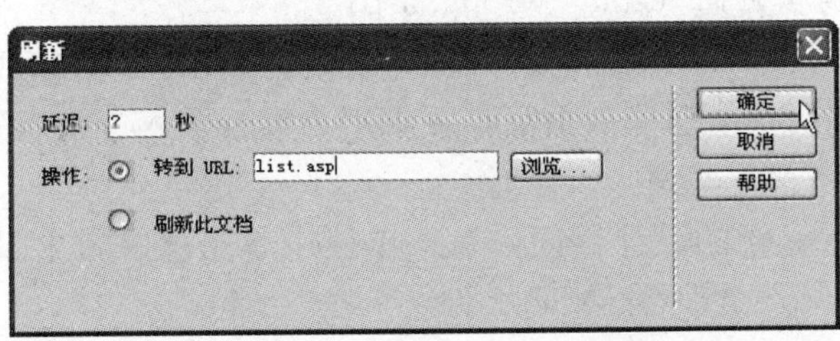

图 10—50　“刷新”对话框

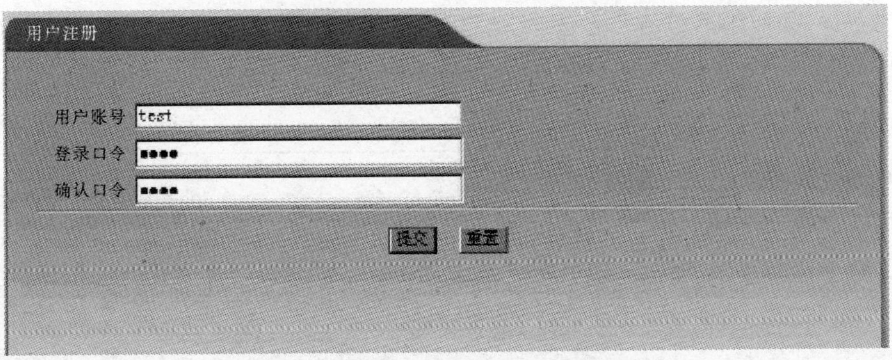

图 10—51　查看“http://localhost/add.asp”

图 10—52　查看“http://localhost/add_ok.asp”

用户注册信息分页列表

记录 4 到 5 (总共 5)

编号	用户账号	登录口令	注册时间
4	z90	z901247	2010-7-30 1:33:01
5	test	test	2010-7-30 1:33:01

第一页　前一页

图 10—53　查看“http://localhost/list. asp”

3. 录入失败信息提示页面（add _ wrong. asp）

在用户信息录入页面中，录入信息失败后，将跳转到录入失败信息提示页面。在该页面停留 2 秒后，将跳转到用户信息录入页面，要求用户重新录入。录入失败信息提示页面制作过程如下：

（1）打开 Dreamweaver 的设计界面，在菜单栏中单击【文件】|【新建】命令，新建一个名为“add _ wrong. asp”的标准 ASP 文件。

（2）在插入面板的“常用”模式下单击【表格】按钮。在弹出的“表格”对话框中进行相应设置，在文档窗口中插入用于定位的表格。

（3）根据实际情况对特定的单元格进行宽度和背景图片的设置，以修饰表格的外观。在此基础上，对单元格进行适当的排版，录入相应的文字信息，具体效果如图 10—54 所示。

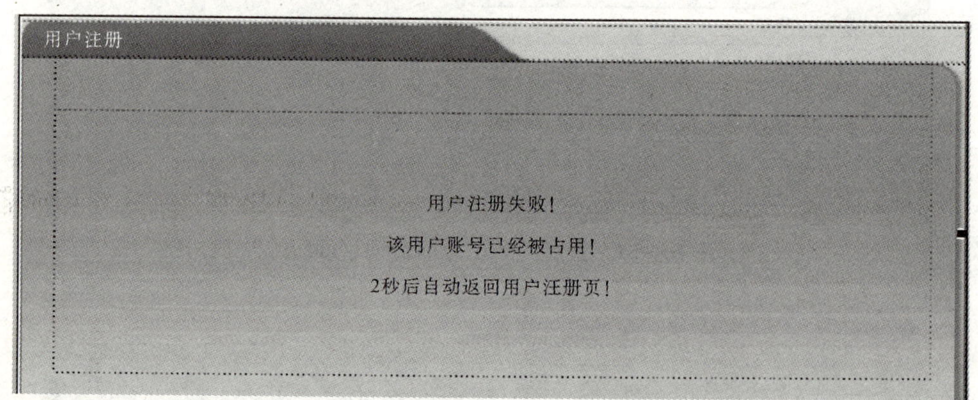

图 10—54　输入失败信息提示页面

（4）在插入面板的“常用”模式下单击【文件头：刷新】按钮，弹出“刷新”对话框，在“延迟”文本框中输入“2”，在“操作”选项组中选中“转到 URL:”选项，并在其对应的文本框中输入“add. asp”，如图 10—55 所示。

（5）单击【确定】按钮，关闭该对话框。

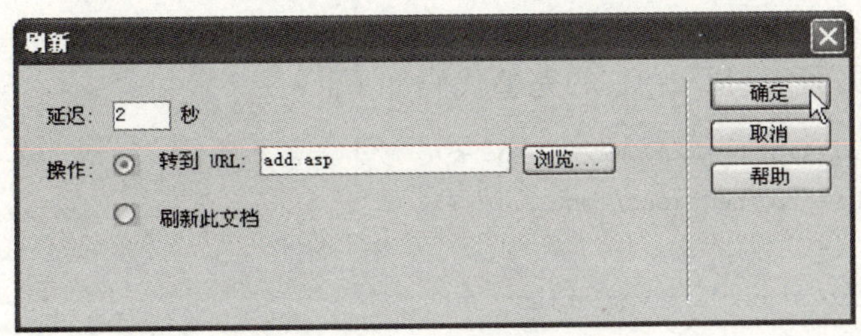

图 10—55 “刷新”对话框

4. 测试用户信息录入功能

启动 Internet Explorer，在地址栏中输入“http://localhost/add.asp”。若输入重复的用户注册信息，则如图 10—56 所示。

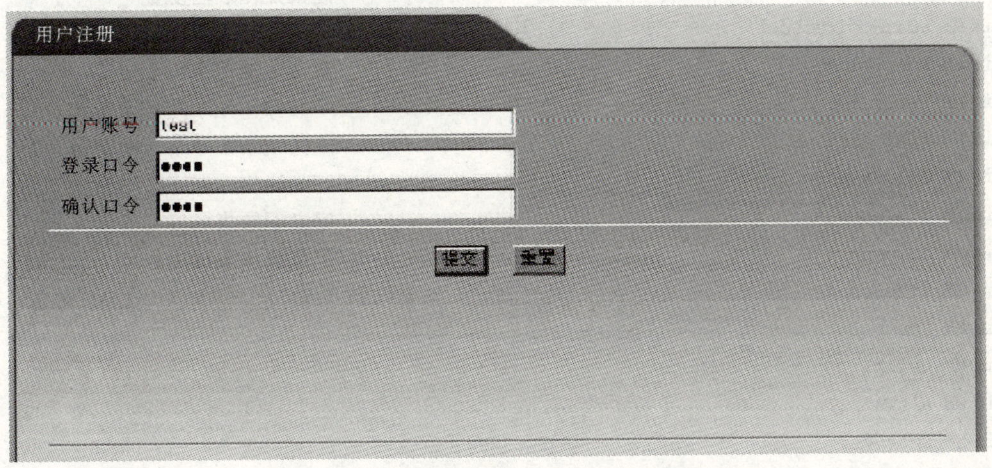

图 10—56 查看“http://localhost/add.asp”

单击【提交】按钮，用户信息会自动输入数据库。转到 asp_ok.asp 页面，如图 10—57 所示。

图 10—57 查看“http://localhost/add_ok.asp”

5. 生成代码分析——用户信息录入页面（add. asp）

用户信息录入页面（add. asp）的完整代码如下：

```
<%@LANGUAGE="VBSCRIPT" CODEPAGE="936"%>
<!--#include file="Connections/conn.asp"-->
<%
' *** Edit Operations: declare variables
Dim MM_editAction                    '定义操作网页的网址变量
Dim MM_abortEdit                     '定义是否放弃编辑变量
Dim MM_editQuery                     '定义进行编辑操作的 SQL 语句
Dim MM_editCmd                       '定义 Command 对象变量
Dim MM_editConnection                '定义数据库链接字符串变量
Dim MM_editTable                     '定义操作表名变量
Dim MM_editRedirectUrl               '定义跳转链接变量
Dim MM_editColumn                    '定义表操作字段变量
Dim MM_recordId                      '定义操作记录编号变量
Dim MM_fieldsStr                     '定义记录集域字符串变量
Dim MM_columnsStr                    '定义操作数据字符串变量
Dim MM_fields                        '定义记录集域集合变量
Dim MM_columns                       '定义操作数据集合
Dim MM_typeArray
Dim MM_formVal
Dim MM_delim
Dim MM_altVal
Dim MM_emptyVal
Dim MM_i
MM_editAction = CStr(Request.ServerVariables("SCRIPT_NAME"))
If (Request.QueryString <> "") Then
  MM_editAction = MM_editAction & "?" & Server.HTMLEncode(Request.QueryString)
End If
' boolean to abort record edit
MM_abortEdit = false
' query string to execute
MM_editQuery = ""
%>
<%
```

以下代码判断用户输入的用户名是否存在。如果存在，则跳转到错误信息提示页面。

```
MM_flag="MM_insert"
If (CStr(Request(MM_flag)) <> "") Then
  MM_dupKeyRedirect="add_wrong.asp"                  '设置错误跳转链接
  MM_rsKeyConnection=MM_conn_STRING                  '设置数据库链接字符串
  MM_dupKeyUsernameValue = CStr(Request.Form("name")) '获取用户名
  MM_dupKeySQL="SELECT name FROM tb_user WHERE name='" &
```

```
Replace(MM_dupKeyUsernameValue,"'","''") & "'"                '构建 SQL 语句
  MM_adodbRecordset="ADODB.Recordset"
  set MM_rsKey=Server.CreateObject(MM_adodbRecordset)         '建立记录集对象
  MM_rsKey.ActiveConnection=MM_rsKeyConnection                '设定数据库链接字符串
  MM_rsKey.Source=MM_dupKeySQL
MM_rsKey.CursorType=0
MM_rsKey.CursorLocation=2
MM_rsKey.LockType=3
MM_rsKey.Open                                                 '获取记录
If Not MM_rsKey.EOF Or Not MM_rsKey.BOF Then                  '如果记录不为空
  MM_qsChar = "?"                                             '设置参数传递链接符
  If (InStr(1,MM_dupKeyRedirect,"?") >= 1) Then MM_qsChar = "&"
                                                              '如果跳转链接中包含问号
  MM_dupKeyRedirect = MM_dupKeyRedirect & MM_qsChar & "requsername=" & MM_dup-
KeyUsernameValue                                              '构建跳转链接字符串
  Response.Redirect(MM_dupKeyRedirect)                        '跳转到错误页面
  End If
  MM_rsKey.Close                                              '关闭记录集
End If
%>
<%
If (CStr(Request("MM_insert")) = "frmdata") Then              '如果进行记录添加操作
  MM_editConnection = MM_conn_STRING                          '设置数据库链接字符串
  MM_editTable = "tb_user"                                    '指定要访问的数据表
  MM_editRedirectUrl = "add_ok.asp"                           '指定跳转页面
  MM_fieldsStr = "name|value|pswd|value"
  MM_columnsStr = "name|',none,''|pswd|',none,''"
```

以下代码构建记录集域集合，插入数据集合。

```
MM_fields = Split(MM_fieldsStr, "|")
MM_columns = Split(MM_columnsStr, "|")
```

以下代码依次循环获取表单数据。

```
For MM_i = LBound(MM_fields) To UBound(MM_fields) Step 2
  MM_fields(MM_i+1) = CStr(Request.Form(MM_fields(MM_i)))
Next
```

将 URL 传递的值附加在跳转页面上。

```
If (MM_editRedirectUrl <> "" And Request.QueryString <> "") Then
  If (InStr(1, MM_editRedirectUrl, "?", vbTextCompare) = 0 And Request.QueryString <> "") Then
    MM_editRedirectUrl = MM_editRedirectUrl & "?" & Request.QueryString
  Else
      MM_editRedirectUrl = MM_editRedirectUrl & "&" & Request.QueryString
    End If
```

```
    End If
  End If
  %>
  <%
```

以下代码构建一个插入记录的 SQL 语句。

```
  Dim MM_tableValues
  Dim MM_dbValues
  If (CStr(Request("MM_insert")) <> "") Then          '判断是否进行插入操作
      MM_tableValues = ""
      MM_dbValues = ""
    For MM_i = LBound(MM_fields) To UBound(MM_fields) Step 2    '循环构建 SQL 语句
      MM_formVal = MM_fields(MM_i+1)
      MM_typeArray = Split(MM_columns(MM_i+1),",")
      MM_delim = MM_typeArray(0)
      If (MM_delim = "none") Then MM_delim = ""
      MM_altVal = MM_typeArray(1)
      If (MM_altVal = "none") Then MM_altVal = ""
      MM_emptyVal = MM_typeArray(2)
      If (MM_emptyVal = "none") Then MM_emptyVal = ""
      If (MM_formVal = "") Then
        MM_formVal = MM_emptyVal
    Else
      If (MM_altVal <> "") Then
        MM_formVal = MM_altVal
      ElseIf (MM_delim = "'") Then' escape quotes
        MM_formVal = "'" & Replace(MM_formVal,"'","''") & "'"
      Else
        MM_formVal = MM_delim + MM_formVal + MM_delim
      End If
    End If
    If (MM_i <> LBound(MM_fields)) Then
    MM_tableValues = MM_tableValues & ","
    MM_dbValues = MM_dbValues & ","
  End If
  MM_tableValues = MM_tableValues & MM_columns(MM_i)
  MM_dbValues = MM_dbValues & MM_formVal
  Next
  MM_editQuery = "insert into " & MM_editTable & " (" & MM_tableValues & ") values (" & MM_dbValues & 
")"
```

以下代码执行 SQL 语句，插入记录。

```
  If (Not MM_abortEdit) Then                                '如果不放弃编辑操作
```

```
      Set MM_editCmd = Server.CreateObject("ADODB.Command")  '建立记录集对象
      MM_editCmd.ActiveConnection = MM_editConnection        '指定数据连接
      MM_editCmd.CommandText = MM_editQuery                  '指定 SQL 语句
      MM_editCmd.Execute                                     '执行 SQL 语句
      MM_editCmd.ActiveConnection.Close
        If (MM_editRedirectUrl <> "") Then                   '跳转到录入成功页面
          Response.Redirect(MM_editRedirectUrl)
        End If
      End If
    End If
    %>
```

以下代码显示录入信息页面。

```
<!DOCTYPE html PUBLIC "-//W3C//DTD XHTML 1.0 Transitional//EN"
"http://www.w3.org/TR/xhtml1/DTD/xhtml1-transitional.dtd">
<html xmlns="http://www.w3.org/1999/xhtml">
<head>
<meta http-equiv="Content-Type" content="text/html; charset=gb2312" />
<title>用户注册</title>
<style type="text/css">
<!--
body,td,th {
      font-family: 宋体;
      font-size: 12px;
      color: #000000;
}
body {
      background-image: url(imgs/bg.gif);
      margin-left: 0px;
      margin-right: 0px;
      margin-bottom: 0px;
      background-color: #E0E5EB;
}
.STYLE1 {color: #FFFFFF;font-size: 14px}
-->
</style>
```

以下代码实现对用户输入信息的验证。如果有错误，则提示用户信息。

```
<script type="text/JavaScript">
<!--
function MM_callJS(jsStr) { //v2.0
  return eval(jsStr)
}
```

```
function MM_findObj(n, d) { //v4.01
  var p,i,x; if(!d) d=document; if((p=n.indexOf("?"))>0&&parent.frames.length) {
    d=parent.frames[n.substring(p+1)].document; n=n.substring(0,p);}
  if(!(x=d[n])&&d.all) x=d.all[n]; for (i=0;!x&&i<d.forms.length;i++) x=d.forms[i][n];
  for(i=0;!x&&d.layers&&i<d.layers.length;i++) x=MM_findObj(n,d.layers[i].document);
  if(!x && d.getElementById) x=d
function MM_validateForm( ) { //v4.0
  var i,p,q,nm,test,num,min,max,errors='',args=MM_validateForm.arguments;
  for (i=0; i<(args.length-2); i+=3) { test=args[i+2]; val=MM_findObj(args[i]);
    if (val) { nm=val.name; if ((val=val.value)!="") {
      if (test.indexOf('isEmail')!=-1) { p=val.indexOf('@');
        if (p<1 || p==(val.length-1)) errors+='-'+nm+' must contain an e-mail a
        } else if (test!='R') { num = parseFloat(val);
          if (isNaN(val)) errors+='-'+nm+' must contain a number.\n';
          if (test.indexOf('inRange') != -1) { p=test.indexOf(':');
            min=test.substring(8,p); max=test.substring(p+1);
              if (num<min || max<num) errors+='-'+nm+' must contain a number between'+min+'
and'+max+'.\n';
    } } } else if (test.charAt(0) == 'R') errors += '-'+nm+' is required.\n'; }
   } if (errors) alert('The following error(s) occurred:\n'+errors);
  document.MM_returnValue = (errors == '');
}
//-->
</script>
</head>
<body>
```

建立表单，提供输入用户信息接口。

```
<form ACTION="<%=MM_editAction%>" METHOD="POST" name="frmdata" target="_self" id="frm-
data"
  onsubmit="MM_validateForm('name','','R','pswd','','R','repswd','','R');return document.MM_returnValue">
  <table width="720" height="500" border="0" align="center" cellpadding="0" cellspacing="
0">
    <tr>
      <td height="100"> </td>
    </tr>
    <tr>
      <td          height="27"        background="imgs/box_title.gif" style="line-height:
27px;"><spanclass="STYLE1">   用户注册</span></td>
    </tr>
    <tr>
      <td height="373" align="center" valign="top" background="imgs/box_content.gif"><table
width="664" border="0" align="center" cellpadding="0" cellspacing="0">
```

```
<tr>
  <td height="40" colspan="2"> </td>
  </tr>
<tr>
  <td width="80" height="30" align="center">用户账号</td>
  <td align="left"><input name="name" type="text" id="name" size="36" /></td>
</tr>
<tr>
  <td height="30" align="center">登录口令</td>
<td align="left"><input name="pswd" type="password" id="pswd" size="40" /></td>
</tr>
<tr>
  <td height="30" align="center">确认口令</td>
  <td align="left"><input name="repswd" type="password" id="repswd"
onblur = " MM _ callJS (' if ( document.getElementById ( \ &quot; pswd \ &quot;) . value! = document.getElementById(\&quot;
repswd\&quot;).value){alert(\&quot;两次口令输入不一致!\&quot;);}')" size="40" /></td>
</tr>
<tr>
  <td height="2" colspan="2" background="imgs/line.gif"></td>
</tr>
<tr>
<td height="50" colspan="2" align="center"><input type="submit" name="Submit" value
="提交" />
           
    <input type="reset" name="Submit2" value="重置" /></td>
  </tr>
</table></td>
</tr>
<tr>
<td align="center"> </td>
</tr>
</table>
```

以下代码标志用户进行插入信息操作。

```
<input type="hidden" name="MM_insert" value="frmdata">
</form>
</body>
</html>
```

关闭记录集对象，释放记录集对象。

```
<%
rs.Close( )
```

```
Set rs = Nothing
%>
```

6. 生成代码分析——录入成功信息提示页面（add_ok.asp）

录入成功信息提示页面（add_ok.asp）的完整代码如下：

```
<%@LANGUAGE="VBSCRIPT" CODEPAGE="936"%>
<!DOCTYPE html PUBLIC "-//W3C//DTD XHTML 1.0 Transitional//EN"
"http://www.w3.org/TR/xhtml1/DTD/xhtml1-transitional.dtd">
<html xmlns="http://www.w3.org/1999/xhtml">
<head>
<meta http-equiv="Content-Type" content="text/html; charset=gb2312" />
<title>用户注册</title>
<style type="text/css">
<!--
body,td,th {
    font-family: 宋体;
    font-size: 12px;
    color: #000000;
}
body {
    background-image: url(imgs/bg.gif);
    margin-left: 0px;
    margin-right: 0px;
    margin-bottom: 0px;
    background-color: #E0E5EB;
}
.STYLE1 {color: #FFFFFF;font-size: 14px}
-->
</style>
```

以下代码实现 2 秒后，跳转到用户信息分页显示页面 list.asp。

```
<meta http-equiv="Refresh" content="2;URL=list.asp" />
</head>
<body>
<table width="720" height="500" border="0" align="center" cellpadding="0" cellspacing="0">
  <tr>
    <td height="100"> </td>
  </tr>
  <tr>
    <td height="27" background="imgs/box_title.gif" style="line-height:27px;"><span class
="STYLE1">   用户注册</span></td>
  </tr>
  <tr>
```

```
<td height="373" align="center" valign="top" background="imgs/box_content.gif"><table
width="664" border="0" align="center" cellpadding="0" cellspacing="0">
    <tr>
        <td height="40" colspan="2"> </td>
        </tr>
      <tr>
        <td height="200" colspan="2" align="center"><p>用户注册成功！</p>
          <p>2 秒后自动返回列表页！</p></td>
        </tr>
      </table></td>
    </tr>
    <tr>
      <td align="center"> </td>
    </tr>
</table>
</body>
</html>
```

7. 生成代码分析——录入失败信息提示页面（add _ wrong. asp）

录入失败信息提示页面（add _ wrong. asp）的完整代码如下：

```
<%@LANGUAGE="VBSCRIPT" CODEPAGE="936"%>
<!DOCTYPE html PUBLIC "-//W3C//DTD XHTML 1.0 Transitional//EN"
"http://www.w3.org/TR/xhtml1/DTD/xhtml1-transitional.dtd">
<html xmlns="http://www.w3.org/1999/xhtml">
<head>
<meta http-equiv="Content-Type" content="text/html; charset=gb2312" />
<title>用户注册</title>
<style type="text/css">
<!--
body,td,th {
    font-family: 宋体;
    font-size: 12px;
    color: #000000;
}
body {
    background-image: url(imgs/bg.gif);
    margin-left: 0px;
    margin-right: 0px;
    margin-bottom: 0px;
    background-color: #E0E5EB;
}
.STYLE1 {color: #FFFFFF;font-size: 14px}
-->
```

```
</style>
```

以下代码实现 2 秒后，跳转到用户信息分页列表页面 list. asp。

```
<meta http-equiv="Refresh" content="2;URL=list.asp" />
</head>
<body>
<table width="720" height="500" border="0" align="center" cellpadding="0" cellspacing="0">
  <tr>
    <td height="100"> </td>
  </tr>
  <tr>
    <td height="27" background="imgs/box_title.gif" style="line-height:27px;"><span class
="STYLE1">   用户注册</span></td>
  </tr>
  <tr>
    <td height="373" align="center" valign="top" background="imgs/box_content.gif">
    <table width="664" border="0" align="center" cellpadding="0" cellspacing="0">
      <tr>
        <td height="40" colspan="2"> </td>
        </tr>
      <tr>
        <td height="200" colspan="2" align="center"><p>用户注册失败！</p>
          <p>该用户账号已经被占用！</p>
          <p>2 秒后自动返回用户注册页！</p></td>
        </tr>
      </table></td>
    </tr>
    <tr>
    <td align="center"> </td>
  </tr>
</table>
</body>
</html>
```

10.3.4 用户登录验证功能的实现

用户登录可能是用户管理在对外平台上最终要呈现的功能。要实现用户登录验证也要通过两个页面进行处理：用户登录页面（login. asp）、登录成功信息提示页面（login_ok. asp）。

1. *用户登录页面*（login. asp）

用户登录页面比较简单，为用户提供登录接口。提交登录信息后，自动处理用户登录信息。设计过程如下：

（1）打开 Dreamweaver 的设计界面，在菜单栏中单击【文件】|【新建】命令，新建一个名为“login. asp”的标准 ASP 文件。

(2) 在插入面板中的“常用”模式下单击【表格】命令。在弹出的“表格”对话框中进行相应设置，在文档窗口中插入用于定位的表格。

(3) 根据实际情况，可以对特定的单元格进行宽度和背景图片设定，以修饰表格的外观。在此基础上，在单元格中输入相应的文字信息，具体效果如图 10—58 所示。

图 10—58 用户登录页面

(4) 在插入面板中单击【表单】|【表单】命令，在文档最前面插入表单。通过“标签选择器”选中该表单。在属性面板中的“表单名称”文本框中输入“frmdata”。在“目标”下拉框中选择“_self”选项，如图 10—59 所示。

图 10—59 属性面板

(5) 通过“标签选择器”选中“frmdata”表单，如图 10—60 所示。

(6) 在菜单栏中单击【窗口】|【服务器行为】命令，弹出“服务器行为”面板，如图 10—61 所示。

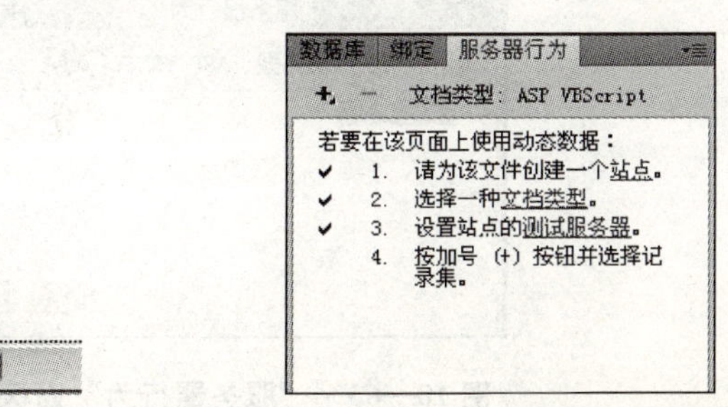

图 10—60 标签选择器　　图 10—61 “服务器行为”面板

(7) 单击【+】|【用户身份验证】|【登录用户】命令，弹出“登录用户”对话框，如图 10—62 所示。在“从表单获取输入”下拉框中选择“frmdata”选项。在“用户名字段”下拉列表中选择【name】选项。在“密码字段”下拉框中选择“pswd”选项。在“使用连接验证”下拉框中选择“conn”选项。在“表格”下拉框中选择“tb_user”选项。在“用户名列”下拉框中选择“name”选项。在“密码列”下拉框中选择“pswd”选项。在“如果登录成功，转到”文本框中输入“login_ok.asp”。在“如果登录失败，转到”文本框中输入“login.asp”。在“基于以下项限制访问”选项组中选中“用户名和密码”选项。

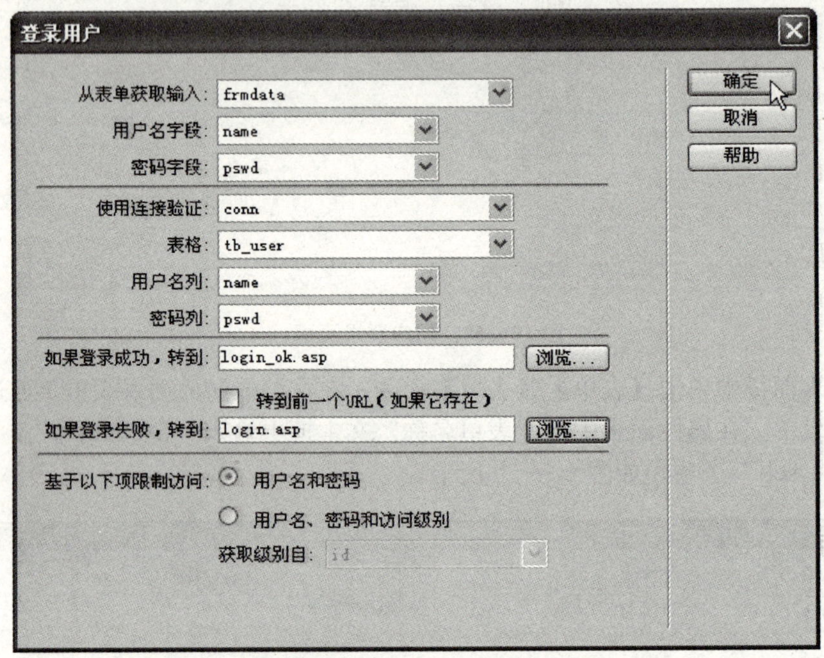

图 10—62 “登录用户”对话框

(8) 单击【确定】按钮，关闭“登录用户”对话框。返回“服务器行为”面板，向导将自动在其下拉列表中添加一条“登录用户”列表选项，如图 10—63 所示。

图 10—63 “服务器行为”面板

2. 登录成功信息提示页面（login _ ok. asp）

当用户登录成功后，自动跳转到登录成功信息提示页面。在该页面中显示提示信息。该页面实现过程如下：

（1）打开 Dreamweaver 的设计界面，在菜单栏中单击【文件】|【新建】命令，新建一个名为“add _ wrong. asp”的标准 ASP 文件。

（2）在插入面板中的“常用”模式下单击【表格】按钮。在弹出的“表格”对话框中进行相应设置，在文档窗口中插入一些用于定位的表格。

（3）根据实际情况，可以对特定的单元格进行宽度和背景图片的指定，来修饰表格的外观。在此基础上，再对单元格进行适当的排版，录入相应的文字信息，具体效果如图 10—64 所示。

图 10—64　登录成功信息提示页面排版

3. 测试登录功能

启动 Internet Explorer，在地址栏中输入“http：//localhost/login. asp”。输入用户登录信息，如图 10—65 所示。

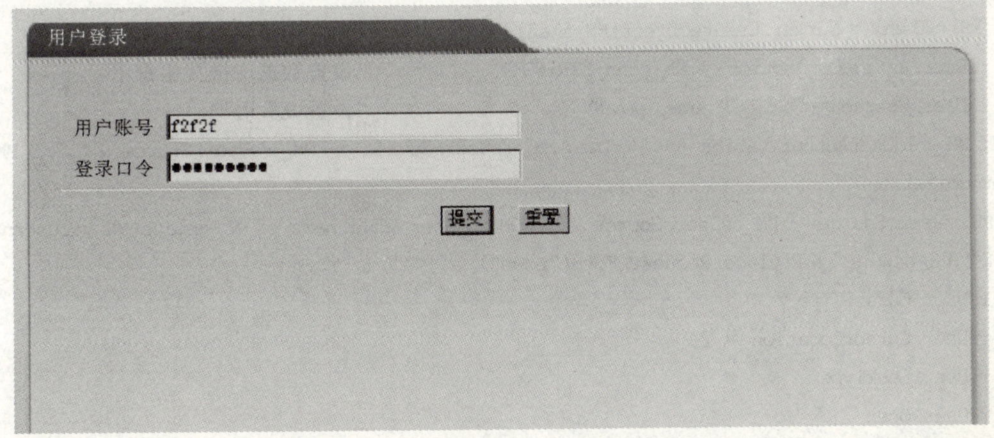

图 10—65　查看“http：//localhost/login. asp”

单击【提交】按钮，用户信息会自动输入数据库。转到 login _ ok. asp 页面，如图 10—66 所示。

图 10—66　查看“http://localhost/login_ok.asp”

4. 生成代码分析——用户登录页面（login.asp）

用户登录页面（login.asp）的完整代码如下：

```
<%@LANGUAGE="VBSCRIPT" CODEPAGE="936"%>
<!--#include file="Connections/conn.asp"-->
<%
MM_LoginAction = Request.ServerVariables("URL")              '获取相对链接地址
If Request.QueryString<>"" Then MM_LoginAction = MM_LoginAction + "?" +Server.HTMLEncode(Request.QueryString)                                    '重新构建 URL
MM_valUsername=CStr(Request.Form("name"))                     '获取表单用户名信息
If MM_valUsername <> "" Then                                  '如果用户名不为空
  MM_fldUserAuthorization=""
MM_redirectLoginSuccess="login_ok.asp"                        '设置登录成功跳转 URL
MM_redirectLoginFailed="login.asp"                            '设置登录失败跳转 URL
MM_flag="ADODB.Recordset"
set MM_rsUser = Server.CreateObject(MM_flag)                  '建立记录集对象
MM_rsUser.ActiveConnection = MM_conn_STRING                   '设置数据库链接字符串
MM_rsUser.Source = "SELECT name, pswd"                        '设置 SQL 语句
  If MM_fldUserAuthorization <> "" Then MM_rsUser.Source = MM_rsUser.Source & "," & MM_fldUserAuthorization
  MM_rsUser.Source = MM_rsUser.Source & " FROM tb_user WHERE name='" & Replace(MM_valUsername,"'","''") &"' AND pswd='" & Replace(Request.Form("pswd"),"'","''") & "'"
MM_rsUser.CursorType = 0
MM_rsUser.CursorLocation = 2
MM_rsUser.LockType = 3
MM_rsUser.Open
If Not MM_rsUser.EOF Or Not MM_rsUser.BOF Then                '如果存在记录
  Session("MM_Username") = MM_valUsername                     '在 Session 中保存用户名
  If (MM_fldUserAuthorization <> "") Then
```

```
        Session("MM_UserAuthorization") = CStr(MM_rsUser.Fields.Item(MM_fldUserAuthorization)
.Value)
      Else
        Session("MM_UserAuthorization") = ""
      End If
      if CStr(Request.QueryString("accessdenied")) <> "" And false Then
        MM_redirectLoginSuccess = Request.QueryString("accessdenied")
      End If
        MM_rsUser.Close
        Response.Redirect(MM_redirectLoginSuccess)                    '跳转到登录成功提示页面
      End If
      MM_rsUser.Close
        Response.Redirect(MM_redirectLoginFailed)                     '跳转到登录失败提示页面
      End If
       %>
      <%
      Dim Repeat1__numRows                                            '定义显示记录的总数目变量
      Dim Repeat1__index                                              '定义显示记录的数目变量
      Repeat1__numRows = 3                                            '设定本次显示三个记录
      Repeat1__index = 0
      rs_numRows = rs_numRows + Repeat1__numRows
       %>
      <%
      Dim rs_total                                                    '定义记录总数变量
      Dim rs_first                                                    '定义初始行变量
      Dim rs_last                                                     '定义结束行变量
      rs_total = rs.RecordCount                                       '获取记录集总数
      ' set the number of rows displayed on this page
      If (rs_numRows < 0) Then
        rs_numRows = rs_total
      Elseit (rs_numRows = 0) Then
        rs_numRows = 1
      End If
      ' set the first and last displayed record
      rs_first = 1                                                    '设置开始行为1
      rs_last = rs_first + rs_numRows-1                               '计算结束行
      ' if we have the correct record count, check the other stats
      If (rs_total <>-1) Then                                         '如果记录集总数正确
        If (rs_first > rs_total) Then
          rs_first = rs_total
        End If
        If (rs_last > rs_total) Then                                  '如果结束行数大于记录总数
          rs_last = rs_total
```

```
    End If
    If (rs_numRows > rs_total) Then                          '如果当前记录行数大于记录总数
      rs_numRows = rs_total
    End If
  End If
  %>
  <%
  If (rs_total = -1) Then                                    '如果获取的记录总数为-1
    ' count the total records by iterating through the recordset
    rs_total=0                                               '设置记录总数为0
    While (Not rs.EOF)                                       '依次循环访问每个记录
      rs_total = rs_total + 1                                '记录总数加1
      rs.MoveNext
  Wend
  ' reset the cursor to the beginning
  If (rs.CursorType > 0) Then
    rs.MoveFirst                                             '访问第一个记录
  Else
    rs.Requery                                               '重新查询
  End If
  ' set the number of rows displayed on this page
  If (rs_numRows < 0 Or rs_numRows > rs_total) Then
    rs_numRows = rs_total
  End If
  ' set the first and last displayed record
  rs_first = 1                                               '设置开始行为1
  rs_last = rs_first + rs_numRows-1
  If (rs_first > rs_total) Then
      rs_first = rs_total
    End If
    If (rs_last > rs_total) Then                             '如果结束行数大于记录总数
      rs_last = rs_total
    End If
  End If
  %>
  <%
  Dim MM_paramName
  %>
  <%
  ' *** Move To Record and Go To Record: declare variables
  Dim MM_rs
  Dim MM_rsCount
  Dim MM_size
```

```
Dim MM_uniqueCol
Dim MM_offset
Dim MM_atTotal
Dim MM_paramIsDefined
Dim MM_param
Dim MM_index
Set MM_rs = rs
MM_rsCount = rs_total
MM_size = rs_numRows
MM_uniqueCol = ""
MM_paramName = ""
MM_offset = 0
MM_atTotal = false
MM_paramIsDefined = false
If (MM_paramName <> "") Then
  MM_paramIsDefined = (Request.QueryString(MM_paramName) <> "")
End If
%>
<%
' *** Move To Record: handle 'index' or 'offset' parameter
if (Not MM_paramIsDefined And MM_rsCount <> 0) then
  ' use index parameter if defined, otherwise use offset parameter
  MM_param = Request.QueryString("index")
  If (MM_param = "") Then
    MM_param = Request.QueryString("offset")
  End If
  If (MM_param <> "") Then
    MM_offset = Int(MM_param)
  End If
' if we have a record count, check if we are past the end of the recordset
If (MM_rsCount <>-1) Then
  If (MM_offset >= MM_rsCount Or MM_offset =-1) Then      ' past end or move last
      If ((MM_rsCount Mod MM_size) > 0) Then             ' last page not a full repeat region
      MM_offset = MM_rsCount-(MM_rsCount Mod MM_size)
    Else
      MM_offset = MM_rsCount-MM_size
      End If
    End If
End If
' move the cursor to the selected record
MM_index = 0
While ((Not MM_rs.EOF) And (MM_index < MM_offset Or MM_offset =-1))
  MM_rs.MoveNext                                          '访问下一个记录
```

```
    MM_index = MM_index + 1
    Wend
    If (MM_rs.EOF) Then
      MM_offset = MM_index ' set MM_offset to the last possible record
    End If
  End If
  %>
  <%
  ' *** Move To Record: if we dont know the record count, check the display range
  If (MM_rsCount = -1) Then
    ' walk to the end of the display range for this page
    MM_index = MM_offset
  While (Not MM_rs.EOF And (MM_size < 0 Or MM_index < MM_offset + MM_size))
    MM_rs.MoveNext                                          '访问下一个记录
    MM_index = MM_index + 1
  Wend
  ' if we walked off the end of the recordset, set MM_rsCount and MM_size
  If (MM_rs.EOF) Then
      MM_rsCount = MM_index
      If (MM_size < 0 Or MM_size > MM_rsCount) Then
      MM_size = MM_rsCount
    End If
  End If
  ' if we walked off the end, set the offset based on page size
  If (MM_rs.EOF And Not MM_paramIsDefined) Then
      If (MM_offset > MM_rsCount-MM_size Or MM_offset = -1) Then
        If ((MM_rsCount Mod MM_size) > 0) Then
          MM_offset = MM_rsCount-(MM_rsCount Mod MM_size)
        Else
          MM_offset = MM_rsCount-MM_size
      End If
    End If
  End If
  ' reset the cursor to the beginning
  If (MM_rs.CursorType > 0) Then
    MM_rs.MoveFirst                                         '访问第一个记录
  Else
    MM_rs.Requery                                           '重新查询
  End If
  ' move the cursor to the selected record
    MM_index = 0
    While (Not MM_rs.EOF And MM_index < MM_offset)
    MM_rs.MoveNext                                          '访问下一个记录
```

```
  MM_index = MM_index + 1
  Wend
End If
%>
<%
' *** Move To Record: update recordset stats
' set the first and last displayed record
rs_first = MM_offset + 1
rs_last = MM_offset + MM_size
If (MM_rsCount <> -1) Then
  If (rs_first > MM_rsCount) Then
    rs_first = MM_rsCount
  End If
  If (rs_last > MM_rsCount) Then
    rs_last = MM_rsCount
  End If
End If
' set the boolean used by hide region to check if we are on the last record
MM_atTotal = (MM_rsCount <> -1 And MM_offset + MM_size >= MM_rsCount)
%>
<%
' *** Go To Record and Move To Record: create strings for maintaining URL and Form parameters
Dim MM_keepNone
Dim MM_keepURL
Dim MM_keepForm
Dim MM_keepBoth
Dim MM_removeList
Dim MM_item
Dim MM_nextItem
' create the list of parameters which should not be maintained
MM_removeList = "&index="
If (MM_paramName <> "") Then
  MM_removeList = MM_removeList & "&" & MM_paramName & "="
End If
MM_keepURL=""
MM_keepForm=""
MM_keepBoth=""
MM_keepNone=""
' add the URL parameters to the MM_keepURL string
For Each MM_item In Request.QueryString
  MM_nextItem = "&" & MM_item & "="
  If (InStr(1,MM_removeList,MM_nextItem,1) = 0) Then
    MM_keepURL = MM_keepURL & MM_nextItem & Server.URLencode(Request.QueryString(MM_item))
```

```
    End If
  Next
  ' add the Form variables to the MM_keepForm string
  For Each MM_item In Request.Form
    MM_nextItem = "&" & MM_item & "="
    If (InStr(1,MM_removeList,MM_nextItem,1) = 0) Then
      MM_keepForm = MM_keepForm & MM_nextItem & Server.URLencode(Request.Form(MM_item))
    End If
  Next
  ' create the Form + URL string and remove the intial '&' from each of the strings
  MM_keepBoth = MM_keepURL & MM_keepForm
  If (MM_keepBoth <> "") Then
    MM_keepBoth = Right(MM_keepBoth, Len(MM_keepBoth)-1)
  End If
  If (MM_keepURL <> "") Then
    MM_keepURL = Right(MM_keepURL, Len(MM_keepURL)-1)
  End If
  If (MM_keepForm <> "") Then
    MM_keepForm = Right(MM_keepForm, Len(MM_keepForm)-1)
  End If
  ' a utility function used for adding additional parameters to these strings
  Function MM_joinChar(firstItem)
    If (firstItem <> "") Then
      MM_joinChar = "&"
    Else
      MM_joinChar = ""
    End If
  End Function
  %>
  <%
  ' *** Move To Record: set the strings for the first, last, next, and previous links
  Dim MM_keepMove
  Dim MM_moveParam
  Dim MM_moveFirst                                    '定义第一页链接字符串变量
  Dim MM_moveLast                                     '定义最后一页链接字符串变量
  Dim MM_moveNext                                     '定义下一页链接字符串变量
  Dim MM_movePrev                                     '定义上一页链接字符串变量
  Dim MM_urlStr
  Dim MM_paramList
  Dim MM_paramIndex
  Dim MM_nextParam
  MM_keepMove = MM_keepBoth
  MM_moveParam = "index"
```

```
' if the page has a repeated region, remove 'offset' from the maintained parameters
If (MM_size > 1) Then
  MM_moveParam = "offset"
  If (MM_keepMove <> "") Then
    MM_paramList = Split(MM_keepMove, "&")
    MM_keepMove = ""
    For MM_paramIndex = 0 To UBound(MM_paramList)
  MM_nextParam = Left(MM_paramList(MM_paramIndex), InStr(MM_paramList(MM_paramIndex),"=")-
1)
  If (StrComp(MM_nextParam,MM_moveParam,1) <> 0) Then
    MM_keepMove = MM_keepMove & "&" & MM_paramList(MM_paramIndex)
  End If
Next
    If (MM_keepMove <> "") Then
    MM_keepMove = Right(MM_keepMove, Len(MM_keepMove)-1)
    End If
  End If
End If
' set the strings for the move to links
If (MM_keepMove <> "") Then
  MM_keepMove = Server.HTMLEncode(MM_keepMove) & "&"
End If
MM_urlStr = Request.ServerVariables("URL") & "?" & MM_keepMove & MM_moveParam & "="
MM_moveFirst = MM_urlStr & "0"
MM_moveLast = MM_urlStr & "-1"
MM_moveNext = MM_urlStr & CStr(MM_offset + MM_size)
If (MM_offset-MM_size < 0) Then
  MM_movePrev = MM_urlStr & "0"
Else
  MM_movePrev = MM_urlStr & CStr(MM_offset-MM_size)
End If
%>
```

以下代码显示用户登录界面。

```
<!DOCTYPE html PUBLIC "-//W3C//DTD XHTML 1.0 Transitional//EN"
"http://www.w3.org/TR/xhtml1/DTD/xhtml1-transitional.dtd">
<html xmlns="http://www.w3.org/1999/xhtml">
<head>
<meta http-equiv="Content-Type" content="text/html; charset=gb2312" />
<title>用户注册信息分页列表</title>
<style type="text/css">
<!--
body,td,th {
```

```
        font-family: 宋体;
        font-size: 12px;
        color: #000000;
    }
    body {
        background-image: url(imgs/bg.gif);
        margin-left: 0px;
        margin-right: 0px;
        margin-bottom: 0px;
        background-color: #E0E5EB;
    }
    .STYLE1 {color: #FFFFFF;font-size: 14px}
    -->
    </style>
```

以下代码对用户输入的信息进行校验。

```
<script type="text/JavaScript">
<! --
function MM_findObj(n, d) { //v4.01
  var p,i,x; if(!d) d=document; if((p=n.indexOf("?"))>0&&parent.frames.length) {
    d=parent.frames[n.substring(p+1)].document; n=n.substring(0,p);}
  if(!(x=d[n])&&d.all) x=d.all[n]; for (i=0;!x&&i<d.forms.length;i++) x=d.forms[i][n];
  for(i=0;!x&&d.layers&&i<d.layers.length;i++) x=MM_findObj(n,d.layers[i].document);
   if(!x && d.getElementById)
function MM_validateForm( ) { //v4.0
  var i,p,q,nm,test,num,min,max,errors='',args=MM_validateForm.arguments;
  for (i=0; i<(args.length-2); i+=3) { test=args[i+2]; val=MM_findObj(args[i]);
    if (val) { nm=val.name; if ((val=val.value)!="") {
    if (test.indexOf('isEmail')!=-1) { p=val.indexOf('@');
      if (p<1 || p==(val.length-1)) errors+='-'+nm+' must contain an e-mail a
    } else if (test!='R') { num = parseFloat(val);
      if (isNaN(val)) errors+='-'+nm+' must contain a number.\n';
      if (test.indexOf('inRange') !=-1) { p=test.indexOf(':');
        min=test.substring(8,p); max=test.substring(p+1);
        if (num<min || max<num) errors+='-'+nm+' must contain a number between'+min+' and '+
max+'.\n';
    } } } else if (test.charAt(0) == 'R') errors += '-'+nm+' is required.\n'; }
  } if (errors) alert('The following error(s) occurred:\n'+errors);
  document.MM_returnValue = (errors == '');
}
//-->
</script>
</head>
```

```
〈body〉
〈form ACTION="〈%=MM_LoginAction%〉" METHOD="POST" name="frmdata" target="_self" id=
"frmdata"
onsubmit="MM_validateForm('name','','R','pswd','','R','repswd','','R');return document.MM_returnValue"〉
〈table width="720" height="500" border="0" align="center" cellpadding="0" cellspacing=
"0"〉
  〈tr〉
    〈td height="100"〉 〈/td〉
  〈/tr〉
  〈tr〉
    〈td height="27" background="imgs/box_title.gif" style="line-height:27px;"〉〈spanclass
="STYLE1"〉   用户登录〈/span〉〈/td〉
  〈/tr〉
  〈tr〉
    〈td height="373" align="center" valign="top" background="imgs/box_content.gif"〉〈table
width="664" border="0" align="center" cellpadding="0" cellspacing="0"〉
    〈tr〉
      〈td height="40" colspan="2"〉 〈/td〉
      〈/tr〉
    〈tr〉
      〈td width="80" height="30" align="center"〉用户账号〈/td〉
      〈td align="left"〉〈input name="name" type="text" id="name" size="36" /〉〈/td〉
    〈/tr〉
    〈tr〉
      〈td height="30" align="center"〉登录口令〈/td〉
      〈td align="left"〉〈input name="pswd" type="password" id="pswd" size="40" /〉〈/td〉
    〈/tr〉
    〈tr〉
      〈td height="2" colspan="2" background="imgs/line.gif"〉〈/td〉
      〈/tr〉
    〈tr〉
      〈td height="50" colspan="2" align="center"〉〈input type="submit" name="Submit" value
="提交" /〉
             
        〈input type="reset" name="Submit2" value="重置" /〉〈/td〉
      〈/tr〉
    〈/table〉〈/td〉
  〈/tr〉
  〈tr〉
    〈td align="center"〉 〈/td〉
  〈/tr〉
〈/table〉
</form>
```

```
</body>
</html>
```

5. 生成代码分析——登录成功信息提示页面(login _ ok. asp)

登录成功信息提示页面(login _ ok. asp)的完整代码如下:

```
<%@LANGUAGE="VBSCRIPT" CODEPAGE="936"%>
<!DOCTYPE html PUBLIC "-//W3C//DTD XHTML 1.0 Transitional//EN"
"http://www.w3.org/TR/xhtml1/DTD/xhtml1-transitional.dtd">
<html xmlns="http://www.w3.org/1999/xhtml">
<head>
<meta http-equiv="Content-Type" content="text/html; charset=gb2312" />
<title>用户注册信息分页列表</title>
<style type="text/css">
<!--
body,td,th {
    font-family: 宋体;
    font-size: 12px;
    color: #000000;
}
body {
    background-image: url(imgs/bg.gif);
    margin-left: 0px;
    margin-right: 0px;
    margin-bottom: 0px;
    background-color: #E0E5EB;
}
.STYLE1 {color: #FFFFFF;font-size: 14px}
-->
</style>
</head>
<body>
<table width="720" height="500" border="0" align="center" cellpadding="0" cellspacing=
"0">
  <tr>
    <td height="100"> </td>
  </tr>
  <tr>
    <td height="27" background="imgs/box_title.gif" style="line-height:27px;"><spanclass
="STYLE1">   用户登录</span></td>
  </tr>
  <tr>
    <td height="373" align="center" valign="top" background="imgs/box_content.gif"><table
width="664" border="0" align="center" cellpadding="0" cellspacing="0">
```

```
    <tr>
      <td height="40" colspan="2"> </td>
      </tr>
    <tr>
      <td height="200" colspan="2" align="center"><p>用户登录成功！</p>
        </td>
    </tr>
  </table></td>
</tr>
<tr>
  <td align="center"> </td>
</tr>
</table>
</body>
</html>
```

本章小结

本章介绍了动态网页的概念，服务器平台的搭建，用户注册和登录验证的功能实现，借助程序将浏览者输入的账号和密码与数据库中存储的资料进行核对。如果数据库中存在此用户的资料就通过，否则被拒绝。本章的各页代码可以作为上机实训的案例，其本身就是一些很有连贯性的实用代码。

习　题　10

一、简答题

1. 如何在 Windows 2000/XP/2003 环境下安装配置 IIS 5.0 Web 服务器？

2. 动态网页与静态网页有什么区别？

二、拓展实训题

1. 建立一个“学生成绩管理”数据库，该数据库中有学号、姓名、物理、语文、数学、政治、体育、外语、生物、历史、地理、计算机、平均分和总分等字段，有 10 条记录。

2. 采用两种方法建立“学生成绩管理库”数据库与应用服务器的连接。

3. 创建一个有简单的留言簿的网页。

参考文献

[1] 李峰等 . Dreamweaver CS4 网页制作 100 例 . 北京：电子工业出版社，2009
[2] 文东 . Dreamweaver CS3 网页设计基础与项目实训 . 北京：中国人民大学出版社，2009
[3] 姜春莲 . 网页设计与制作案例教程 . 北京：中国铁道出版社，2007
[4] 张金霞 . HTML 网页设计参考手册 . 北京：清华大学出版社，2006
[5] 王秀丽等 . 网页设计与制作 . 北京：清华大学出版社，2006
[6] 朱印宏等 . Dreamweaver 8 完美网页设计——ASP 动态网页设计篇 . 北京：中国电力出版社，2006
[7] 胡艳洁 . HTML 标准教程 . 北京：中国青年出版社，2004
[8] 周宏敏 . Dreamweaver MX 2004 应用培训教程 . 北京：电子工业出版社，2004
[9] 邓文渊 . Dreamweaver MX 2004 全方位学习 . 北京：中国铁道出版社，2004

图书在版编目（CIP）数据

Dreamweaver CS4 网页设计与实训教程/史晓红，章立主编
北京：中国人民大学出版社，2010
（教育部高职高专计算机教指委规划教材）
ISBN 978-7-300-12504-6

Ⅰ. ①D…
Ⅱ. ①史… ②章…
Ⅲ. ①主页制作-图形软件，Dreamweaver CS4-高等学校：技术学校-教材
Ⅳ. ①TP393.092

中国版本图书馆 CIP 数据核字（2010）第 141169 号

教育部高职高专计算机教指委规划教材
Dreamweaver CS4 网页设计与实训教程
主 编 史晓红 章 立
副主编 何 芳 李国娟

出版发行	中国人民大学出版社		
社 址	北京中关村大街 31 号	**邮政编码**	100080
电 话	010－62511242（总编室）		010－62511398（质管部）
	010－82501766（邮购部）		010－62514148（门市部）
	010－62515195（发行公司）		010－62515275（盗版举报）
网 址	http://www.crup.com.cn http://www.ttrnet.com(人大教研网)		
经 销	新华书店		
印 刷	三河市汇鑫印务有限公司		
规 格	185 mm×260 mm 16 开本	**版 次**	2010 年 9 月第 1 版
印 张	19.25	**印 次**	2014 年 8 月第 5 次印刷
字 数	443 000	**定 价**	29.80 元

教师信息反馈表

为了更好地为您服务，提高教学质量，中国人民大学出版社愿意为您提供全面的教学支持，期望与您建立更广泛的合作关系。请您填好下表后以电子邮件或信件的形式反馈给我们。

您使用过或正在使用的我社教材名称		版次		
您希望获得哪些相关教学资料				
您对本书的建议（可附页）				
您的姓名				
您所在的学校、院系				
您所讲授课程名称				
学生人数				
您的联系地址				
邮政编码		联系电话		
电子邮件（必填）				
您是否为人大社教研网会员	□ 是　会员卡号：____________ □ 不是，现在申请			
您在相关专业是否有主编或参编教材意向	□ 是　□ 否 □ 不一定			
您所希望参编或主编的教材的基本情况（包括内容、框架结构、特色等，可附页）				

我们的联系方式：北京市海淀区中关村大街 31 号

中国人民大学出版社教育分社

邮政编码：100080

电话：010-62515913

网址：http：//www. crup. com. cn/zyjy/

E-mail：jyfs _ 2007@126. com